수중드론이라 불리는

자율무인잠수정(AUV)의 개발 운용 실무

Autonomous Underwater Vehicle
Technology and Applications

우종식 지음

GS인터비전

머리말

드론(Drone)은 1930년대 미국에서 사격 연습용 무인이동체를 지칭하는 용어와 함께 등장한 이래 1세기 가까이 흐른 요즘에는 그 자체가 기능적으로 고도화되었을 뿐만 아니라 지상과 수중 등 타 영역에서의 무인 이동체까지 포괄적으로 지칭하는 기능성 장비로 이해되기 시작하였다. 그래서 1960년대부터 개발이 본격화 된 자율무인잠수정(AUV)이 요즘에는 '수중드론'으로 불리기도 한다.

1991년 이전의 소비에트 사회주의 연방공화국(구. 소련)에서는 1950년대부터 전략적 잠수함에 대한 수중에서의 물리적 현상과 동역학적인 거동을 모사하기 위한 자율 무인 이동체 모델의 개발이 촉진되었는데, 러시아 연방으로 국호가 바뀌면서 자본주의 국가들과 경제적 교류가 부분적으로 허용되면서 그들의 많은 기술들도 자본주의 국가들에게 소개되기 시작하였다.

대한민국의 세계적 조선 산업체 중 하나인 대우조선공업(주)(현. 대우조선해양(주))는 한국형 잠수함의 자체 건조와, 국가적 관심사인 심해저 광물자원의 상용화를 위해 러시아 연방과 협약을 통해 관련 기술의 국산화를 추진하게 되었고, 이 과정에서 수심 6천 미터 급 AUV 'OKPO-6000'이 탄생하게 되었다.

본 책자는 산업체에서 성공적으로 개발되었던 실제 사례를 바탕으로 심해저 탐사를 위한 다양한 자율 무인 이동체의 개발에 도움을 주기 위한 일종의 지침서라 할 수 있다. 인간의 활동 환경이 지상과 많이 다른 깊은 수중 공간에서의 임무를 달성하기 위해, 수중로봇이 갖추어야 할 물리적, 기술적 요구사항을 반복된 시험과 실패를 통해 마련한 하나의 답안지라 할 수 있겠다. 이 답안지는 자율 무인 이동체의 개발 과정 전체를 하나의 프로세스로 이해하는 데 도움을 주고자 당시의 개발 환경을 일관되게 그대로 묘사하였으며, 부분 또는 전체 시스템에 대해 현재의 진보된 기술과 비교하며 설명을 추가하지 않았다. 그러므로 이 책자를 접하는 독자는 현재 계획하거나 진행 중인 연구개발 활동의 목적과 범위가 이 책자에서 소개하는 과거의 내용과 다소 다를 수 있으나 상사적 접근을 통해 이 책자의 그림자를 보며 현재의 나의 발걸음을 옮길 수 있을 것이다.

내용의 구성으로는 1장에 개발의 배경, 2장에 동체의 구성, 그리고 3장에 수중에서의 자료 취득을 담당하는 주요 탐사장비들에 대해 설명하였다. 4장부터는 AUV의 수중 거동과 운용에 대해 기술하였는데, 4장에 개념설계 단계의 주요 사양 결정 과정과 근거를 설명하고, 5장에 항해 및 제어시스템을, 6장에서는 수중에서의 실시간 위치추적과 음향통신에 대해 기술하였으며, 7장에서는 실제 상황에서의 프로그램 활용 기법을 설명하였다. 그리고, 8장에서 장비의 안전하고 효율적인 운용을 위한 주요 해석 및 조정 작업을, 9장에서는 실제 바다에서의 운용 시 주의해야 할 경험적 사항들을 기술함으로써 차후 새로운 잠수정의 제작 또는 운용에 실질적으로 도움이 되도록 하였다.

세월이 꽤나 흘렀지만 지금이라도 이 책자를 준비하게 된 동기가 있다. 우리가 매일 바라볼 수 있는 밤하늘의 별들에 대한 과학적 접근에 장구한 세월이 필요로 하듯, 우리가 쉽게 갈 수 없는 또 다른 공간인 깊은 바다에 대한 이해도 그 속도가 더딘 탓에, 20년 전의 시행착오도 아직 참고할 가치가 있다고 생각하였다.

또 다른 이유 하나를 덧붙이자면, 경영적 판단에 의한 업무의 일부로 진행한 산업체의 프로젝트로서 험한 바다에서 주어진 임무를 정상적으로 수행하는 자율 무인 로봇이 탄생될 때까지 수많은 실내 실험과 실해역 시험 과정에서 위험한 상황을 여러 차례 겪었던 동료들에게, 그들의 헌신이 우리나라의 해양과학 발전에 의미 있는 역할을 담당하였음을 이제라도 알리고 싶었다.

이러한 취지를 십분 이해하고 격려하며 독자의 입장에서 꼼꼼하게 감수를 해 주신 최형식 교수님, 김준영 교수님께 심심한 감사의 말씀을 드린다. 그리고 이 분야의 기술 서적이 드물어 독자층의 윤곽이 뚜렷하지 않음에도 불구하고 선구자적 안목으로 흔쾌히 출판을 맡아주신 GS 인터비전 송기수 대표님께도 심심한 감사의 마음을 전한다.

이 책자를 접하는 독자 제위께서 해양로봇 개발 과정의 작은 걸림돌 하나를 빼내는 도구로 이 책자를 활용할 수 있다면, 이른 시기에 미지의 해양 공간으로 뛰어들었던 대우조선해양(주)와 그 구성원이었던 저자에게는 더 없는 기쁨이 되겠다.

차 례

Chapter 1.

개발 배경

자율무인잠수정(Autonomous Underwater Vehicle, AUV) OKPO-6000의 개발의 시작은 1992년으로 거슬러 올라간다. 공식적으로 1991년 말 (구)소련이 해체되고 러시아 공화국의 탄생과 더불어 철의 장막이 걷히면서 러시아는 급속히 서방 국가들과 교류를 시작하게 되었다.

(구)소련 붕괴 이후 정부로부터의 운영비 지원이 줄어 든 국가 연구기관들은 서방 국가들과의 접촉을 통해 생존하기 위한 노력을 하였는데 러시아 과학원 산하의 해양문제연구소(IMTP)도 서방의 기업 또는 연구기관과의 협력을 통해 그들이 개발한 AUV 기술을 상용화함으로써 수익을 얻고 AUV 기술개발을 활성화하고자 하였다.

1992년 초부터 대우그룹 내에서는 (주)대우를 통해 붕괴된 (구)소련의 앞선 과학기술을 도입하기 위한 조사가 진행되고 있었는데 대우조선공업(주)(현재의 대우조선해양(주), DSME)도 선박과 잠수함 관련 러시아의 내재된 기술에 관심을 가지고 러시아를 접촉하였다. 당시 한국 최초로 국가 해양 방위를 위한 국산 잠수함 건조를 독일에서 배워가며 시작하던 DSME는 잠수함에 대한 기술자립을 위한 보조 수단으로 러시아의 소형 AUV 기술에 관심을 가지게 되었고, 또, 유엔 산하 국제해사기구(ISA)가 주도하는 대양의 6천 미터 해저에 분포하는 광물자원(망간단괴)의 탐사 및 상용화에도 원용하기 위해 수심 6천 미터급 소형 AUV를 러시아 IMTP와 공동으로 개발, 상용화하기로 합의하였다. 그래서 1993년 초부터 양 기관의 협력을 바탕으로 본격적인 AUV 개발에 착수하게 되었는데 1994년 6월까지 개발을 마무리하라는 경영진의 의지를 반영하여 초기에는 개발될 AUV의 이름을 가칭 'OKPO-946'으로 명명하였다.

국산화와 상용화를 목표로 본 계약이 체결된 직후부터 러시아 과학자들은 그들의 수십 년 노하우를 아낌없이 제공해 주었다. (구)소련 외부 세계의 자본주의 국가들과 체결하는 '계약'이란 형태의 문서에도 익숙하지 않았지만 '계약'의 본래 취지에 충실하려는 그들의 자세로부터 느끼며 배울 점이 많았다.

구조, 운동, 수중음향, 센서, 데이터 취득 등 수중 무인로봇의 기능에 관련된 해양 과학적인 지식도 배울 점이 많았지만 시간이 흐를수록 개발된 무인로봇을 실제 자연환경에서 안전하게 본래의 목적을 달성하도록 운용하는 경험과 노하우는 금전적으로 가치를 가늠하기 어려운 배움의 기회였다. 러시아 극동지역 과학원(FEBRAS) 소속 과학자들과 대우조선해양(DSME) 소속 연구원들이 각각 6명씩 팀을 구성하여 6년 여 동안 한 가지 목표를 위해 협업하면서 상호 지식의 교환과 문화적 이해의 폭을 넓히는 소중한 기회가 되기도 하였다.

우리나라도 기초과학 분야에 많은 관심을 가지고 정부와 연구자들이 오랜 기간 노력을 하고 있다. 하지만 항공과 우주, 바다와 해양, 건강과 생체 등의 자연과학적 기초연구에는 장구한 세월이 필요로 하고 지름길이 흔치 않음을 우리는 경험적으로 이해하고 있다. 그런 관점에서 특정 과학 분야에 선도적 지식과 경험을 보유한 국가와 협력적 관계를 개척하고 협력하는 것은 어쩌면 지름길을 하나 발견하는 것이라 할 수도 있겠다.

수심 6,000 미터의 바다 밑을 조사하고 작업을 한다는 것은 지구의 70%를 덮고 있는 바다의 97%에 접근이 가능하다고 한다. 경영진이 허락한 OKPO-946은 1년 후 사업비 조정을 위한 내부 시행 품의 과정에서 1994년 6월까지 개발을 종료하기 어렵다고 판단하여 최대 잠수심도 6000 미터를 이름에 표현하여 'OKPO-6000'으로 개명하게 되었다. OKPO-6000 자율무인잠수정은 수심 7,000미터를 설계 수심으로 설정하고 개발이 진행되었다.

Chapter 2.

동체의 구성

2.1 개요

OKPO-6000의 선체 내부 구성을 입체적으로 나타내면 그림 2.1과 같다.

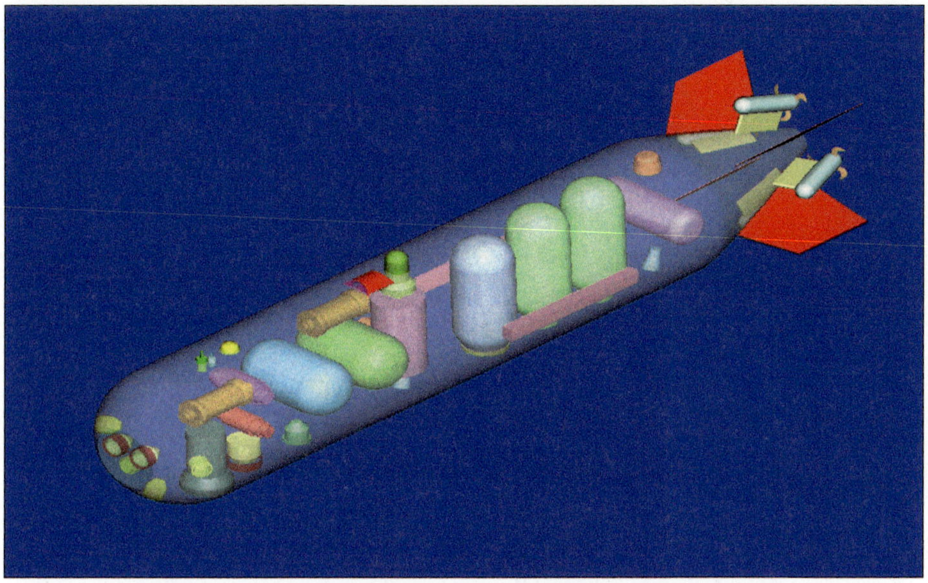

그림 2.1 OKPO-6000 AUV의 선체 내부 3D 배치 형상

또한 기본적인 사양은 다음과 같다.

① 전체길이 : 3.8 m

② 몸통지름 : 0.7 m

③ 공기 중 무게 : 약 1 ton

④ 최대속도 : 3 knots

2.2 Pressure Housing

OKPO-6000의 압력용기는 600 kg/㎠의 외압을 견디어야 할 뿐만 아니라 해수에 반복적으로 노출되므로 내 부식성이 뛰어나야 한다. 또 -30℃~+80℃의 넓은 온도 범위에 걸쳐 변형이 적어야 하므로 항공기 구조재료로 많이 사용되는 ASTM 7075-T6 Aluminum Alloy를 사용하였다.

OKPO-6000은 각종 전자 장비들을 대기압 상태로 담고 있는 총 14개의 내압 용기로 구성되는데 종류별 모양과 기능은 그림 2.2와 같다.

Type 1	Type 2	Type 3
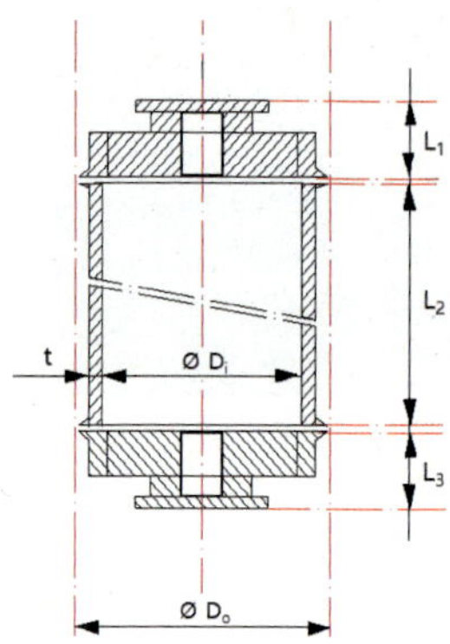	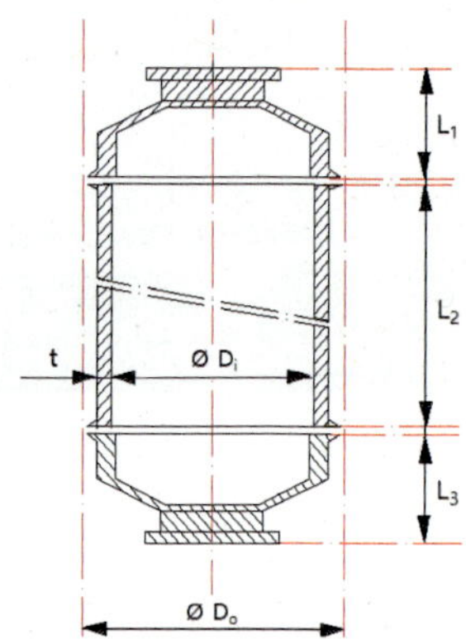	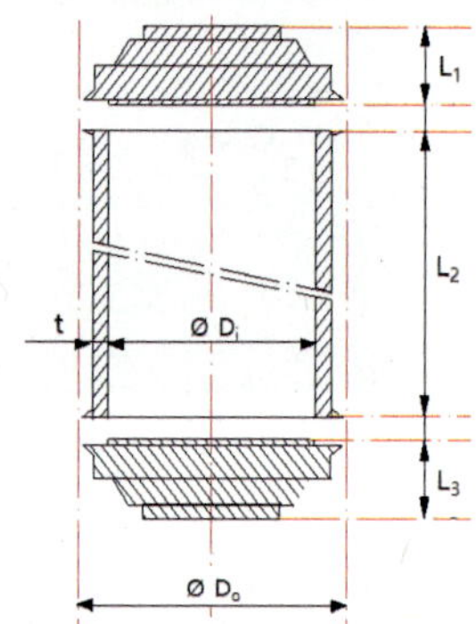
① Depth Sensor Unit(DS) ② Temperature and Conductivity Meter Unit(TCM) ③ Side Scan Sonar Unit(SSS) ④ Obstacle Avoidance System (OAS) ⑤ DS Echo Sounder Transceiver ⑥ SSS Array	① Light Radio Beacon (LRB)	① Acoustic Positioning System(APS)

Type 4	Type 5	Type 6
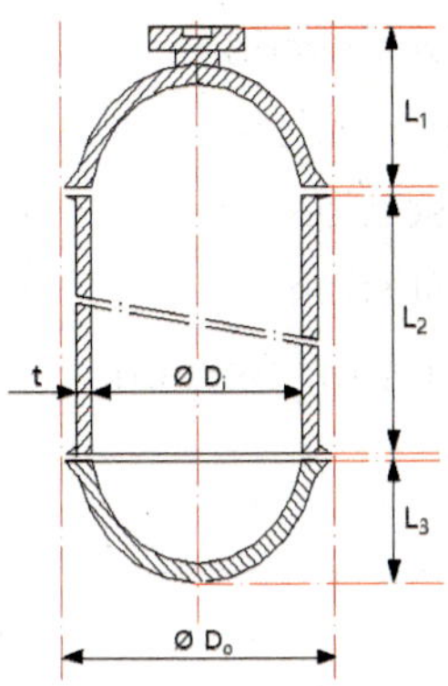	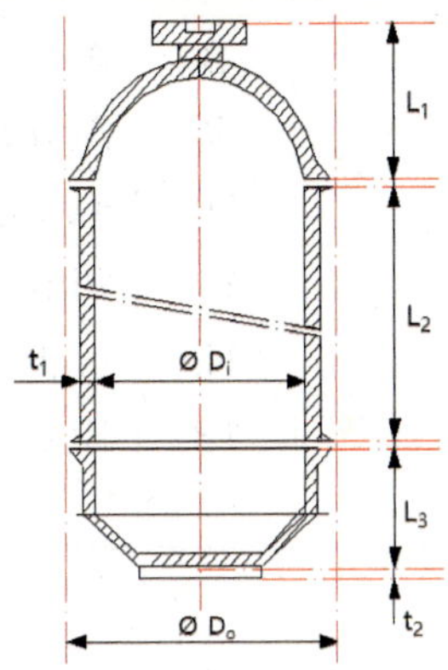	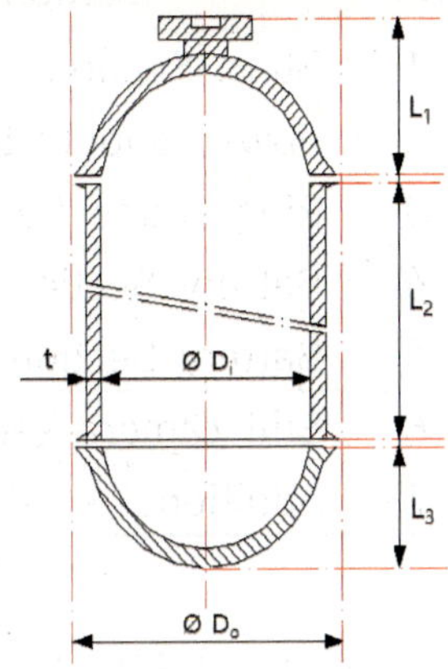
① High Voltage Power Unit(HVPU)	① Still Camera (SC)	① Autopilot Computer (AC) ② Main Battery (MB#1) ③ Main Battery (MB#2) ④ Sub-control Computer (SCC)

그림 2.2 OKPO-6000 AUV에 사용된 내압 용기

2.3 Hull Frame

OKPO-6000의 몸체는 13개의 마디(Section)로 연결되어 있으며 필요에 따라 그 마디를 가감할 수 있다. 물론 그때마다 부력의 양과 Balancing 작업은 별도로 필요하다. 각 마디는 ASTM 6061-T6 Aluminum Alloy 소재로 만든 Skeleton Frame으로 골격이 구성되고 내압 용기를 고정시키기 위하여 빈 내부 공간은 부력재로 채운다. 표 2.1은 각 Section의 내용물과 역할을 나타내는 명칭을 설명한다.

<표 2.1 각 Section의 내용물과 역할>

No.	Section Name	No.	Section Name
1	Stern Section	8	APS transceiver section
2	Power Supply Section	9	Autopilot unit section
3	Ring Frame Section	10	TV recorder section
4	Battery Section	11	Ring Frame Section
5	Battery Section	12	Light radio beacon Section
6	Still camera section	13	Bow section
7	Additional section		

1번 마디에는 4개의 고정식 조타기가 45°, 135°, 225°, 315° 방향으로 Fin 형태로 배치되어 있으며 그 조타기 사이마다 전기식 추진기가 1개씩 배치되어 있다. 특히, 45°, 135° 방향의 2개 조타기(우현방향) 끝에는 손바닥 크기의 함석 조각이 약간 돌출되게 부착되어 있는데 (그림 2.3) 이는 AUV가 깊은 해저까지 무동력으로 내려가는 동안 처음 투하지점에서 멀리 떨어진 곳으로 잠수하는 것을 방지하기 위하여 오른쪽으로 큰 나선형(반경 약 20미터)을 그리며 하강할 수 있도록 도와주는 역할을 한다. 물론 함석 조각이 과도하게 돌출되어 있으면 나선 반경은 작을지라도 추진기를 이용한 정상 운항 시 함석 저항에 의한 우현방향 모멘트가 커지므로 적당한 돌출 각도(조타면에서 약 10°)를 유지해야 한다. 13번과 1번 마디 끝에는 그림 2.4와 같이 각각 고리가 설치되어 있어 진수, 회수 때 Rope를 걸어 흔들림 방지용으로 활용한다. 수면 (또는 천수심) 항해 시에는 선미부 고리에 floating tail buoy를 부착하여 AUV의 실시간 관측과 분실을 예방하고, 선수부 고리는 무동력으로 장거리 견인 시 사용된다.

그림 2.3 모멘트(M_y) 유발용 함석 조각

그림 2.4 선수/선미부 돌출형 고리

2.4 Buoyancy Blocks

동체 부착용 부력재(Buoyancy Blocks)는 Epoxy Resin과 미세한 크기의 Glass Spheres를 섞어 Curing한 복합재료로서 잠수정의 작업수심에 따라 Glass Sphere를 섞는 함량(Volume Fraction)이 달라진다. 수심 6,000미터급 OKPO-6000을 위한 부력재의 물성은 아래 표와 같으며 원재료의 모양은 그림 2.5와 같다.

Item	Description	Property
1	Apparent Density (kg/㎥)	680~720
2	Collapse Compression Strength (MPa)	≥75
3	Compression Modulus of Elasticity (MPa)	≥2.5 x 10^3
4	100-hour Water Absorption at Hydrostatic Pressure of 600 MPa(g/㎠)	≤0.008

그림 2.5 수심 6,000 m용 부력재

표 2.2에 부위별 종류와 소요량을 표기하였다.

<표 2.2 Section별 주요장비 및 소요 부력재의 양>

Sec. No.	Section Name	Section Equipments	No. of Block
1	Stern	Four Thrusters	4
2	HVPSU	High Voltage Power Supply Unit Pressure Compensator Strobe Light Two Pressure Connectors	4
3	Circular Frame #1	Rope Clamp	0
4	Main Battery #1	Eight LR-190 Cells Battery	6
5	Main Battery #2	Eight LR-190 Cells Battery	6
6	Still Camera	Still Camera Pressure Disconnector Two SSS Arrays	6
7	Additional	(Additional Section for Buoyancy)	6
8	APS	APS Transceiver Two Pressure Compensators TV Light	8
9	SCCU	SubControl Computer Unit TV Recorder Bottom APS TCM	6
10	Autopilot	Autopilot Unit Radio Antenna Releaser Bottom OAS Electronic Module for SSS	6
11	Circular Frame #2	Rope Clamp	0
12	LRB	Ballast Electromagnets OAS Transceiver Light Beacon Electronic Modules for LRB TCM Speed Log	6
13	Bow	TV Camera Depth Sensor Radio Antenna Speed Log Ballast Electromagnets 4-OAS Transceivers Electronic Module for OAS	10
Total Number of Pieces of Buoyancy Blocks for OKPO-6000 Body			68
Recovery Buoy per Transponder			2

Chapter 3.

주요 탐사 장비

3.1 심해용 TV Camera and Light

3.1.1 심해용 TV Camera

(1) 서론

해수 중에서는 태양 광선이 투과하지 못하므로 깊은 바다는 암흑세계이다. 따라서 심해저의 모습을 칼라 영상으로 취득하려면 강한 조명이 필요하나 AUV는 고도를 유지하고 장애물을 회피하며 자율 운항하는 본래의 목적을 위해 내장된 밧데리를 주로 사용하므로 영상 취득에 많은 에너지를 사용하기 어렵다. 또한 해수 중에서는 붉은색 계통의 장파장이 빨리 흡수되므로 조명을 비추더라도 수 미터 이상 떨어진 거리는 청색 위주로 사물이 보이게 되므로 색깔보다는 사물의 형태만 파악하기 위해 주로 반사된 빛 에너지를 1만 배 이상 증폭시켜 흑백 동영상을 얻게 된다. 반면에 실시간 테더선(Tether Cable)으로 전력이 공급되는 ROV(Remotely Operated Vehicle)의 경우에는 정사진과 동영상 모두 선명한 칼라 영상을 얻을 수 있다.

심해용 TV Camera를 사용하는 경우 일반적으로 몇 가지 주의할 사항들이 있다.

① 광원 증폭용 SIT Tube를 작동하기 위해 500 V의 고전압과 10 kV의 임시 고전압을 발생시키므로 카메라를 분해한 상태에서 전원을 인가하지 않는다. 또 내부 소자들 중 수은을 포함하고 있는 부분들이 있으므로 열원이 인가된 상황에서는 분해하지 않는다.

② 카메라의 SIT Tube의 화면(브라운관의 앞면 유리)는 평균 조도 20 lux 이상의 광선에 1분 이상 노출되면 안된다. 또는 화면의 한 점이 최고 10^3 lux를 초과하는 광에 1분 동안 노출되면 안된다. 이러한 예방 조치들을 하지 않았을 경우에는 tube의 생명을 단축시키고, X선 튜브의 target이나 photocathode(광음극)에 영구적인 손상을 줄 수 있다.

③ 카메라를 다음과 같은 상황에서는 작동하지 않는다.

- 강한 자장에서
- 강한 전자장에서
- 강한 방사선이 나오는 근처에서
- 헬륨 대기에서

④ 카메라를 90일 또는 그 이상 사용하지 않았을 경우 1~8시간 동안 렌즈에 캡을 씌운 채로 작동시킨다. 이것은 과도한 이온 발생으로부터 SIT Tube의 photocathode에 가능한 손상을 최소화하기 위해서이다. (어떤 전자 장치들은 정전기에 의해 못 쓰게 될 수도 있다.)

그림 3.1 Extreme Low Light Monochrome Underwater CCD Camera

일반 대기압 환경에서 사용하는 캠코더를 심해용 내압 용기에 넣어서 사용할 수도 있다. 그림 3.2는 이러한 응용 사례를 보여준다.

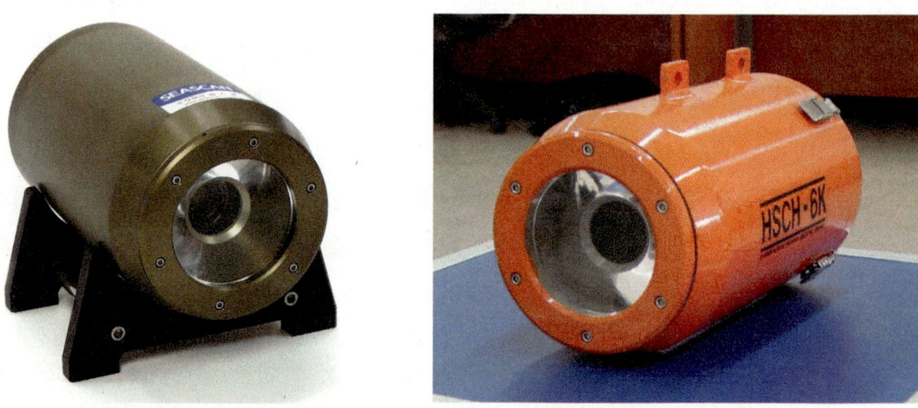

그림 3.2 심해(6,000 m)용 Video Camera Housing

3.1.2 Underwater Light

(1) Underwater Light의 제품 설명

① Model QL-3000-4512: 20,000 ft.(6 km), 250 Watts/24 V, 150 Watts/24 V bulbs

② Remote Ocean Systems(www.rosys.com)

③ Light Inspection and Test Certification:

④ Serial No: 6260

⑤ Model & Part No: QL-3000-4512

⑥ Date:12/20/1993

(2) Underwater Light의 사양

① Power: 250 and 500 Watts standard
(optional power level are 100, 150, 750, 1000 Watts)

② Voltage: 120 volts standard

③ Operating Depth: 3000 feet standard

④ Size: 6.2×2.5×3.2 inches

⑤ Weight in Air: 1.8 lbs

⑥ Weight in water: 0.9 lbs

⑦ Beam Pattern: 100° × 100°

⑧ Light Output: 20 lumens per Watt

⑨ Lamp Life: 2000 hours typical

⑩ Housing Material: Hard anodized aluminum with white fused coating

⑪ Connector: Crouse-Hinds Electro 510 F4M-4

⑫ Mounting: four ¼-20 tapped holes in base

그림 3.3 심해저용 Light (수심 6,000 미터)

3.2 심해용 Still Camera and Strobe Light

정사진 촬영을 위해 사진기를 그림 3.4와 같이 심해용 내압용기에 설치한다.

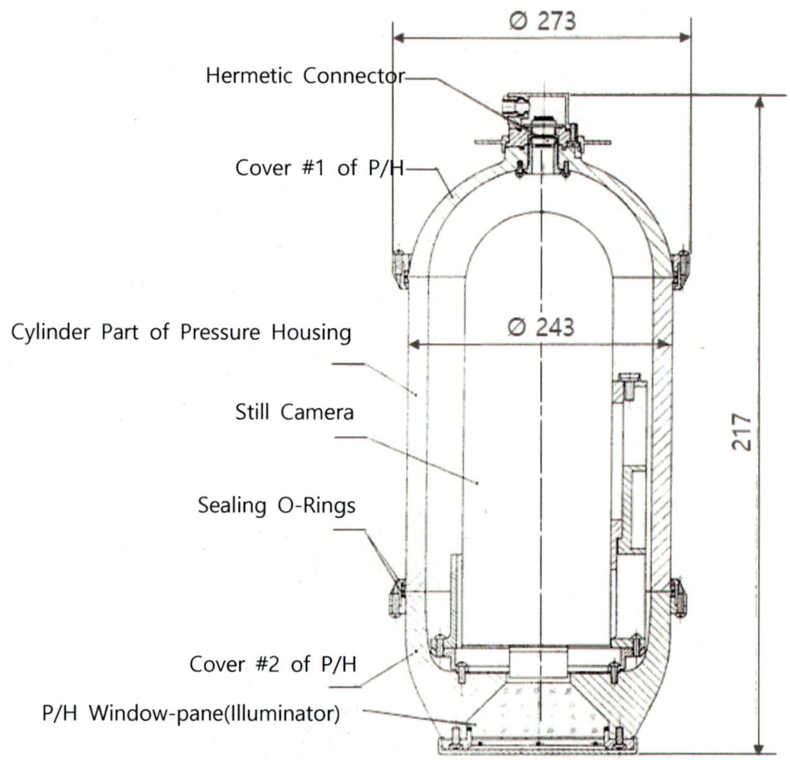

그림 3.4 Still Camera의 하우징 내부 조립도

3.2.1 Strobe Light Set

(1) Strobe Light Set의 목적

Strobe Light Set의 목적은 AUV의 메인 밧데리 에너지를 still camera와 동기화된 강력한 light pulse로 바꾸는 것이다.

(2) Strobe Light Set의 기술적인 사양

① 공급 전압(VDC): 23~32

② Strobe Light 전압(VDC): 350~365

③ Flash의 시간 간격(msec): ≤ 2

④ Flash의 에너지(J): 240

⑤ DC-DC Converter의 주파수(kHz): 20

⑥ Flash의 반복 주기(sec): ≥ 6

⑦ Strobe Light의 무게(kg): ≤ 3.0

High Voltage Converter 압력 용기의 무게: 12.3 kg

High Voltage Converter 전자 장치의 무게: 3.05 kg

⑧ 공급 전원 24.5 VDC에 의한 High Voltage Converter의 효율: ≥0.85

(3) Strobe Light Set의 구성

① Strobe Light(SL)

② High Voltage Converter(HVC):

- PWM Control Board(CB) A1;
- Power Supply Filter Board(PSF) A2;
- Power Amplifier(PA), placed on a combined board-radiator A3;
- High Voltage Accumulator Board(HVA) A4;
- High Voltage protector(HVP) A5;
- Power Switch, Water Sensors which are placed on HVC chassis

그림 3.5 Still Camera용 Flash Light (몸체 바닥 쪽)

3.3 Side Scan Sonar

3.3.1 Side Scan Sonar의 목적

Side Scan Sonar(SSS)는 해저 물체의 음향학적인 탐사뿐만 아니라 소나 데이터의 가시화를 통해 상대적으로 넓은 해저의 연속적인 평면도를 효과적으로 얻기 위해서 설계된 장비이다.

3.3.2 Side Scan Sonar의 일반적인 원리

SSS의 세라믹 array는 높은 해상도를 위해서 고출력과 높은 주파수의 음향 펄스가 요구된다. 그 출력 펄스의 형상은 통상 수평면에서는 좁게(1~2°), 수직면에서는 넓은 부채모양(40~60°)으로 나타난다. 그리고 그림 3.6과 같이 진행하는 경로에 수직한 평면으로 array에서 만들어진 얇은 음향이 아래쪽 지면 방향으로 출력된다.

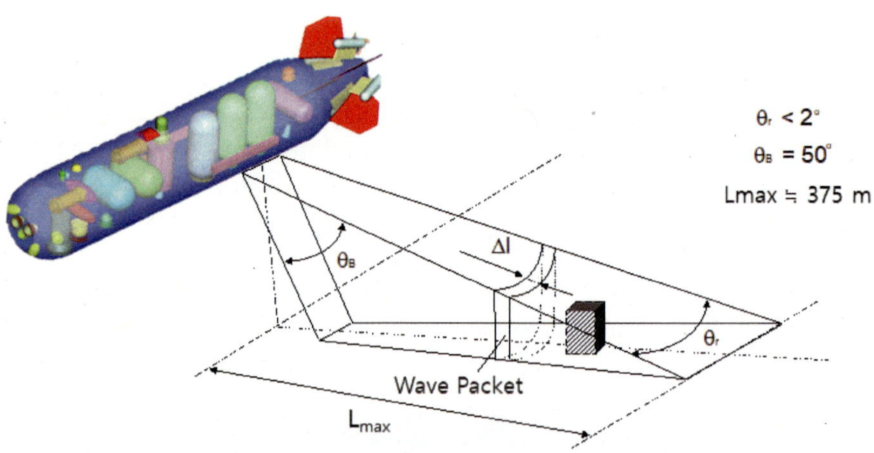

그림 3.6 Side Scan Sonar

기간 τ와 반복 주기 T(T는 “소나 주기”라고 불린다)를 가진 이러한 음향 펄스는 “wave packet"를 형성하고 P의 방향으로 음속 c로 나간다. 그 방향에서 펄스가 퍼져 나가는 wave packet의 길이는 다음과 같다.

$$\Delta L = \frac{c \cdot \tau}{2}$$

공간에서 각 “wave packet"이 퍼져 나아갈 때마다 해저의 불연속면에서 반사된 음향 에너지는 연속해서 array로 돌아온다. 반사된 신호는 transducer에 의해 수신되고, 전기적으로 증폭되어 디지털 장치에 전기에너지로 전달된다. t_0를 음향 펄스의 발사 시점이라고 하자. 첫 해저 반향 소리의 수신 시점은 다음과 같은 수식어에 따라 결정될 수 있다.

$$t_h = t_0 + \frac{2 \cdot H}{C}$$

여기서, H는 SSS array에서 해저 표면까지의 최단 거리이다.

시간 간격 $[t_0, t_h]$에서 반향 소리는 해저에서 array로 오지 않는다. 간격 $[t_h, T]$에서 역산란된 반향 소리는 최대 기울기 거리까지 array에 도달한다.

$$L_{max} = \frac{C \cdot T}{2}$$

시간 t의 순간에 SSS array의 반향 신호의 순간 값은 그에 상당하는 해저 지점의 역 산란계수에 비례한다. SSS 반향 데이터를 표현하기 위해서 raster 형태의 기록장치가 사용된다. 바위, 암붕(ledge), 금속체, 모래 물결 같은 좋은 음향 반사물은 일반적으로 기록 장치에 어두운 영역으로 표현된다. Acoustic beam으로 scan한 움푹한 지형은 밝은 영역으로 표시된다. 각 소나 사이클의 반향 신호는 개별적으로 기록된다. n 소나 사이클의 결과로서의 해저 음향 이미지는 등위(“route distance-slant distance")의 n line에 기록된다. 이러한 SSS의 특별한 특징은 AUV로 하여금 다음과 같은 목적을 달성할 수 있게 한다.

① 대량의 소나 데이터 열 배열을 저장
② 변경 가능한 소나 탐사의 조건에서 소나 데이터 수신 및 수신과정 전체를 자동으로 저장
③ AUV 회수 후 모선의 실험실에서 저장된 가공하지 않은 소나 데이터와 추가 데이터를 처리하고 출력

3.3.3 Side Scan Sonar의 사양

① 최대 전체 범위(T = 0.5 s): 2 × 375 m

② 출력 주파수: 82 kHz(좌현), 85 kHz(우현)

③ 수평 beamwidth: ≤2°

④ 수직 beamwidth: 50°

⑤ 펄스 길이: 0.5 ms

⑥ 수신기 대역폭: 4 kHz

⑦ Transmitter의 전기적인 출력(능동 임피던스 부하가 100 Ω일 때): ≥1000 W

3.3.4 Side Scan Sonar의 구성 및 구조

SSS 시스템은 AUV에 장착된 수중 부분과 모선 위에 있는 수상 부분으로 구성되어 있다. 수중 부분은 다음과 같이 구성되어 있다.

① SSS 전자 장치

② 송·수신 transducers (2개의 Array)

③ AUV 컴퓨터의 digital interface

수면에 위치한 모선 부분은 다음과 같이 구성되어 있다.

① PC, 마우스

② Halftone line printer

또한 SSS의 전자 장치는 다음과 같이 구성되어 있다.

① Transceiver board of port channel(PCH)

② Transceiver board of starboard channel(SCH)

③ Logarithmic amplifiers board

④ Analog-to-Digital Converter(ADC)

⑤ Power filtering circuits

⑥ Chassis with water sensors and block connectors

⑦ Pressure Housing with hermic pressure-seal connectors

SSS 전자 장치와 AUV 컴퓨터는 housing의 back lid와 심해용 sealing 컨넥터를 이용해서 상호 연결되어 있다. 또한, SSS 전자 장치는 bit-bus line과 AUV 전원 공급 장치와 연결되어 있다. 그 밖에 SSS 전자 장치는 SSS array와 연결되어 있다.

그리고 SSS array는 water sensor를 갖추지 않았으나 array에 대한 누수의 가능성을 AUV 유압 보상기에 연결함으로써 최소화하였다. SSS array는 전자 음향 변환기이다. 그것의 목적은 음향 펄스를 수신하고 송신하는 것이다. Array의 능동 부분은 쌍으로 같은 두께의 7단(section)으로 아교로 접착된 사다리꼴의 압전소자로 구성되어 있다. 기계적으로는 압전소자는 반직렬로(anti-seriesly), 전기적으로는 반병렬로(anti-parallelly) 연결되어 있다. 단의 두께는 공진 주파수를 결정한다. Longitudinal 압전효과에 비례하는 발진(Oscillation) 모드가 사용된다. 모든 단은 line array 형태로 세팅되어 있고, 그림 3.7과 같이 튜브 형태의 기름이 채워진 구조로 되어 있고, 압력 보상 AUV 시스템에 유압적으로 연결되어 있다. Array의 정면은 음향 효율을 높이기 위해 얇은 구조(약 1 mm)이다. 많은 구멍이 뚫린 평평한 고무판에 의해 형성된 사각파 음향 정합층은 기름 위에 놓여져 있다. 전기적인 연결은 세라믹 표면에 있는 얇은 구리판이 사용되었다.

Array의 전기적인 안정은 전기적인 간섭과 일치하는 위상(phase)을 보상하는데 사용된다. 각 단의 외부 표면은 얇은 금속 조각에 연결되어 있으며 array는 foil screen에 세팅되어 있다. Array screen은 회로 신호와 절연막으로 된 구조로부터 떨어져 있다. 신호 전극과 array screen은 screen coiled cord 회로를 나타내는 3가닥의 케이블로 SSS 압력 용기에 연결되어 있다.

그림 3.7 Side Scan Sonar Array

3.4 Temperature And Conductivity Meter

3.4.1 TCM의 목적

Temperature-Conductivity Meter(TCM)는 해수의 온도 및 염도를 단위화 된 전기적인 신호(-2℃~+32℃의 온도 조건과 60 MPa의 한계압력 내에서 아날로그 신호와 디지털 코드)로 변환하는 것이다. TCM은 압력 보상 시스템을 갖춘 AUV에 설치된다.

3.4.2 TCM의 사양

TCM은 다음과 같은 측정 채널을 통합하고 있다.

① 온도 MCH(Measurement CHannel)

② 염도 MCH

③ 온도 보정 MCH

TCM 출력 신호는 RS-232C 시리얼 포트를 통하여 전달된 일종의 디지털 코드 열이다. MCH의 주요한 매개변수 및 측정되는 특성은 아래 표와 같다.

특성 (-2℃~+20℃ 온도 범위에서)	측정 범위	0.95 신뢰 수준에서 오차 한계
해수 온도	-2℃~+32℃	±0.04℃
해수 염도	1~6.5 S/m	±0.05 S/m

이 장치들은 최대 8시간까지 연속적으로 작동될 수 있으며, Platinum Thermo-Resistor(PTR)의 열관성 계수는 0.5보다 작다. 그리고 공급 전압의 범위는 20~32 VDC이고, 전원으로부터 소비된 전류는 0.13 A까지로 제한된다.

TCM의 전체 치수는 다음과 같다.

① TCM 용기의 전체 치수(mm): 366(L) × 112(D)

② 온도 센서의 전체 치수(mm): 210(L) × 50(D)

③ 염도 센서의 전체 치수(mm): 115(L) × 40(D)

TCM의 무게는 센서를 포함해서 3.6 kg이다.

(a) 장착된 상태

(b) 온도센서

(c) 염도센서

그림 3.8 TCM

3.4.3 TCM의 구성

(1) 온도 센서

그림 3.9와 같다.

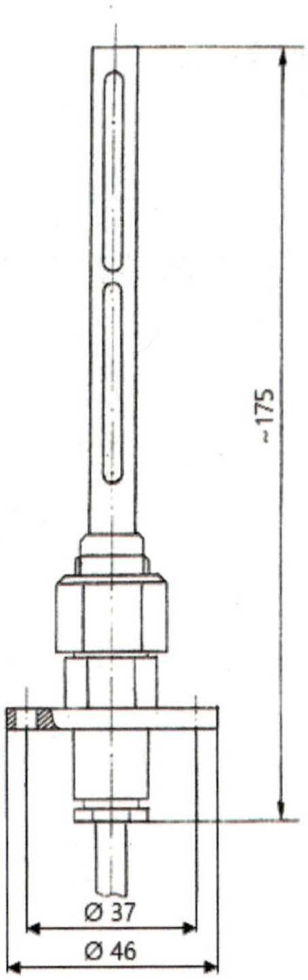

그림 3.9 온도 센서(Temperature Sensor)

(2) 염도 센서

그림 3.10과 같다.

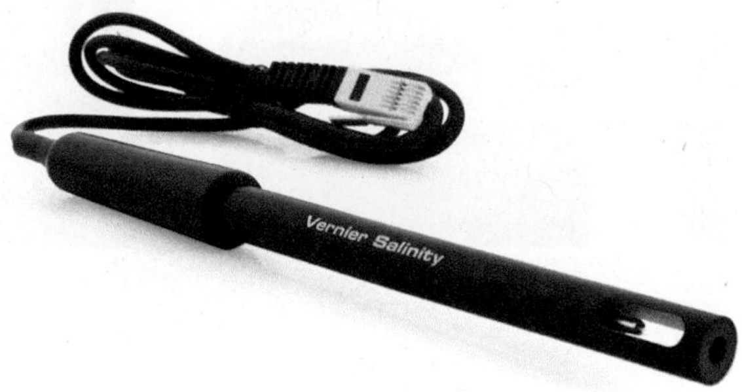

그림 3.10 염도 센서(Conductivity Sensor)

(3) TCM 전자 장치

① Electronic chassis with female connectors PC19, PC32 and water sensor

② Temperature converter board

③ Conductivity converter board

④ Voltage-to-code converter board

(4) TCM electronic unit pressure housing

TCM의 작동과 신호처리를 위한 전자부품이 들어있는 내압 용기를 말한다.

(5) TCM의 기능도

그림 3.11과 같다.

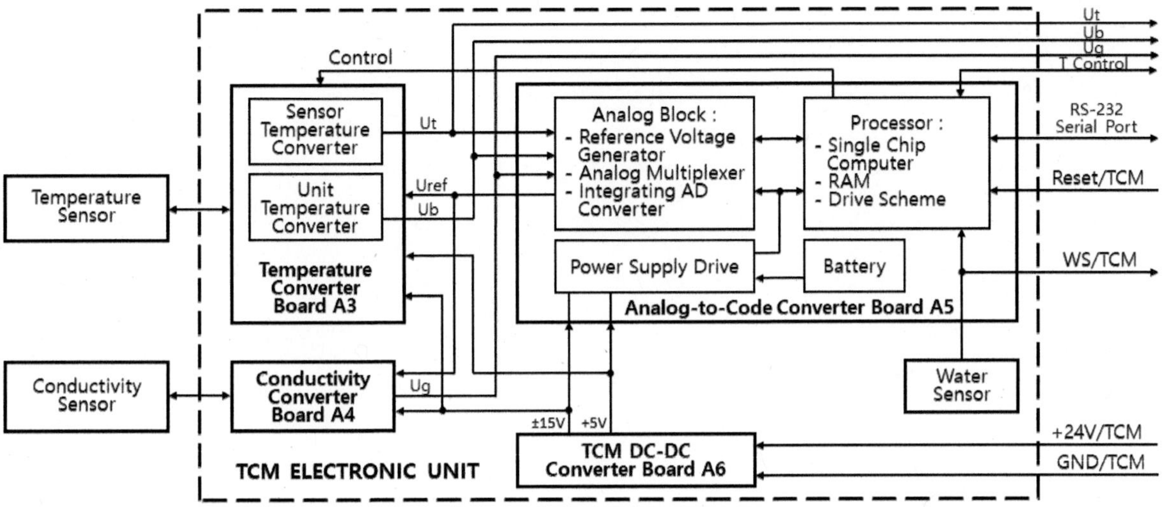

그림 3.11 Functional Block Diagram of Temperature Conductivity Meter Unit

Chapter 4.

AUV의 동적 거동

4.1 개요

AUV를 초기 설계할 때에는 완성품의 부력, 저항 및 추진성능과 조종성능 등 유체역학적 제반 성능에 관한 예측이 필요하다. 이들 요소는 AUV의 효율적인 운항 및 제어 시스템과 밀접한 관계를 가지고 있다. OKPO-6000 AUV의 부력을 계산하기 위하여 초기단계에서는 예전의 데이터를 이용하여 운항 상태의 부력을 예측하여 초기설계에 이용하고, 실제 제작 시에는 모든 부품의 중량을 측량하며 설계를 확정하였다. 또한, 제작 후에는 Balancing Test 및 천해 시운전을 통해 계측된 각 Thruster의 값을 고려하여 Dummy Ballast를 추가하였다. 초기에 조종 운동을 모사하여 얻어진 제어 상수를 AUV의 제어 수단인 PID 시스템의 계수에 도입하였고 천해 시운전을 통해 얻어진 결과를 이용하여 계수를 미세하게 조정하였다.

4.2 Hydrodynamic Properties 및 Control Dynamics

제한된 공급 전력 때문에 AUV 동체는 유선형으로 항력이 최소화되도록 설계되었다. 잠수함 선형 설계에서와 마찬가지로 전체 길이에 대한 선미부 길이의 비와 AUV 동체 직경에 대한 전체길이의 비(L/D)는 매우 중요하다. 잠수함에서 L/D의 최적값은 약 6인 것으로 보고되고 있다. 그러나 OKPO-6000의 선형은 제작 및 용이한 보수를 위하여 이 값들이 최적으로 설계되지는 않았다. 이하에서 선형 설계에 관한 내용을 다룬다.

4.2.1 Hydrodynamic Properties

실물에 대한 설계를 시작하기 전에 가정된 몰수체에 대한 유체동역학적 거동을 예측하는 것은 매우 중요한 과정이다. 가상의 AUV의 선수부는 반타원형(각 축 길이비가 1:1.5)으로, 중앙부는 원통형으로, 선미부는 포물선형을 채택하였고 Stabilizer는 2개가 한 쌍씩 십자 형태로 2쌍이 부착되는 것으로 하였다. 그림 4.1은 구체적인 형상을 확정하기 이전의 대강의 3D 배치도이다.

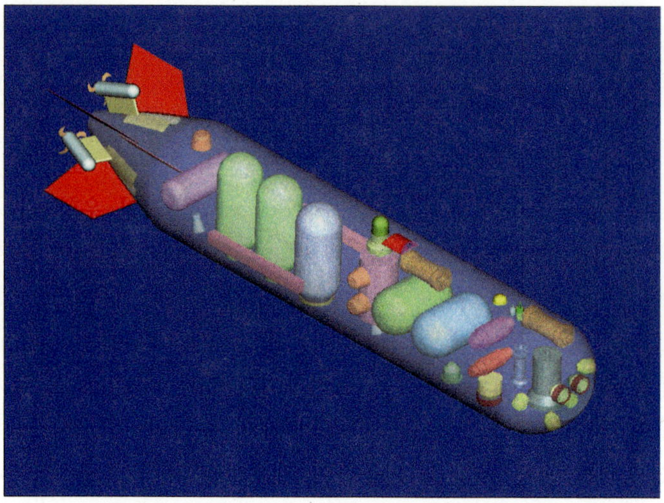

그림 4.1 AUV의 초기 단계 입체 모델링

각 부분의 길이를 아래와 같이 가정한다. 모듈형 동체로 인한 길이 가변형 OKPO-6000에 대한 실제 값으로 설명하진 않지만 추후 이 과정을 그대로 따라 수행하면 OKPO-6000에 대한 개략적인 성능을 쉽게 예측할 수 있다.

L	L_b(선수부 길이, 0.6 m) + L_c(중앙부, 2.2 m) + L_s(선미부, 1.4 m)
S	S_b(선수부 표면적, 0.4 ㎡) + S_c(중앙부, 1.85 ㎡) + S_s(선미부, 0.81 ㎡)
V	V_b(선수부 체적, 0.22 ㎥) + V_c(중앙부, 1.22 ㎥) + V_s(선미부, 0.43 ㎥)
D	중앙 평행부 원통의 직경(0.84 m)
S^o_{st}	한 쌍의 Stabilizer Wing의 nominal 면적(0.25 ㎡)
a, b, c	AUV 선형을 같은 체적을 갖는 타원체로 고려할 때의 타원체의 3축 반경 (0.46 m, 2.11 m, 0.46 m)
X	부심으로부터 선수부 끝까지의 거리(1.9 m)
λ_{st}	Stabilizer Aspect Ratio(2.0)

AUV가 유체 중을 운항할 때에 마찰저항 및 형상저항으로 이루어진 점성력과 부가질량에 의한 관성력을 받게 된다. 또한, 저항은 위치 성분과 감쇠(Damping) 성분으로 나누어 생각할 수 있는데 위치성분은 AUV의 Angular Position에, 감쇠성분은 각속도에 영향을 받는다. 좌표계(그림 1.2)는 AUV 축에 일치된 좌표계(종방향을 x, 연직상방을 y, 횡방향을 z축으로 하는 오른손 좌표계)를 고려한다. 따라서 항력(R_x)과 양력(R_y, R_z)은 전체 저항의 각 성분이 된다.

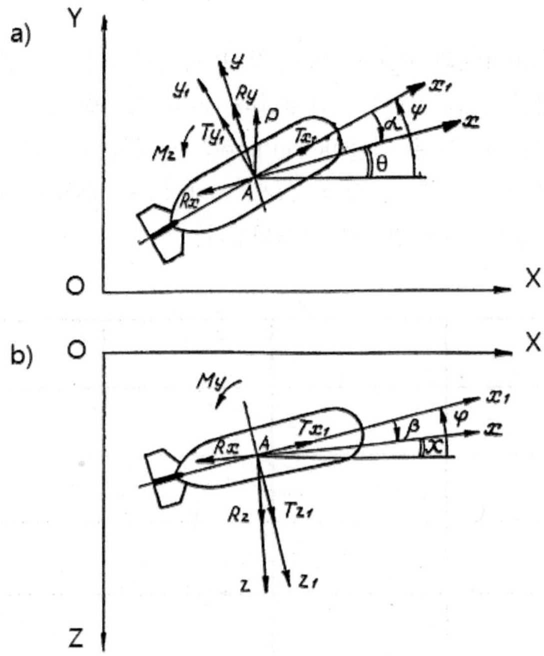

그림 4.2 연직면 및 수평면에서 AUV에 작용하는 힘과 좌표계

AUV의 축 대칭성을 고려하면 y축과 z축에 대한 유체역학적인 특성은 같게 되며, 설계 단계와 제작 완료 후 Balancing을 통하여 Heeling을 없애주므로 추진력 이외에 다음과 같은 외력이 AUV에 작용하게 된다.

$$
\begin{aligned}
R_x &= \rho\frac{v^2}{2}V^{2/3}C_x \\
R_y &= \rho\frac{v^2}{2}V^{2/3}C_y(\alpha) + \rho\frac{v}{2}VC_y(\omega) \\
M_z &= \rho\frac{v^2}{2}Vm_z(\alpha) + \rho\frac{v}{2}V^{4/3}m_z(\omega)
\end{aligned} \tag{4.2.1}
$$

식 (4.2.1)에서 α는 입사각, ω는 각속도, C_x는 항력계수, $C_y(\alpha)$, $m_z(\alpha)$는 각각 입사각에 따라 변하는 양력 및 모멘트 계수를 의미하고 $C_y(\omega)$, $m_z(\omega)$는 감쇠 관련 계수를 나타낸다.

(1) 저항 성분

항력계수 C_x는 선체 outline과 Reynolds 수를 변화시켜가며 실행한 실험 결과를 이용하여 구할 수 있으며 이 결과를 그림 4.3에 나타내었다. 특히, L_s/D와 L_c/D를 변화시켜 Outline 주위 유동이 포텐셜 유동에 가깝도록 적절한 Outline을 선정할 수 있다. 여기에서 Reynolds 수 (2~3) x 10^3 범위에서 L_s/D = 1.7, L_c/D = 2.6일 때에 C_x의 값은 0.113이 된다. OKPO-6000의 항력계수도 거의 이 값을 갖는 것으로 설계되었다.

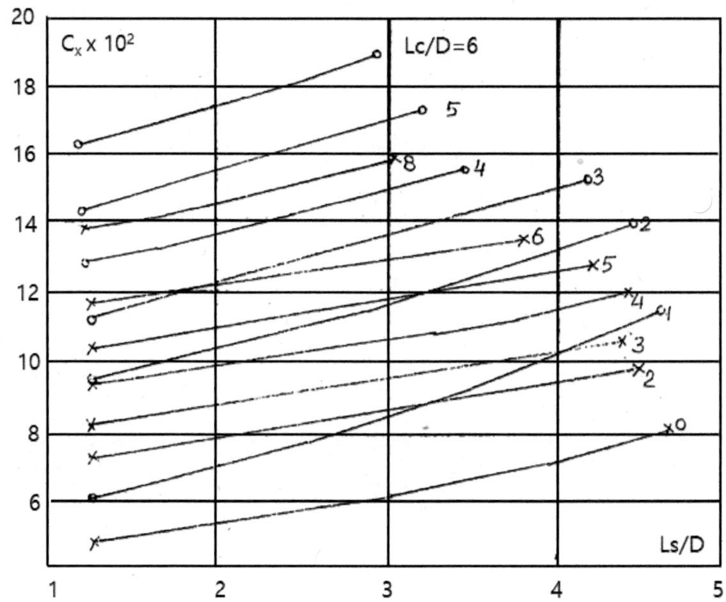

그림 4.3 선미부(L_s)와 중앙평행부(L_c) 길이 비에 따른 저항계수

또, 한 쌍의 Stabilizer의 저항계수는 다음과 같이 계산된다.

$$C_{xst} = 0.031\,Re^{-0.143} = 0.01$$

따라서, x축 방향의 항력은

$$R_x = C_x V^{2/3} \rho \frac{v^2}{2} = (C_{xh} V^{2/3} + 2 C_{xst} S_{xst}) \rho \frac{v^2}{2} \tag{4.2.2}$$

이 되고 실험을 통한 계수값을 대입하면 다음을 얻는다.

$$R_x = 76v^2 \text{ N}$$

각 저항 및 모멘트계수들은 입사각과 각속도에 대하여 선형 관계를 갖는다고 가정하면 다음과 같은 도함수들을 얻는다.

$$R_{yh}^{\alpha} = \rho\frac{v^2}{2}V^{2/3}C_{yh}^{\alpha} \qquad R_{yh}^{\omega} = \rho\frac{v}{2}VC_{yh}^{\omega} = \rho\frac{v}{2}V^{2/3}C_{yh}^{\alpha}b_d$$

$$M_{zh}^{\alpha} = \rho\frac{v^2}{2}Vm_{zh}^{\alpha} = \rho\frac{v^2}{2}V^{2/3}C_{yh}^{\alpha}b_p \qquad M_{zh}^{\omega} = \rho\frac{v}{2}V^{4/3}m_{zh}^{\omega} = \rho\frac{v}{2}V^{2/3}C_{yh}^{\alpha}b_d^2$$

$$R_{yst}^{\alpha} = \rho\frac{v^2}{2}S_{st}C_{yst}^{\alpha} \qquad R_{yst}^{\omega} = \rho\frac{v}{2}S_{st}C_{yst}^{\alpha}b_{st}$$

$$M_{zst}^{\alpha} = \rho\frac{v^2}{2}S_{st}C_{yst}^{\alpha}b_{st} \qquad M_{zst}^{\omega} = \rho\frac{v}{2}S_{st}C_{yst}^{\alpha}b_{st}^2 \tag{4.2.3}$$

위 식들에서 b_p, b_d는 각각 양력과 감쇠력 작용점으로부터 동체 질량중심까지의 거리이고, b_{st}는 Stabilizer의 기하학적 중심으로부터 질량중심까지의 거리이다.

이제 문제는 기하학적 계수들인 b_p, b_d, b_{st}와 유체동력학적 계수 $C_{yh}{}^{\alpha}$, $C_{yst}{}^{\alpha}$를 결정하는 것이 된다. 하지만 그 이전에 $Cy\alpha$, $mz\alpha$ 및 $Cy\omega$, $mz\omega$에 대한 특성을 파악하기 위하여 날개 이론을 적용하여 얻은 K. K. Phedyayevski와 G. R. Sokolov의 식은 다음과 같다.

$$C_y^{\alpha} = \frac{2\pi\lambda}{2+\sqrt{\lambda^2+4}} \qquad m_z^{\alpha} = \pi\lambda\left[\frac{1}{2+\sqrt{\lambda^2+4}} - \frac{0.5}{2+\lambda}\right]$$

여기서, λ = B/L로 선체의 경우엔 0.23이고 Stabilizer에 대해서는 2.0의 값을 가지므로 다음과 같은 계수값들이 얻어진다.

$$C_{yh}{}^{\alpha} = 0.36 \qquad C_{yst}{}^{\alpha} = 2.62$$

$C_{yh}{}^{\alpha}$를 $C_{yst}{}^{\alpha}$에 대한 정의와 맞추어 주면 즉, $S/V^{2/3}$ $(=3.06/1.87^{2/3})$의 값을 곱해 주면 $C_{yh}{}^{\alpha}$의 값은 0.72가 된다.

여기에서 모멘트를 구하기 위해 $m_z{}^{\alpha}$에 대한 식을 사용할 경우 λ가 1보다 작을 경우에 오차가 커지게 된다.

또한 날개이론을 적용하면 C_y^{ω}, m_z^{ω}는 다음과 같다.

$$\begin{aligned} C_y^{\omega} &= C_{yh}^{\omega} + C_{yst}^{\omega} = 0.5\,\delta_V + C_{yst}^{\alpha}\, b_{st}\, V^{-1/3} \\ m_z^{\omega} &= m_{zh}^{\omega} + m_{zst}^{\omega} = \frac{\delta_V^2}{4\, C_{yh}^{\alpha}} + C_{yst}^{\alpha}\, b_{st}^2\, V^{-2/3} \end{aligned} \tag{4.2.4}$$

위 식에서 δ_V는 알몸 동체에 대한 방형계수(Block Coefficient)로서 0.8이다.

이제 AUV에 작용하는 전체 힘과 모멘트는 다음과 같이 나타낼 수 있다.

$$\begin{aligned} R_y^{\alpha} &= \rho \frac{v^2}{2} V^{2/3} (C_{yh}^{\alpha} + C_{yst}^{\alpha}\, S_{st}\, V^{-2/3}) = \rho\, C_y^{\alpha} \frac{v^2}{2} V^{2/3} \\ M_z^{\alpha} &= \rho \frac{v^2}{2} V (C_{yh}^{\alpha}\, b_p\, V^{-1/3} + C_{yst}^{\alpha}\, S_{st}\, b_{st}\, V^{-1}) = \rho m_z^{\alpha} \frac{v^2}{2} V \\ R_y^{\omega} &= \rho \frac{v}{2} V (C_{yh}^{\alpha}\, b_d\, V^{-1/3} + C_{yst}^{\alpha}\, S_{st}\, b_{st}\, V^{-1}) = \rho\, C_y^{\omega} \frac{v}{2} V \\ M_z^{\omega} &= \rho \frac{v}{2} V^{4/3} (C_{yh}^{\alpha}\, b_d^2\, V^{-2/3} + C_{yst}^{\alpha}\, S_{st}\, b_{st}^2\, V^{-4/3}) = \rho m_z^{\omega} \frac{v}{2} V^{4/3} \end{aligned} \tag{4.2.5}$$

따라서, Stabilizer를 포함한 Total 계수는 다음과 같다.

$$\begin{aligned} C_y^{\alpha} &= C_{yh}^{\alpha} + C_{yst}^{\alpha}\, S_{st}\, V^{-2/3} \\ m_z^{\alpha} &= C_{yh}^{\alpha}\, b_p\, V^{-1/3} + C_{yst}^{\alpha}\, S_{st}\, b_{st}\, V^{-1} \\ C_y^{\omega} &= C_{yh}^{\alpha}\, b_d\, V^{-1/3} + C_{yst}^{\alpha}\, S_{st}\, b_{st}\, V^{-1} \\ m_z^{\omega} &= C_{yh}^{\alpha}\, b_d^2\, V^{-2/3} + C_{yst}^{\alpha}\, S_{st}\, b_{st}^2\, V^{-4/3} \end{aligned} \tag{4.2.6}$$

b_p, b_d에 대한 유체동력학적 특성을 파악하기 위해서는 압력중심과 질량중심의 위치를 알아야 하는데 질량중심은 간단한 수 계산을 통하여 얻을 수 있다. 대부분의 유사선형의 경우에 압력중심이 질량중심에 비해 선수쪽으로($b_p>0$) 놓이게 되면 이것은 입사각에 대하여 불안정한 상태가 된다. 따라서 Stabilizer를 b_{st} = -2.0 m가 되도록 설계하였고 모든 계수들의 값은 다음과 같이 얻어진다. 아래 식에서 σ는 S_{st}/S^{o}_{st}를 나타내고 S^{o}_{st}는 Stabilizer 면적의 Nominal 값으로 0.25 m^2이다.

$$
\begin{aligned}
C_y^{\alpha} &= 0.72 + 0.43\,\sigma \\
m_z^{\alpha} &= 0.58\,b_p - 0.7\sigma \\
C_y^{\omega} &= 0.58\,b_d - 0.7\,\sigma \\
m_z^{\omega} &= 0.47\,b_d^2 + 1.14\sigma
\end{aligned}
$$

여기까지는 포텐셜 유동을 가정하여 얻은 결과이고, 실제로는 선미부에서의 난류 점성유동에 의한 효과를 고려해 주어야 한다. 여기서는 이러한 효과를 소위 Current 계수 ψ'로 나타내는데 이 값을 계산하기 위하여 전형적인 선미형상에 대한 실험식을 이용하였다.

$$
\begin{aligned}
\psi' &= 2\,(\delta_V)^5\,(1-\delta_V) + 0.04 \\
\psi' &= 0.185\,(\delta_V)^2\,\sqrt{V^{4/3}/D}
\end{aligned}
$$

위 식에서 $\delta_V = 4V/\pi D^2 L$로서 선체의 방형계수(0.8)를 나타내며 D는 AUV 동체 직경이다. 즉, 위 식은 선체의 비대함으로만 포텐셜 유동에 대한 선미부에서의 유동변화를 나타내고 있다. 주어진 형상으로부터 첫 번째 식에 의한 ψ'값은 0.171이고, 두 번째 식에 의한 값은 0.198이 된다. 두 값의 평균값(0.185)을 채택하여 사용하고 프로펠러가 작동중일 때의 유효 Current 계수 ψ_e'는 다음과 같다.

$\psi_e' = 0.15$ for Forward Motion

$\psi_e' = 0.19$ for Backward Motion

이 값을 유체동력학적 계수에 반영을 해주면 다음과 같다.

$$
\begin{aligned}
C_y^{\alpha} &= 0.72 + 0.43\,\sigma\sigma^{*2} \\
m_z^{\alpha} &= 0.58\,b_p - 0.7\sigma\sigma^{*2} \\
C_y^{\omega} &= 0.58\,b_d - 0.7\,\sigma\sigma^{*} \\
m_z^{\omega} &= 0.47\,b_d^2 + 1.14\sigma\sigma^{*}
\end{aligned}
$$

σ*는 전진운동 모드에서 0.85, 후진운동 모드에서 0.81의 값을 갖는다.

전진운동 모드에서 Stabilizer 면적 변화에 따라 유체동력학적 계수들의 변화를 살펴보자. 먼저, C_y^{α}는 다음과 같다.

σ	0.25	0.5	0.8	1.0	1.25	1.5
C_y^{α}	0.80	0.88	1.00	1.03	1.11	1.19

σ = 1.7일 때 입사각 0° (m_z=0)에서 Neutral Stability 상태가 되며 σ 값에 따른 m_z^{α}값의 변화를 아래 표에 나타내었다. (bp = 1.5)

σ	0.25	0.5	0.8	1.0	1.25	1.5
m_z^{α}	0.750	0.624	0.472	0.371	0.244	0.118

식 (1.2.3)과 (1.2.4)로부터 다음을 얻을 수 있다. (δ_V=0.8, V=1.87, C_{yh}^{α}=0.72)

$$b_d \;=\; 0.5\frac{\delta_v V^{1/3}}{C_{yh}^{\alpha}} = 0.68$$

주어진 b_d 값에 대해 C_y^{ω}와 m_z^{ω}를 계산하면 전진운동 모드에서 최종 유체동역학 계수들은 다음 표와 같다.

σ	0.25	0.5	0.8	1.0	1.25	1.5
C_y^{α}	0.80	0.88	1.00	1.03	1.11	1.19
m_z^{α}	0.71	0.62	0.47	0.37	0.24	0.12
C_y^{ω}	0.55	0.69	0.87	0.99	1.14	1.29
m_z^{ω}	0.46	0.70	0.99	1.19	1.43	1.67

(2) 관성력 성분(부가 질량)

관성력을 계산할 때에 AUV의 L/D가 6 이하이므로 등가 타원체에 대하여 얻은 결과를 사용해도 충분한 정도의 값을 준다. 체적($V = Ve = 4\pi ab^2/3 = 2\pi Lb^2/3$)이 같은 등가 타원체의 각 1/2 축 길이는 a = L/2, b = c = b이므로

$$b = \sqrt{\frac{3}{2}\frac{V}{\pi L}}$$

즉, b = 0.46, b/a = 0.218이 되고, 그림 4.4를 이용하면 부가질량(K_x = 0.07, $K_{y,z}$ = 0.88) 및 부가모멘트 값(K_{yy} = 0.64)을 쉽게 구할 수 있다.

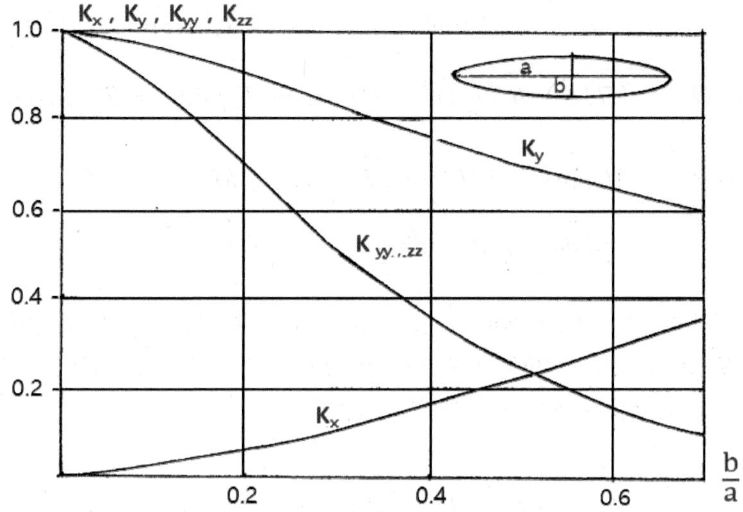

그림 4.4 타원체의 부가질량 계수

밀도가 ρ = 1038 kg/m^3인 해수 중에서의 관성질량 및 모멘트를 구하면 다음과 같다.

$$
\begin{aligned}
m_x &= m + K_x \rho V = m(1 + K_x) = 2077\, kg \\
m_{y,z} &= m(1 + K_{y,z}) = 3650\, kg \\
J_{yy,zz} &= J_{y,z}(1 + K_{yy,zz}) = 3710\, kg \cdot m^2
\end{aligned}
$$

4.2.2 Dynamic Characteristics

AUV 운동을 연직면과 수평면으로 분리하여 고려할 수 있는데 연직면에서의 운동방정식은 다음과 같다.

$$
\begin{aligned}
m_x \dot{v} &= -\widehat{R_x} v^2 + P \sin\theta + T_{x1} \cos\alpha - T_{y1} \sin\alpha \\
m_y v \dot{\theta} &= (\widehat{R_y^{\alpha}} \alpha + \widehat{R_y^{\omega}} \frac{\dot{\psi}}{v}) v^2 + P \cos\theta + T_{x1} \sin\alpha + T_{y1} \cos\alpha \\
J_{zz} \ddot{\theta} &= M_o \sin\psi + (\widehat{M_z^{\alpha}} \alpha + \widehat{M_z^{\omega}} \frac{\dot{\psi}}{v}) v^2 + M_z \\
\dot{x} &= v\cos\theta, \quad \dot{y} = v\sin\theta, \quad \psi = \theta + \alpha
\end{aligned}
\tag{4.2.7}
$$

여기서, ψ는 trim, θ는 trajectory angle, α는 입사각, T_{x1}, T_{y1}은 x, y축에 대한 추력성분, P는 여유 부력이고 M_o는 안정 모멘트이다(그림 4.1). 2개의 σ 값에 대하여 운동방정식 내의 각 계수를 Static Mode에서 계산하면 다음과 같다.

$$
\begin{aligned}
&\widehat{R_y^{\alpha}} = 765, \quad \widehat{R_y^{\omega}} = 804, \quad \widehat{M_z^{\alpha}} = 430, \quad \widehat{M_z^{\omega}} = -1058, \quad \text{for } \sigma = 0.8 \\
&\widehat{R_y^{\alpha}} = 783, \quad \widehat{R_y^{\omega}} = 916, \quad \widehat{M_z^{\alpha}} = 337, \quad \widehat{M_z^{\omega}} = -1269, \quad \text{for } \sigma = 1.0
\end{aligned}
$$

(1) Ballast를 이용하여 잠수 및 부상 중일 때의 운동

잠수용 Ballast P_1과 부상용 Ballast P_2가 각각 질량중심으로부터 (x_{b1}, y_{b1})와 (x_{b2}, y_{b2})에 부착되어 있다고 하자. 원하는 수심에 도달하여 1개의 Ballast를 버린 후에는 P의 양성부력을 받으며 작업을 수행하게 된다. 각 Ballast에 의해 AUV에 작용하는 모멘트는 다음과 같이 결정된다.

$$
\begin{aligned}
M_1 &= -P_1(x_{b1}\cos\psi - y_{b1}\sin\psi) && \text{for Diving} \\
M_2 &= P_2(x_{b2}\cos\psi + y_{b2}\sin\psi) && \text{for Surfacing}
\end{aligned}
$$

이제, 2개의 Ballast 하중이 같고 y축 상의 부착위치도 같다($y_{b1} = y_{b2} = 0.4\,m$)고 가정하고 잠수 및 부상속도가 가장 빨라질 수 있는 Ballast 하중과 x축 상의 부착위치를 결정하기 위하여 다음과 같은 값들에 대한 성능을 검토하기로 한다.

$$
\begin{aligned}
P_1 &= P_2 = (160\text{ N},\ 200\text{ N},\ 230\text{ N}) \\
x_{b1} &= x_{b2} = (1.6\text{ m},\ 1.8\text{ m},\ 2.0\text{ m})
\end{aligned}
$$

Ballast를 부착하고 일정속도로 운항중일 때 Static Balance 방정식은 다음과 같은 형태를 갖는다.

$$0 = -\widehat{R_x} v^2 + P\sin\theta$$

$$0 = \widehat{R_y^\alpha} v^2 + P\cos\theta$$

$$0 = M_o \sin(\theta+\alpha) + \widehat{M_z^\alpha}\alpha v^2 + M_b$$

여기서, M_b = (M_1, M_2)이고 위 식들을 α와 v에 대하여 다시 정리하면 다음과 같다.

$$\alpha = -\frac{\widehat{R_x}}{\widehat{R_y^\alpha}}\cot\theta \ , \ v^2 = \frac{P}{\widehat{R_x}}\sin\theta$$

$$\theta = -\sin^{-1}\left[\frac{1}{M_o}(\widehat{M_z^\alpha}\alpha v^2 + M_b)\right] - \alpha$$

M_o를 -150 N·m로 가정하여 σ에 대해 재정리하면 다음과 같다.

$$\alpha = -0.1\cot\theta \ , \ v^2 = 0.031 P\sin\theta \quad \text{for } \sigma = 0.8$$

$$\theta = -\sin^{-1}[2.87\alpha v^2 + 0.0067 M_b] - \alpha \quad \text{for } \sigma = 1.0$$

P와 x_{b1}을 변화시켜가며 속도 및 자세를 잠수 시와 부상 시에 대하여 계산한 결과를 다음 표 4.1과 표 4.2에 나타내었다.

<표 4.1 Ballast weight 무게와 부착 위치에 따른 하강 속도 및 자세>

	P = 160N			P = 200N			P = 230N		
x_{b1}	1.6	1.8	2.0	1.6	1.8	2.0	1.6	1.8	2.0
v(m/s)	1.06	1.06	1.08	1.23	1.26	1.28	1.37	1.40	1.42
α°	5.1	4.5	4.0	4.6	4.0	3.6	4.3	3.8	3.3
ψ°	-42.9	-47.6	-51.5	-46.4	-51.0	-54.4	-49.0	-53.0	-56.7
θ°	-48	-52.0	-55.5	-51.0	-55.0	-58.0	-53.3	-56.8	-60.0
v_v(m/s)	0.77	0.84	0.84	0.96	1.03	1.09	1.10	1.17	1.23

<표 4.2 Ballast weight 무게와 부착 위치에 따른 부상 속도 및 자세>

	P = 160N			P = 200N			P = 230N		
x_{b2}	1.6	1.8	2.0	1.6	1.8	2.0	1.6	1.8	2.0
v(m/s)	1.54	1.57	1.59	1.76	1.78	1.79	1.88	1.89	1.90
α°	-3.3	-2.7	-2.3	-1.9	-1.5	-1.3	-1.3	-1.1	-0.9
ψ°	56.7	62.3	65.7	70.1	73.5	75.7	75.7	77.9	80.1
θ°	60.0	65.0	68.0	72.0	75.0	77.0	77.0	79.0	81.0
v_v(m/s)	1.33	1.42	1.47	1.67	1.72	1.74	1.83	1.86	1.88

위 결과에 의하면 잠수 시와 부상 시 Ballast 하중과 위치에 따른 잠수 및 부상속도를 아래와 같이 정리할 수 있다.

	수직방향 속도 (m/s)	조건
잠수(Diving)	$v_v < 1.0$	$P_1 < 200$ N
	$1.0 \le v_v \le 1.23$	200 N $\le P_1 \le$ 230 N, 1.6 m$\le x_{b1} \le$2.0 m
부상(Surfacing)	$1.33 \le v_v \le 1.88$	160 N $\le P_1 \le$ 230 N, 1.6 m$\le x_{b2} \le$2.0 m

해상으로 부상을 할 때에 선미 트림이 존재하는데 이 양도 간단한 계산에 의해 예측하여 조절할 수 있다. 이때 AUV 자세가 중요한 것은 모선으로의 회수작업 등에 영향을 주기 때문이다.

(2) 추진기 영향 고려

Static mode에서의 운동방정식은 다음과 같다.

$$-\widehat{R_x} v^2 + P\sin\theta + T_x - T_y\alpha = 0$$

$$-\widehat{R_y^\alpha} v^2\alpha + P\cos\theta + T_x\alpha + T_y = 0$$

$$M_o\sin\psi + \widehat{M_z^\alpha} v^2\alpha + M_z = 0$$

위 식으로부터 유입각이 다음과 같이 2개의 식으로 얻어 진다.

$$\alpha = -\frac{T_y + P\cos\theta}{(\widehat{R_x} + \widehat{R_y^\alpha})v^2 - P\sin\theta}, \quad \alpha = -\frac{M_z + M_o\sin\theta}{\widehat{M_z^\alpha} v^2 + M_o\cos\theta}$$

$\widehat{R}_x v^2$ = 76 N, P = 50 N, $|T_y^{max}|$ = 42 N, M_o = -150 Nm라고 가정하면 R_y^{α} = 765, M_z^{α} = 430이므로 아래와 같이 된다.

$$\alpha = \frac{0.05 \pm 0.06\cos\theta}{v^2 - 0.06\sin\theta} \quad , \quad \alpha = \frac{0.35\sin\theta \pm 0.225}{v^2 - 0.35\cos\theta}$$

위 식의 분자 2번째 항의 부호가 (+)이면 잠수상태를, (-)이면 부상상태를 나타낸다. 여기서 잠수 및 부상상태라는 것은 추진기를 사용하여 AUV가 연직 상하방으로 운동할 때를 말하는 것이다. 속도 v를 1.25 m/s, 1 m/s 및 0.75 m/s로 바꾸어 가며 추력 T_x를 계산하면 각각 125 N, 86.8 N, 59.9 N이다. 잠수상태에서 각 선속에 대한 AUV의 자세각은 다음과 같다.

v(m/s)	1.25	1.0	0.75
α°	-2.9	-4.5	-9.2
ψ°	-60.5	55.0	-54
θ°	-63.4	-59.5	-63.2

유체력 R_y는 부력 및 수직방향 추력과 평형을 이룬다. 이로 인해, 속도가 감소되면 유입각이 증가하게 되고 또한, 속도 감소로 인해 유체동력학적 불안정 모멘트가 감소하나 유입각이 커짐에 따라 다시 증가하게 된다. 부상 상태에서는 유입각이 작아 실제로 유체동력학적 모멘트가 트림각에 크게 영향을 주지 않으며 잠수상태에서보다 트림각이 작다.

수평면에서의 선형 운동방정식은 θ = 0, ψ = α이므로 다음과 같이 나타낼 수 있다.

$$(\widehat{R}_x + \widehat{R}_y^{\alpha})\alpha v^2 + T_y = -P$$
$$(M_o + \widehat{M}_z^{\alpha} v^2)\alpha - 2.3\,T_y = 0$$

위 식을 재정리하여 나타내면 다음과 같다.

$$\alpha = \frac{2.3P}{\Delta}, \quad T_y = -\frac{P(M_o + \widehat{M}_z^{\alpha} v^2)}{\Delta}$$
$$\Delta = [2.3(\widehat{R}_x + \widehat{R}_y^{\alpha}) + M_z^{\alpha}]v^2 + M_o$$

유입각과 연직방향 추력에 대한 위 식은 Δ가 0이 아닌 경우에 성립한다. 아래에는 속도 변화에 따라 유입각과 연직방향 추력을 예측하였는데 큰 유입각에서는 방정식의 선형화에 따른 오차가 존재한다.

v(m/s)	1.25	1.0	0.75	0.59	0.5
α°	−1.9	−3.0	−5.7	−8.0	−15
T_y(N)	−7.3	−6.3	−3.9	0	4.8

(3) 심도 및 고도 안정(Depth/Altitude Stabilization) 모드

수직 추력 T_y와 모멘트 M_z에 의해 심도안정 모드에 대한 제어가 이루어지고 선형제어를 할 경우 이 값들은 트림 ψ, 각속도 $\dot{\psi}$, 심도차 $\Delta H = H_s - H$에 비례하는 값을 갖게 된다. 제어 동작은 다음과 같다.

$$T_y = K_H \Delta H + K_{\psi}\psi + K_{\dot{\psi}}\dot{\psi} \ , \quad M_z = T_y d \tag{4.2.8}$$

식 (4.2.8)에서 K_H, K_{ψ}와 $K_{\dot{\psi}}$은 제어 상수들이고 d = -2.3 m이다. 제어 상수들은 선형 시스템의 Steepness 즉, 편차($\varepsilon_{\Delta H}$, ε_{ψ}, $\varepsilon_{\dot{\psi}}$)에 따라 그 값이 바뀌게 되는데, 초기에 요구되는 제어 정도에 따라 다음과 같이 정의된다.

$$\varepsilon_{\Delta H} = (\pm 1\ \text{m}, \ldots, \pm 4\ \text{m}), \quad \varepsilon_{\psi} = (\pm 5^{\circ}, \ldots, \pm 10^{\circ}), \quad \varepsilon_{\dot{\psi}} = (\pm 10^{\circ}/\text{s}, \ldots, \pm 20^{\circ}/\text{s})$$

안정성에 대한 판별은 작은 외란을 주어 Static Balance 상태에서 이루어진다. 안정성은 적절한 K_H와 K_{ψ}를 선정함으로써 얻어지고 각속도에 비례하는 신호는 유체동력학적 감쇠 자체가 충분치 않을 경우에 추가적인 Damping으로서 적용된다. 계산 과정을 단순화시키기 위하여 감쇠항을 0으로 놓는다.

선형제어 식 (4.2.8)을 이용하면 식 (4.2.7)의 특성방정식은 다음과 같은 형태로 얻어진다.

$$\begin{aligned}
& a_4 p^4 + a_3 p^3 + a_2 p^2 + a_1 p + a_o = 0 \\
& a_0 = K_H v \, (M_z^{\alpha} + M_o - R_y^{\alpha} d) \\
& a_1 = -R_y^{\alpha} M_o + K_{\psi} (M_z^{\alpha} - R_y^{\alpha} d) + K_H (M_z^{\omega} v - R_y^{\omega} v d) \\
& a_2 = R_y^{\omega} M_z^{\alpha} - M_z^{\omega} R_y^{\alpha} - m_y v \, (M_z^{\alpha} + M_o) - K_{\psi} m_y d - K_H J_{zz} v \\
& a_3 = R_y^{\alpha} J_{zz} M_z^{\omega} m_y v \\
& a_4 = J_{zz} m_y v
\end{aligned}$$

σ = 0.8일 때에 대하여 각 값들을 대입한 후 $J_{zz}m_y$로 나누어 다시 정리하면 다음과 같다.

$$\begin{aligned} a_0 &= 1.51 \times 10^{-4} \mathrm{K_H v} \\ a_1 &= 0.847 \times 10^{-2} + 0.162 \times 10^{-3} \mathrm{K}_\psi + 0.584 \times 10^{-4} \mathrm{K_H v} \\ a_2 &= 0.085 - v\,(0.075 - 0.62 \times 10^{-3} \mathrm{K}_\psi + 0.274 \times 10^{-3} \mathrm{K_H}) \\ a_3 &= 0.285\,v + 0.21 \\ a_4 &= v \end{aligned}$$

안정성에 대한 충분조건은 Routh의 안정성 기준에 의해 다음과 같은 부등식으로 정의된다.

$$a_1 a_2 a_3 - a_1^2 a_4 - a_0^2 a_3 > 0$$

위 조건은 보통의 운항 상태에서 대략 다음과 같다.

$$\begin{aligned} K_\psi - 0.873\,K_H &> 0.74, \quad \text{for } v = 1 \ m/s \\ K_\psi - 0.22\,K_H &> -0.53, \quad \text{for } v = 0.75 \ m/s \\ K_\psi - 8.19\,K_H &> 13, \quad \text{for } v = 1.15 \ m/s \end{aligned}$$

운항 속도가 커지면 안정조건은 악화되는데 이것은 유입각에 대한 정적 안정성이 감소되기 때문이다. 속도가 1.15 m/s를 넘고 σ = 0.8일 때, 주어진 방정식으로는 안정성을 확보하기 어려워진다. σ = 1.0에 대하여 계산을 수행하면 다음과 같은 특성방정식을 얻을 수 있다.

$$\begin{aligned} a_0 &= 4.95 \times 10^{-4} \mathrm{K_H v} \\ a_1 &= 0.867 \times 10^{-2} + 0.158 \times 10^{-3} \mathrm{K}_\psi + 0.62 \times 10^{-4} \mathrm{K_H v} \\ a_2 &= 0.096 - v\,(0.05 - 0.62 \times 10^{-3} \mathrm{K}_\psi + 0.274 \times 10^{-3} \mathrm{K_H}) \\ a_3 &= 0.21 + 0.34\,v \\ a_4 &= v \end{aligned}$$

마찬가지로 안정성 조건은 다음과 같다.

$$\begin{aligned} K_\psi - 0.61\,K_H &> -0.6, \quad \text{for } v = 1 \ m/s \\ K_\psi - 1.05\,K_H &> -0.38, \quad \text{for } v = 0.75 \ m/s \\ K_\psi - 1.56\,K_H &> -0.09, \quad \text{for } v = 1.15 \ m/s \end{aligned}$$

K_H와 K_ψ에 대한 안정성 선도를 그림 4.5에 나타내었다.

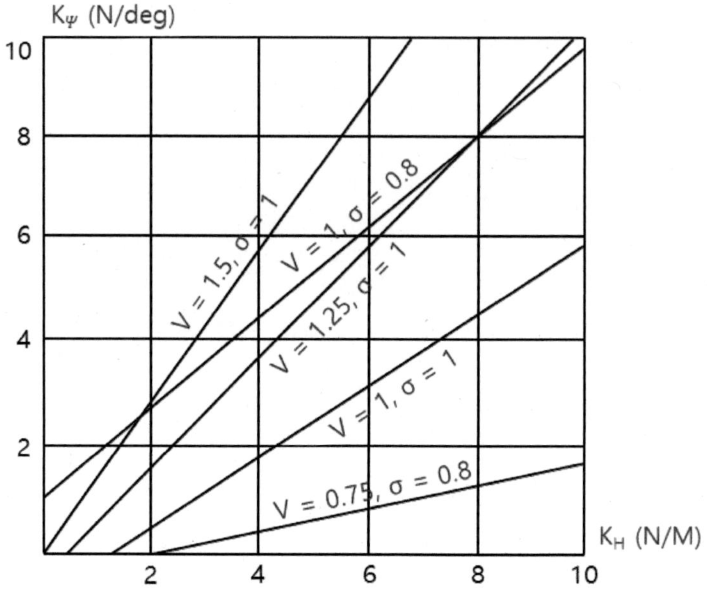

그림 4.5 심도 안정 모드에서의 안정 영역

고려된 운동방정식은 선속 v<1 m/s일 때는 σ = 0.8, v < 1.5 m/s일 때는 σ = 1.0이어야 안정성을 확보함을 알 수 있다.

장애물이 없을 경우 고도 안정모드에서의 안정성은 심도 안정모드와 유사한 특성을 갖는다. 일정한 고도에서 운항하려면 소나에 의한 거리자료가 필요하다. 안정성을 확보하기 위하여 측정된 거리와 목표거리의 차이에 비례하는 제어량을 사용한다. 선형제어를 사용할 경우 앞에서 언급한 과정을 따르면 된다.

(4) 수평면 운동 - 방향 안정성

수평면에서의 운동방정식은 다음과 같다.

$$\begin{aligned} m_x \dot{v} &= -\widehat{R_x} v^2 + T_x \cos\beta - T_z \sin\beta \\ m_z v \dot{\chi} &= (\widehat{R_z^\beta}\beta + \widehat{R_z^\omega}\frac{\dot{\phi}}{v}) v^2 + T_x \sin\beta + T_z \cos\beta \\ J_{yy}\ddot{\phi} &= (\widehat{M_y^\beta}\beta + \widehat{M_y^\omega}\frac{\dot{\phi}}{v}) v^2 + M_y \\ \dot{x} &= v\cos\chi, \quad \dot{z} = v\sin\chi, \quad \phi = \chi + \beta \end{aligned} \tag{4.2.9}$$

여기서, ϕ는 Course, β는 Drift이고 χ는 Trajectory 각을 나타낸다. 수평운동은 직선운동과 선회운동으로 이루어지고 안정성 및 요구되는 정확도는 선형운동에 대한 것으로 국한한다. 선회 조종운동의 경우에 최소 선회반경을 갖도록 한다. 조종성능을 예측하기 위하여 일정 추력 T_z와 모멘트 M_y = 2.3Tz를 받는 $\dot{\phi}$ = constant, β = constant 상태를 고려하면 다음과 같은 정적 운동방정식을 얻는다.

$$v\dot{\phi} = \frac{\widehat{M_y^\beta} - (\widehat{R_z^\beta} + \widehat{R_x})\,d}{(m_z - \widehat{R_z^\omega})\,\widehat{M_y^\beta} + (\widehat{R_z^\beta} + \widehat{R_x})\,\widehat{M_y^\omega}}\, T_z$$

$$\beta = \frac{(m_z - \widehat{R_z^\omega})\,d + \widehat{M_y^\omega}}{(m_z - \widehat{R_z^\omega})\,\widehat{M_y^\beta} + (\widehat{R_z^\beta} + \widehat{R_x})\,\widehat{M_y^\omega}}\, T_z \qquad (4.2.10)$$

위 식에서 d는 모멘트 팔 길이이며 σ = 0.8일 때, 위 식은 다음과 같이 된다.

$$v\dot{\phi} = 7.08 \times 10^{-3}\,\mathrm{T}_z$$
$$\beta = 0.956\, T_z$$

선회반경은 정적 평형상태이기 때문에 다음 식으로 나타낼 수 있다.

$$R = \frac{v^2}{v\dot{\phi}} = \frac{10^3 v^2}{7.08\, T_z} \qquad (4.2.11)$$

속도 1 m/s에 대하여 추력을 변화시켜 가며 계산하면 다음과 같은 결과를 얻는다.

T_z(N)	10	15	20	25	30	35	40
R(m)	14	9.4	7.1	5.65	4.71	4.04	3.5
β°	9.56	14.3	19.2	23.9	28.7	33.5	38.4

선형 제어계를 다음과 같이 구성하면

$$T_z = K_\phi(\phi - \phi_s) + K_{\dot{\phi}}\dot{\phi}$$

적정 제어성능 확보를 위한 제어량(Tz)은 K_ϕ와 $K_{\dot{\phi}}$를 적절히 증폭시킴으로써 얻어질 수 있다.

4.3 Thruster Plant와 Energy Consumption

본 절에서는 AUV의 추진성능 예측을 위해 사용한 E. E. Papmel의 방법을 설명한다.

4.3.1 프로펠러 특성 평가

Thruster는 수중 운동체를 구성하는 가장 중요한 시스템들 중의 하나이다. Thruster의 성능에 따라 운동체 작동의 신속성과 신뢰성이 크게 증가될 수 있다. 현재, 여러 종류의 Thruster가 응용되고 있는데 ROV와 같이 Tether가 있는 운동체에 쓰이는 것과 AUV와 같이 Tether가 없는 운동체용으로 크게 나눌 수 있다. Tether가 있는 운동체의 운동은 보통 제한된 영역 내에서 원하는 수중의 위치를 고정하면서 자세 제어가 되며, 또한 동력이 모선으로부터 공급되므로 운동체의 에너지 효율과 유체역학적인 특성이 중요한 인자가 아니다. 그러나 AUV는 운항 요구 조건상 주로 낮은 속도로 이동하며 넓은 지역을 탐색하거나 정해진 Route Survey와 같은 작업 등에 이용되고 있으므로 한정된 동력으로 더 넓은 영역을 탐사할 수 있는 능력이 매우 중요하다.

수중 운동체 추진기의 형태는 여러 가지가 있지만 여기서는 OKPO-6000 AUV에 탑재된 추진기에 대하여 사용한 해석 및 설계 방법을 기술하고자 한다.

본 AUV에는 그림 4.6과 같이 선미에 십자모양의 서로 수직한 2쌍의 추진기가 부착되어 있다.

그림 4.6 2쌍의 추진기 탑재 형상

DC 영구 자기 모터를 사용하고 최대 30 V(6 A)까지 조절된 전압이 들어오고 각속도는 16~17 rps이다. 모터가 작동하는 환경이 해수이고 높은 압력이 존재하므로 실험을 통해 모터 특성에 대한 자료를 얻는다. 전기자에 작용하는 전압은 기전력(EMF)과 전기자 winding 및 정류자-브러시 연결 내의 전압강하와 평형을 이룬다.

$$U = E + U_a$$

전기자의 기전력은 그 회전속도에 비례하므로

$$E = C_L n$$

이고, 전압강하 U_a는 2개의 성분으로 나눌 수 있는데 하나는 winding을 통과하는 power에 의존하는 것이고, 다른 하나는 정류자-브러시 연결 내의 전압강하(0.5 V)이다. 즉,

$$U = C_L n + I r_a + 0.5$$

이 되고, 여기서

$$r_a = 1.0\Omega,\ \ C_L = 0.965\ V$$

이므로, 모터 shaft에 걸리는 모멘트는 다음과 같이 표현할 수 있다.

$$M_{sh} = M_{em} - M_f - M_L$$

여기서, M_{em}은 전자기 모멘트, M_f는 베어링과 집전기내 마찰력에 의한 모멘트이고 M_L은 전자기적 손실에 의한 모멘트이다. 전자기 모멘트는 아래와 같이 rotor 전류에 비례하므로,

$$M_{em} = CI = 0.141I$$

다른 모멘트들의 평균값은 다음과 같다.

$$M_f = 0.025,\ \ M_L = 0.00133n$$

그러므로 결과적으로 모터 shaft에 걸리는 모멘트는 다음과 같이 표현된다.

$$M_{sh} = 0.141I - 0.00133n - 0.025$$

또, 모터 효율(η)은 전압 U와 전류 I를 알 때, 또는 모멘트 M_{sh}와 회전속도 n을 알 때 다음과 같이 유도된다.

먼저, U와 I를 알 때는,

$$n = \frac{(U - I - 0.5)}{0.965}$$
$$M_{sh} = 0.141I - 0.00133n - 0.025$$

M_{sh}와 n을 알 때에는,

$$I = 7.0922M_{sh} + 0.00943n + 0.1773$$
$$U = 0.965n + I + 0.5$$

그러므로 모터의 효율은 아래와 같이 표현된다.

$$\eta = \frac{2\pi n M_{sh}}{UI}$$

선박에 있어서 프로펠러 특성은 계열 시험 도표로부터 얻을 수 있다. 그러나 그 도표들은 제한된 범위의 프로펠러에만 적용될 수 있으며 그 데이터들을 다항식 등과 같이 엄밀하지 않은 함수로 근사시켜 사용하는 것은 너무 번거롭고 수중 운동체와 같이 전·후진을 빈번히 반복하는 경우에 대한 프로펠러 작동상의 물리적인 프로세스를 잘 반영하지 못한다. 따라서 AUV 또는 ROV 설계자는 가장 단순한 Static(또는 Bollard) thruster 시험 결과만을 가지고 여러 운동 모드에 대한 특성을 예측할 필요가 있는데 이때에 사용되는 방법으로 E. E. Papmel의 식을 들 수 있다. 이 방법의 장점은 실제 현상에 충분히 가까우면서 설계에 기초하여 프로펠러의 주 특성을 결정할 수 있다는 점이다. 이 방법을 AUV에 적용하려면 모든 운전 상태(후진 등)를 포함하도록 약간의 수정이 필요하다.

(1) Papmel 방법을 이용한 Screw 프로펠러의 반 실험적 특성

이 절에서는 Screw 프로펠러의 해석에 이용되는 Papmel의 방법에 대하여 살펴본다. Papmel의 식을 이용한 계산 수행은 다음과 같다.

a) Screw 프로펠러의 Effective Radius, R_o

$$R_o = 0.6R, \qquad \text{(R은 프로펠러 반경)}$$

통상 프로펠러의 Loading 분포에 의해 0.6R 또는 0.7R을 대표 반경으로 삼는데 여기서는 0.6R을 기준으로 한 것이다.

b) 프로펠러 날개의 Mid-chord, c

$$c = \frac{A}{Zl} = \frac{A}{Z(R-R_h)} = \frac{2A}{Z(D-D_h)}$$

(A : 전체 날개 면적, R_h : Hub 반경, Z : 날개 수)

Disk relation, Θ을 이용하여 나타내면 위 식은 다음과 같이 된다.

$$c = \frac{\pi D \Theta}{2Z(D-D_h)}$$

c) 종횡비, Δ

$$\Delta = R/c$$

종횡비는 항공역학이나 Rudder 등의 해석에서 많이 사용되나 선박류의 프로펠러에는 거의 사용되지 않는 정의이다.

d) Zero 추력에 해당하는 피치, H_1

$$\delta = \frac{f_e}{c} \qquad (f_e : \text{camber})$$

$$H_1 = H + \delta H \qquad (H : \text{기하학적 피치})$$

e) 날개 두께, t'

$$t' = \frac{t_o}{c} \qquad (t_o : \text{0.6R에서의 최대 두께})$$

위 식들은 프로펠러의 Hub가 작은 경우에 대한 것으로서 D/D_h가 작아 지면 즉, Hub 반경이 상대적으로 커지면 수식을 다음과 같이 수정한다.

a') Screw 프로펠러의 Effective Radius, Ro

$$R_o = \frac{R + R_h}{2}, \quad r_o = \frac{R + R_h}{2R}$$

보통 AUV의 Hub Ratio(D_h/D)는 0.2이므로 1)에서의 결과와 같다.

b') 전체 날개 면적(원판 면적)

$$A_d = (\frac{\pi}{4})(D^2 - D_h^2)$$

c') 종횡비(Effective Aspect Ratio)

$$\Delta = \frac{l_e}{c}$$

종횡비는 Hub의 영향을 받으며 Hub 반경이 작을 경우에는 Chord와 반경에 의해 간단히 결정되지만 실제로 프로펠러를 따라 흐르는 Vortex의 모양을 잘 반영해 주어야 한다. 그러나 이것은 쉽지 않으므로 Vortex의 구조를 전체적인(평균화된) 형태로 고려하는데, 그림 4.7과 같이 같은 Circulation을 갖는 2개의 Π-모양을 한 Vortex들(Horseshoe Vortex)로 이루어진다고 생각한다. 하나는 날개 뿌리부에서, 다른 하나는 Image에 의한 것으로 프로펠러축을 따라 흐른다. 따라서 날개의 유효 반경은 다음과 같다.

$$R_e = \frac{(R + (R - R_h))}{2} = \frac{(D - \frac{D_h}{2})}{2}$$

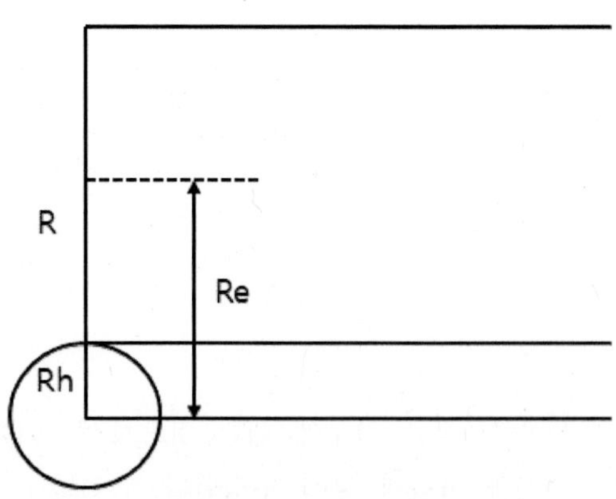

그림 4.7 프로펠러 날개의 Free Vortex

이제 Papmel의 식을 이용하기 위하여 계수 β_1, β_2를 결정하여야 한다.

날개수가 2개일 때,

$$\beta_1 = 2.54\Delta\sqrt{r_o(1-r_o)}, \qquad \beta_2 = 1.22\beta_1$$

날개수가 3개일 때,

$$\beta_1 = \beta_2 = 2.025\Delta\sqrt{r_o(1-r_o)}$$

Zero 추력에 해당하는 피치의 tangent를 정의하면 다음과 같고,

$$tg = \frac{H_1}{2\pi\Delta} = \frac{H_1}{\pi r_o D}$$

이것을 수정한 식은 아래와 같다.

$$tg_1 = 0.94tg(1-0.11\beta_2)\sqrt{\beta_2}$$

$$m = 0.2(0.3+\delta_t)(tg_1+\frac{1}{tg_1})^2$$

또한,

$$X = \frac{1.67(tg_1 - 0.1275)}{tg_1\sqrt{1.12+(tg_1+0.1275)^2}}$$

$$q = \frac{0.47\beta_1}{1+0.12\beta_1}$$

$$F = 1+0.02(\beta_2-1), \quad 1 \le F \le 1.15$$

$$P = 0.78+2.05\sqrt{\delta_t+0.02}$$

$$K_{11} = PF$$

$$A_1 = \frac{\pi^2}{4}\Theta r_o\frac{H_1}{D}Xq\sqrt{1-\frac{\delta_t}{\beta_2}}$$

$$A_2 = \frac{A_1}{2\pi K_{11}}\frac{H_1}{D}$$

Papmel 방법에서 추력과 모멘트는 슬립비와 H_1에 의존한다.

$$S_1 = 1 - \frac{\lambda_p}{H_1/D} = 1 - \frac{v_p}{H_1 n}$$

여기서, λp = vp/nD는 전진비이고, vp는 프로펠러로 유입되는 유동의 속도이다. 슬립비의 추력과 모멘트에 대한 비선형성을 고려하여 다음 식을 이용한다.

$$\sigma(S_1) = 1 - \frac{0.3\,(\Delta - 1)(1 + t\,g^2)}{\Delta + 0.5}\,S_1^2$$

이때 추력과 모멘트 계수는 다음과 같다.

$$\begin{aligned} K_T &= A_1 \sigma(S_1) S_1 \ , \\ K_Q &= A_2 \sigma(S_1)(S_1 + m) \end{aligned} \qquad (4.3.1)$$

그러므로,

$$T = K_T \rho n^2 D^4 , \quad Q = K_Q \rho n^2 D^5 \qquad (4.3.2)$$

이를 다르게 나타내면,

$$T = F_{TP} n^2 \sigma(S_1) S_1 , \quad Q = F_{QP} n^2 \sigma(S_1)(S_1 + m) \qquad (4.3.3)$$

와 같고 여기서,

$$F_{TP} = \rho D^4 A_1 , \quad F_{QP} = \rho D^5 A_2 \qquad (4.3.4)$$

식 (4.3.3)에서 m은 1936년 러시아의 과학자 Papmel이 도입한 “Paral(영단어 Paralysis로부터 유래)”이라고 부르고 이것은 프로펠러의 중요한 특성으로서 프로펠러가 작동할 때 그 Dead zone(프로펠러로 추력을 생산하지 못하고 터어빈으로 모멘트를 생산하지 못하는 영역)을 특성화한 개념이다. 형태상으로는 점성에 의한 토크 보정량으로 생각된다. 실제 프로펠러를 해석할 때에 이 값의 추정은 많은 경험에 의존한다.

(2) 수정된 Papmel 방법

프로펠러의 주 작동 모드는 전진운동(v_p>0, n>0)이다. 앞의 식 (4.3.3)은 이 경우에만 적용할 수 있다. 수중 운동체(Underwater Vehicle, UV)의 운동을 제대로 기술하려면 v_p와 n의 모든 조합을 고려할 수 있어야 한다.

Open water 내에서의 프로펠러 작동특성(추력)은 축 방향 유속 w_a에 의해 결정된다. 이상적인 추진기 이론에 의하면 추력은 다음과 같다.

$$T \;=\; 2\rho A_s (v_p + w_a) w_a \tag{4.3.5}$$

A_s는 프로펠러 디스크의 유효면적인데 보통 A_d 또는 이보다 5~10% 작게 잡는다. v_p는 AUV의 속도이고 w_a는 프로펠러 면에서의 유기속도이다. 양력은 angle of attack α에 비례한다(그림 4.8).

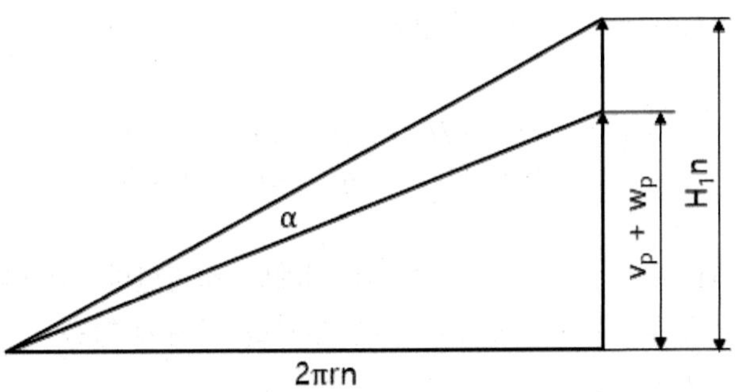

그림 4.8 Velocity Diagram

그림 4.8에서 H_1은 Zero 추력에 해당하는 피치이고 $2\pi rn$은 날개 반경 r에서의 접선방향 속도이다. 이때, angle of attack은 다음 식으로 근사될 수 있고,

$$\alpha \;\approx\; \frac{H_1 n - (v_p + w_a)}{2\pi r n}$$

유기속도를 고려한 상대 슬립비는 아래와 같이 표현된다.

$$s_1 \;=\; \frac{H_1 n \,-\, (v_p + w_a)}{H_1 n}$$

위 두 식을 비교해 보면 프로펠러 추력이 슬립비에 비례함을 알 수 있다. 프로펠러 회전수가 0일 때와 추력의 방향을 고려하여 추력을 다음과 같이 수식으로 표현한다.

$$T = F_t |n| \left[H_1 n - (v_p + w_a) \right] \tag{4.3.6}$$

유사한 방법으로 Shaft의 토크는 다음과 같이 표현된다.

$$Q = F_q |n| \left[(1+m) H_1 n - (v_p + w_a) \right] \tag{4.3.7}$$

식 (4.3.7)에서 "Paral" m은 최소 날개 항력(minimal propeller blades profile drag)을 반영한다. 식 (4.3.6)과 식 (4.3.7)에서 보면 v_p가 일정할 때, 추력과 토크가 Zero가 되는 회전수 n의 값이 여러 개임을 알 수 있다. n의 값이 T = 0에 해당하면 Q 〉 0이 되고 이 때, $2\pi nQ$는 Power Loss가 된다. 실제로 프로펠러는 T = 0으로부터 Q = 0까지의 영역에서 아무런 유용한 작업을 수행하지 못한다. 이러한 영역을 앞서 언급한 "Paral" m으로 나타낸다.

Zero 추력에 해당하는 피치(H_1)와 기하학적 피치(H)사이에는 다음과 같은 관계가 성립된다. 그 차이 $\delta H = H_1 - H$는 날개 단면 캠버에 기인한다.

$$H_1 = \begin{cases} H + \delta H, & m = m_1 \quad n > 0 \\ H - \delta H, & m = m_2 \quad n < 0 \end{cases} \tag{4.3.8}$$

식 (4.3.5), (4.3.6)와 (4.3.7)는 n〉0, $v_p \geq 0$일 때에만 성립한다. 식 (4.3.5)에 의하면 추력 T와 유기된 축 방향 유속 w_a는 물리적으로 같은 부호를 가져야 함을 알 수 있다.

$$T = 2\rho A_s |v_p + w_a| w_a \tag{4.3.9}$$

식 (4.3.6)과 식 (4.3.9)에 의해, v_p와 n을 독립변수로 하면 T와 w_a를 구할 수 있는데 그 해는 많은 특성을 나타낸다.

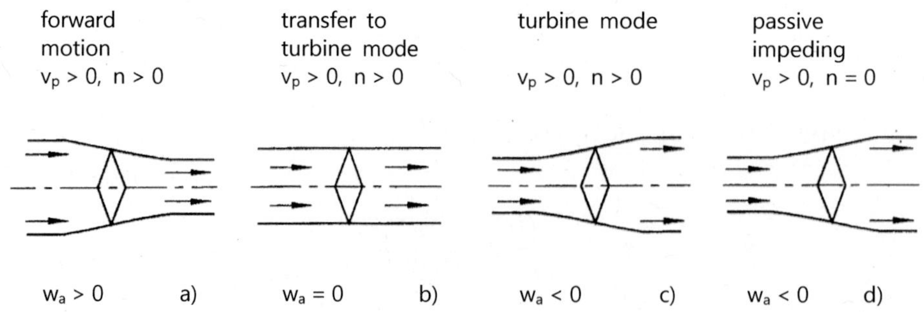

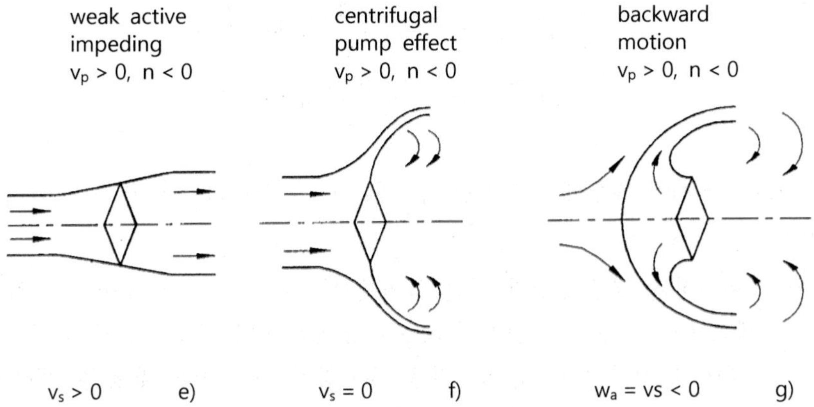

그림 4.9 Propeller operation by changing angular velocity

$\rho A_s(v_p+w_a)$는 프로펠러 면을 통과하는 단위시간 당의 유체질량(mass rate)이다. 앞의 수식상에 몇 가지 불확실한 점들이 존재하는데 먼저, $n<0$이면 w_a는 음의 부호를 가져야 하고 mass rate가 0이 될 수도 있다. 둘째로, w_a가 음의 부호를 갖고 $|w_a|>|v_p|$이면 프로펠러 면 앞쪽에서의 유속은 어떻게 되는가 하는 점이다.

이러한 내용을 그림 4.9에서와 같이 프로펠러 작동 모드와 유동과의 상호작용을 통해 알아보자. 그림 4.9a)는 AUV의 전진운동 모드를 나타내고 있고, 회전수 n이 감소함에 따라 w_a는 0으로 접근하고 $H_1 n=v_p$가 되면 0이 되는데(그림 4.9b)) 이 때, 프로펠러 disk는 유체에 아무런 영향을 못 주고 그냥 통과시키는 터어빈 모드로의 천이 상태이다. 회전수 n이 더욱 감소하면 프로펠러는 터빈처럼 작동하게 되어 제트류는 확산되며 $|w_a|<|v_p|$임에도 불구하고 추력, 토오크와 유기속도는 부호가 바뀐다(그림 4.9c)).

회전수 n이 감소함에 따라 w_a는 0으로 접근하다가 $H_1 n = v_p$가 되면 0이 되는데 이때 프로펠러 disk는 유체에 아무런 영향을 못 주고 그냥 통과시키는 터어빈 모드로의 천이상태이다. 회전수 n이 더욱 감소하면 프로펠러는 터빈처럼 작동하게 되어 제트류는 확산되며 $|w_a|<|v_p|$임에도 불구하고 추력, 토크와 유기속도는 부호가 바뀐다.

$n = 0$이 되면 식 (4.3.6)과 식 (4.3.7)은 더 이상 실제 현상을 반영하지 못한다. 이때, 프로펠러는 회전하지 않는 날개들의 구조체로 생각할 수 있고 양력은 여전히 날개면에 작용하며 항력과 토크를 받는다. 이때의 값은 날개 기하로부터 계산될 수 있고 아래와 같이 표현된다. c_1과 c_2는 각각 저항과 모멘트 계수이다.

$$T_{n=0} = -c_1 \frac{\rho A_s}{2} |v_p| v_p \qquad (4.3.10)$$
$$Q_{n=0} = -c_2 \frac{\rho A_s}{2} |v_p| v_p$$

식 (4.3.10)은 n = 0일 경우에만 적용할 수 있는데 수식에 $(1+n^2)$ 항을 넣어 줌으로써 일반화할 수 있다.

프로펠러가 역회전하는 경우에 n의 어떤 영역에서는 $w_a = -v_p$가 되어 프로펠러 면을 통과하는 유동이 없게 된다. 이 현상은 날개의 angle of attack이 거의 90°가 되어 프로펠러가 원심펌프처럼 작동하여 반지름 방향의 속도만을 유기하기 때문이다. 유동은 마치 hard disk와 같은 프로펠러를 따라 흐르게 되고 약간의 저항을 발생시키게 된다. 회전수가 증가하면 후진운동 모드가 되는데 프로펠러 날개의 뒤쪽으로부터 유동의 정체 영역이 발달하게 되고 이때, 유동의 평균속도는 거의 0이 된다. 위의 내용에 따르면 다음과 같은 식을 얻을 수 있다.

$$v_p = \begin{cases} v_p & \text{for } sign(v_p) = sign(n) \\ 0 & \text{for } sign(v_p) \neq sign(n) \end{cases}$$

이상의 추론에 의해 추력과 토크에 대한 다음 식 (4.3.11)을 얻을 수 있다.

$$H_1 = \begin{cases} H + \delta H, & m = m_1 \quad n > 0 \\ H - \delta H, & m = m_2 \quad n < 0 \end{cases} \qquad v_p = \begin{cases} v_p & \text{for } sign(v_p) = sign(n) \\ 0 & \text{for } sign(v_p) \neq sign(n) \end{cases}$$
$$p = H_1 n - \frac{v_p}{2} + \frac{F_t n}{4 \rho A_s}, \quad q = H_1 n (H_1 n - v_p), \quad s = p - (sign\ n) \sqrt{p^2 - q}$$
$$T = F_t |n| s - c_1 \frac{\rho A_s}{2} \frac{|v_p| v_p}{1 + a n^2}, \qquad Q = F_q |n| (s + n H_1 m) - c_2 \frac{\rho A_s}{2} \frac{|v_p| v_p}{1 + a n^2}$$

(4.3.11)

(3) 덕트 프로펠러

덕트 프로펠러에 대한 계산 과정 역시 위에서의 과정과 거의 같다. 이 경우에는 추력이 Jet Parameters에 의해서만 변하게 된다. A_j를 노즐면적, w_j를 출구속도라 하면 추진추력은 다음과 같다.

$$T = m w_j = \rho A_j w_j^2 \qquad (4.3.12)$$

임펠러에 의해 압력강하(δ p)가 일어나 유량의 배출이 일어나는데 임펠러 추력은 다음과 같이 나타낼 수 있다.

$$\delta p\, A_s \;=\; F_t\, n\,(H_1 n - w_a) \tag{4.3.13}$$

질량 보존 법칙에 의해 다음의 관계가 성립한다.

$$M \;=\; \rho A_s w_a \;=\; \rho A_j w_j \tag{4.3.14}$$

압력강하 δ p는 Bernoulli 방정식에 의해 다음과 같이 나타낼 수 있다. 아래 식에서 ζ는 손실계수이다.

$$\delta p \;=\; \frac{\rho}{2}(1+\zeta)\,w_j^2 \;=\; \frac{\rho}{2}\left(\frac{A_s}{A_j}\right)^2(1+\zeta)\,w_a^2 \tag{4.3.15}$$

다음의 변수를 도입하면,

$$G \;=\; \frac{F_t A_j^2}{\rho A_s^3 (1+\zeta)}$$

식 (4.3.13)과 식 (4.3.14)에 의해 다음의 관계식을 얻는다.

$$w_a^2 \;+\; 2Gw_a \;-\; 2GH_1 n^2 \;=\; 0$$

위 식의 해는 다음과 같다.

$$w_a \;=\; Gn\,(G_{sq}-1),\;\; n \;=\; \frac{w_a}{2H_1}(G_{sq}+1)$$

$$G_{sq} \;=\; \sqrt{1 \;+\; \frac{2H_1}{G}}$$

주어진 회전수 n에 대하여 위 식을 계산하면 유기속도 w_a를 얻을 수 있고 식 (4.3.12)와 (4.3.15)에 의해 다음과 같이 추력과 토크를 얻을 수 있다.

$$T_j \;=\; \rho A_j\left(\frac{A_s}{A_j}\right)^2 w_a^2$$

$$Q_j \;=\; F_q n\,[(1+m)H_1 n - w_a] \tag{4.3.16}$$

토크 Q는 식 (4.3.7)에서 vp가 0일 때의 값이다.

(4) 계열시험 도표를 이용한 계수의 추정

계열시험 도표는 전진비($J=v_p/nD$)에 대한 추력 및 토크 계수(K_T, K_Q)로 이루어져 있다. v_p와 n이 주어지면 전진비(J)가 정의되고 추력과 토크는 식 (4.3.2)에 의해 계산된다. $K_T(J)$와 $K_Q(J)$의 오차가 최소가 되도록 식 (4.3.6)과 식 (4.3.7)의 미계수 F_T, δH, F_Q, m을 구한다. 즉,

① 계열시험 도표로부터 10~20 개 정도의 data(J_i)를 추출한 후 적당한 D와 n에 대해 다음을 계산한다.

$$v_\pi = nDJ_i$$

② 식 (4.3.10)과 식 (4.3.2)를 이용하여 T_i, Q_i와 아래의 근사식을 계산한다.

$$K1_T = \frac{T_i}{\rho n^2 D^4}, \qquad K1_Q = \frac{Q_i}{\rho n^2 D^5}$$

③ K_T의 오차가 최소가 되도록 F_T와 δH를 구한다.

$$\sum |K_T - K1_T| = \min.$$

④ K_Q의 오차가 최소가 되도록 F_Q와 m을 구한다.

$$\sum |K_Q - K1_Q| = \min.$$

오차를 최소로 하는 최적화 기법으로는 가장 간단한 방법인 root-mean-square 법을 사용하였는데 그 오차는 K_T의 경우엔 1%, K_Q의 경우엔 1.5%이다.

(5) Static(Bollard) 시험 데이터를 이용한 계수 추정

이 시험은 AUV 설계자에게 유용하며 그 실험도 매우 간단하다. 추력과 토크를 여러 RPS에 대해 계측한다. v_p = 0이므로 계측치는 회전수 n만의 함수이다. 이를 T/n^2와 Q/n^2로 나타내면 편리하며 그 평균값을 취한다.

설계 중인 프로펠러의 기하학적인 특성(D, H, δH, A_s)이 알려 졌다면 F_T, F_Q와 m을 구해야 한다. 식 (4.3.5), 식 (4.3.6)과 식 (4.3.7)은 v_p = 0일 때 다음과 같이 표현된다.

$$T = 2\rho A_s w_a^2, \quad T = F_T n(H_1 n - w_a), \tag{4.3.17}$$
$$Q = F_Q n[(1+m)H_1 n - w_a]$$

이상적인 프로펠러의 shaft power는 다음과 같다.

$$P_{id} = Tw_a$$

소비된 power $2\pi nQ$에 대한 P_{id} 관계는 펌프로서의 thruster 효율을 나타낸다. 그러므로 식 (4.3.11)에 의해 다음 식들을 얻을 수 있다.

$$(\frac{w_a}{n}) = \sqrt{\frac{(T/n^2)}{2\rho A_s}}$$
$$\frac{T}{n^2} = F_T[H_1 - (\frac{w_a}{n})]$$
$$\frac{Q}{n^2} = F_Q[(1+m)H_1 - (\frac{w_a}{n})]$$

"Paral" m을 알면 위 식에 의해 F_T와 F_Q를 얻을 수 있다. m은 불행하게도 static 데이터로부터 얻어지지 않으나 그 값은 대략 0.07(high quality propellers) ~ 0.15(rough propellers) 내에 존재한다. 이러한 m의 영역에서 펌프로서의 프로펠러 효율은 75 ~ 85% 정도가 된다.

이 방법을 이용할 때 사용되는 외삽법에 의한 오차는 추력의 경우에 2~3%이고 토크의 경우엔 5~7% 정도가 된다.

4.3.2 추력의 계산 및 설계 예

프로펠러를 설계할 때에는 여러 기하요소들을 체계적으로 변화시켜 가며 최적의 결과를 주는 프로펠러를 선택하게 된다. 이때 F_T와 F_Q 이외에 δH 및 m의 값을 결정해야 한다. 이것은 앞에서 언급한 바와 같이 프로펠러 특성곡선을 사용하거나 모형시험을 통해 결정할 수 있다. AUV의 경우에는 프로펠러의 크기가 작으므로 실선 스케일에 대한 시험 또는 Bollard 시험을 통해서도 필요한 결과를 얻을 수 있다.

여기에서는 Papmel의 방법을 이용하여 추력과 토크를 구해 각 후보 프로펠러들에 대한 성능을 비교한다.

추진기의 일반적인 특성을 파악하는 데에는 v_p〉0, n〉0인 범위면 충분하므로 식 (4.3.3)과 식 (4.3.11)에서 다음과 같은 관계를 얻을 수 있다.

$$
\begin{aligned}
F_T &= \frac{n\sigma(S_1)S_1}{p-\sqrt{p^2-q}}F_{Tp} \\
F_Q &= \frac{n\sigma(S_1)(S_1+m)}{p-\sqrt{p^2-q}+nH_1m}F_{Qp}
\end{aligned}
$$

프로펠러 직경 0.16 m, 0.18 m과 0.2 m 각각에 대해 피치를 0.12 m, 0.14 m, 0.16 m 및 0.18 m로 변화시켜 가며 다음의 계산 결과를 얻는다.

<표 4.3 Propeller Rated Characteristics>

H \ D	0.16			0.18			0.19			0.2		
	F_T	F_Q	m	F_T	F_Q	m	F_T	F_Q	m	F_T	F_Q	m
0.12(n=12)	1.65	0.029	0.135	2.40	0.042	0.137				3.30	0.058	0.143
0.14(n=11)	1.65	0.032	0.113	2.40	0.047	0.115	2.95	0.057	0.118	3.40	0.066	0.118
0.16(n=11)	1.55	0.034	0.097	2.23	0.049	0.098				3.23	0.072	0.102
0.18(n=9)	1.48	0.036	0.085	2.33	0.056	0.085				3.28	0.077	0.090
0.20(n=7)										3.30	0.089	0.080

또한 Bollard 시험을 이용하여 얻은 다음의 시험 결과들(표 4.4)을 계산결과와 비교하여 계산치의 타당성을 검토할 수 있다.

<표 4.4 Bollard Test Results>
<표 4.4-1 D=0.19, H=0.14>

n	T	Q	T/n^2	Q/n^2
7.5	15.5	0.39	0.276	0.693
10.0	28	0.67	0.280	0.670
12.7	47	1.06	0.291	0.657
		Average	0.282	0.673

위 시험 결과는 직경이 0.19 m이고 피치가 0.14 m인 프로펠러에 대한 것인데 다음의 값을 얻을 수 있다.

$$F_T = 2.98, \quad F_Q = 0.058, \quad m = 0.118$$

이것을 표 4.3의 결과와 비교하면 거의 일치하는 값을 보여 준다.

표 4.4-2는 직경이 0.2 m이고 피치가 0.2 m인 프로펠러에 대한 Bollard 시험 결과이다.

<표 4.4-2 D=0.2, H=0.2>

n	T	Q	T/n^2	Q/n^2
5.04	10.05	0.39	0.413	0.154
6.70	17.05	0.67	0.390	0.149
8.50	30.0	1.06	0.415	0.147
		Average	0.406	0.150

이로부터 다음의 결과를 얻고 표 4.3에 나타난 결과와 비교하면 F_T의 경우에 계산 결과를 약 10% 크게 추정하고 있다. 표 4.3의 계산 결과를 직경과 피치에 대한 회귀식으로 만들어 사용하면 편리할 것이므로 다음과 같은 회귀식을 구성하였고 F_T의 경우는 실험값과 맞추기 위하여 상수 668 대신 추력계수를 10% 감소시킬 수 있는 값 600을 사용하였다.

$$\begin{aligned} F_T &= 600\,D^{3.3} + 2.8\,(0.15 - H) \\ F_Q &= 60\,D^{3.3}\,(0.08 + H) \end{aligned}$$

이제 4개의 추진기가 22.5o로 부착된 AUV의 저항계수 C_x가 0.1이고 체적 V가 1.7 m^3이라고 할 때, 추진모터효율(η_2)를 고려하여 프로펠러를 설계하여 본다.

1개 추진기에 대한 추력은 다음과 같아야 한다.

$$T = \frac{1}{4\cos(22.5)}\frac{\rho v^2}{2} C_x\, V^{2/3} = 18.5\,v^2$$

아래 표는 AUV 속도가 1 m/s이고 피치가 0.16 m일 때의 계산 결과이다.

D	m	Q	n	U	I	P	η1	η2	η
0.16	0.097	0.560	12.8	16.3	4.48	69.7	0.410	0.647	0.265
0.18	0.048	0.569	11.1	14.7	4.31	63.2	0.466	0.628	0.293
0.20	0.102	0.586	9.86	13.6	4.41	59.8	0.509	0.608	0.309

위 표에서 η_1은 프로펠러 효율, η_2는 모터효율, η는 전체 효율이다.

아래 표는 AUV 속도가 1 m/s이고 프로펠러 직경이 0.2 m일 때의 계산 결과이다.

H	m	Q	n	U	I	P	η1	η2	η
0.12	0.143	0.539	11.6	15.0	4.11	61.6	0.470	0.640	0.300
0.14	0.118	0.557	10.7	14.2	4.21	59.7	0.497	0.625	0.310
0.16	0.102	0.586	9.86	13.6	4.41	59.8	0.509	0.608	0.309
0.18	0.090	0.622	9.22	13.2	4.64	61.1	0.513	0.590	0.303

또, 아래 표는 AUV 프로펠러 직경이 0.2 m, 피치가 0.14 m이고 m = 0.118일 때의 계산 결과이다.

v(m/s)	T	Q	n	U	I	P	η1	η2	η
0.25	1.16	0.035	2.66	3.34	0.66	2.18	0.497	0.267	0.132
0.50	4.63	0.139	5.33	6.48	1.32	8.54	0.497	0.546	0.271
0.75	10.4	0.313	7.99	10.1	2.49	25.1	0.497	0.626	0.311
1.00	18.5	0.557	10.7	14.2	4.21	59.7	0.497	0.625	0.310
1.25	28.9	0.870	13.3	18.8	6.53	122	0.497	0.594	0.295

아래 표는 AUV 프로펠러 직경이 0.2 m, 피치가 0.16 m이고 m = 0.102일 때의 계산 결과이다.

v(m/s)	T	Q	n	U	I	P	η1	η2	η
0.25	1.16	0.040	2.47	3.16	0.67	2.11	0.509	0.268	0.137
0.50	4.63	0.147	4.93	6.15	1.37	8.43	0.509	0.539	0.274
0.75	10.4	0.330	7.40	9.61	2.61	25.0	0.509	0.613	0.312
1.00	18.5	0.586	9.86	13.6	4.41	59.8	0.509	0.608	0.309
1.25	28.9	0.916	12.3	18.1	6.82	123	0.509	0.576	0.293

위 4개의 계산 결과를 살펴보면 다음과 같이 추론할 수 있다.

- 고려된 피치와 프로펠러 직경 변화에 대하여 Power(P)와 효율 변화는 크지 않으며 가장 크게 차이 나는 것이 약 15% 정도이다.
- 프로펠러 직경은 설계가 허용하는 범위 내에서 가장 크게 가져가는 것이 보통인데 POW 효율이 증가하기 때문이다. 여기에서는 0.2 m가 된다.
- 0.2 m 프로펠러 직경일 때, 피치는 0.14~0.16 범위에서 최적이 되고 이 범위에서 피치에 의한 효율 변화를 보면 프로펠러 효율은 증가하는 반면에 모터 효율은 감소되는 경향을 보인다.

- 따라서, 프로펠러 직경 0.2 m일 때 피치 0.14~0.16 범위에서 최대 효율을 나타내며 선속은 0.75~1.0 m/s가 된다. 이것은 AUV 운항속도에 부합되는 값이다.

또한 후진 Bollard 시험을 이용하여 얻은 다음의 시험 결과들(표 4.5)을 계산결과와 비교하여 계산치의 타당성을 검토할 수 있다.

<표 4.5 Backward Bollard Test Results>
<표 4.5-1 D=0.19, H=0.14>

n	T	Q	T/n^2	Q/n^2
8.1	10.5	0.39	0.160	0.00594
11.0	18.0	0.67	0.149	0.00554
14.3	30.0	1.06	0.147	0.00518
		Average	0.152	0.00555

F_T = 2.7, F_Q = 0.03, m = 0.277

그리고 Papmel 식에 의해 계산된 값은 다음과 같다.

$$F_T = 3.45, \quad F_Q = 0.075, \quad m = 0.277$$

마찬가지로 직경 0.2 m, 피치 0.2 m인 프로펠러에 대해서 계측된 결과는 다음과 같다.

<표 4.5-2 D=0.2, H=0.2>

n	T	Q	T/n^2	Q/n^2
8.1	10.5	0.39	0.160	0.00594
11.0	18.0	0.67	0.149	0.00554
14.3	30.0	1.06	0.147	0.00518
		Average	0.152	0.00555

F_T = 2.8, F_Q = 0.13, m = 0.13

그리고 Papmel 식에 의해 계산된 값은 다음과 같다.

$$F_T = 3.1, \quad F_Q = 0.055, \quad m = 0.13$$

이 경우에서는 계산된 값과 실험값에 큰 차이가 있는데 이것은 우선 프로펠러 날개 캠버의 영향으로 후진운동 모드에서 날개 저항이 전진 운동 모드에 비해 증가되며, 또한 주로 양력에 의해 결정되는 추력값이 불안정해지기 때문에 앞의 식을 이용하여 정확히 예측할 수 없기 때문이다. 위 결과에서 보듯이 저항의 증가로 실제 토크는 큰 값이 되었다.

결과적으로 D = 0.2 m이고 피치 H = 0.16 m일 때에 Bollard 상태에서 추력이 최대가 됨을 알 수 있다. 이때의 추력과 토크를 I = 0.8 A인 모터와 프로펠러 직경이 0.19 m이고 피치가 0.14 m인 프로펠러에 대한 Bollard 시험 결과 표 4.4와 표 4.5를 이용하여 추정할 수도 있다.

$$T = 47N \quad \text{for Forward Motion}$$
$$T = 30N \quad \text{for Backward Motion}$$

추력을 같게 하면서 피치가 같고 프로펠러 직경만 0.2 m로 증가시키면 회전수만 변화하게 된다. 또한, 고려하는 피치 범위 내에서는 효율의 변화가 작기 때문에 위 결과를 피치가 0.16 m인 프로펠러에 적용할 수 있고 이때 역시 프로펠러 회전수만 감소된다. 따라서 전·후진 모드에서의 최대 추력을 다음과 같이 생각할 수 있다.

$$T_{max} = 47N \quad \text{for Forward Motion}$$
$$T_{max} = 30N \quad \text{for Backward Motion}$$

4.4 Weight and Balancing

4.4.1 AUV의 구성

AUV는 그림 4.10과 같이 자중을 지지하는 2개 Ring Frame Section을 포함하여 13개 마디(Section)로 구성되며, 11개의 각 마디는 심해 탐사장비 및 모선과 위치 교신에 필요한 각종 제어장비들을 담기 위한 내압 용기를 포함하고 있다. 이러한 각종 장비들은 서로 유기적인 조합을 위하여 신호선이 내부적으로 연결되어 있으며 심해 잠수 시 고압에 견딜 수 있는 압력보상 메커니즘을 포함하고 있다. 또한 마디 연결 형식의 AUV 몸체는 해저에서의 작업 요구량에 따라 전원 공급용 마디를 가감할 수 있는데 이때는 중량과 밸런스를 다시 점검하여야 한다(그림 4.11 참조).

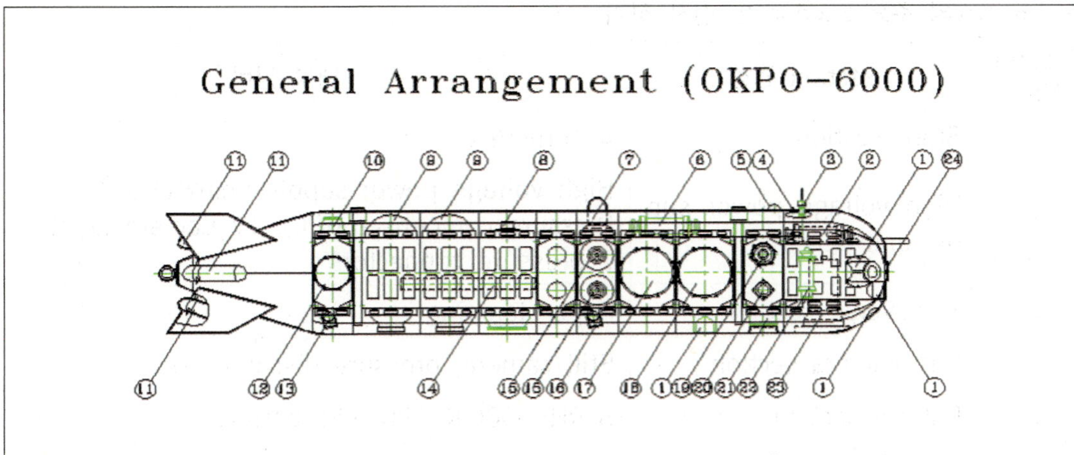

①	OAS Acoustic Transceivers	⑨	Main Batteries	⑰	Subcontrol Computer
②	Obstacle Avoidance System	⑩	Pressure Compensator(for Thruster)	⑱	Autopilot Unit
③	Radio Antenna	⑪	Electric Thrusters	⑲	Light Radio Beacon Unit
④	Speed Log	⑫	High Voltage Converter	⑳	Temperature Conductivity Meter
⑤	Light Beacon	⑬	Strobe Light Unit	㉑	Ascending Ballast
⑥	SSS Transceiver	⑭	Side Scan Sonars(Port & Star.)	㉒	Depth Sensor
⑦	APS	⑮	Pressure Compensators	㉓	TV Camera
⑧	Still Camera	⑯	TV Light	㉔	Diving Ballast

그림 4.10 AUV 몸체의 일반 배치도

그림 4.11 마디(Section) 형태로 연결되는 AUV Body

AUV 작동에 필요한 각종 기기는 제어계측 기기, 데이터 수집용 센서, 탐사 과정을 확인 가능하게 하는 비디오 카메라, Vehicle의 위치를 감지하기 위해 쓰이는 음향탐사 장비 등 다양하다. 이러한 장비가 내장된 주요 section 및 내장된 전자 장비들을 소개하면 표 4.6과 같다.

<표 4.6 AUV의 주요 Section 및 전자 장비>

Section No.	Section 명칭	내부 장비
1	Stern section	4 Thrusters
2	High voltage power sup ply unit section	High voltage power supply unit(HVPSU), Pressure compensator(PC), TV Camera Light, 2 pressure connectors
3	Transverse section	Pope clamping
4	Still camera section	Still camera, pressure disconnector
5	Battery section	8 RH-100(LR-190)cells battery
6	Battery section	8 RH-100(LR-190)cells battery, 2 SSS arrays
7	Additional section	Adjusting buoyancy
8	APS transceiver section	APS Transceiver, 2 pressure compensators
9	Autopilot unit section	Autopilot unit
10	TV recorder section	TV recorder, radio antenna releaser, flash light
11	Transverse frame	Rope clamp
12	Light radio beacon(LRB) section	SSS, LRB, OAS, temperature sensor, depth senso r, radio antenna, OAS transceiver, ballast electro-magnets
13	Bow section	Velocity meter, light beacon, ballast electro-magn ets, OAS transceivers, TV camera

4.4.2 Buoyancy의 산정

AUV를 구성하고 있는 요소는 물에 가라앉는 중량체와 물에 뜨는 부유체로 나눌 수 있는데, 중량체는 크게 Vehicle 자체의 Weight, 수면과 심해 탐사 시에 자세 조정에 필요한 Weight, 잠수 시에 선수부의 전자석에 붙이는 Weight 그리고 수면으로 부상 시 버리는 Weight로 구성된다. 여기서 잠수 시에 붙이는 Weight는 잠수 시에만 사용되고 임무 수행을 위한 해저에 도달되면 떨어뜨려 중성부력 상태에서 임무를 시작한다. 수중탐사 임무를 수행한 후에는 수면 또는 심해에서의 탐사동안 붙이고 있던 Weight까지 떨어뜨려 그 만큼의 양성부력을 이용하여 수면으로 부상한다.

이러한 일련의 임무 수행과정을 신속하고 원활히 수행하기 위해서는 중량체와 부력재가 AUV에 적절히 조화되어 선형감, 균형감 및 안정감을 주어야 하므로 이들 두 요소에 대한 면밀한 검토 및 계산이 필요하다. 실제로 중량은 각각의 요소를 저울에 달아서 전체 중량을 구하고 체적은 수학적 계산에 의하여 구한 다음 단면 1차 모멘트에 의해 그림 1.10의 기준축에 대한 중량 중심 및 체적 중심을 다음의 식에 의해 구한다.

- 중량 중심

$$X_M = \frac{\sum m \cdot x}{\sum m} \qquad Y_M = \frac{\sum m \cdot y}{\sum m}$$

- 체적 중심

$$X_V = \frac{\sum \nu \cdot x}{\sum \nu} \qquad Y_V = \frac{\sum \nu \cdot y}{\sum \nu}$$

일반적으로 AUV가 물속에서 안정화되기 위해서는 부심이 무게중심보다 위에 있어야 하는 조건을 Buoyancy Reserve라 하며 양(Positive)의 값으로 표시된다.

- Buoyancy Reserve

$$\text{Buoyancy Reserve} = \sum V - \sum M$$

이러한 Buoyancy Reserve 및 임무 수행을 위한 적절한 자세각 등을 고려하여 정적 상태에서 중량 중심에서 체적 중심까지 회전 모멘트 길이를 다음 식에서 구한다.

- Arm Distance, L

$$\text{Arm Distance} = \sqrt{(X_V - X_M)^2 + (Y_V - Y_M)^2}$$

또한 정적 상태에서 중량 중심의 체적중심에 대한 회전모멘트를 AUV Stability Coefficient라 하며 다음 식으로 표시된다.

- AUV Stability Coefficient

$$\text{Stability Coefficient} = \text{Arm Distance} \times \sum M$$

그리고 AUV가 수면으로 떠오를 때 수평한 수면과 임의 경사각이 생기게 되는데 그때의 각도를 Slope Angle이라 하며 다음 식으로 표시한다.

- Slope Angle

$$\text{Slope Angle} = 90^\circ - \tan^{-1}\frac{Y_\nu - Y_m}{X_\nu - X_m}$$

이상과 같은 6개의 계산식들을 다음과 같은 상황에 적용하면 시험하는 AUV에 대한 정적 상태(Static Condition)를 해석할 수 있다.

① 청수 상태
② 해수 상태
③ 임무 수행을 위하여 잠수 시
④ 임무 수행 후 수면 상승 시

위와 같은 절차에 의해 steady state condition에서 다양한 AUV에 대한 Buoyancy 산정을 수행함으로써 특정 해역에서의 임무 수행 가능성과 작업 효율을 평가하는 기초 자료로 사용한다.

4.4.3 Balancing 시험 절차

AUV의 최적 Ballast는 임무 수행 중에 발생되는 AUV의 속도, 선체 저항, Buoyancy Reserve, 추력 및 조류 흐름 등에 적절히 조화되어 심해 탐사 시 작업 효율을 증대시킬 목적으로 수행하는데 다음과 같은 절차에 의해 Ballasting을 실시한다.

(1) 기본 준비 사항

① AUV 이송용 크레인
② 두 종류의 Calibration Weight 즉 0.5 kg_f 및 1.0 kg_f를 10여개 준비한다.
③ 작업자를 위한 비닐 옷을 준비한다.
④ 작업용 고무보트를 준비한다.
⑤ 정수 중 Balancing은 수면 및 수중 탐사 시에 사용되는 Weight를 부착한 상태(Cruising Mode)에서 수행한다.

(2) 정지 수면에서의 Balancing Calibration

① Static 계산에 의해 조립된 AUV 상부에 Calibration Weight를 매달 수 있도록 Buoyancy 고정 볼트 중 중심축에 위치한 하나를 긴 볼트로 교체한다.

② AUV를 크레인으로 이동하여 정수면에 띄운다.

③ 물 위에 떠 있는 Vehicle을 크레인으로부터 분리한 후 물속으로 밀어 넣어 AUV 동체 내부의 공기(air)를 제거한다.

④ AUV의 중앙 Section에 대하여 선수, 선미 트림 및 좌, 우 Balancing에 대하여 관찰한다.

⑤ 정적 수평 상태에서 AUV 동체 상부의 직선 표면이 수면에 겨우 보일 정도로 Calibration Weight를 매달아 놓는다.

⑥ 수평 상태에서 0.5 kg_f를 AUV 선수 끝단에 매달아 18° 정도의 선수트림이 생기고, 선미 끝단에 0.5 kg_f를 매달았을 때 10° 정도 선미트림이 생기도록 Calibration Weight를 매단다 (그림 4.12).

⑦ 위와 같은 조건이 만족되면 Calibration Weight를 매단 위치를 표시해 둔다.

⑧ 실험을 끝내면 AUV를 지면에 올려놓고 Buoyancy를 풀어내고 실험에서 얻어진 Calibration Weight를 Vehicle 몸체 내부 중앙면 하단에 조립하여 정적 Buoyancy Calibration을 끝낸다.

그림 4.12 정수 상태에서의 Balancing Calibration

(3) 항해 시운전 시 Balancing Calibration

AUV의 최종 Balancing 상태는 추진기(4 thrusters)에 의해 수중탐사 시 선체에 미치는 저항, 항력(Drag Force), 양력(Lift Force) 및 기본설계 시 고려된 Positive Buoyancy 등에 의해 결정된다. 따라서 이러한 힘 벡터 성분이 직진 방향의 일정한 수평 성분이 될 수 있도록 하기 위해 정상적인 AUV의 자세는 그림 2.4.3과 같이 선수쪽으로 기울어지는데(nose-down) 이는 Thruster에 의해 발생되는 속도 성분에 의해 기울기가 결정된다. 그림 4.13와 같은 힘 분포가 되어 있는지 확인하기 위하여 항해 탐사 시운전 후 Mission program을 검토하여 4 Thruster가 동일한 속도로 회전하는지 검토하여 Calibration Weight를 적절히 가감함으로써 완성된 Buoyancy 및 Stability를 계산하여 시험 AUV에 대한 기초 데이터를 완성한다.

실제 AUV는 복잡한 내부 구조 때문에 조립과정에 계산상에 정확하게 표현하기 힘든 Weight 및 Volume이 있다. 특히 Volume의 경우에는 신호선이 통과할 수 있도록 Buoyancy에 음각한 다양한 홈들의 체적을 정확히 계산하기는 어렵다. 따라서 Buoyancy 미조정에 해당하는 부분은 정수 시험 및 항해 시운전을 행하여 노출된 문제점을 찾아내어 교정함으로써 제작하고자 하는 완성된 AUV의 Buoyancy 및 Stability를 확보할 수 있다.

부록 1에서 OKPO-6000 AUV와 유사한 자료인 OKPO-946 AUV에 대한 Static Data를 참고할 수 있다.

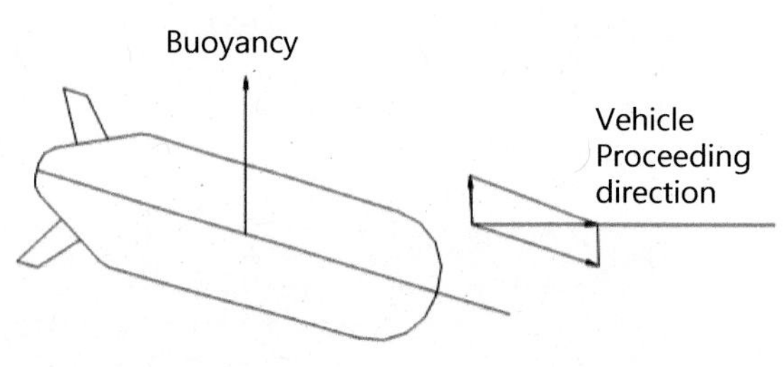

그림 4.13 AUV에 작용하는 힘

Chapter 5.

항해 및 제어시스템

5.1 개요

AUV의 항해와 제어에 관계된 시스템들을 설명한다. AUV를 전체적으로 제어하고 모니터링하는 AutoPilot Computer(APC)가 있고 전력의 소비가 많고 주변 탐사 장비를 제어하는 Sub Control Computer(SCC)가 있다. APC에는 Navigation Sensor들과 추력 시스템, Ballast 시스템, 장애물 회피 장치와 기타 장치들이 장착되어 있다. 이 장에서는 위에서 언급된 장치들에 대해 자세히 설명하기 위해 다음의 약어가 전체 문서에서 사용된다.

AUV : Autonomous Underwater Vehicle
AP : AutoPilot Computer
APS : Acoustic Position System
APST : APS Transceiver
AGC : Automatic Gain Control
BEM : Ballast Electro-Magnet
DCM : Discharge Current Meter
DS : Depth Sensor
FD : Floppy Disk
FGC : Flux Gate Compass
HDD : Hard Disk Drive
LAN : Local Area Network
LRB : Light Radio Beacon
MB : Main Battery
OAS : Obstacle Avoidance System
OLW : Operation Limit Watchdog
PS : Pitch Sensor
PRC : PRessure Compensator
RAR : Radio-Antenna Releaser
RG : Rate Gyro
SCC : Sub Control Computer
SBC : Single Board Computer
SWS : Surface-Water Sensor
SWU : SWitching Unit
TCU : Thruster Control Unit
TCM : Temperature Conductivity Meter
WS : Water Sensor

5.2 AutoPilot Computer

AutoPilot Computer는 PC-AT 컴퓨터에 기초한 프로그램 제어 시스템이다. 이 장치는 실시간 프로그램 제어, 신호처리와 다음과 같은 AUV의 주변장치를 동작시키기 위해 설계 제작되었다. 전체적인 외형은 그림 5.1과 같다.

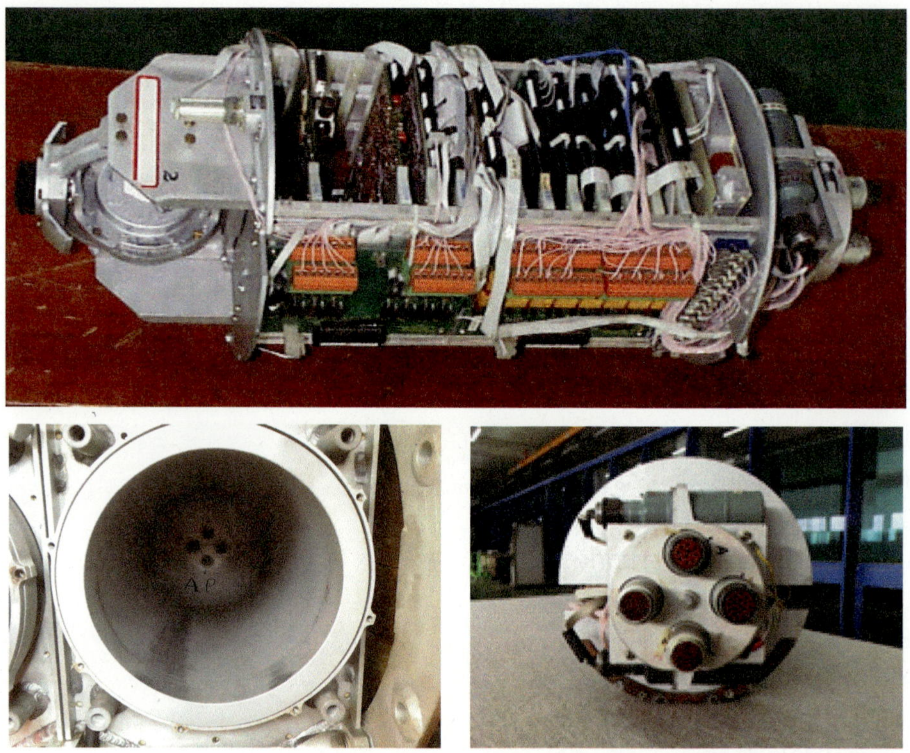

그림 5.1 AutoPilot Computer

AUV의 주변 장치:

Navigation Sensors:

- Depth Sensor
- Flux Gate Compass
- Pitch Sensor
- Heading and Pitch Rate Gyros
- Obstacle Avoidance System

- Reference Oscillator
- APS Transceiver
- Surface-Water Sensor

Final-Control Units:

- Stern Thruster Control Units
- Radio-Antenna Releaser
- Light Radio Beacon
- Ascend and Descend Ballast Electro-Magnets

Alarm Sensors:

- Water Leakage Sensors placed in each Pressure Housing
- PRC Liquid Leakage Sensors
- Discharge Current Sensor

이와 같은 장치 외에 다음과 같은 장치들에 전원공급을 제어한다.

① TCU Power Switch

② Temperature and Conductivity Meter

③ OAS Unit

④ Side Scan Sonar

⑤ Subcontrol Computer Unit

⑥ User Equipment(Still Camera, TV Camera, VTR, etc.)

(1) AutoPilot Computer의 각 부분별 사양

① Features 사양

- 486SLC-25MHz-4MB DRAM CPU w/Co-processor 387SX
- 100% PC-AT Compatible
- Two Serial Channels with RS232/RS422/RS485 modes
- Eight user's hardware interrupts
- 120 MB Hard Disk
- 1.44 MB Floppy Disk supports
- Thirty six independent 16-bit programmable Timer/counters
- Up to 64 hours AP Operation Limit Watch Dog

- 16 single ended, -5 ~ +5 V Inputs w/12-bit ADC
- 0 ~ +5 V Output 10-bit DAC
- 15 2 A/30 VDC fuse protected relay outputs
- 8-bits WS/SWS/PRC over voltage protected input bus
- 8-bits TCU control over voltage protected output bus
- Two channel 8-bit ADC for SSS data
- Two mode single supply 18 ~ 36 VDC
- STD-8088/188 Bus Interface is compatible for each board
- Standard STD-BUS PC board dimensions
- Precision frequency oscillator 5 MHz
- 16-slot 0.75" Card Cage & Backplane based
- Full CMOS technology: low power consumption, high noise immunity, wide temperature range

② Electrical 사양

- 공급전압(VDC): 22 ~ 32 V
- Nominal 공급전압(VDC): 24 ~ 25 V
- 공급 전류(A): 0.9 A, max 1.3 A

③ Mechanical 사양

- Dimensions: L623.5 × D227 mm
- Weight: 10 kg
- Card Dimensions: 6.5" × 4.5" × 0.7"
- PCB Chassis: 16-slot 0.75" Card Cage CC-16WP, w/Back Plane
- External Connectors:
  Input Power Supply: X1 10-pin 2PM10
  Output Power Supply: X2 19-pin 2PM19
  Multi-I/O #A: X3 32-pin PC32
  Multi-I/O #B: X4 32-pin PC32
- Operating Temperature: 0℃ ~ 45℃

(2) AutoPilot Computer의 구성

① STD Bus Cards

- HDAT-100: 120MB 3.5" IDE Drive Mounted on STD Bus Card
- LPM-486SLC-25-4M: CMOS 486SLC SBC w/Co-Processor 387SX
- STD-WW2 based: DC-DC Converter
- LPM-CTC-0: Depth sensor & Log Controller
- LPM-CTC-0: OAS Controller
- LPM-CTC-0: APS Transceiver Controller
- LPM-CTC-0: TCU Controller
- LPM-A/D12M-DC: NS Analog-to-Digital Converter
- STD-WW2 based: Navigation Sensor Controller
- LPM-7604: Eight 8-bit I/O Ports
- STD-WW2 based: I/O Drive
- LPM-7904 based: SSS Controller
- LPM-ENET: Ethernet Network Card
- LPM-VGA-A: VGA Card (optional)
- FD-144: 1.44MB STD Bus Board Mounted Floppy Drive

② Boards

- TRM-300-16: 16 Channel Relay Output Terminator
- TRM-200-16: 16 Channel Digital Input Terminator

③ Devices

- Pitch Angular Sensor
- Flux Gate Compass
- Reference Generator "HYACINTH-M"
- Pitch & Heading Rate Gyros
- Bow Releaser Power Switch

④ Chassis and Cables

- CC16-WP Based : AP Chassis with 16 Slots Card Cage w/Back Plane
  Cable Set w/four External Connectors

5.2.1 AP의 Arrangement와 기능

(1) AP의 Arrangement

STD Bus 카드와 AP 장치들의 AP 샤시 위의 배열은 그림 5.2와 같다. 모든 STD Bus Card는 16-Slot 0.75” Card Cage에 조립되어 있다. AP Chassis는 CC-16WP Card Cage를 기본으로 설계되었다.

(2) AP의 기능

AP는 AUV의 상태, Navigation 센서들의 데이터 처리 및 저장, 모든 주변 장치들에 대한 제어 입력값 계산, Mission 프로그램에 따른 Thruster의 제어를 담당한다. AP는 AUV의 데이터를 처리하고 제어하는데 있어서 가장 핵심적인 부분이다. 이 장치는 Winsystems LPM-486 SLC-25-4M CPU Card, 120 MB HD등 Card 형태로 만들어진 여러 형태의 인터페이스 카드들로 구성되어 있다. AP는 주변 장치들에 대해 다음과 같은 역할을 한다.

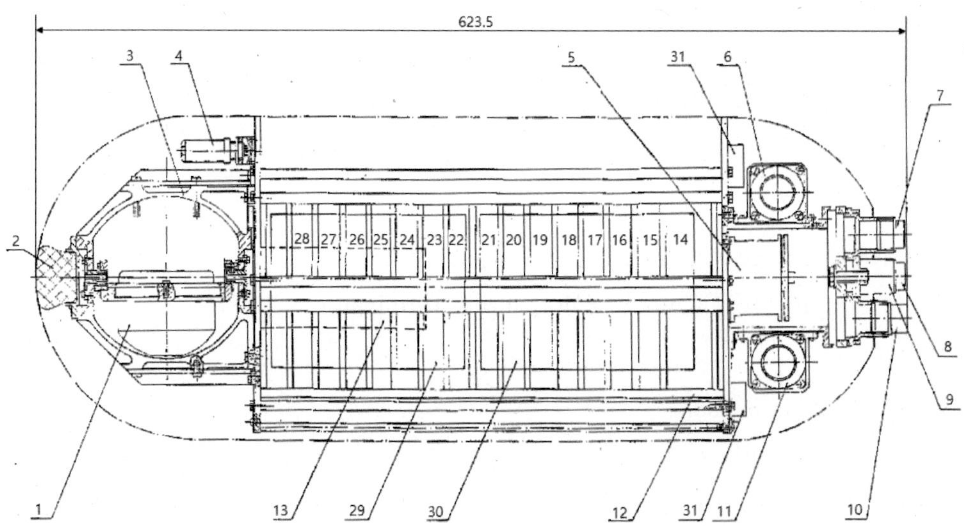

1	Flux Gate Compass	17	Depth Sensor & Log Controller
2	Pilot Chassis Handle Amortized	18	OAS Controller
3	Flux Gate Compass Chassis	19	APST Controller
4	Flux Gate Compass Connector	20	TCU Controller
5	Pitch Sensor	21	AD Converter
6	Pitch Rate Gyro	22	Navigation Sensor Controller
7	Pilot Chassis PC32-type Connector (A)	23	Eight 8-bit I/O Ports
8	Pilot Chassis PC32-type Connector (B)	24	I/O Drive
9	Pilot Chassis 2PM19-type Connector	25	SSS Controller
10	Pilot Chassis 2PM10-type Connector	26	Solid State Disk
11	Heading Rate Gyro	27	LAN Ethernet Controller
12	16 Slot Motherboard	28	LPM-VGA Card
13	Reference Generator “Hyacinth M”	29	Input Terminator
14	HDAT-100 3.5“ IDE Drive	30	Output Terminator
15	LPM-486 SLC-25-4M CPU Card	31	Fuse Board
16	DC/DC Converter		

그림 5.2 AP Arrangement

AP의 기능:

- AP의 각 Boards 주변장치에 대한 원격 모니터링 및 디버깅
- 모선의 컴퓨터로부터 Mission 프로그램 down loading
- 모선의 컴퓨터로 저장된 데이터 전송
- DS, Log, PS, FGC, RGs 등의 신호 처리
- 장애물회피장치(OAS)의 제어와 신호처리
- Side Scan Sonar로부터의 신호처리와 데이터 저장
- TCM으로부터의 신호처리와 데이터 저장
- 4개의 Thruster 제어
- BEAMs, BR, RAR, LRB, APST 제어
- DS, OAS, TCM, SCC, SSS, TCU, RGs들에 대한 전원공급 및 제어
- 각 압력용기 내의 누수 확인
- 정해진 parameter에 따른 AUV 동작들에 대하여 Thruster를 제어하기 위한 다음과 같은 모드에서의 PID 제어량 계산
  - Bottom 고도 안정 모드
  - Surface 깊이 고정 모드
  - Heading 고정 모드
- AUV 전진 방향의 속도 유지

- 다음과 같은 상황에서의 AUV 비상 상태 인식
  - 정해진 Heading과 목표치가 상이하게 유지될 때
  - 고도나 깊이가 목표치와 상이하게 유지될 때
  - 정해진 속도가 상이하게 유지될 때
  - Pitch가 상이할 때
  - Tack 시간이 많이 걸릴 때
  - Mission 프로그램 시간이 초과할 경우
  - 임의의 압력 용기에서 누수가 확인될 경우
  - 전압의 불안정 상태
  - AP에서의 오류가 발생할 경우

AP는 22~32 VDC의 단일 전원을 공급받지만 두 개의 전원 공급 모드를 가지고 있다. 메인 모드에서는 AUV 내의 Main Battery로부터 전원을 공급받지만 디버깅 모드에서는 외부 전원 공급 장치로부터 에너지가 공급되는데 반드시 Main Battery의 사용은 off 상태라야 한다. BEMs, RAR, OAS, TCM, DS, PSW, LRB, APST, SSS, SCC, SC, TVC, VR, RGs와 다른 slave 장치들은 디버깅이나 메인 모드에서 동작 할 수 있다. 전원 공급 모드는 원격 펄스 신호인 "ON/AUV"나 "OFF/AUV"로서 제어된다. 원격신호인 "RESET/AUV"는 AP 컴퓨터를 재부팅시키는 스위치이다. AP의 각 장치로의 전원공급은 DC-DC 컨버터를 사용하고 있는데 OUTPUT Terminal Board인 8-bit 출력포트를 사용한다.

모든 STD-BUS Cards는 +5 VDC, +12 VDC, -12 VDC의 전원을 DC-DC 컨버터로부터 공급받는다. 5 MHz의 오실레이터는 AP 전원인 +24 VDC로 구동되고 RGs의 3상 변환기는 전원 제어 스위치로부터 공급이 제어된다.

DS와 OAS의 신호처리 Card는 시스템 클락 100 ms의 주기를 가진 주파수를 사용하고 APST의 SYNC0, SYNC4, SYNC RC는 아주 안정적인 클럭인 "HYACINTH-M"으로부터 사용한다.

AP 컴퓨터와 Thruster 사이의 인터페이스는 Thruster 제어기 타이머(4 Channel PWM Control Signals), I/O 포트, 모터의 제어를 금지하는 "ON/TCUi", 방향 신호 "RDi", 과부하 신호"OLi"로서 연결되고 NS(Navigation Sensor) 제어기는 ADC와 AUV의 Main Battery의 방전 전류 센서 사이의 인터페이스를 제공한다. 여기서 NS 센서는 PS, FGC, RGs 등이며 5 MHz의 클럭을 사용한다.

각 압력용기 내의 누수 인식은 I/O 드라이브들에 있는 입력 드라이브에 연결된 I/O 포트 보드를 통하여 제공된다. OAS의 TZ(Inverted RP control signal), Ai(Inverted ATR Units selecting bus), ASL(Amplitude of peak signal level), TS(Delay time of receiving signal)도 I/O 드라이브 보드를 통하여 제공되고 있으며 I/O 드라이브의 DAC는 AGC/OAS 신호를 발생시킨다.

AUV의 수리나 확인을 위하여 AP 장치는 다른 방법의 디버깅 모드를 제공하고 있다. 첫 번째의 경우는 외부 공급 전원을 X1 AP 외부 커넥터에 바로 연결하는 것이다. VGA Card는 STD-bus의 아무 곳에나 설치가 가능하며 모니터의 연결도 가능하다. J2 50-pin CPU Card Connector는 연결하지 않아도 되고 다목적 케이블인 CBL-162-1을 Keyboard, LPT, COM1 & COM2 연결을 위해 사용할 수 있다. 1.44 MB Floppy disk 드라이브는 34-pin CPU Card 커넥터인 CBL-125-1로 연결이 가능하다.

AP에 전원이 공급되면 이 장치는 PC-AT 컴퓨터로서 동작을 시작한다. 두 번째의 경우는 AP를 외부 전원에 연결하고 PC32-pins의 조절 가능한 케이블을 X4 AP 외부 커넥터를 모선의 APS 전송 장치의 J3 BNC-형의 커넥터에 연결한다. 이 경우에 있어서 AP는 원격 모드로 동작하게 된다.

5.2.2 AP 내의 각 Card의 사양과 동작

(1) LPM-486SLC CPU Card

LPM-486SLC-25-4M은 386SX 프로세서와 387SLC Co-processor, 4 MB DRAM, 25 MHz의 시스템 주파수와 인터페이스가 용이한 저전력 소비 CMOS SBC이다.

a) Jumper Blocks Configuration

- Processor Control: Intel, TI, Cyrex Processor
  J8 Pins 1-2, 3-4, 5-6 are open
  J9 Pins 1-2 are open

- Serial Interface: Mode A - COMM1 = RS232C, COMM2 = RS232C
  J3 Pins 1-3, 2-4, 7-9, 8-10, 13-15, 14-16 are closed
  J4 Pins 1-2 are closed
  J5 Pins 1-2 are closed
  J6 Pins 1-2 are open
  J19 Pins 1-2 are open

- Watchdog Timer: is enabled
  J12 Pins 1-2 are closed

- Interrupts Routing: J14 allows Interrupt sources

STD-BUS pin 46	: NMI	: pins 1-2 are open
Printer Interrupt:	: IRQ	: pins 3-4 are open
STD-BUS pin 44 (ADC)	: IRQ7	: pins 5-10 are jumpered
Floppy Interrupt(OAS)	: IRQ6	: pins 7-8 are open
STD-BUS pin 37 (SSS)	: IRQ5	: pins 9-6 are jumpered
COMM1 Interrupt	: IRQ4	: pins 11-12 are jumpered
COMM2 Interrupt	: IRQ3	: pins 13-14 are jumpered
STD-BUS pin 50 (ENET)	: IRQ9	: pins 15-16 are jumpered
J1 pin 2 (100 ms)	: IRQ10	: pins 17-18 are jumpered
J1 pin 4 (Depth)	: IRQ11	: pins 19-20 are jumpered
J1 pin 6 (SYNC 0)	: IRQ12	: pins 21-22 are open
Hard Disk Interrupt	: IRQ14	: pins 23-24 are jumpered
J1 pin 8 (OAS)	: IRQ	: pins 25-8 are jumpered
J1 pin 10 (Log)	: IRQ15	: pins 27-28 are jumpered

- BIOS ROM Size select: 64K or 128K EPROM mode
  J18 Pins 1-2 are closed
- ROMDISK disabled: J21 Pins 2-3 are closed
- BAT/CMOS Control: On-board battery - J11 pins 1-2 are closed
  Normal CMOS usage - J10 pins 1-2 are open

b) Card 연결

Multi I/O 50 pin J2 커넥터는 다음과 같은 두 가지 모드로 사용한다.

- Mode A - AUV on-board operation:
  케이블 CBL 1820-04.1은 J2로부터 AP의 외부 커넥터인 X3 Multi-I/O #A에 두 개의 직렬 채널을 연결한다.
- Mode B - Separate PC-computer in laboratory to debugging:
  두 개의 직렬 I/O 채널, 프린트, 키보드는 모두 J2에 표준 CBL-162-1의 케이블을 통해 연결된다.

HDAT-100 Hard Disk는 표준 40pin 케이블인 CBL-126-1를 통하여 J13에 연결되고 Floppy Disk 드라이브 FD3-144는 34pin 케이블인 CBL-125-1를 통하여 J7에 Mode-B에서만 연결이 가능하다. OTT 인터럽터는 10way 케이블인 CBL 1820-18를 통하여 AP 콘트롤러에 연결된다.

(2) Hard Disk Drive Card

HDD는 표준 IDE 3.5" 120 MB의 Hard Disk이며, STD card에 설치되고 HDAT-100이라 한다.

(3) Network Card

LPM-ENET 카드는 각 컴퓨터간의 통신을 위해 Thin Ethernet 케이블을 사용하는 LAN를 지원한다. 커넥터 J2는 Thin Ethernet network에 연결하기 위해 사용되고 내부저항이 50 Ohm RG-58의 동축케이블 CBL-1820-05.0을 BNC 커넥터와 같이 Multi-I/O 외부 커넥터인 X4를 통한다.

- LPM-I/O Jumper Blocks Configuration

Ethernet Segment Length :	Maximum 185 m	J4 pins 1-2 are open
Ethernet Version :	#2	J5 pins 1-2 are open
BIOS ROM Size :	16 KB	J6 No jumper
RAM Buffer Size :	8 KB	J7 pins 1-2 jumpered
EPROM Unit :		J8 pins 1-2 open
I/O & DMA Select :	No use	J9 no jumper
Interrupt Source Select :	IRQ2	J10 pins 1-2 jumper
Address Bus Size :	24 bit STD-AT	J11 pins 1-2 jumper
BUS Interrupt Routing :	STD-BUS pin50	J12 pins 5-6 jumper

(4) LPM-VGA Card

LPM-VGA 카드는 위에서 설명된 Mode-B에서 AP의 세팅을 설정하기 위해서 사용한다. 이 경우에 있어서 이 보드는 AP Card cage의 아무 곳에나 위치 할 수 있다.

Jumper Block Configuration: Automatic configuration:

J3 pins 5-12, 6-11, 7-10, 8-9의 핀이 “ON"으로 closed.

(5) DC-DC Converter Board

DC-DC Converter Board는 플로피 디스크, 주변장치, STD-BUS 카드에 +5 VDC/3.5 A, +12 VDC/0.35 A, -12 VDC/0.35 A의 전원을 Main Battery로부터 변환하고자 설계되었다. 컨버터의 입력은 다이오드와 퓨즈로 보호되며 이 입력과 출력은 커패시터로서 필터링이 된다.

이 컨버터로의 전원공급은 모선의 APS 컴퓨터의 "ON/AUV", "OFF/AUV"의 스위치에 의해 Main Battery를 사용하거나 외부 전원을 사용할 수 있게 전환할 수 있다. 이 보드는 STD-WW2를 이용하여 직접 wiring을 한 것이다.

이 보드에 사용되는 요소는 다음과 같다.

- 입력 전원공급 커넥터 J1
- 제어 요소들에 대한 전원공급 커넥터 J2
- 입력 원격 제어 커넥터 J3
- RGs, 오실레이터를 위한 출력전압공급 커넥터 J4
- DC-DC 컨버터 (X1, C1-C8, FU1, VD5)
- 릴레이가 동작되는 동안 DC-DC 컨버터가 끊김을 방지하는 파워 다이오드 VD4
- AP의 CE2를 위해 +24 MB나 +24/C를 스위칭하기 위한 2A 릴레이 DPCO K2
- AP, 오실레이터를 위해 +24 MB나 +24/C를 스위칭하기 위한 2A 릴레이 DPCO K1
- AP의 CE1, LRB, APST를 위해 +24 MB나 +24/C를 스위칭하기 위한 2A 릴레이 DPCO K3
- 릴레이 R2, R3, VD1, VD2를 위한 입력 인터페이스
- PB RESET 신호를 제어하기 위한 버퍼 K4,R4, VD3, C9

J1은 케이블 CBL-1820-01을 통하여 AP의 외부 X1 10 pin 커넥터에 연결되고 J2는 출력 터미널 J4와 J5에 연결되며 또한 케이블 CBL-1820-03.03을 통하여 AP의 외부 커넥터인 X2 19pin에 연결된다. J3은 케이블 CBL-1820-05.3을 통하여 AP 외부 커넥터 X4에 연결되고 J4는 케이블 CBL-1820-11을 통하여 J2/NSC에 연결된다.

(6) Depth and Log Sensor Controller Board

DLS 제어기는 Depth Sensor의 출력주파수의 주기를 변환하기 위해 설계되었고 Log Sensor를 코드 값을 바꾼다. 이 보드는 9채널의 16bit 카운터/타이머를 가진 LPM-CTC 카드를 사용하고 있다. Time-Interval-to-code(TIC) 컨버터는 참조 주파수인 5 MHz에 동기 되게 되며 J6나 J7에 의해 선택할 수 있다. 이 제어기의 기본 입출력 번지는 340H이다.

a) Depth Sensor TIC 컨버터

① 이 컨버터는 다음의 기능을 가진 요소로 구성되었다.

- Depth sensor frequency divider: divider 2의 값으로 mode 3으로 구형파를 발생시키는 U6.0 타이머
- DS frequency U6.0 output second divider: divider 1530값으로 mode2로 파형을 발생시키고 depth 인터럽터를 발생시키는 타이머 U6.2
- Time-Interval-to-Code converter: 긴 카운트의 연속으로 파형 발생시키는 U7.0, U7.1 타이머. TIC 컨버터는 분배된 DS 주파수의 주기 측정

분배된 U6.2의 출력은 OTT 인터럽터 커넥터인 J3 pin 4의 CPU 카드에 DS 인터럽터 IRQ11을 전달한다. DS 신호는 DS장치로부터 AP의 외부 커넥터 X4를 통하여 J2 DS 입력으로 케이블 CBL-1820-05.5를 이용하여 전달된다. 입력측의 Low pass filter는 DS의 입력에 R = 1.0 kOhms, C = 1.0 nF이 부가된다.

② DS TIC Converter Jumper Block Configuration:

Connect : J7 pins 9-4, J7 pins 8-16,
J8 pins 6-12- J7 pin 20-J5 pin2, J5 pins 3-4,
J8 pins 8-10, J8 pins 2-4,
J4 pins 3-4

b) Log Sensor TIC Converter

① 이 컨버터는 다음의 기능을 가진 요소로 구성되었다.

- log 출력에 의해 유도되는 one-shot 펄스를 발생시키고 LS 인터럽터를 만들어내는 U6.1 타이머
- mode2로서 동기 주파수인 5MHz를 발생시키는 타이머 U5.0
- mode4로서 software-triggered strobe를 발생시키는 TIC 컨버터 U5.1

이것은 클럭 입력이 U5.0으로부터 입력되고 컨버터는 LS의 주파수 주기를 측정한다. U6.1 타이머의 출력은 OTT 인터럽터 커넥터인 J3 pin 10의 CPU 카드에 LS 인터럽터 IRQ15를 발생시킨다. LS 신호 (LOG1)는 log 센서로부터 AP의 외부 커넥터 X4, 케이블 CBL-1820-05.5를 통하여 LS 입력 J2에 전달된다. 입력측의 Low Pass filter는 입력부에 C = 1.0 nF이 부가된다.

② LS TIC Converter Jumper Block Configuration:

Connect: J6 pins 2-4, J6 pins 8-10,
J7 pins 2-10, J7 pins 11-12,
J7 pin 14-J4 pin 9

c) AUV Operation Limit Watchdog Timer(AUV OLW)

① AUV OLW 의 구성은 다음과 같은 요소로 구성되었다.

- J10 pins 1-2를 통하여 보드에 4.9152MHz의 클럭을 발생시키는 U10
- mode 3으로 구형파를 발생시키는 타이머 U5.2
- 이 타이머의 CLK2 입력은 점퍼 블록 J9 pin 16과 J6 pin 16을 통하여 기준 클럭에 256으로 분배된 클럭을 사용한다.
- mode 1로 one-shot을 발생시키는 타이머 U7.2
- 이 타이머의 입력 CLK2는 점퍼 블록 J6 pin20과 J8 pin 16으로부터 유도된다.

여기서 AUV OLW는 다음의 공식에 따라 I/O 포트의 HIGH, LOW, HIGH의 연속적인 세팅에 의해 OLW가 활성화된 후에 프로그램적인 지연을 가지는 하드웨어 PBRESET 신호를 공급한다.

$$Tlow = \frac{64}{491520} * K1 * K2 \qquad [sec]$$

여기서 $K1$ = 61440(U5.2 타이머의 코드값)
$K2$ = 1 ...65535(U7.2 타이머의 코드)

② AUV OLW Jumper Block Configuration

Connect : J10 pins 1-2, J9 pins 16-J6 pin 16,
J8 pins 17-18, J8 pins 19-20,
J6 pin 20-J8 pin 16, J14 pins 1-2.
I/O Address Decoder Jumper Blocks Configuration:
J11 pins 3-4, J11 pins 5-6 are jumpered,
J12 pins 7-8, J12 pins 11-12 are jumpered.

(7) OAS Controller Board

OAS 제어기는 OAS 시스템을 동작시키기 위해 설계되었고 다음과 같은 구성으로 되었다.

- TZ: 동기 펄스 발생, 발사
- ASL: 코드 변환된 신호의 크기
- TS: 거리에 비례하는 펄스의 지연시간
- 100 ms: AP로부터의 측정 동기 펄스의 주기
- OAS: 동작을 금지시키고, IRQ6을 발생

a) 이 컨버트는 다음과 같은 기능적 요소들로 구성되었다.

- ASL 펄스를 발생시키는 U6.1 타이머(mode 2)
- 100 ms의 인터럽터를 발생시키는 U5.0와 U5.1 타이머(구형파)
  U5.0은 10으로 분배, U5.1은 50000으로 분배
- One-shot 펄스를 발생시키는 U5.2 타이머는 OAS 인터럽터 IRQ6을 발생(mode 1)
- 20 us 주기의 구형파를 mode 3으로하여 100으로 분배된 타이머 U7.0
- TS의 지연된 시간을 측정하는 타이머 U7.1(mode 2)
- TZ의 봉합된 발사 펄스를 만들어 내는 U6.2 타이머. 이것은 IRQ6의 GATE 입력으로도 사용된다.

OAS 제어기는 참조 주파수인 5 MHz가 J1 커넥터를 통하여 동기화된다. 이 제어기의 기본 주소는 360H이다. U5.1의 100 ms 주기의 출력과 U5.2의 타이머 출력은 J3 커넥터를 통하여 IRQ10, IRQ6에 전달되고 OTT 인터럽터는 케이블 CBL1820-18로서 CPU 카드의 J1에 전달된다. OAS 신호(TZ, TS, ASL)는 I/O 드라이브의 J5 커넥터에 케이블 CBL-1820-12와 J2 커넥터를 통하여 전달된다.

b) OAS Controller Jumper Block Configuration

Connect: J6 pins 2-4, J6 pins 8-10-26,
J6 pins 14-18-J4 pin 1,
J6 pin 15-J9 pin 1, J7 pins 2-10-16-J8 pin 16,
J7 pin 12-J8 pin 3, J8 pins 2-4, J8 pins 8-10,
J8 pins 5-12,
J6 pin 20-J8 pin 6-J7 pins 18-6-J4 pin 7,

J7 pins 19-20-J5 pin 2.

I/O Address Decoder Jumper Blocks Configuration:

J11 pins 3-4, J11 pins 5-6 are jumpered

J12 pins 7-8 are jumpered.

(8) APST Controller Board

APST 제어기는 AUV의 APS Transceiver 장치와 모선의 APS Transceiver 장치를 제어하기 위해 다음과 같은 동기 펄스를 발생시키기 위해 설계되었다.

- SYNC 0 / APS: 모선의 APS Transceiver 장치에 같은 펄스의 연속으로 동기화 되어지는 10 ms의 30초 동안 연속 펄스
- SYNC 4/ APS: 다음의 공식에 따른 AUV 깊이에 비례적인 관계가 되도록 하는 SYNC 0/APS로부터 지연된 10 ms 펄스

$$Td = 2 + Kd * 0.001 \quad [sec]$$

여기서,

Td = 2 ... 8 sec - SYNC 4/APS의 지연 시간

Kd = 0 ... 6000 m - depth 코드.

- SYNC 4/APS: 모선의 APS Transceiver 장치로부터 받은 원격제어 명령을 인식하는 10 ms의 펄스. 이 펄스는 다음의 공식에 따라 RCC의 수에 비례적으로 SYNC 0/APS로부터 지연되어진다.

$$Trc = 17 + (Nrc - 1) * 0.5 \quad [sec]$$

여기서,

Trc = 17 ... 21.5 sec - SYNC 4/RC의 지연,

Nrc = 1 ... 10 - 명령의 수.

(주의 사항):

Trc = 15.5 sec는 보편적 지연

Trc = 16.0 sec는 "Mission program start" 인식 지연

Trc = 16.5 sec는 “Mission program end" 인식 지연

모든 인식은 5분 동안에 일어난다(10 펄스).

a) 이 APS 펄스 발생기는 LPM-CTC #3의 타이머/카운트 보드에 다음과 같이 구성되었다.

- mode 3으로 500 us 주기의 구형파를 발생하는 타이머 U5.2
- SYNC 0의 인터럽터 IRQ12를 발생시키는 30초 주기의 구형파를 발생시키는 타이머 U5.2
- SYNC 0/APS mode 1로 one-shot 펄스를 만드는 10 ms의 타이머 U6.2
- SYNC 4/APS mode 4로서 소프트웨어 트리거 스트로브 신호를 세팅 시키는 프로그램 가능한 시간 지연 타이머 U6.0
- SYNC 4/APS 10 ms 단위의 펄스 발생 타이머 U6.1(mode1)
- SYNC RC/APS 조정 가능한 시간 지연 발생 타이머 U7.0
- SYNC RC/APS mode 1로 10 ms 펄스 주기를 발생하는 타이머 U7.1

APST 신호 발생기는 J1 커넥터와 케이블 CBL 1820-11에 연결된 5 MHz에 의해 동기화된다. 타이머 U5.1의 출력은 J3 커넥터와 OTT 인터럽터 버스 케이블인 CPU 카드 J1을 통하여 IRQ12/SYNC 0을 발생시킨다. APST 신호는 J2 커넥터와 AP의 외부 X4 커넥터에 CBL-1820-05.4로 전달된다. 이 제어기의 기본 주소는 380H이다.

b) APST Controller Jumper Block Configuration

- Connect: J6 pins 2-4, J6 pins 8-10, J6 pins 15-16,
  J6 pin 20-J9 pin 1, J6 pin 14-J7 pin 18-J4 pin 5,
  J7 pins 2-4, J7 pins 8-12,
  J7 pins 13-14, J7 pins 19-20,
  J7 pins 10-16-J8 pin 10-J8 pin 2,
  J8 pins 2-4, J8 pins 8-12, J8 pins 13-14.
- I/O Address Decoder Jumper Blocks Configuration:
  J11 pins 3-4, J11 pins 5-6 are jumpered,
  J12 pins 9-10, J12 pins 11-12 are jumpered.

(9) Thruster Controller Board

Thruster 제어기는 AUV의 TCU를 위한 PWM 제어 신호를 발생시키기 위해 설계되었다. 4개의 PWM 펄스 발생기는 다음과 같은 요소로서 LPM-CTC #4 타이머/카운터 보드에 세팅되어 있다.

- 32 us 주기의 구형파 발생 타이머 U5.2(mode 3)
- PWM #1 U6.1 타이머로부터 발생된다.
- PWM #2 U6.2 타이머로부터 발생된다.
- PWM #3 U7.0 타이머로부터 발생된다.
- PWM #4 U7.1 타이머로부터 발생된다.

Thruster 제어기는 J1 커넥터를 통하여 참조 주파수인 5 MHz에 의해 동기화된다. 이 제어기의 기본 주소는 3A0H이고 PWM 신호는 J2 커넥터와 AP의 X3 외부 커넥터에 연결되는 케이블 CBL-1820-04.2에 의해 전달된다.

a) Thruster Controller Jumper Block Configuration

- Connect: J6 pin 12-J7 pins 2-4-10-16, J8 pins 2-4-10,
  J7 pins 8-12-18-J8 pins 6-12,
  J7 pins 13-14, J7 pins 19-20, J8 pins 7-8,
  J8 pins 13-14.

b) I/O Address Decoder Jumper Blocks Configuration:

J11 pins 3-4, J11 pins 5-6 are jumpered,

J12 pins 9-10 are jumpered.

(10) A/D Converter

A/D 컨버터는 아날로그 신호를 디지털 코드값으로 변환하기 위해 설계되었다. 이 장치는 Winsystems사의 CMOS A/D Converter LPM-A/D12M-DC를 기본으로 하였다.

a) LPM-A/D12M-DC Jumper Block Configuration:

- 입력 채널의 수: 16 single ended
  J2 pins 1-3-4 are jumpered
  J2 pins 2-6 are jumpered
  J3 pins 1-2 are jumpered

- J3 pins 3-4 are jumpered
- MSB Non-inverted:
  J4 pins 3-4 are jumpered
- 입력전압 범위 : +/- 5 V
  J5 pins 5-6 are jumpered
  J5 pins 7-8 are jumpered
- I/O Address : 108H - 10A H
  J6 pins 1-2 are jumpered
  J6 pins 3-4 are jumpered
  J6 pins 7-8 are jumpered
- Interrupt: enable, J7 pins 1-2 are jumpered

b) Analog 입력들의 사양:

Channel #	J1 Pin #	Description	Scale, V/V
0	1	Compass Sine-component	1.0
1	2	Compass Cosine-component	1.0
2	4	MB Discharge Current Sensor	
3	6	+24/MB check signal	13.57
4	8	+12 V check signal	3.353
5	10	+5 V check signal	2.0
6	12	Heading Rate Gyro common	1.0
7	13	Pitch Rate Gyro common	1.0
8	14	Heading Rate Gyro Signal	1.0
9	15	Pitch Rate Gyro Signal	1.0
10	17	Pitch Sine-component	1.0
11	19	+24/Console check signal	13.57
12	21	-12 V Test Signal	3.353
13	23	Pitch Cosine-component	1.0
14	25	Excite Signal	2.0
15	26	Ground check Signal	1.0

신호의 범위는 입력전압 +/- 5V로 세팅되어 있다.

A/D 컨버터의 입력 신호는 J1 커넥터와 케이블 CBL 1820-08을 통하여 J5/NSC 커넥터로부터 전달되어진다. 이 보드의 시작번지는 108H이다.

(11) Navigation Sensor Controller

Navigation 센서 제어기(NSC)는 navigation 센서(FGC, PS, RGs, MB discharge sensor)와 5 MHz 오실레이터, A/D 컨버터 사이의 인터페이스 기능을 하도록 설계되었다. 이 제어기에 의해 실행되는 기능은 다음과 같다.

- FGC, PS를 동작시키기 위해 2 kHz의 sine파를 발생시킨다.
- 오실레이터의 sine파를 구형파로 변환한다.
- FGC의 sine, cosine 신호의 동기를 detect한다.
- MB의 방전 센서의 신호를 증폭한다.
- RG의 400 Hz 3상의 구형파 신호를 발생시킨다.
- RG의 potentiometer에 전원을 공급한다.
- DC 전압을 감소시킨다.

NS 제어기는 STD-WW2의 wiring 가능한 보드에 제작되었다. 다음과 같은 요소들이 보드에 위치하고 있다.

- FGC, PS를 실행시키기 위한 sine파 발생기:
  - 2 kHz 주파수 발생기 DD5, DD1
  - sine파 증폭기 DA1, DA2, VT1, VT2
- 이중 구형파 신호 발생:
  - 2 kHz 구형파 컨버터 DA3(비교기)
  - 이중 주파구 합성기 DD2.4, DD2.1
  - 이중 구형파 발생기 DD3
- 2 채널 동기 detector:
  - 증폭기 DA4, DA6
  - 1/2 주기 동기 detector DD4, DA5, DA7
  - low-pass 필터 DA8, DA9
- 오실레이터의 sine 신호를 구형파로 변환:
  - 증폭기 DD9.1, DD9.2
  - 시스템 버퍼 DD9.3, DD9.4

- 3상 RG 전원공급 발생기:
  - 주파수 오실레이터 DD2B, DD2C, DD7D
  - 400 Hz 3상 발생기 DD6
  - 3상 구형파 증폭기 DD7A-C, DD8A-C, VT5-VT13
  - 노이즈 필터 L5, C42-C45
- MB 방전 센서의 차등 증폭기 DA10
- VDC 감쇄기:
  - +24 VDC/MB 감쇄기 R73, R75
  - -24 VDC/C 감쇄기 R74, R76
  - +5 VDC/AP 감쇄기 R59, R60
  - +12 VDC/AP 감쇄기 R61, R63
  - -12 VDC/AP 감쇄기 R62, R64

FGC는 케이블 CBL 1820-07과 J1 커넥터를 통하여 NSC에 연결되어있다. NSC의 +24VDC 전원공급과 오실레이터 발생기 "HYACINTH-M"의 연결은 다목적 케이블 CBL-1820-11과 J2 커넥터를 통해서 실행된다. MB의 방전 센서는 AP의 외부 X4 커넥터로 NSC에 연결되어있다. A/D 컨버터는 J5 커넥터와 케이블 CBL-1820-08을 통하여 NSC에 연결된다. 두 개의 RG는 케이블 CBL-1820-09와 J6 커넥터를 통하여 NSC에 연결되고 PS는 케이블 CBL-1820-10과 J7을 통하여 NSC에 연결되어 있다.

(12) I/O Ports Card

I/O 포트 카드는 입출력 터미널과 드라이브, AP 컴퓨터와의 인터페이스에 사용되고 이 카드는 Winsystems사의 CMOC 8-bit Eight I/O Port LPM-7604를 기본으로 설계되었다.

a) LPM-7604 I/O Ports Configuration:

- 8 I/O Port mode: Enabled.
  Jumper Block W2: 1-2, 5-6 open, 3-4, 7-8 connect
- I/O Address : 100 - 107 HEX
  Jumper Block W1: 1-2 open, 3-4, 5-6, 9-10, 11-12, 13-14 connect
- /IO EXP : Board enabled when /IOEXP is LOW
  Jumper Block W1: 7-8 connect
  (※ 주의사항 : Ports #1, #7의 출력 버퍼 칩은 소켓으로부터 유도됨)

b) LPM-7604 I/O Ports Specification:

I/O Port #	Port Bit	Description
#0 A = 100	0-0	ON/Ballast Electro-Magnet of Diving
8 Outputs with readback	0-1	ON/BEM of Rising
Equipment Power Supply	0-2	ON/Radio Antenna Releaser
Control	0-3	ON/Obstacle Avoidance System
	0-4	ON/Temperature-Conductivity Meter
	0-5	ON/Depth Sensor
Port bits are active	0-6	ON/Power Switch
HIGH.	0-7	OFF/Light Radio Beacon
#1 A = 101	1-0	Water Sensor/AutoPilot
8 Inputs	1-1	System Pressure Compensator
Check of water sensors	1-2	Thrusters' PRCC
Surface-Water sensor	1-3	WS#1
Pressure compensator	1-4	WS#2
Bits are active HIGH	1-5	WS#3
When sensors check alarm	1-6	WS#4
Situation	1-7	Surface-Water Sensor
#2 A = 102	2-0	A0/OAS
8 Outputs with readback	2-1	A1/OAS
Control of OAS,	2-2	A2/OAS
Rate Gyros, SWS, ENET	2-3	D8/DAC
	2-4	D9/DAC
	2-5	OFF/ENET
	2-6	ON/RG
	2-7	ON/SWS
#3 A = 103	3-0	D0/DAC
8 Outputs with readback	3-1	D1/DAC
DAC for AGC/OAS	3-2	D2/DAC
	3-3	D3/DAC
	3-4	D4/DAC
	3-5	D5/DAC
	3-6	D6/DAC
	3-7	D7/DAC

I/O Port #	Port Bit	Description
#4 A = 104	4-0	ON/Control Switch
8 Outputs with readback	4-1	ON/SSS
Equipment Power Supply	4-2	ON/SubControl Computer
Control	4-3	ON/Still Camera
	4-4	ON/TV Light Power Switch
	4-5	ON/TV Camera
Port bits are active	4-6	ON/Video Recorder
HIGH	4-7	OFF/Hard Disk
#5 A = 105	5-0	ON/TCU1
8 Outputs	5-1	ON/TCU2
Thruster Control Units	5-2	ON/TCU3
turn on/off,	5-3	ON/TCU4
rotate direction control.	5-4	RD/TCU1
	5-5	RD/TCU2
	5-6	RD/TCU3
	5-7	RD/TCU4
Port bits are active HIGH when TCUi turn on & forward rotation		
#6 A = 106	6-0	RESET/SSS
4 Outputs with readback	6-1	RESET/RSRW
RESET Control	6-2	RESET/SCC
	6-3	RESET/TCM
RESET bits are active	6-4..7	NO USE
LOW		
#7 A = 107	7-0	OL/TCU1
8 Inputs TCUnits	7-1	OL/TCU2
OverLoad Check Bus	7-2	OL/TCU3
Bits are active HIGH	7-3	OL/TCU4
When there are TCU	7-4..7	No use
over load situation		

c) LPM-7604 I/O Port Bits Description:

- WS1 그룹은 TCU나 SCC의 압력용기 내의 누수를 체크한다. WS2 그룹은 MB1, MB2의 누수를 확인한다. WS3 그룹은 DS, OAS, LRB의 누수를 확인한다. WS4 그룹은 TCM, SSS의 누수를 확인한다.
- ON/Control Switch: Rate Gyros의 전원공급을 On하고 HVC&TCU의 전원 스위치를 준비시킨다.
- ON/Power Switch: HVC&TCU의 전원 스위치를 On하는데 ON/Control SW가 세팅되어야만 한다.
- ON/RG: Rate Gyros On하는데 On/Control SW가 세팅 되어야만 한다.

d) LPM-7604 Card Connection:

포트 #5, #6, #7 은 케이블 CBL-1820-17과 J5..J7의 커넥터를 통하여 입력 터미널 X1 커넥터에 연결된다. J0, J4 커넥터는 케이블 CBL-1820-13을 통하여 J1에 연결되었고 J1, J2, J3 커넥터는 케이블 CBL-1820-14, CBL1820-15,CBL-1820-16을 통하여 J8, J3, J6, I/O 드라이브에 연결된다.

(13) I/O Drive Controller

I/O 드라이브 카드는 누수와 압력용기의 누수 입력 버스, SWS 입력에 연결하거나 OAS의 I/O 신호를 연결시킨다. 또한 전원공급 라인에 +24/NS, +24/CS, +24/C를 전달하고 NSC 보드에 ON/RG Control 신호와 ENET 카드나 다른 부분에 +5VDC를 공급시키는 역할을 한다. 이 제어기는 STD-WW2 wiring 가능한 보드에 제작되었다. 다음과 같은 요소로서 보드가 구성되었다.

- +15VDC 퓨즈는 DC-DC 컨버터인 DA3의 OAS 출력을 보호한다.
- WS, SWS, PRC의 8개 입력 RC 터미널 DD2D-E, DD1, RP1, R9, R16, C10, C17.
- OAS의 어드레스 버스, 동기 펄스 open collector 출력 터미널 VT3-VT6.
- OAS의 TS, ASL 신호 입력 터미널 DD1A-C, VD3, VD4.
- OAS 게인 제어 10bit D/A 컨버터 DA1, DA2.
- ENET Card 전원공급 스위치 1/6DD1, VT7, K1, VD1.

이 보드는 J3, J6, J8 커넥터를 통하여 I/O 포트에 연결되어 있고 OAS의 입출력 터미널은 J4 커넥터와 케이블 CBL-1820-04.3을 통하여 AP의 외부 X3에 연결되었다. TZ, ASL, TS의 OAS 신호는 케이블 CBL-1820-12와 J5커넥터를 통하여 J2 OAS 제어기에 전달된다. RC의 터미널 입력은 케이블 CBL-1820-05.6과 J7커넥터를 통하여 AP의 외부 X4에 연결된다. 입력 전압 공급은 J4 DC-DC 보드로부터 케이블 CBL-1820-11을 통하여 J2 커넥터에 전달된다. +5/ENET 공급은 J5로부터 케이블 CBL-1820-12를 통하여 J1 LPM-ENET Card에 전달된다.

(14) SSS Controller

SSS 제어기는 SSS Transceiver를 제어하고 SSS로부터의 데이터를 처리하기 위해 설계되었다. 이 제어기의 주요한 기능은 다음과 같다.

- 조정 가능한 주기(0.25, 0.5, 1.0 s)와 지속시간(0.125, 0.25, 0.5, 0.75 ms)의 "SYNC/SSS"의 동기 펄스를 발생.
- 2 채널의 SSS로부터의 데이터를 수신(8 kHz 8-bit A/D 변환).
- 수신된 데이터를 RAM에 버퍼링하고 데이터 프레임을 AP의 CPU에 전달.

그리고, SSS 제어기는 Winsystems사의 LPM-7904 Decoded I/O Utility Card를 사용한다. 보드에 설치된 기능적 요소들은 다음과 같다.

- J1 SSS 인터페이스 커넥터.
- J2 외부 직렬 및 전원 공급 커넥터.
- 컴퓨터:
  - Single Chip Microprocessor DD1
  - Data Buffer DD2
  - Address decoder DD4, 1/2DD5
  - Static RAM DD3
- RS-232 직렬 채널 인터페이스 DD16
- 병렬 I/O 인터페이스 DD7, DD8, DD9, DD10, DD11, 3/6DD12
- RESET 신호 드라이브 DD13, 1/6DD12, DD14
- TIC 컨버터 DD6
- +5VDC +15/-15VDC DC-DC 컨버터 DA1(LC 필터 L1, L2, C30-C35)
- 아날로그 IC의 필터 R56-R61, C36-C58
- +5에서 +15까지 "SYNC/SSS"의 신호 레벨 컨버터 1/6DD15, VD4, VD5
- 2 채널로부터의 수신 신호의 차등 입력 버퍼 DA7, DA11
- 2 채널 1/2주기의 Envelop Detector DA8, DA9, VD6, VD7
- 2 채널 Low Pass Filter DA10, DA14

- 2 채널 기준 전압 VD10, DA6
- 2 채널 ATI 컨버터 DA2,DA3, 1/2DA5, 1/6DD12, DA4, 1/2DA5, 1/6DD12
- 2 채널 ATI 컨버터 샘플 펄스 발생기 DD6
- 컨버터의 입력신호 분배기 J3 jumper block

SSS Controller Jumper Block Configuration:

- Input signal source selector
  J3 pins 1-2 are jumpered
  J3 pins 4-5 are jumpered
- I/O Address: 110-117 HEX
  W1 pins 1-2 are jumpered
  W2 pins 5-6 are jumpered
- STD-bus I/O buffers Configuration: enable
  W3 pins 1-2 are jumpered
  W3 pins 5-6 are jumpered
- /IOEXP Configuration: Enable LOW
  W4 pins 1-3 are jumpered

J1 커넥터는 케이블 CBL-1820-05.0을 통해 AP의 X4에 연결되었다.

(15) Output Terminator

출력 단자는 I/O 포트 #0, #4를 통해 AP 소프트웨어 제어에 의해 AP나 그 주변장치들의 전원을 스위치하기 위해 설계되었다. 이 카드는 Winsystems사의 TRM-300-16의 16 ch 30 VDC/2 A의 릴레이 출력 보드를 이용하였다. 이 보드는 단지 +5 V만 공급한다. J3 커넥터는 케이블 CBL-1820-21을 통해 +5 VDC STD 보드에 연결되고 J1 입력 제어 커넥터는 I/O 포트 J0, J4에 케이블 CBL-1820-13을 통해 연결되었다. J4, J5 릴레이 스위치 커넥터는 다음의 요소에 연결되었다.

- 케이블 CBL-1820-03.1,CBL-1820-03.2를 통해 퓨즈 보드에 연결
- DC-DC 보드에 케이블 CBL-1820-03.3을 통해 연결
- HD 드라이브에 케이블 CBL-1820-06을 통해 연결

(16) Input Terminator

입력 단자는 Winsystems의 Ready made 보드를 보호하는 Surge Diode와 16 채널의 퓨즈로 구성되었다. 이 보드는 +5 V를 공급받으며 “ON/TCUi", "RD/TCUi", "RESETi" 등의 양방향 디지털 출력과 ”OLi"와 같은 디지털 입력으로 사용된다.

J4 커넥터는 케이블 CBL-1820-22를 통해 +5VDC STD mother 보드에 연결되고 J1 입력 커넥터는 I/O 포트 J5, J6, J7에 케이블 CBL-1820-17을 통해 연결된다. J2, J3 보드의 외부 커넥터는 AP의 X3, X4 커넥터에 케이블 CBL-1820-04.4, CBL-1820-04.5, CBL-1820-05.2를 통해 연결되었다.

(17) Fuse Board

퓨즈 보드는 3.15 A에서 릴레이의 출력을 보호하는 15개의 fuse 패널이다. 이 보드의 커넥터는 케이블 CBL-1820-02를 통해 AP의 X2 커넥터에 연결되었다.

5.3. SubControl Computer

SCC 장치는 다음과 같은 AUV 사용자 주변장치를 동작시키고 제어하기 위하여 설계되었다. 그림 5.3은 SCC의 완성된 모습이다.

주요 구성품은 다음과 같다.

- Still Camera
- Strobe Light Set (High Voltage converter and Strobe Light)
- TV Camera
- TV Light
- Video Recorder
- APS Recorder

그림 5.3 Sub-Control Computer

SCC의 주요한 기능은 다음과 같다.

- 원격 제어 명령의 판단과 인식
- AUV 주변장치 제어
- 카메라 압력용기의 누수 확인
- TV 카메라로부터의 영상신호 기록
- 기록된 영상신호 저장을 위한 레코더 동작

5.3.1 SubControl Computer의 사양

(1) Features

- SBC-40 Control Core
- RS232/RS422/RS485 모드를 가진 2개의 직렬 채널
- Standard STD-BUS PC Board Dimensions
- 8-slot 0.75" Card Cage & Backplane based

- One power supply 30VDC/20A output (LPS)
- 5 WS 입력 check
- Acoustic link ten command receiver
- Full remote control of user equipment (TVL, VR, SLS, SC)
- Up to four hours video recording
- Single supply 18...36 VDC
- STD-8088/188 Bus Interface is computable for each board
- Standard STD-BUS PC Board Dimensions
- Full CMOS technology: low power consumption, high noise immunity, wide temperature range

(2) Electrical

- 공급전압 VDC: 22 ~ 32
- Nominal 공급전압: 25VDC
- 전류 소비량

  SCC: 0.25 A

  VR: 0.4 A

  LPS: 0.1 A

(3) Mechanical

- Dimensions: L686.5 * D228 mm
- Weight: 6 kg
- Card Dimension: 6.5" * 4.5" * 0.7" max
- PCB Chassis: 8-slot 0.75" Card Cage CC8-WP
- External Connectors:
  - Input Power Supply: X1 10-pin 2PM10 female
  - Multi - I/O #1: X2 32-pin PC32 female
  - Multi - I/O #2: X3 19-pin 2PM19 female
  - AUV's WS Check: X4 19-pin PC19 female

(4) Environmental

- Operating Temperature: 0 ~ 45℃
- Non-Condensing Relative Humidity: 5 ~ 95%

5.3.2 SubControl Computer의 구조

SCC 장치는 다음과 같은 요소로 구성된다.

(1) Chassis

- CC8-WP: STD-BUS Card 8-slot 0.75" Card Cage
- Main Cylinder Chassis w/VR extractor and External Con.

(2) Devices

- VHS Video Recorder
- TV Light Power Switch
- SCC Water Leakage Sensor

(3) STD-Bus Cards

- LPM-CTC-1: Frequency Synthesizer
- STD-WW2 based Synchronous Detector
- LPM-A/D12M-DC A/D Converter
- SBC-40A-8: V-40 SBC
- STD-WW2 based Multifunction Controller
- PS-24T12 based SCC DC-DC Converter

5.3.3 Unit Arrangement

STD-Bus Card와 장치들의 배열은 그림 5.4와 같다. 위의 5.3.2절 3)에 나열한 카드는 8-slot 0.75"의 카드 케이지 위에 위치한다. LPS는 MFC 보드에 위치하고 VR은 테이프를 쉽게 교체할 수 있게 메인 샤시의 push-pull-out 부분에 설치하였다. 이 부분은 스크류 나사에 의해 고정되어 있으며 4개의 외부 커넥터는 메인 샤시의 오른쪽 부분에 위치하고 이것은 내부 지름이 228 mm인 압력용기 내에 장착된다.

5.3.4 Unit Operation

SCC는 원격 음파 신호의 판단 및 인식과 AUV 사용자 주변 장치들의 실시간 동작을 위한 프로그래머블 컴퓨터 시스템이다. SCC는 AP의 COMM1(RS232)을 통하여 V-40 직렬 통신 장치의 포트 COMM1에 의해 제어된다. 이 직렬 통신의 board rate는 38.4 Kbaud이다. SCC는 단일 18-36 VDC가 공급되고 2차 전원은 +5 VDC, +12 VDC, -12 VDC가 DC-DC 컨버터에 의해 공급된다.

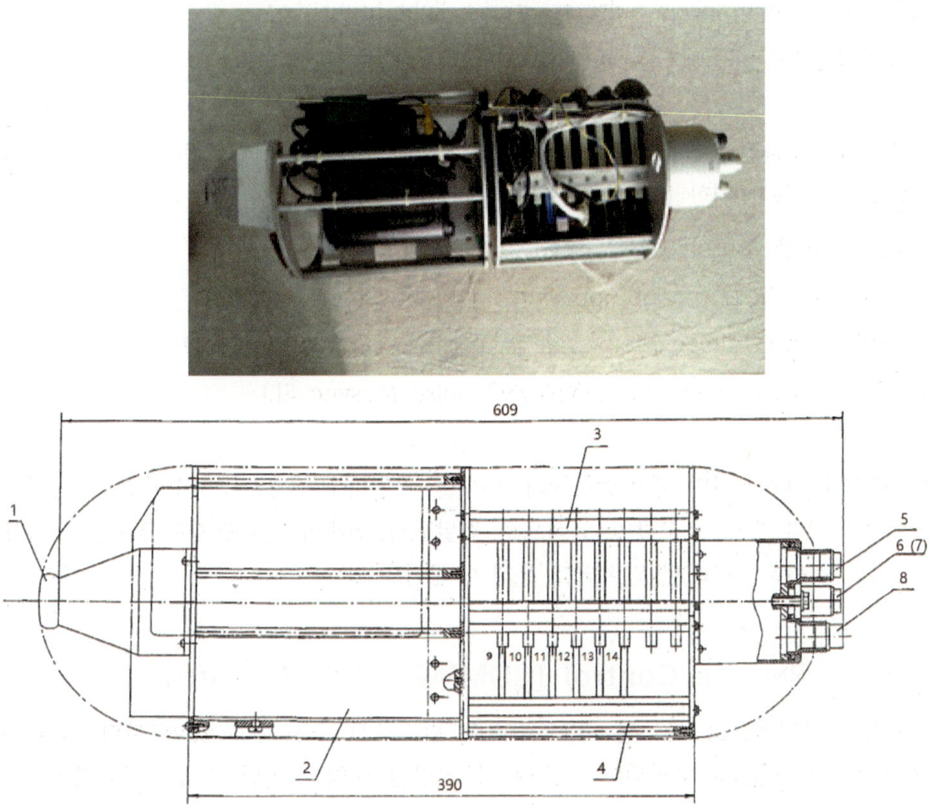

1	SCC Chassis Handle Amortized	8	SCC Chassis 2PM10-type Connector
2	Video Recorder	9	DC/DC Converter PS-24T12
3	8-slot 0.75“ Card Cage CC8-WP	10	Single Board Computer: LPM-SBC-40A-8
4	8-slot Mother Board	11	Multifunction Controller
5	SCC Chassis PC19-type Connector	12	AD Converter: LPM-A/D12M-DC
6	SCC Chassis PC32-type Connector	13	Detector Synchronized Board
7	SCC Chassis 2PM19-type Connector	14	Frequency Synthesizer: LPM-CTC-1

그림 5.4 SCC 외형 및 Arrangement

(1) CC User Equipment Interface

주변장치(SC, SLS, TVL, VR)와의 인터페이스는 SBC-40 3-byte I/O 병렬포트에 연결된 multifunction 제어기에 의해 이루어진다. TVL를 제어하기 위하여 릴레이 터미널이 설치된다. SC를 제어하기 위한 I/O는 다음과 같다.

- DATA/SC (Aux data sequences output)
- DSYNC/SC (Aux data synchronous pulse sequences output)
- START/SC (SC start to make picture output)
- SYNC/SC (Synchronous pulse to strobe light input)
- READY/SC (SC condition sign: overload, endfilm and etc.)

촬영되는 SC의 사진에 AUV의 자세와 촬영 시각에 대한 데이터를 위한 동기화 작업도 실행된다. SLS를 제어하기 위한 I/O는 다음과 같다.

- ON/HVC (turn on/off CMOS-level control output)
- READY/HVC (Ready condition sign input for SL to operate)
- OV/HVC (OverVoltage input that is alarm condition to work)
- SYNV/SL (Power converted SYNC/SC pulse to sync SL)

APS, SCC의 압력용기와 주변장치들의 누수를 확인하고 SCC의 누수확인 라인은 다이오드 버퍼를 거쳐 AP의 전역 누수확인 인식으로 전달된다. 8개의 출력단자는 VR를 제어하는데 사용되며 VR의 전원은 DC-DC 컨버터를 통하여 공급된다.

(2) Acoustic Remote Control (COMMAND) Signal Structure

RC 신호는 주기적으로 복조된 FRC 주파수 펄스로서 Towed Array로부터 전달되어 온다. 펄스 지속시간은 10ms로 고정되어 있으며 각 명령에 대해 정의된 주기 Tc는 다음과 같다.

$$Tc = K * N$$

여기서 K = 6.104 ms이고 N = 20..29이다. 정의된 명령 요소 N = 20은 첫 번째 명령을, N = 29는 마지막 명령을 나타낸다. 그림 5.5는 RC 명령 구조의 타이밍을 나타낸다.

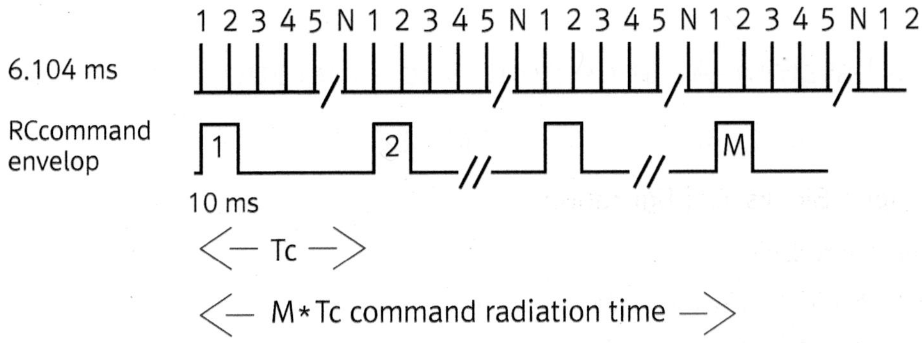

그림 5.5 RC command structure Timing Diagram

(3) Acoustic Remote Control Signal Detection And Recognition

수신된 신호는 APST 수신기로부터 RC Detector로 입력되며 이 신호는 노이즈와 결합된 A/D 컨버터를 거친 증폭 제한된 신호이다. 신호의 처리와 판단은 다음과 같은 순서의 프로그램에 의해 수행된다.

- 신호의 Duration을 선택
- Automatic threshold 처리와 제어
- 신호와 adaptive threshold와 비교
- 10개의 RC 명령 필터링
- RC 신호의 크기 선택

동기 판단을 위한 동기 주파수는 carrier 주파수가 4상파 발생기로부터 유도되기 때문에 수신 신호의 2배의 carrier 주파수가 된다. FRC는 타이머나 카운터 분배기로부터 만들어지고 동기 Detector는 조정된 band-pass 필터의 carrier 주파수와 같다.

신호의 envelop은 IRQ4 1ms 인터럽터 때문에 1 ms마다 ADC에 의해 코드로 변환된다. 이 신호는 6.104 ms마다 합산되고 이것이 RC 명령 band-pass 필터링 프로그램 루틴으로 넘어가게 된다. 컴퓨터는 IRQ5의 INT/RC의 6.104 ms 펄스를 사용한다. 1초마다 SCC는 AP에게 정의된 RC 명령을 전달한다.

5.3.5 Subsystem Arrangement and Operations

(1) SubControl Computer Card LPM-SBC-40A

a) Jumper Blocks Configuration

- Serial Interface:
  - V40-SCU COMM1 = RS232
  - J4 Pins 5-6, 7-8 are closed
  - J6 Pins 1-2, 3-4 are open
  - USART COMM2 = RS232
  - J5 Pins 1-2, 3-4 are closed
  - J8 Pins 2-3 are closed

b) Memory Device Configuration:

- U8 EPROM 32KB thru 128KB
- U9 EPROM 32KB thru 128KB
- U10, U11 RAM 16KB thru 128KB
- J16 Pins 5-6 are closed

c) 128KB/256KB EPROM Select:

- U8 EPROM 32KB thru 128KB
- J9 Pins 1-2 are closed

d) RAM/EPROM Select: EPROM

- J11 Pins 1-2 are closed
- J6 Pins 1-2, 3-4 are open
- J19 Pins 1-2 are open

e) Watchdog Timer: is disabled

- J7 Pins 1-2 are open

f) Interrupts Routing: J17 allows interrupt sources

- SBX INTR1: INT1 : pins 1-2 are open
- 6264 Calendar Clock: INT2 : pins 3-4 are open
- STD-BUS pin 44: INT3 : pins 5-6 are open

- J13 pin#2 External: INT3 : pins 7-8 are open
- STD-BUS pin 37: INT4 : pins 9-10 are jumpered
- J13 pin#4 External: INT4 : pins 11-12 are open
- STD-BUS pin 50: INT5 : pins 13-14 are jumpered
- J13 pin#6 External: INT5 : pins 15-16 are open
- USART RxRDY: INT6 : pins 17-18 are jumpered
- J13 pin#8 External: INT6 : pins 20-21 are open
- USART TxRDY: INT7 : pins 21-22 are jumpered
- SBX INTR0: INT7 : pins 23-24 are open

g) Memory Map Select:

- U8 F8000-FFFFF J18 Pins 3-4 are closed
- U9 F0000-F7FFF
- U8 00000-07FFF
- U8 08000-0FFFF

h) STD-BUS WAITRQ/SBX WAIT Select: STD BUS WAITRQ enable

- J20 Pins 1-2 are closed

i) V40 CLK to V40 TCLK:

- J21 Pins 1-2 are closed

j) Refresh Control : Enable

- J22 Pins 1-2, 3-4 are closed

k) STD BUS REFRESH/INTRQ2 Select:

- J23 Pins 1-2 are closed

l) Battery Select: On-board battery

- J15 Pins 1-2 are open

m) U9 +5/VBAT Select: Non-standby operation

- J10 Pins 1-2 are closed

n) U10+5/VBAT Select: Non-standby operation

- J12 Pins 1-2 are closed

o) U11+5/VBAT Select: Non-standby operation

- J14 Pins 1-2 are closed

케이블 2208-02.1은 SBC 직렬 채널 J1 커넥터를 X2 Multi-I/O#1 외부 커넥터에 연결한다. 또, 26-way flat 케이블 CBL-2208-06은 SBC I/O 포트 J2를 MFC J1 커넥터에 연결한다.

(2) SCC DC-DC Converter

SCC DC-DC Converter는 Winsystems사의 PS-24T12 DC-DC 컨버터를 사용한다. 이 컨버터에 노이즈를 감소시키기 위해 low-pass LC 필터를 추가하고 전류의 소비가 5 A 이하가 되도록 한다. 인덕터 L은 코일로 d = 15 mm, h = 15 mm, w = 140 mm 크기에 코일의 d = 0.5 mm이다. Capacitor C = 220 μF/35 VDC이다. 케이블 CBL-2208-01.1은 입력전원 커넥터 J1을 X1 SCC 외부 전원공급 커넥터에 연결한다.

(3) Frequency Synthesizer

FS는 RC 명령 APS 신호를 수신하는 부분이고 LPM-CTC-1 보드를 기초로 하는데 다음과 같은 요소로 구성된다.

- 인터럽터 INT RC (IRQ5)를 mode 2로 발생시키는 U7.0 타이머 카운터인 6.104 ms 주기 발생기
- 인터럽터 IRQ4를 mode 2로 1 ms의 주기를 발생시키는 타이머 U7.2
- 6 채널의 이중 주파수 발생기 U5, U6 발생 주파수는 다음과 같다.

2*FRC	24390 Hz	2*F2	26316 Hz
2*F0	25000 Hz	2*F3	27028 Hz
2*F1	25640 Hz	2*F4	27778 Hz

위의 모든 카운터/타이머는 시스템 클럭인 8 MHz를 U10 분배기를 사용하여 4 MHz의 주파수로 공급된다. 2개의 26-way flat 케이블 CBL-2208-08과 CBL-2208-09의 J1/FS, J2/FS는 동기 Detector 보드의 X2, X3에 연결된다.

- FS Jumper Block Configuration:
  - J6 pins 2-4-10-16 are closed
  - J7 pins 2-4-10-16 are closed
  - J8 pins 2-4-10-16 are closed
  - J6 pins 7-8, 13-14, 19-20 are closed
  - J7 pins 7-8, 13-14, 19-20 are closed

- J8 pin 8 - J15 pin 1 are closed
- J8 pin 14 - J4 pin 1 are closed
- J8 pin 20 - J15 pin 5 are closed
- J9 pins 1-2 are closed
- J10 pins 3-4 are closed

- I/O Address Decoder Jumper Blocks: address is 300HEX
  - J11 pins 3-4, 5-6 are closed
  - J12 pins 7-8, 9-10, 11-12 are closed

  (※ 주의 : 다른 jumper들은 모두 open.)

(4) Synchronous Detector

동기 Detector는 LPM-WW2 와이어링 카드(Wiring Card)를 기본으로 제작된 RC 명령과 APS 신호 수신 부분이다. 이 보드는 RC 명령과 APS 신호를 판단하기 위한 것이고 다음과 같이 구성되었다.

- OverVoltage를 보호하는 신호 입력단의 R37, R38, VD25
- 6 채널의 캐리어 주파수 분배기 4상 파형 발생기 1/6DD1, DD2
- 6 채널의 동기 Detector DD3, R1-R4, R5, C5, C1-C4, VD1-VD4
- 6 채널의 출력 버퍼 DD4, R6
- APST 수신 신호 입력 커넥터 X1
- 이중 캐리어 주파수 입력 커넥터 X2, X3
- Detector 출력 신호 커넥터 X4

2 flat 케이블 CBL-2208-08과 CBL-2208-09의 J1/FS, J2/FS는 X2, X3 커넥터를 가진 동기 Detector 보드에 연결한다. 케이블 CBL-2208-02.2에서는 입력신호 J1을 SCC의 외부 커넥터 X2에 연결한다. 또, flat 케이블 CBL-2208-07에서는 J4/SD를 J1/ADC에 연결한다.

(5) A/D Converter

A/D 컨버터는 detect된 출력신호를 디지털 코드값으로 변환할 때 사용하고 이 부분은 Win systems사의 CMOS A/D Converter LPM- A/D 12M-DC를 사용한다.

Configuration:

- Number of input channels : 8 differential
  - J2 pins 1-2 are jumpered
  - J2 pins 3-4 are jumpered
  - J3 pins 2-4-3 are jumpered
- Input voltage range : 0 – 5 V
  - J5 pins 1-2 are jumpered
  - J5 pins 5-6 are jumpered
  - J5 pins 9-10 are jumpered
- I/O Address : 108 – 10 A HEX
  - J6 pins 1-2 are jumpered
  - J6 pins 3-4 are jumpered
  - J6 pins 7-8 are jumpered
- Interrupts : enabled
  - J7 pins 1-2 are jumpered
- IOEXP is low : enabled
  - J10 pins 2-3 are jumpered

Channel #	K1 Pin#	Description of Signal	Remark
0 (+)(-)	1, 14	Remote Control Detector	
1 (+)(-)	2, 15	F0 Detector	
2 (+)(-)	4, 17	F1 Detector	
3 (+)(-)	6, 19	F2 Detector	
4 (+)(-)	8, 21	F3 Detector	
5 (+)(-)	10, 23	F4 Detector	
6 (+)(-)	12, 25	No use (connected to GND)	
7 (+)(-)	13, 26	No use (connected to GND)	

(6) Multifunction Controller

MFC는 STD-WW2 와이어링 카드(Wiring Card)를 기초로 SBC-40과 외부 장치사이의 I/O 터미널 역할을 하는데 다음과 같은 부분으로 되어 있다.

- 30 V/20 A의 릴레이 출력 단자 VT7, VT8, VD17, K1
- ON/OFF HVC 출력 단자 R22-R24, VT2-VT4, R17-R20
- SYNC/Strobe Light 전원 스위치 R25-R27, VT5, VT6
- 5개의 누수 확인 입력 단자 R9-R13, C1-C5, VD1-VD10
- 3개의 DC와 HVC 입력 단자 R14-R16, VD11-VD16
- 8개의 VR 제어 출력 단자 R1-R8
- VR DC-DC 컨버터 FU1, DA1, C8-C11, R29
- J1 I/O 포트 커넥터
- J2 VR 전원공급 출력 커넥터
- J3 multi I/O 외부 커넥터
- J5 입력공급 커넥터
- J6 TVL 전원공급 커넥터

케이블 CBL-2208-06에서는 J1/MFC를 multi-I/O J2/SBC에 연결한다. 케이블 CBL-2208-04에서는 J2/MFC를 J3/VR에 연결한다. 또, flat 케이블 CBL-2208-02.3에서는 multi-I/O J3 MFC를 SCC 외부 multi I/O X2와 SCC WS에 연결한다. Flat 케이블 CBL-2208-05에서는 VR 출력단자 J4/MFC를 VR에 연결한다. 그리고 케이블 2208-01.2에서는 입력 전원 커넥터 J5/MFC를 SCC 외부 입력전원 커넥터 X1에 연결한다. 케이블 2208-03.3에서는 +24/TVL I/O J6/MFC를 SCC multi I/O #2 커넥터 X3에 연결한다.

(7) Video Recorder

VR은 Sony사의 GV-8를 사용하고 전체 녹화시간은 최대 4시간까지 가능하다. 이 레코더에는 시각과 년, 월, 일을 기록할 수 있게 중간 단계에 신호 합성기를 설치하여 여러 가지의 항해 정보를 동시에 기록할 수 있으며 필요한 정보를 선택적으로 저장할 수 있다.

5.4 Navigation Sensors

5.4.1 Pitch Sensors

Pitch 센서는 AUV의 Pitch 각도와 각도의 sine, cosine 값에 비례하는 전류값에 대한 정보를 제공한다.

(1) 동작 조건

- 동작 온도 -60℃ ~ +60℃
- 동작 습도 40℃ ~ 98%
- 다음과 같은 진동 주파수 범위와 진동 가속도 이하
  - bias amplitude 1 mm의 5~10 Hz
  - 가속 -5g부터는 bias amplitude 0.7 mm의 10~30 Hz
- Pitch 각도 ±90° 이내
- 4 g 이상의 overload 충격으로서 분당 주파수 40 ~ 80 이내의 충격

(2) Technical Data

- 공급 전원: 2 V, 주파수 400 Hz
- 측정 가능 범위: ±90°
- 센서 감도(sensitivity): 0.5°
- 무: 250 g
- 전체 크기: D65 × H49 mm
- 출력 범위: 0 ~ 2 VAC, 400 Hz

(3) 동작 원리와 센서의 Arrangement

Pitch 센서는 pendulum 형의 각도 지시계로서 감지 요소는 그림 5.7에 나타내었다. 센서의 Diagram은 그림 5.6에 나타내었다. Pendulum의 load는 120° 범위 내에서 진동을 하고 sin/cos transformer rotor 축에 매달려 있다. 센서의 압력용기는 AUV의 샤시 위에 M3 나사로 고정되어 있다.

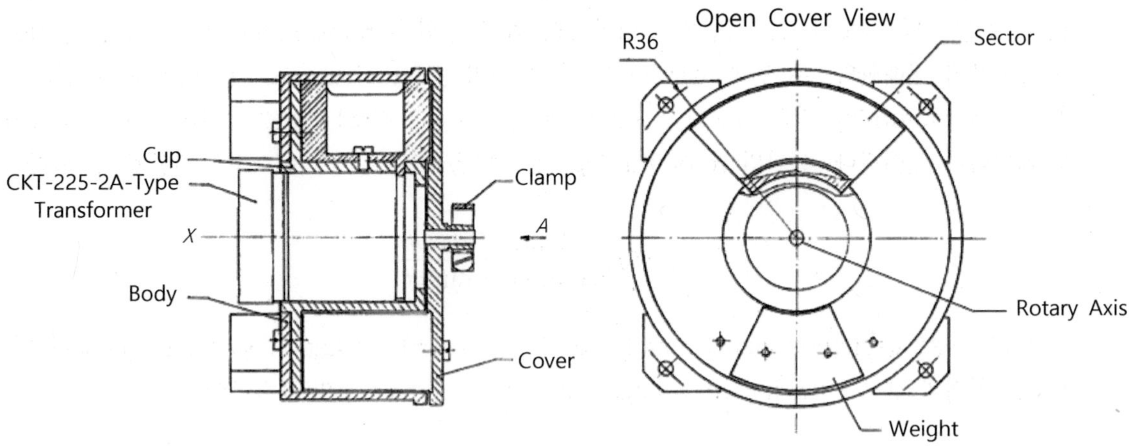

그림 5.6 Pitch sensor Diagram (General View)

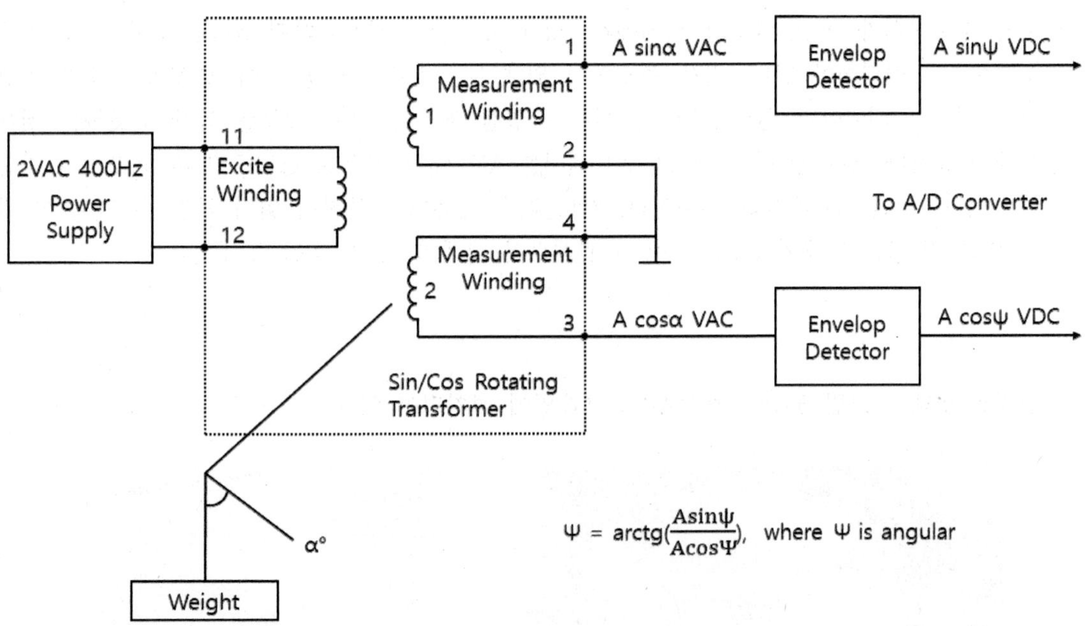

그림 5.7 Functional Diagram

Winding을 측정함에 있어서 AC 전압은 sine 곡선의 2 VAC 400 Hz의 전원에 여자 winding이 연결될 때 유도된다. 첫 번째 winding의 출력 전압은 transformer rotor turning 각도의 sine값에 비례한다. 두 번째 winding의 출력 전압은 rotor turning 각도의 cosine값에 비례한다. rotor turning 각의 sine과 cosine에 비례하는 DC 신호는 A/D 컨버터를 거쳐 컴퓨터에 데이터가 전해진다. 센서의 rotor turning 각은 다음과 같은 공식에 의해 계산될 수 있다.

$$\psi = \mathrm{arc}\,tg\left(\frac{A\ \sin\psi \cdot \sin wt}{A\ \cos\psi \cdot \sin wt}\right)$$

여기서 A는 excitation signal amplitude이고 $w = 2\pi f$ excitation signal frequency이다. 이러한 형태의 센서는 excitation voltage amplitude, frequency가 출력이다.

(4) Operating Manual

a) Fitting on AUV

센서는 로터의 축이 AUV 전후방 방향으로 AUV 제어장치 위에 고정되어 있다. 만약 센서가 제어장치가 아닌 별도의 위치에서 pitch meter로 사용된다면 rotor 축이 AUV 축에 수직으로 고정되어야 한다. 각을 측정하기 위해서는 센서의 로터 축이 AUV의 전후방 방향으로 병렬로 되어야만 한다. 간단한 센서의 영점 조정은 제어 장치를 약간 회전하는 것에 의해 가능하다. 정확한 영점 조정은 이 센서를 AUV에 평행으로 고정시킨 후에 조정이 가능하며 전원이 인가된 후에 이루어진다. 각도 값은 컴퓨터를 통하여 읽어 들일 수 있고 이 값을 읽은 각 ψm은 초기 bias ψb와의 관계로서 실제의 pitch ψ를 구해낸다.

$$\psi = \psi_m - \psi_b$$

설치된 형태는 그림 5.8과 같이 AP의 프레임에 설치되어 있다.

그림 5.8 Pitch Sensor의 정면과 측면

5.4.2 Depth Sensor

Depth 센서는 연속된 주파수로 복조된 출력신호 형태로 측정되어지는 압력 데이터를 나타내기 위한 목적으로 수중에서의 무인잠수정의 깊이를 측정한다. 이 DS는 AUV의 프레임에 고정되어 환경적인 영향으로부터 보호되지만 상당히 예민한 장치이다.

(1) Technical Specification

DS는 Column-Vibration Pressure Converter를 사용하고 공급 전원은 18~32 VDC이다. 출력 신호의 전기적 변수는 다음과 같다.

- open collector 출력
- 구형파 출력 신호
- 부하 저항은 1 kΩ 보다 작고 +5~+15 VDC에 연결된다.
- 출력 신호 전압 low는 0.2 V이고 high는 부하 저항 공급전압과 같다.

전체의 크기는 H278*D98 mm이고 무게는 3.0 kg 이하이다. DS의 동작 최고 깊이는 0~6000 m이다.

(2) 구성

Depth 센서는 다음과 같은 요소로 구성되어있다.

- Column-Vibration Pressure Converter 1888
- Interface Board
- Pressure Housing

(3) DS design and operation

Pressure Converter는 X2 커넥터에 의해 Interface 보드와 연결된다. 이것은 압력용기 내에 위치하며 압력용기 lid에 고정되어 있다. 인터페이스 보드는 PC10형의 커넥터 X1을 통하여 강한 프레임의 lid와 연결된다. 외부 커넥터 X1은 oil-filled 케이블에 연결된다. 전체 Diagram은 그림 5.9에 도시하였고 실물은 그림 5.10과 같다.

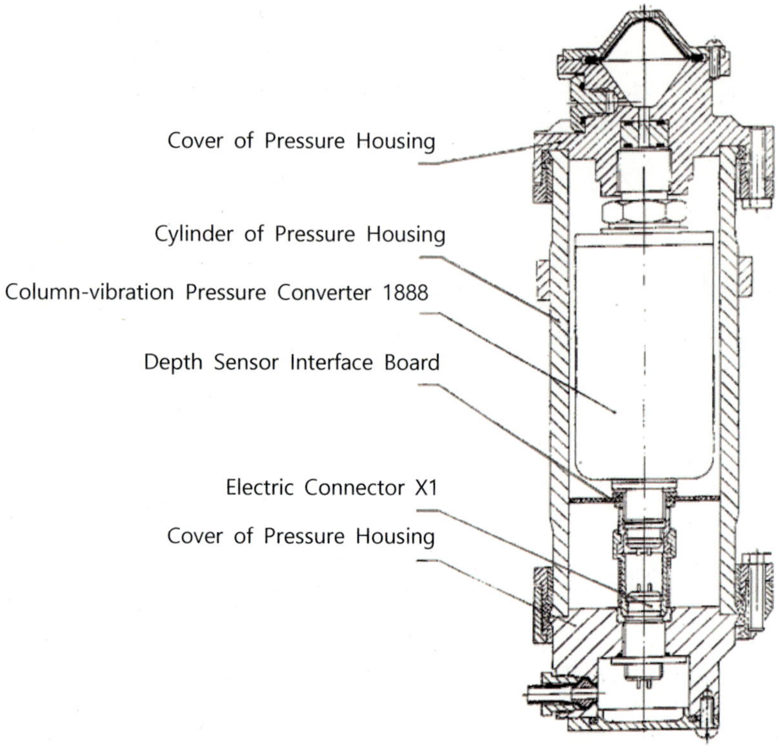

그림 5.9 Depth Sensor Diagram

그림 5.10 Depth Sensor Housing이 장착된 모양

인터페이스 보드는 다음과 같은 요소로 구성되며 그림 5.11에 나타내었다.

- Pressure Converter Supply Stabilizer
- Pressure Converter로부터의 출력신호 분배기

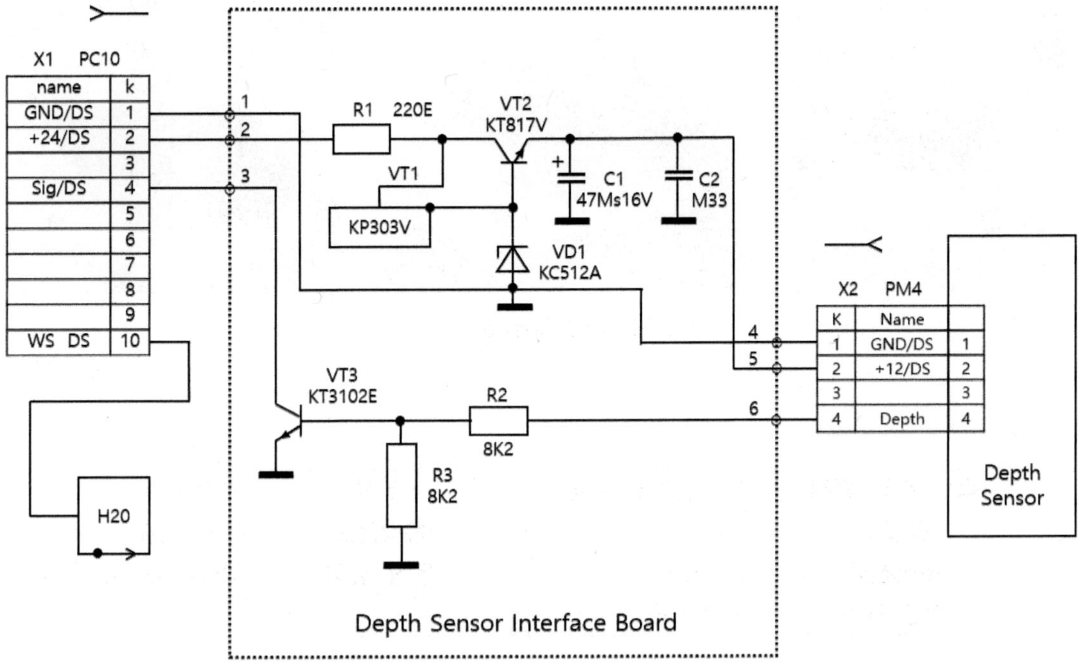

그림 5.11 Depth Sensor 인터페이스 보드 Diagram

5.4.3 Propeller Log Sensor

그림 5.12의 Propeller Log Sensor(PLS)는 수중에서 AUV가 전방이나 후방으로 움직일 때의 속도를 측정한다. PLS로 측정된 속도는 APS와 더불어 더 정밀한 속도와 방향을 계산할 수 있다.

그림 5.12 Speed Logger

(1) Specifications

속도 측정 범위	0.2~3.0 m/sec	무게	0.2 kg
정밀도	5%	동작온도	+1~+50℃
소비전류	0.5 mA	동작 깊이	0~6000 m
PLS 크기	D80*H65 mm		

(2) Composition

PLS는 다음과 같은 요소로 구성되었다. 그림 5.13은 PLS의 Diagram이다.

- 4 blade propeller with magnet
- PLS 압력용기
- PLS Board

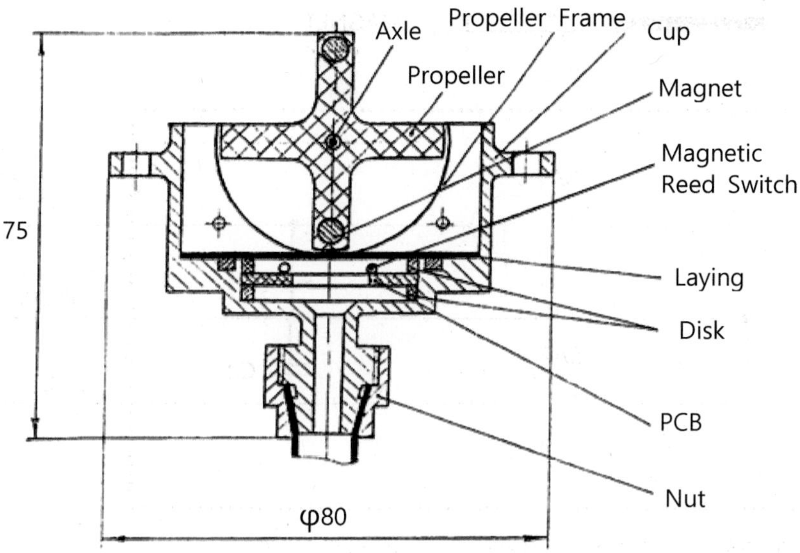

그림 5.13 PLS Diagram

(3) Unit Design and Operating Principle

PLS의 동작은 유체의 흐름에 의해 프로펠러가 회전함으로써 프로펠러에 장착된 magnet가 다른 전기적인 부분들과의 상호작용으로 펄스를 발생시키고 이러한 프로펠러의 회전속도에 비례하는 유체의 흐름속도가 구해진다. 유체의 속도는 다음 식으로 표현된다.

$$V = K \cdot F$$

여기서 F[Hz]는 스위칭 주파수이고 K = 0.182 m으로 AUV testing에서 조정된 scale factor 이다. 그림 5.14는 간단한 동작 회로도이며 C1 커패시터(Capacitor)는 스위칭 될 때 MRS의 진동을 방지한다.

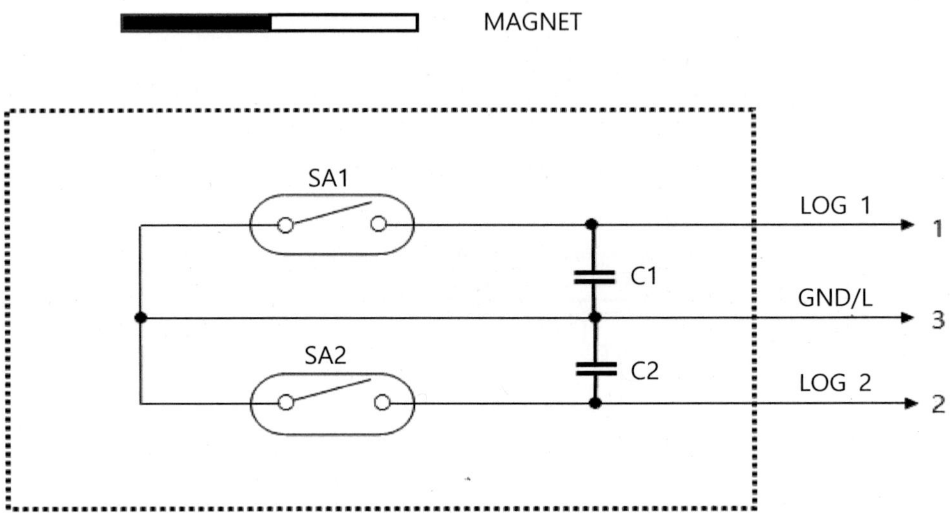

SA1, SA2 – Magnetic Reed Switch KM – 2A
C1, C2 – KM5 0.1 μF

그림 5.14 PLS 간략한 회로도

5.4.4 Flux Gate Compass

Flux gate compass는 지구 방위각을 측정하기 위한 장치이며 무인잠수정의 전후방 방향으로 설치되어 있는데 각 탐사 해역별로 약간의 보정을 하여야 한다. AP의 프레임에 그림 5.15와 같이 설치되어 있다. 전자석의 영향으로 약간의 오차가 발생하므로 이것에 대한 보정도 미리 설정되어야 한다. 또한 충격에 약하므로 상당히 주의하여 취급하여야 한다.

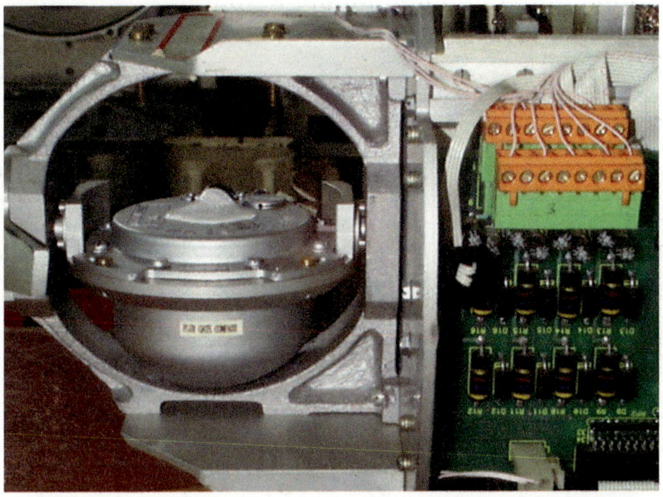

그림 5.15 Flux Gate Compass가 APC에 설치된 모습

(1) 동작 조건

대기 중에서의 동작온도는 -60℃ ~ +150℃이며 +200℃에서는 약 10분 간 동작이 가능하다. 정상 동작을 하기 위한 습도는 98% 이하이며 이때의 적정온도는 40℃이다. 이 장치의 m agnetic intensity는 0.4~0.6 oersted 범위로 제한된다. 수중에서의 원활한 동작을 위한 최대 고도는 35 m로 제한되고 아주 미세한 감도를 가지는 장치이다.

(2) Technical Characteristics

Flux Gate Compass는 다음과 같은 특성을 가지고 있다.

- 전원공급 6±0.6 VAC, 2250±27 Hz
- 표준 동작 온도에서의 측정 오차는 0.7° 이하
- +25℃에서 측정값을 읽는데 약 0.5° 의 오차를 가질 수 있음
- Cardan error는 압력용기가 8° 정도 up 될 때 0.5°
- 무게는 0.8 kg

내부적으로 간략한 회로는 그림 5.16에 나타내었다.

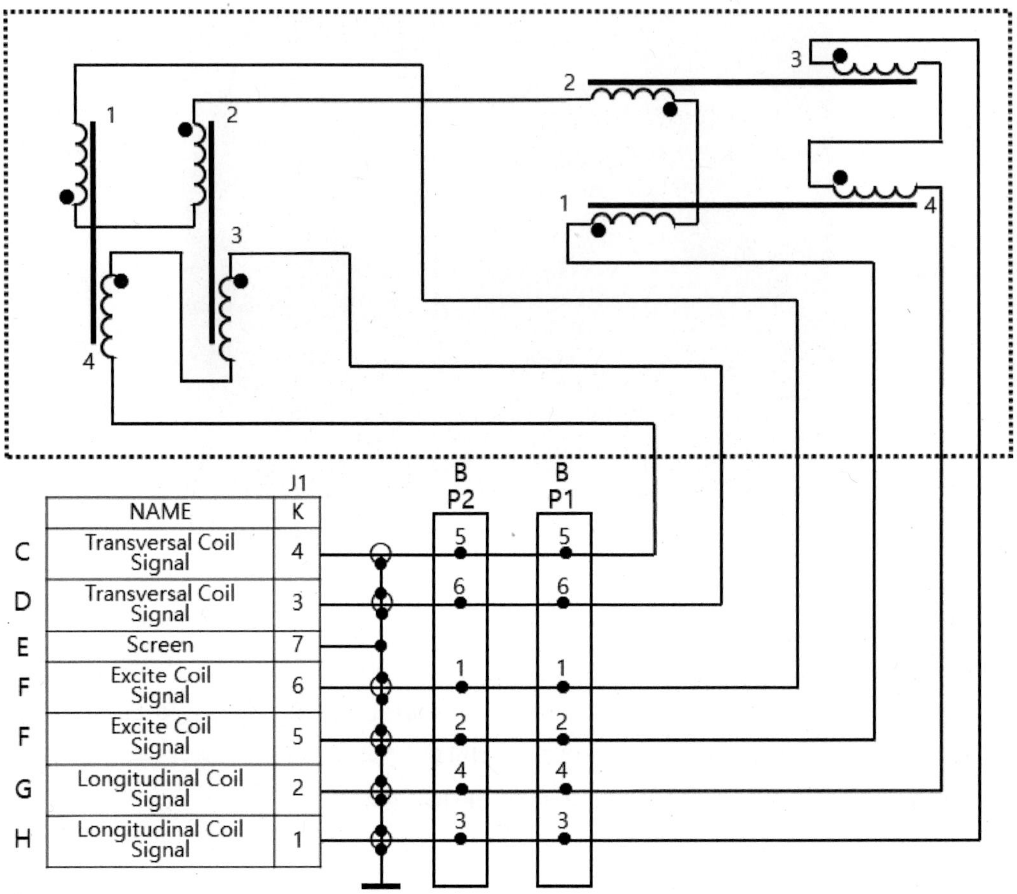

A-Circuit Interval, B-Contact Point, C-Signal Winding Applied to Lateral Ferrite, D-Signal Winding Applied to Lateral Ferrite, E-Shield, F-Excitation Winding of Detector, G-Signal Winding Applied to Lengthwise Ferrite, H-Signal Winding Applied to Lengthwise Ferrite

그림 5.16 Flux Gate Compass Schematic Electric Diagram

5.4.5 Rate Gyro

Rate Gyro는 AUV가 회전 운동을 할 때 각 축에 대한 각속도를 측정하기 위한 장치이다. 현재 OKPO-6000 AUV에는 X축과 Y축에 두 개의 gyro가 설치되었다. 이 장치는 진동이나 충격에 상당히 민감하므로 취급함에 있어서 상당한 주의를 요한다.

(1) 동작 조건

- 동작 온도는 -60℃ ~ +60℃
- 공급 전원 36 VAC, 400 Hz가 Gyromotor에 공급됨
- 습도는 +40℃에서 98% 이내

장착되어 있는 모양은 그림 5.17과 같이 APC 샤시의 X축, Y축 상에 장착되어 있어서 pitch와 heading에 대한 각속도를 구하여 AP에 전달한다.

그림 5.17 Rate Gyro가 APC Chassis에 설치된 모습(상: PRG, 하: HRG)

5.5 Obstacle Avoidance System

장애물 회피 장치(OAS)는 5 방향으로 초음파 트랜스듀서를 통하여 초음파를 발사하여 해저면이나 장애물로부터의 반향파를 감지하여 각 방향에 대한 정보를 AP에 제공하는 시스템이다. AUV의 항해 시스템을 지원하는 OAS는 AUV의 고도와 전방향의 목표 거리를 AP에게 알려준다. 그림 5.18은 5 방향으로 초음파 트랜스듀서들이 선수부에 배치된 모습인데 나머지 하나는 AUV의 해저면으로부터의 고도를 측정하기 위해 AUV의 하부에 배치되었다.

그림 5.18 Obstacle Avoidance Sonar System

5.5.1 Technical Specification

동작 범위	0.7~60 m	송수신 소나 수	5개	동작 온도	-10℃ ~ +40℃
정밀도	0.02 m	펄스 지속시간	100 ms	동작 깊이	0 ~ 6000 m
초음파 발사 각도	15° ~ 90°	펄스 전력	3.75 W	공급 전원	15±0.2 VDC 0.07 A

5.5.2 구성

그림 5.18을 참조하면 OAS는 다음과 같은 요소로 구성됨을 알 수 있다.

① 다음과 같은 요소를 가진 신호처리장치:
- 신호처리장치의 압력용기
- 누수 확인 라인을 가진 신호처리 장치 보드

② 다음과 같은 요소를 가진 초음파 송신 장치:
- 송신장치를 보호하는 압력용기
- 초음파 Transceiver

③ 신호처리장치와 음파 송신장치를 연결하는 oil-filled 케이블

5.5.3 System Arrangement and Operation

신호처리장치와 음파 송신기로 구성된 OAS 시스템은 그림 5.18과 같다. 다음의 부속 요소들은 2개의 신호처리장치 보드(A1, A2)에 구성된다.

① A1: 펄스 동조기, 812 kHz의 이중 carrier 주파수 발생기, para-phase 펄스 합성기

② A2: pre-amplified 수신신호 multiplexer, TVGC resonant amplifier, 이득제어 resonant amplifier, envelope detector, peak signal detector, peak signal 디지털 변환기, peak 신호 비교기

③ 누수 센서는 세 번째의 신호처리장치 요소이다. 다음과 같은 부속 요소가 음파 송신장치(ATR) 보드 A3에 구성된다.
- 송신 power 증폭기
- 수신 pre-amplifier
- transceiver electronic switch

OAS의 동작은 순환적이다. 하나의 ATR 장치가 각 사이클에서 동작되며 이러한 동작은 제어코드 A0/OAS~A2/OAS에 의해 선택된다. TZ/OAS, A0/OAS~A2/OAS 신호는 DCPU 제어기에 의해 발생되며 OAS의 동작을 제어한다. TZ/OAS의 순환시간은 음파송신기와 목표물 사이의 최대 거리와 관계되며 다음과 같은 식으로 표현된다.

$$R = cT/2$$

여기서 R은 최대거리, c는 수중에서의 음파의 속도, T는 순환시간이다. 수신기 band 폭에 의존되는 TZ/OAS 펄스 타임은 음파 transducer의 radiation time과 radiation 펄스 power를 표현한다.

그림 5.19는 각 보드 간의 기능적인 순환 관계를 나타내었고 그림 5.20은 각 신호 간의 타이밍도를 나타내었다.

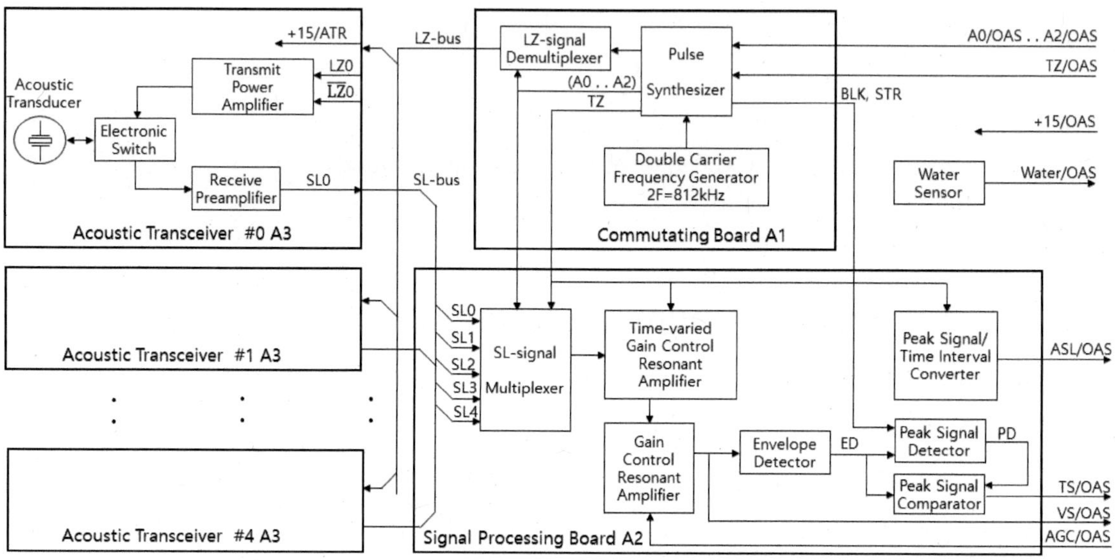

그림 5.19 OAS Functional Block Diagram

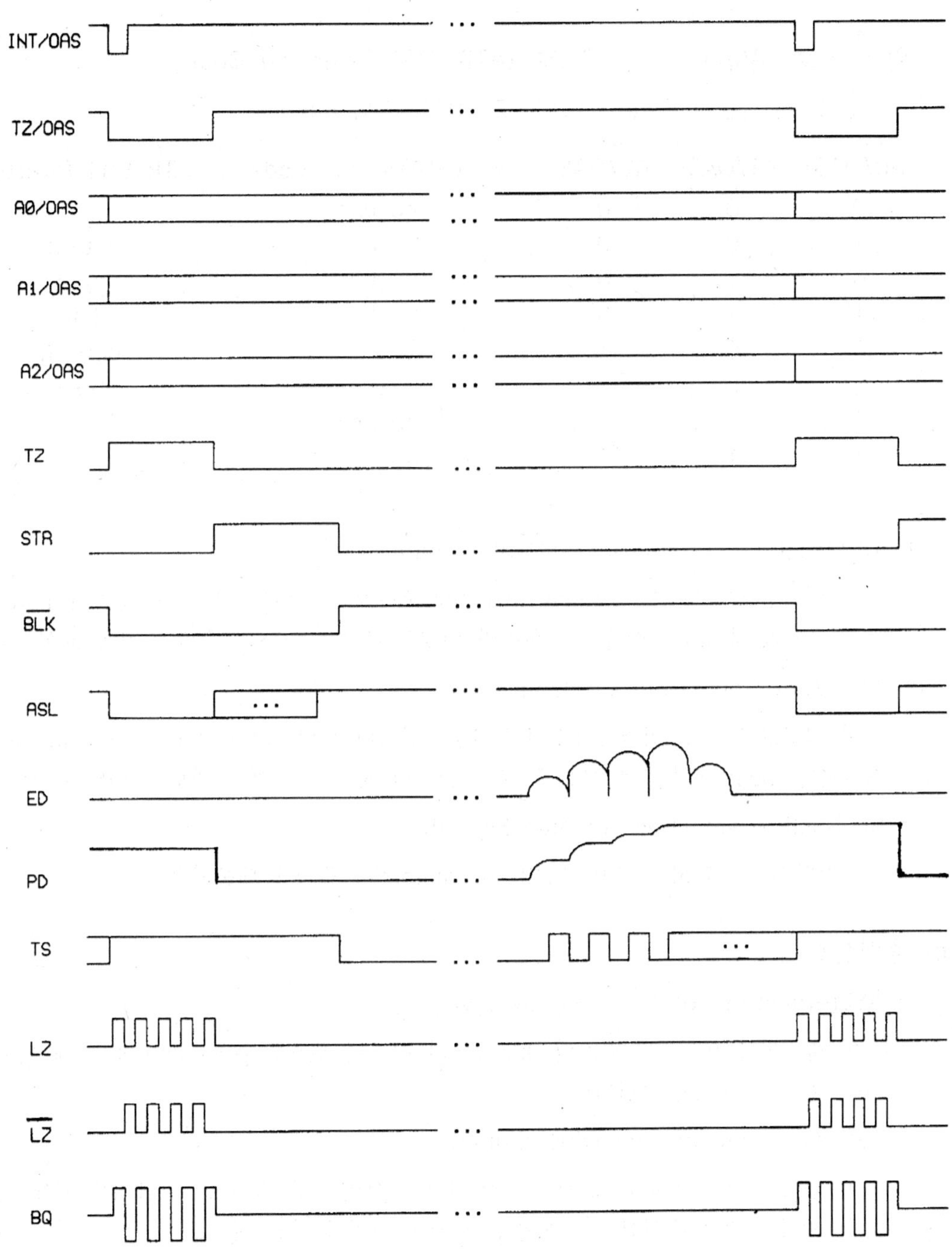

그림 5.20 OAS Timing Diagrams

(1) 신호처리장치의 동작

a) 입력 신호: A0/OAS ~ A2/OAS(ATR 장치 Selecting Bus)

이 신호들은 다음 표에 있는 ATRU 중 하나를 선택한다.

A0/OAS	A1/OAS	A2/OAS	Active ATR Unit Code	ATR Unit Direction
0	0	0	no use	
1	0	0	4	bottom
0	1	0	3	right
1	1	0	2	left
0	0	1	1	bottom
1	0	1	0	bow
0	1	1	no use	
1	1	1	no use	

① TZ/OAS(Pulse Radiation Control Signal):

이 입력신호는 DPCU의 open collector 출력에 연결되어 있다. 이 신호가 Low일 때는 신호처리 장치의 동작을 동기화하며 이것의 주기는 OAS의 순환 시간을 표현한다.

② AGC(Automatic Gain Control):

이 아날로그 신호 입력은 DPCU의 D/A 컨버터에 연결되어 있고 OAS gain factor를 제어한다. Gain 제어 증폭기의 출력은 slow closed loop 제어 방법에 의하여 제어된다.

③ SL Bus(Pre-amplified Receive Signal):

5개의 아날로그 SL 입력이 ATRU pre-amplifier 출력에 대응된다.

b) 출력신호:

① ASL(Amplitude of Peak Signal Level)

이 출력의 Low는 TZ 펄스의 duration과 수신된 신호의 peak amplitude에 비례하여 변화되는 duration을 포함한다.

② TS(Delay Time of Receiving Signal)

이 출력 신호의 상승점(rising point)에서 수신된 신호의 peak 값을 DPCU에 전달한다. 마지막 상승은 수신신호의 메인 peak치의 지연된 값에 해당한다.

③ LZ, $\overline{LZ}$ Bus(Para-phase Transmit Amplifier Control Pulses)

각 ATR에 해당하는 5개의 $LZ, \overline{LZ}$ 쌍이 있고 이 출력은 TZ를 복조시키는 carrier 주파수이다.

(2) Commutating Board

Commutating Board의 diagram은 그림 5.21이다. 펄스 동조기는 다음과 같은 요소로 구성된다.

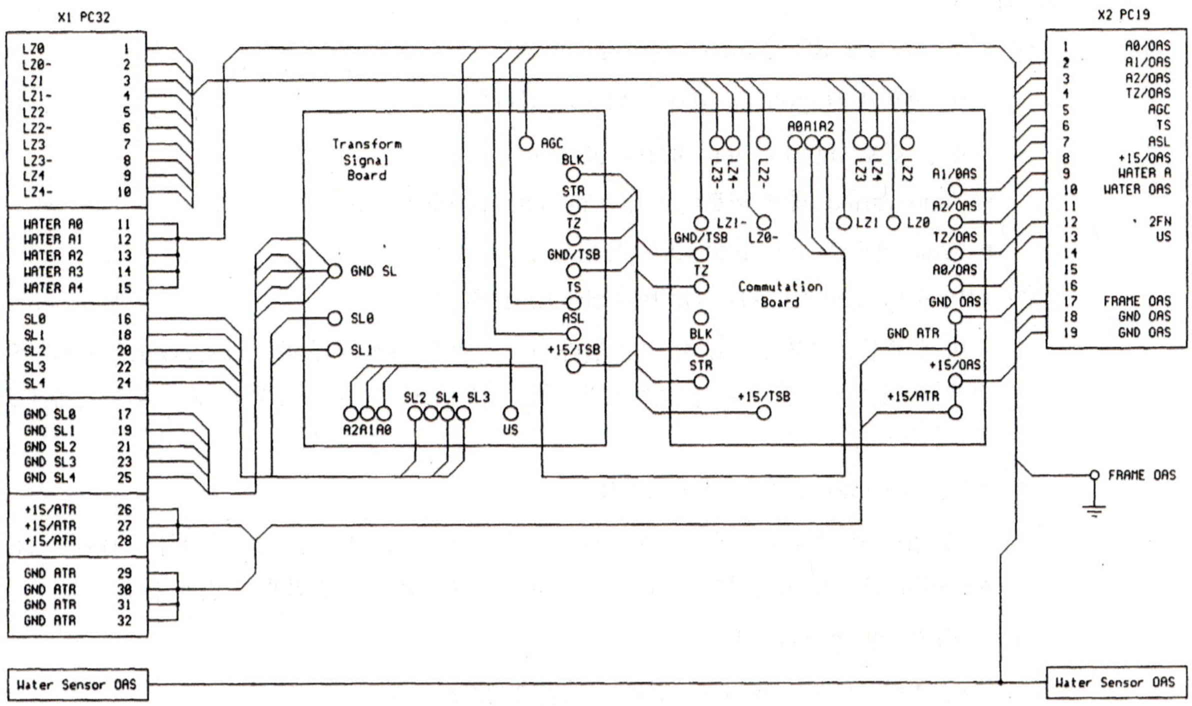

그림 5.21 Commutating Board Diagram

- TZ/OAS, A0/OAS~A2/OAS 입력 신호 버퍼 DD1C - DD1F
- 발사되는 펄스의 overlapping을 방지하는 short para-phase 펄스
- TZ-enveloped carrier 주파수를 만드는 DD3D, DD2D, DD2C
- $LZ, \overline{LZ}$ short para-phase 펄스의 버퍼 인버터 DD1B, DD1A
- STR 펄스를 발생시키는 DD3C, DD4B
- BLK 펄스를 발생시키는 DD3B
- 812 kHz 주파수 발생기
- 2중 carrier 주파수 발생기 DD2A, DD2B, L1, C3
- A0~A2의 선택 신호에 따라 ATR 장치에 $LZ, \overline{LZ}$을 전달하는 DD5, DD6

(3) Signal Processing Board

신호처리 보드 diagram은 그림 5.21이며 다음과 같은 신호들로 구성된다.

a) 입력신호

① TZ(Inverted RP Control Signal)

이 신호가 High일 때 결과는 다음과 같다.

- 수신 신호 multiplexer DD1을 disable
- Time-varied 제어 회로의 C17 Capacitor를 discharge
- Peak 신호를 time interval로 변환

② A0 ~ A2(Inverted ATR Units Selecting Bus)

이 입력들은 CB(A0~A2)에 연결된다. 이 신호의 목적은 음파 transceiver로부터의 5개의 신호(SL0~SL4)중 하나를 선택하기 위한 것이며 OAS의 순환 동작 중의 하나인데 DD1을 제어한다.

③ AGC(Automatic Gain Control)

이 입력 아날로그 신호는 2차 resonant 증폭기의 gain 계수를 제어하며 0~+5 VDC 사이에서 조정이 가능하다. 그러므로 gain 계수는 40 dB 범위에서 변한다.

④ BLK(Blocking Pulse)

이 입력신호가 Low일 때 결과는 다음과 같다.

- Peak detector DA5, DA6을 disable
- Peak 신호 비교기 DA7A를 disable

⑤ STR(Strobing Pulse)

이 신호가 High일 때는 peak detector를 출력한다.

b) 출력신호

① TS(Delay Time of Receiving Signal):

이 출력신호의 상승은 수신 신호의 peak를 DPCU에 알려준다

② ASL(Amplitude of Peak Signal Level):

이 신호의 Low 상태 지속은 OAS 동작 동안에 수신 신호의 peak amplitude를 DPCU에 전달한다.

③ Time-Varied Gain Control Amplifier:

이 회로의 핵심인 차등 증폭기는 VT1, DA1.4, DA1.5로 구성된다. 비교 전압은 R2, VD1, C8에 의해 공급되고 time-varied gain 제어 전압은 R22~R26, C17, DA1.1에 의해 공급된다. 수신 신호의 band-pass 필터링은 L1, C7, R1에 의한다.

④ Gain Control Resonant Amplifier:

이 회로(VT2, DA2.4, DA2.5, L4, C12, VD2) 앞의 회로에서 time-varied gain 제어 부분이 제외된다.

⑤ Envelope Detector:

수신 신호의 envelope는 DA2.2, DA2.3과 DA4의 증폭으로 이루어진다.

⑥ Peak Signal Comparator:

이 회로는 DA7A 비교기와 VT5 출력 버퍼로 구성되었고 envelope 신호와 peak 신호의 레벨은 TS 구형파 펄스로 변환되고 비교된다.

⑦ Peak Signal to Time Interval Converter:

DA7B는 C18, R29의 방전 시간이 시간 간격으로 변환되며 VT4는 ASL를 위한 출력 버퍼이다. DA3은 VCC/2의 전압이다.

(4) Operation of Acoustic Transceiver Unit

ATR의 diagram은 그림 5.22이다.

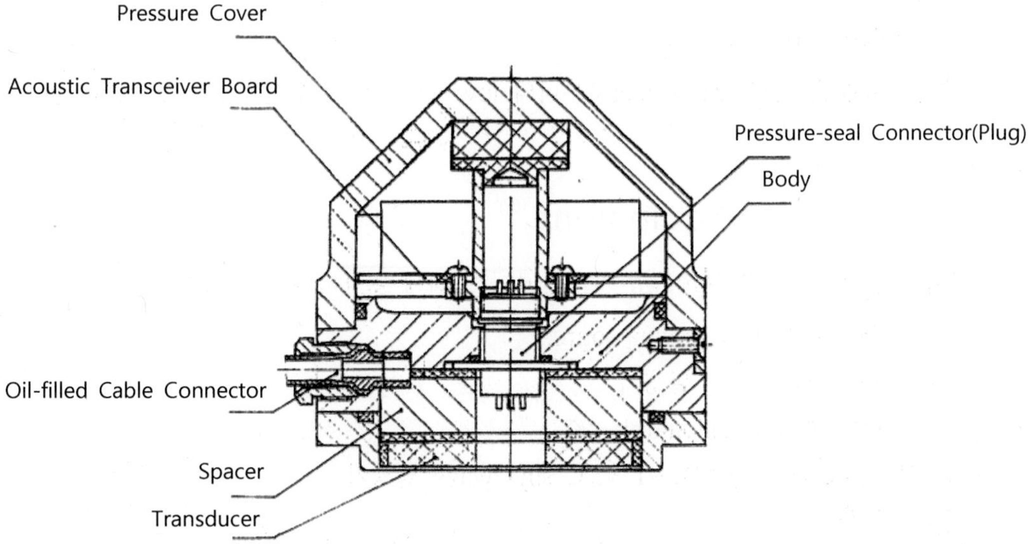

그림 5.22 ATR Diagram

a) 입력 신호

① LZ , $\overline{LZ}$ (Para-phase Pulses Controlling Transmit Amplifier):

이 입력신호는 선택된 ATR장치의 CB에 연결된다.

b) 출력신호

① SL (Pre-amplified Receiving Signal):

각 ATR 장치의 출력 아날로그 신호는 선택된 ATR 장치에 따른 SPB SL-signal에 연결된다.

c) I/O Signal

① BQ (Acoustic Transducer Signal):

TZ-time에서 이 신호는 transmit amplifier이다. 발사되는 시간을 제외하고 신호는 pre-amplifier를 수신하기 위한 입력이다.

② Transmit Amplifier:

DD1은 LZ, $\overline{LZ}$ 펄스의 per-amplifier이고 VT1, VT2, T1은 음파 transducer를 위한 발사 power를 형성하는 power amplifier이다.

③ Electronic Switch (VD3, VD4, C5, VD5, VD6):

펄스가 전달되는 동안 모든 다이오드는 열려있다. VD3, VD4는 음파 transducer에 펄스를 전달한다. VD5, VD6은 per-amplifier 입력을 disable한다. 펄스 전달이 끝나면 VD3, VD4는 close된다. 그리고 VD5, VD6은 pre-amplifier의 동작을 enable한다.

④ Receive Pre-amplifier:

이 부분은 음파 transducer로부터의 low-level 신호 수신을 pre-amplify한다.

5.5.4 Adjustment Equipment

다음과 같은 주변 장치들이 조정과 testing을 위해 필요하다.

- +15 VDC, 1 A max power source
- 10 Hz~1 MHz 주파수 발생기
- 50 MHz 2 채널 Oscillograph
- 1 kHz~1 MHz, 1 μVDC~1 VDC sine-wave 발생기
- 함수 발생기
- Voltmeter

그림 5.23은 OAS의 신호처리 보드를 포함한 제어 장치의 Diagram을 나타내고 실물은 그림 5.24와 같다.

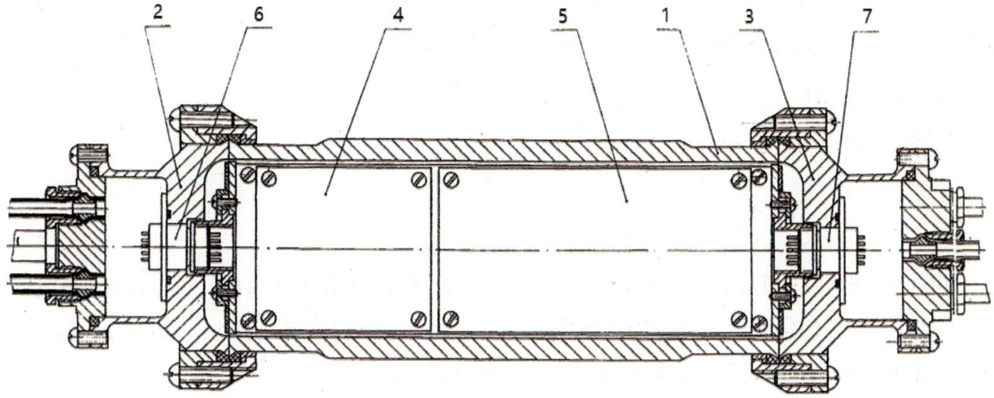

1, 2, 3-Cylinder Part and Covers of Pressure Housing, 4-Commutating Board, 5-Signal Processing Board, 6, 7-Pressure-seal Connectors (Plugs)

그림 5.23 OAS 제어장치 Diagram

그림 5.24 OAS Housing이 설치된 모습

5.6 Ballast System

Ballast System(BEM)은 3 단계에 따른 AUV 임무를 수행함에 있어서 AUV의 부력을 조정하기 위하여 설계되었다. 3단계의 임무는 다음과 같다.

① 하강(descent)

② 임무 수행(mission execution)

③ 상승(ascent)

첫 번째 단계에서 AUV는 에너지의 소모 없이 임무를 수행하기 위해 하강하며 음의 부력을 가지게 된다. 첫 번째 ballast가 떨어지면 AUV는 중성 부력을 가진다. 두 번째 ballast를 떨어뜨리면 AUV는 양성 부력을 가지며 AUV는 부상하게 된다.

5.6.1 Arrangement and Operating Principle

AUV의 부력을 변화시키기 위해서 금속 weight를 전자석을 이용하여 각 단계별로 전원공급을 중단함으로서 weight를 떨어지게 하는 방법을 택하고 있으며 이 방법은 다음과 같은 이점을 가지고 있다.

- 기계적인 mechanism을 사용하지 않으므로 간략하고 신뢰성이 있다.
- AUV의 메인 전원이 낮거나 공급이 되지 않을 시에는 weight가 바로 떨어지므로 안전을 위한 주요한 비상부상 장치 역할을 한다.
- 부상과 하강 시 전력의 소비가 거의 없다.

이 시스템은 각각 2개의 전자석으로 구성되었고 weight를 유지하기 위한 전원을 항상 일정하게 유지하여야 하고 이 전자석의 영향으로 flux gate compass가 전자기력에 의해 영향을 받으므로 이로 인한 값을 보상을 하여야 한다. 각 전자석은 병렬로 연결되었다. 24~30 VDC가 공급되고 AP에 의해 제어된다. 하강시의 weight는 AUV의 pitch와 속도를 변화시킨다. 부상 시 사용되는 weight는 임무 수행 중 약간 양성 부력을 가지도록 계산되었고 이는 AUV의 안전을 위한 것이다.

각 전자석 장치는 winding, inductor former로 구성된다.

5.6.2 Specifications

BEM Weight		BEM coil specification	
Size	H105*D150 mm	Number of turns	4570
Hold Force	100 N	Wire diameter Type of wire	0.355 mm one core w/ insulation
전력소비	24 VDC, 0.14 A	Coil resistance	165 ohms

그림 5.25는 전자석 시스템의 내부 구조이고 그림 5.26은 시스템의 간략한 회로를 나타내었다.

그림 5.25 BEM의 내부 구조

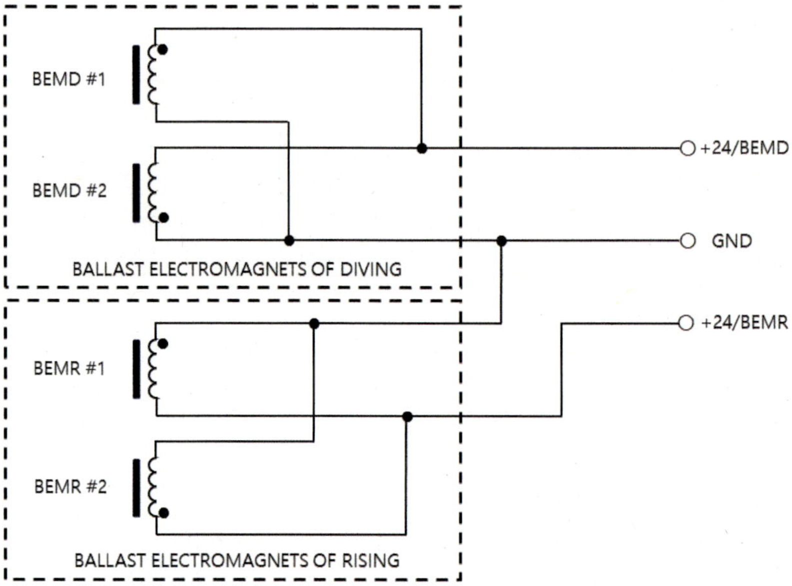

그림 5.26 Ballast System Schematic Diagram

5.7 Main Battery

AUV의 main battery는 전체 소비전력에 비례하여 약 10시간 정도 동작이 가능한 용량이다. 이 Battery는 전해액으로 수산화칼슘을 사용하므로 취급상에 상당한 주의를 요한다.

그림 5.27은 battery cell의 모양이다.

그림 5.27 Battery Cell

5.7.1 사양

- Nominal Capacity는 1 cell당 135 Ah
- Cell당 max 2.0 VDC
- Rechargeable
- 방전 후 용량이 100 Ah일 때 1.45 VDC

5.7.2 특성

Silver-Zinc cell은 low rate로 충전이 된다. 각 cell의 전압은 2.0 volt를 넘지 않아야 한다. 특히 방전 시에는 cell의 전압이 1.0 volt 이하로 내려가지 않도록 주의하여야 한다. 이 cell은 한 번에 많은 전류를 방전할 수 있고 또한 방전 시 전압의 변화가 거의 생기지 않으므로 일정한 전압을 유지하여야 하는 AUV의 주 전원 공급원으로서 적합하다. 내부의 화학 물질은 상당히 인체에 상해를 줄 수 있는 물질이므로 취급 시 항상 안전용구를 갖추어야 한다. 저온이나 고온에서도 cell의 성질이 변하지 않으며 온도에는 상당히 둔감하지만 보관 시에는 상온 저습환경에 두는 것이 안전하다. 충·방전 횟수는 총 100회 정도가 가능하며 건조한 상태 즉 전해액을 채우지 않은 상태로는 5년 이상 보관이 가능하지만 전해액이 채워진 경우에는 약 2년간 사용이 가능하다.

5.7.3 충전

0~20 A 사이의 전류 조정이 가능한 충전기를 사용하여 모든 cell을 직렬로 연결한 다음 충전을 시작하는데 전류의 흐름을 6±0.2 A로 고정시키고 각 cell의 전압이 2.0 volt를 넘지 않을 때까지 충전을 계속한다. 만약 충전 시 하나의 cell이라도 2.0 volt를 넘으면 즉시 충전을 중지하여야 한다. 충전 시의 온도는 25℃가 적당하다. 충전을 하기 전에는 항상 충전 모니터링을 위한 감시표를 준비하여 초기 충전 시 매분마다 각 cell의 전압을 기록하여야 하고 충전 상태가 안정이 되면 30분마다 모니터링 하여 기록한다. 기록된 모든 내용은 차후에 battery의 상태를 파악하는데 상당히 중요한 자료가 된다. 충전량의 계산은 충전 시의 전류에 충전 시간을 곱하면 구해진다.

5.7.4 방전

충전보다도 battery의 수명에 상당히 영향을 미치는 것이 바로 방전이다. 너무 빠르게 방전을 하지 않아야 하고 방전 저항을 연결하여 방전을 시작하면 충전 때와 마찬가지로 표를 만들어 방전량을 매 30초 마다 기록하여야 한다. 만약 하나의 cell이라도 1.0 volt 이하로 전압이 내려가면 즉시 방전을 중지하여야 한다. 그렇지 않으면 하나의 cell뿐만 아니라 전체 cell의 상태가 short 상태로 되며 사용 불가능한 상태로 되어버린다.

5.7.5 보관

습도가 낮고 온도가 18° 정도의 건조한 곳에서 보관한다. 위의 Battery가 조립되어 있는 형태는 그림 5.28과 같다.

그림 5.28 Battery Set

5.8 Thruster Control Unit

Thruster 제어 장치(TCU)는 AUV의 속도와 회전을 제어하기 위해 설계되었다. Thruster의 Diagram은 그림 5.29이고 실물 모습은 그림 5.30이다.

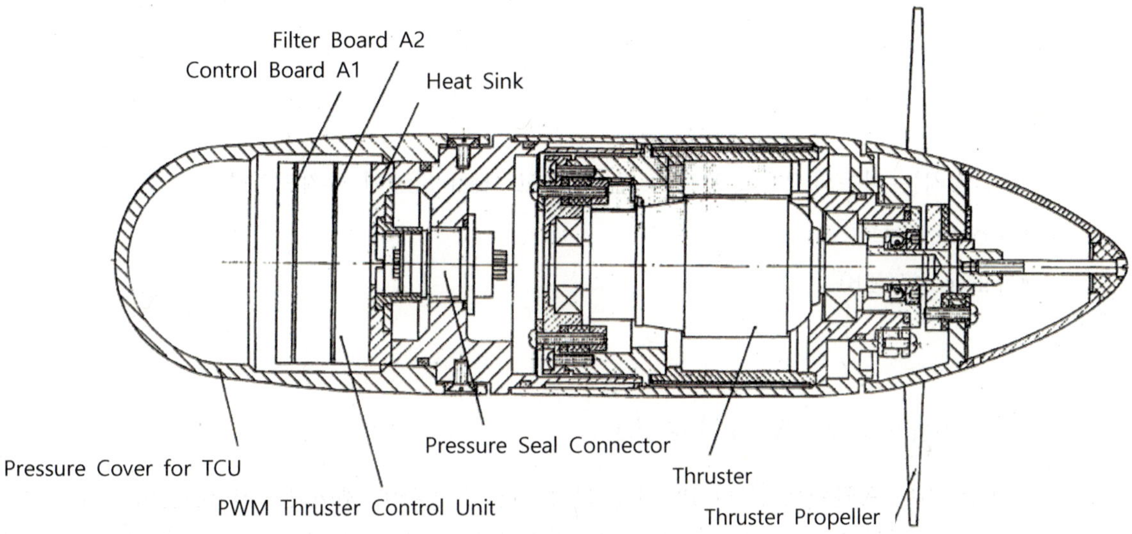

그림 5.29 Thruster Diagram with TCU

그림 5.30 Thruster

5.8.1 Technical Specifications

공급전원	20~30 VDC	장치 무게	0.35 kg
최대 소비 전류	6 A	PWM의 nominal 주파수	32 kHz
Thruster type	Brush Motor	제어신호의 amplitude	4.5 V
제어 회로 소비전류	0.35 A	전체 크기	D74*H100 mm

5.8.2 구성

제어 장치는 다음의 2개의 보드로 구성되었고 Heat Sink가 부착되었다.

- Control 보드(CB)
- Filter 보드(FB)

5.8.3 Operation And Design

TCU는 전원 공급원으로부터 PWM에 의해 전류의 공급이 제어되고 thruster의 방향을 제어하는 신호에 의해 회전의 방향이 제어되는 장치이다. 그리고 이 장치는 압력 용기내의 누수 확인 신호와 thruster의 overload 신호를 발생시킨다. 각 신호에 대한 파라메터는 표 5.1과 같다.

표 5.1

	Signal Description			
Signal Name	Type	Active level, V	Passive level, V	Remark
PWM Control	input	+4.5~30	0	Pulse
-INH/M	input	0	+4.5~30	VDC
RD/M	input	+4.5~30	0	VDC
Overload/M	output	+20~30	0	VDC
Water/M	output			VDC

INH/M 신호는 PWM 제어 회로의 원격 on/off를 제공한다. RD/M은 thruster의 회전방향을 제어하는데 RD/M의 active 레벨은 forward 회전이고 passive 레벨은 reverse 방향이다. Water/M 신호는 TCU 압력용기 내부의 누수를 확인하는 신호이다. TCU의 전원공급은 HVC 제어장치에 있는 power 스위치에 의해 공급되고 on-board 컴퓨터에 의해 제어된다.

(1) TCU General Principle of Operation

PWM 신호는 PWM pre-amplifier의 입력으로 인가된다. PWM pre-amplifier로부터의 신호는 power amplifier로 전달되며 이것은 다시 thruster나 방향전환 릴레이에 인가된다. Thruster에 공급되는 power는 PWM 신호의 duration이 증가함에 따라 올라간다. Overload 신호(OL/M)은 TCU의 출력이다.

Thruster의 회전 방향 반전은 모터의 전원공급 회로에 있는 릴레이에 의한 RD/M 신호가 on-board 컴퓨터로부터 TCU에 전달됨으로써 작동한다.

On-board battery의 24 VDC 전압은 LC로 구성된 전원 공급 필터를 통하여 전달된다. 공급된 전원은 PWM power 증폭기와 반전 릴레이(RR)에 전달된다.

RR은 thruster 회전 방향 반전 제어신호가 TCU에 인가될 때 스위칭 된다. RD 신호는 반전 제어 드라이브에 전달되고 PWM이 TCU의 입력으로 인가된다. PWM 신호는 PWM pre-amplifier에 인가된다. 기능적인 관계를 그림 5.31에 나타내었다.

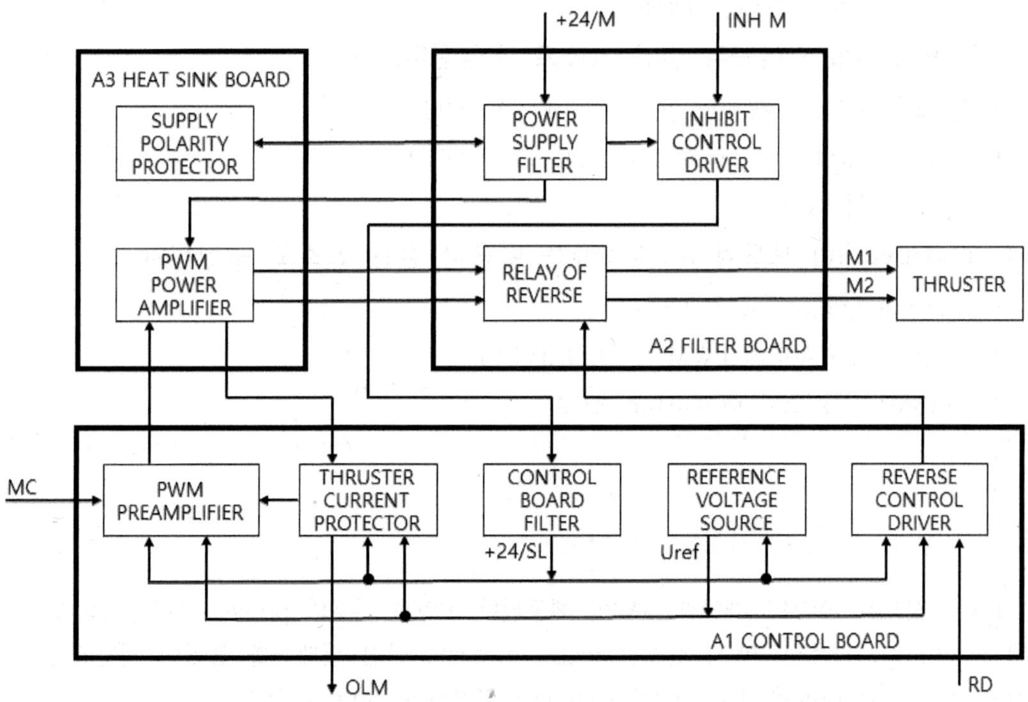

그림 5.31 TCU Functional Diagram

5.8.4 Unit Structure

구조적으로 TCU는 다음의 3 부분으로 구성되었다.

- Control board A1
- Filter board A2
- Heat sink board with connector A3

Heat Sink는 두께 8 mm, Φ 74 mm이다. On-board 컴퓨터와 thruster를 연결시키는 TCU의 2PM19 female 커넥터는 heat sink의 뒷면에 고정되었다.

a) Control board는 다음과 같은 기능적 요소로 구성된다.

- 입력 신호 제한 회로인 pre-amplifier PWM(DA2, VD1, VD2)
- 전원공급 필터 (L1, C6, C7)
- 참조 전압원 (VT2, VT3, VD6)
- 반전 제어 회로 (DA4.3, DD1.2, VT6)

b) Filter board는 다음과 같은 요소로 구성된다.

- 전원공급의 load-bearing 필터 (L2-L4, C13-C17)
- control board turn on 회로 (VD11, VT8, VT9)
- 반전 릴레이 (K1)

c) Load-bearing 보드와 heat sink는 다음과 같은 요소로 구성된다.

- Power amplifier PWM (VT7)
- Overvoltage로부터의 PWM PA 보호 (VD8)
- Thruster 전류 소비 센서 (shut R36)

5.8.5 Schematic Diagram Description

PWM 신호는 PWMC 라인과 DA2에 제공된다. PWM 신호의 power 증폭은 TR VT7에 의해 이루어지고 증폭된 PWM 신호는 brush motor의 반전 릴레이를 통하여 전달된다. Shunt 저항 R = 0.04 ohm은 TR VT7의 source에 연결된다. Shunt로부터의 신호는 thruster 전류 보호회로 DA3 비교기에 인가된다. DA3로부터의 신호는 flip-flop DD1.1의 S 입력으로 제공된다. DD1.1의 출력은 TR DA4.1를 통하여 PWM 한 주기 동안 DA2 PWMP의 입력으로 인가되는 신호이다. 이것은 shunt로부터 overload 신호가 일어날 때까지 PWM의 각 펄스를 제한한다. DD1.1으로부터의 신호는 on-board 컴퓨터에 overload 신호 OL/M을 전달한다.

Thruster의 회전 방향의 반전은 RD/M 신호가 DD1.2의 D에 입력되면서 인가되며 PWMC 신호가 DD1.2의 C에 인가되어질 때 실행된다. 참조 전압 source Uref(VT2, VT3)는 control board에 위치한다. Filter (L2~L4, C13~C17)은 thruster의 회전으로 발생되는 노이즈를 방지하기 위해 TCU 전원공급 부분에 연결된다.

5.9 Light & Radio Beacon

이 장치는 radio 주파수의 일정한 band와 light beacon을 주기적으로 발생시키는 요소를 가진 장치이다. LRB는 AUV의 부 시스템으로서 AUV가 수면으로 부상하였을 때 모선의 Radio Direction Finder(470 kHz~3 MHz band) 또는 강한 불빛의 깜박임으로 AUV를 쉽게 찾기 위해 설치된 장치이다.

5.9.1 LRB의 사양

외부 공급 전원	22~32 VDC
비상 공급 전원	22.5 VDC
Active mode 소비 전류	0.16 A
Stand-by mode 소비 전류	10 μA
동작 온도	-20℃ ~ +60℃
비상 battery로 전원 공급 시 연속 동작 시간	15 Hours
동작 깊이	0 ~ 6000 m
LRB 전체 크기	D146*L347 mm
Radio Antenna 전체 크기	D35*L1805 mm
Light beacon 전체 크기	D90*H60 mm
비상 battery를 포함한 무게	2.08 kg
BLK LB / BLK RB 제어 신호 사양	
OFF mode	10~30 VDC
ON mode	0~3 VDC

Radio Beacon (RB) 신호 사양	
Pulse duration	0.5 sec
Pause duration	0.5 sec
Pulse number	2
Pulse block period	10
Antenna consumed electric power	6 W
Carrier 주파수	2764 kHz
Light Beacon (LB) 신호 사양	
Flash pulse duration	2.0 sec
Pause duration	2.0 sec
Radiation mode 소비전류	0.2 A
Specifications of ON LRB / OFF LRB pulses controlling the emergency powering unit setting on / off	
전압	20~30 VDC
Duration	0.1 sec

5.9.2 LRB의 구성

다음의 장치들이 LRB와 연관되어 동작한다.

- LRB electronic module의 구성 요소
  - Radio transmitting board A1
  - LRB control Board A2
  - Emergency Battery Module A3
  - LRB chassis with female connectors PC19, PC32, water sensors
- LRB 압력용기
- Radio Antenna
- Light Beacon

5.9.3 Unit Design and Operating Principle

LRB의 기능적 diagram은 그림 5.32이다. LRB는 다음의 요소로 구성된다.

- 2개의 보드(A1, A2)로 되어 있는 LRB electronic module
- 누수 센서
- Chassis에 설치된 비상 battery module(압력 용기 내부에 설치)
- Oil-filled 케이블로 연결되어 있는 radio antenna와 light beacon

A1과 A2는 M3 나사로 고정되어 있는 알루미늄 샤시에 고정되어 있는데 다음 요소가 radio transmitting PCB A1에 위치한다.

- Radio transmitter power switch
- Radio transmitter module

그리고 다음 요소들은 LRB control PCB A2에 배치된다.

- Modulating 주파수 동조기
- LB 제어를 위한 power switch
- 비상 battery module setting on/off를 위한 switch

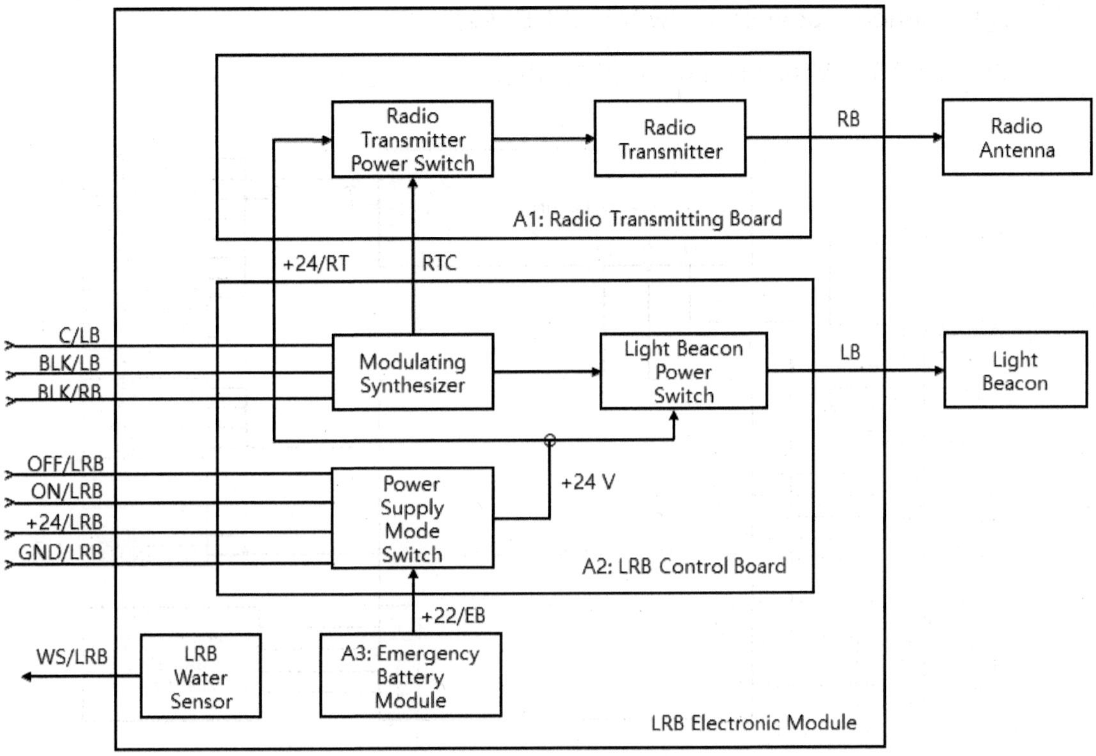

그림 5.32 Functional Block Diagram of LRB

LRB 구동 전원은 외부 전원 또는 비상 battery에 의해 공급되어질 수 있다. 비상 전원이 공급되기 위해서는 ON LRB/OFF 신호에 의해 전원공급 스위치 모드가 전환되어야 한다. 외부 전원, 비상전원 모두 LRB에 연결되어 있지만 외부 전원공급이 22.5 VDC 이하로 떨어지면 자동적으로 비상 battery에 의해 전원을 공급 받는다. 그림 5.33은 각 보드 간의 관계를 나타내고 있다.

(1) LRB Sub-systems

a) Modulating Frequency Synthesizer (PCB A2)

동조기는 다음과 같은 요소로 구성된다.

- Controlling generator DD3
- Light beacon control sequence generator DD4
- Radio beacon control sequence generator DD1, DD2

b) Light beacon powering switch (PCB A2)

스위치는 VT5, VT6, VD14와 연결되어 있다.

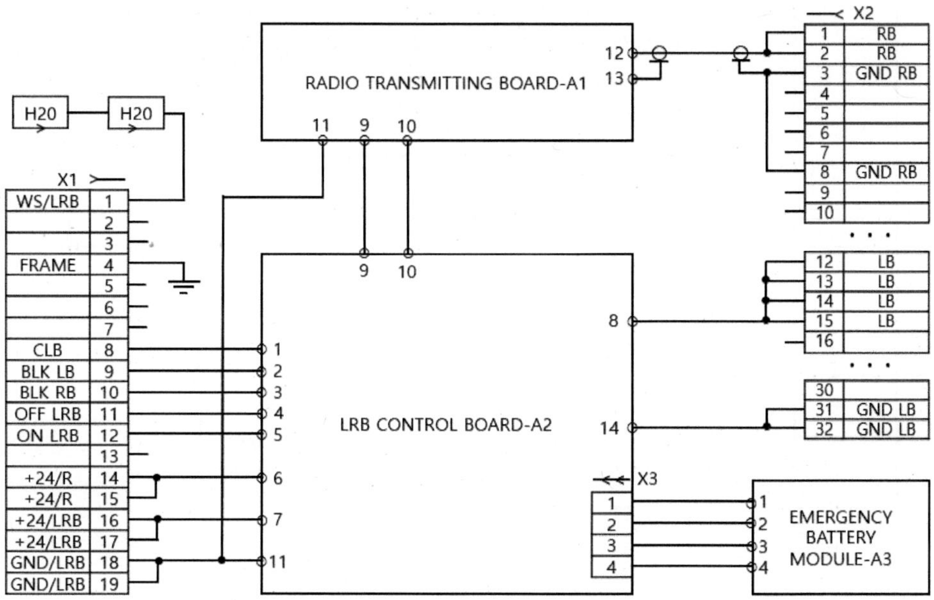

그림 5.33 각 보드의 인터페이스

c) Radio beacon powering switch (PCB A1)

VT2, VT7과 연결된 스위치는 modulating frequency 동조기에 의해 발생되는 RTC 신호에 의해 제어된다.

d) Radio transmitter는 다음과 같은 요소로 구성된다.

- 주파수를 안정화시키는 quartz resonator BQ1과 L1은 VT3 제어
- VT1, VD11과 연결된 generator의 안정기
- Antenna 연결 회로 (L3, C8, C9)

e) Emergency battery module

비상 battery module은 2.5 Ah의 용량을 가진 18개의 mercury-zinc cell로 구성된 2개의 22.5 VDC battery이다. 각 battery는 X3 커넥터를 통하여 PCB A2에 연결된다. 2개의 battery는 VD9, VD10 다이오드의 PCB A2에 연결된다.

f) Radio antenna

Radio antenna는 antenna의 loading inductor로서 low-capacity matching 코일에 연결된 약 1m의 알루미늄 bar이다.

g) Light beacon

Light beacon은 oil-filling된 케이스에 병렬로 연결된 2개의 filament lamp로 구성된다.

5.10 Pressure Compensating System

이 시스템은 전기 전자적 형태로 구성된 것이 아니라 기계적인 알고리즘으로 구성된다. AUV의 각 장치와의 연결은 대부분은 oil-filed 케이블을 사용하는데 이러한 케이블이 수심 6,000 m 정도의 수중에서는 상당한 압력을 받아서 누수의 위험성이 커지기 때문이다.

모든 oil-filled 케이블은 내부의 유체 이동이 자유롭도록 연결된다. 이렇게 되면 케이블 외부로부터의 수압이 케이블 내부로 전달되면서 안팎의 압력이 서로 같아지게 된다. 이렇게 압력이 같아지도록 하고자 AUV의 전.후부에 압력 보상 장치를 설치한다.

전방의 보상 장치는 케이블에 담겨져 있는 오일의 종류가 후방의 것과 상이하므로 따로 설치한다. 그림 5.34, 그림 5.35와 같이 두 개 및 한 개의 튜브가 설치되어 있는데 수압이 바깥에서 스프링을 누르면 케이블 내부의 압력이 상승하여 결과적으로 내외부의 압력이 같아지게 된다. 오일과 해수를 분리하는 고무 막(Rubber Membrane)은 그 자체로 큰 힘을 받지는 않지만 스프링과 해수중에서 접촉하고 있고 유지 보수 과정에서 미세한 손상을 주면 그림 5.36과 같이 손상될 수 있으므로 주의하여 관리해야 할 약한 부분이라 할 수 있다.

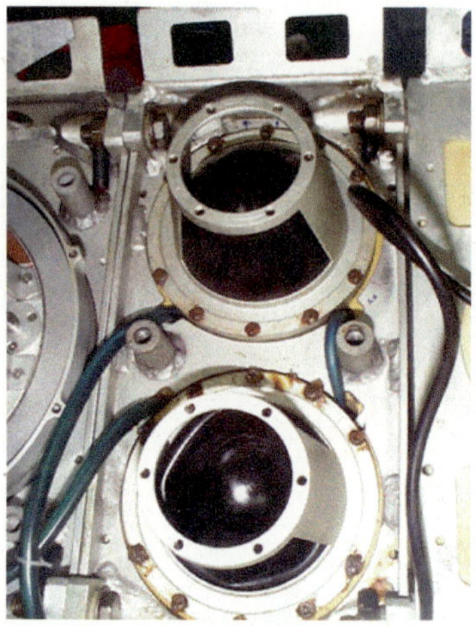

그림 5.34 전방 보상장치

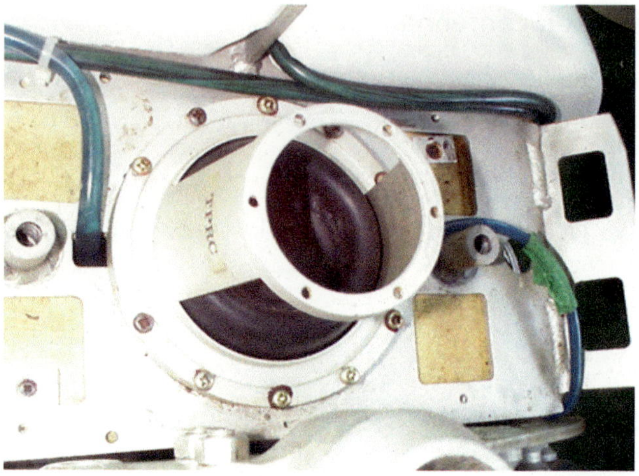

그림 5.35 후방 보상장치

그림 5.36 손상된 압력 보상용 고무 막

Chapter 6.

Acoustic Positioning System(APS)

6.1 APS의 개요

6.1.1 서론

(1) APS의 목적

OKPO-6000에서는 수중 음향 통신을 위해서 Long Base Line Acoustic Positioning System (LBL APS)을 사용한다. APS의 목적은 아래와 같다.

① 해저에 설치되는 Transponder에 대해서 모선과 AUV의 정확한 위치를 결정한다. 여기서 모선과 AUV의 위치는 상대 좌표계와 절대 좌표계로 결정되어진다.

② 음향 통신 채널(acoustic communication channel)을 통해서 모선에서 AUV에 원격 제어 명령(Remote Control Command)을 보냄으로써 AUV의 거동을 제어할 수 있다.

(2) APS의 기술적인 특성

APS의 기술적인 특성은 다음과 같다.

① 작동 범위: ~ 15 km

② Transponder interrogation(질문 신호)의 주파수: 12.5 kHz

③ Transponder 작동 주파수: 12.821 kHz, 13.158 kHz, 13.514 kHz

④ AUV 수신 채널의 작동 주파수: 13.889 kHz

⑤ RC(Remote Control) 채널의 작동 주파수: 12.195 kHz

⑥ 시간 간격의 기계적 측정 오차: 10^{-3} sec

⑦ 작동 수심: ~ 6 km

⑧ Transponder의 원격 제어 명령의 수: 4가지

⑨ AUV의 원격 제어 명령의 수: 10가지

(3) 수중 음향 장비의 종류

a) Transducer

신호를 먼저 transmit하고 다음에 receive한다. 일반적으로 신호의 주파수는 500 Hz 정도 간격을 둔다. 형태는 Polar diagram은 hemisphere이고, omnidirection이다. 형태는 보통 hull mount이다.

b) Transponder

신호를 먼저 receive하고, 그 다음에 transmit한다. Polar diagram은 hemisphere이고, omnidirection이다. 형태는 보통 해저나 잠수정에 설치된다.

c) Beacon/Pinger

신호를 transmit만 한다. Polar diagram은 hemisphere이고, omnidirection이다. 형태는 보통 해저나 잠수정에 부착된다.

d) Hydrophone

transponder나 beacon/pinger로부터 신호를 수신한다. Polar diagram은 omnidirection이다. 형태는 보통 hull mount이다.

(4) Sonar Parameters

$$M = E - N$$

M(recognition differential(S/N ratio)

E(intensity of received echo) = (SL + DI) + TS - 2HL

N(intensity of received noise) = NA + NS + NR - DI

Sonar Equation(소나 방정식)

$$M = (SL + DI) + TS - 2HL - (NA + NS + NR - DI) \quad \text{(in dB)}$$

a) 장비에 의해서 결정되는 성분

- SL = Intensity of received signal at source
- NS = Intensity of received self noise
- DI = Directionality of transducer

b) 매질에 의해서 생기는 성분

- HL = Transmission loss(one-way)
- NA = Intensity of received ambient noise
- NR = Intensity of received reverberation(복반사)

c) 대상체에 의해서 생기는 성분

- TS = Target strength
- SL = Intensity of received signal at source (for target)

d) 전달 경로에서 생기는 성분

- HL = Losses due to spreading and attenuation

  (※ The spreading loss : geometrical effect which results from a regular weakening of sound signal as it spreads outwards from its source.

  - Spherical spreading
  - Cylindrical spreading
  - Dipolar spreading)

  (※ The sound energy is attenuated by absorption and scattering due to aeration, gas bubbles, suspended matter etc.)

e) Noise : Self noise(NS) + Ambient noise(NA)

- Self Noise : Machinery noise, Propeller noise, Hydrodynamic noise arising from Equipment, Operating vessel
- Ambient Noise : Background noise of the sea itself arising from tides, waves, and turbulence (Deep water noise, Shallow water noise, Man-made site noise such as drilling, pumping, grinding, hammering etc.)

  (※ The analysis of the level and frequency of these noise is most important in the selection of an acoustic telemetry system.)

(5) Acoustic Frequency

주파수가 높을수록 시스템의 전체적인 정확성은 높다. 그러나, 주파수가 높을수록 시스템의 Range는 작아진다.

① Background noise ≦ 5 kHz

② Underwater navigation frequency ≧ (7~12) kHz

③ Frequency selection : Cost, Size, Accuracy, Application 고려

(※ If frequency↑, accuracy of system↑ and range of system↓)

(6) Velocity of Sound in underwater: Temperature, Pressure, Salinity가 변수

a) In deep water

① The effect of refraction : to curve the sound rays upward

② The second effect of refraction : to increase the travel time along the curved path if the sound velocity gradient is known, the travel time difference can be computed by a straightforward application of Snell's law and geometry.

b) The Image Interference : Lloyd‘s mirror effect

Impedance의 변화가 큰 수면의 반사효과로 인해 수중에 가상의 음원이 추가로 있는 것 처럼 착각할 수 있다.

① time delay ≦ pulse width

② phase shift(≅180°)

(7) Multipath Phenomena: The acoustic signals travelling from the transmitter reach the receiver by several different paths.

다경로 전파의 형태는 다음과 같다.

① Reflection from the sea surface (수면에서의 반사)

② Reflection from the seabed (해저면에서의 반사)

③ Double reflection from the sea surface and seabed (수면과 해저면에서의 2중 반사)

④ Reflection associated with man-made structures (인위적인 수중 구조물에서의 반사)

(8) Radiation Theory 중에서 음원의 방향성(Directivity)의 의미

① 음향 에너지를 특정 방향으로 보낼 필요가 있을 때, 음향을 모든 방향으로 보내는 것 보다 방향성을 주어 원하는 방향으로만 보낸다면 적은 출력으로 동일한 효과를 얻을 수 있다.

② 공간상의 해상도가 높아진다. 즉, narrow beam을 사용함으로써 원하는 방향에만 음파를 보내거나 또는 수신함으로써 원하는 방향의 신호만을 취할 수 있다.

③ 신호대잡음비(SNR)를 높일 수 있어 신호 처리가 용이하다. 즉, 음향이 제한된 방향으로 전파되기 때문에 능동소나의 경우 복반사(reverberation)의 준위를 현저히 낮출 수 있으며, 수동소나로 수신하는 경우에는 주변 소음을 수신기의 방향성에 의해 제한된 방향에서만 수신하는 공간상의 filtering 효과가 있다.

6.1.2 APS의 구성

APS는 아래와 같은 요소들로 구성되어 있다.

① Towed Array

② AUV Transceiver

③ PC

④ Seabed recoverable transponder equipped with buoy and light beacon

그림 6.1은 APS의 구성도이다.

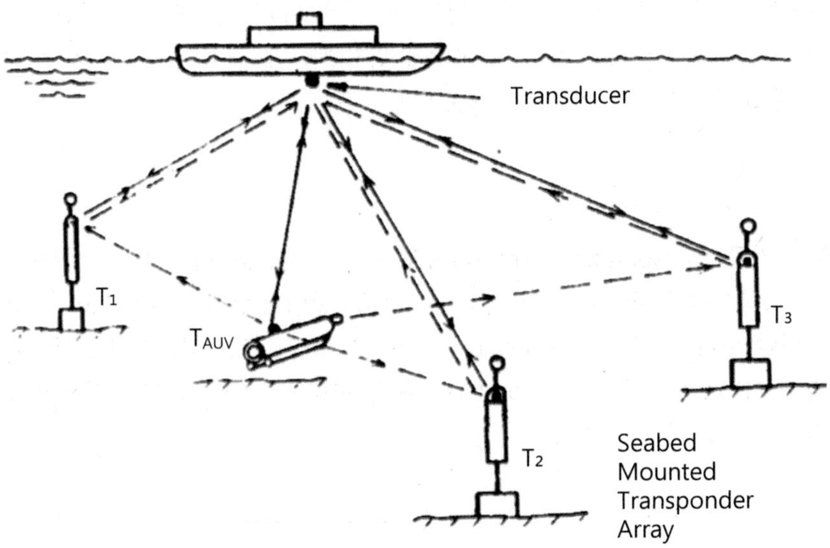

그림 6.1 APS의 구성도

6.1.3 APS의 작동

APS는 거리 측정 시스템의 일종이다. 여기서, 시간 간격이 측정되어야 할 매개변수이다. 컴퓨터는 주어진 알고리즘을 이용해서 transponder까지의 범위, AUV의 좌표, 모선의 좌표를 계산한다. 거리 측정 모드는 APS의 작동을 위해서는 중요하며 좌표 및 범위 결정 모드라고도 한다. 거기에다 AUV에 대한 원격 제어명령의 전달과 transponder 작동을 제어하기 위해 거리 측정 모드를 사용하는 것이 가능하다.

6.1.4 예비 작동

(1) 음향 특성 정의

먼저, 깊이에 따라 변하는 온도, 염도, 밀도의 기울기를 측정해야 한다. 그리고 전파되는 소나의 수직 성분의 속도를 계산하고, 수중 소나 채널의 한계를 정해야 한다.

(2) Transponder 위치 결정

좀 더 정확한 위치를 얻기 위해서 transponder 사이의 거리는 최대 통신 가능한 거리의 반으로 선택한다. 심해역에서의 Transponder사이의 거리는 대략 10~15 km 이다. Transponder는 가상의 정삼각형의 꼭지점에 위치해야 한다. 그리고 AUV와 모선의 좌표가 삼각형의 중심에 있을 때 최대의 정확도를 가지고, 중심으로부터 멀어질수록 정확도는 떨어진다. Transponder간의 거리나 좌표는 Transponder가 해저 바닥에 위치했을 때 결정되어진다. 왜냐하면 Transponder는 하강 중에 조류에 의해서 이동하기 때문이다.

(3) Transponder의 위치

해저에 설치될 transponder는 transponder에 캐프론(capron) 줄로 부표(float)를 연결하면 준비된다. 부표는 음향 shadow zone을 만드는데, 줄이 짧을수록 shadow zone은 넓어진다는 것을 명심해야 한다. 그림 6.2는 shadow zone에 대한 그림이다. 그리고 약 6 km 정도의 작동 범위를 가지기 위해서는 transponder는 해저 바닥으로부터 최소한 300 m 이상 위에 위치해야 한다.

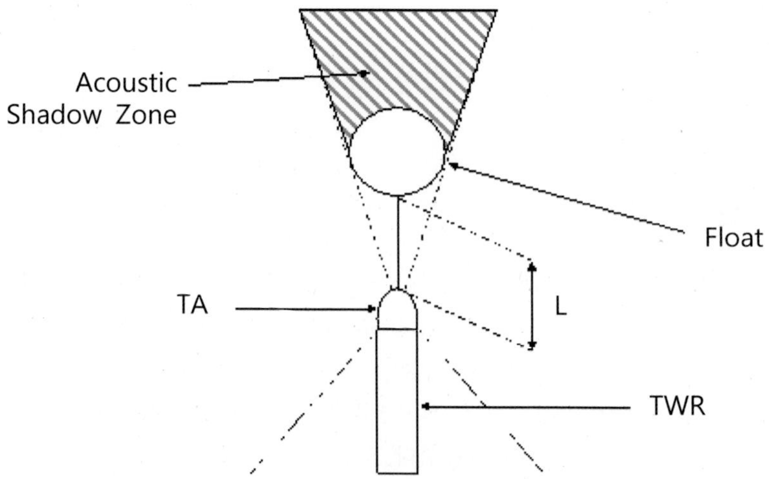

(4) Transponder 위치의 깊이 측정

해저로 투하된 transponder까지의 수심을 수상 지원선의 소나를 사용해서 측정할 수 있다. 그러나 하강 중에 조류로 인해 drifting 되고 해저의 산(Seamount)들 때문에 보통 실제 깊이는 소나에 측정된 깊이와 다르다. 깊이는 수상 지원선이 "네잎 클로버형(cloverleaf)" 이라고 불리는 특별한 궤도 수정을 함으로써 더욱 정확히 알 수 있는데 transponder 바로 위로 수상 지원선을 이동시키는 것이다.

(5) Long base tuning mode에서 transponder 사이의 거리 측정

먼저 TA(Towed Array)의 초기 동기화 주기가 30sec로 정해진다. Transponder 사이의 통신이 안정화되면 long base tuning mode로 전환하라는 명령이 주어진다. 명령이 떨어진 후 10분 후에 F1 주파수를 가진 transponder는 long base tuning mode로 전환한다. 즉, transponder는 "active"가 되고 ship transceiver 질문 신호에 응답한 이후 0.5sec 이후에 F0 주파수로 질문 신호를 보낸다. 이 기간에 F2, F3 주파수를 가진 transponder들은 "passive" 가 된다. 각각의 transponder의 active기간은 10분이다. Long base tuning의 총 시간은 30분이다.

Transponder 사이의 수평거리는 다음 식을 이용해서 계산된다.

$$R_{A-P_i} = [D^2_{A-P_i} - H^2_{A-P_i}]^{1/2} \ (m)$$

H_{A-Pi} 는 active와 passive transponder간의 높이 차이, D_{A-Pi} 는 active와 passive transponder 간의 경사 거리(inclined distance)다. 다음 식을 이용해서 계산할 수 있다.

$$D_{A-P_i} = C_h \times T_{A-P_i} \ (m)$$

C_h 는 transponder의 깊이에서의 음속, T_{A-Pi}는 active 에서 passive transponder로의 질문 신호 전파 시간이고 다음 식과 같다.

$$T^b_{A-P_i} = T^b_{TWRiP} - \frac{T^d_{TWRA}}{2} - \frac{T^d_{TWRiP}}{2} - 500 \ (ms)$$

(6) 상호 교차 방법(mutual intersection method)을 이용한 transponder 간의 거리 계산

우선 각각의 transponder 위치에 대해서 초기 좌표와 깊이가 결정되어진다. 그리고 다음 식을 통하여 Transponder의 범위를 알 수 있다.

$$D_i = \frac{C_h \times T_i}{2} \ (m)$$

T_i 는 채널 i-transponder와의 거리 측정 시간(ms)

C_h 는 수직 성분의 음속(m/s)

Transponder 사이의 거리는 다음 식을 이용해서 구할 수 있다.

$$R_{ij} = (D_i^2 - H_i^2)^{1/2} + (D_j^2 + H_j^2)^{1/2} \ (m)$$

D_i는 F_i 주파수를 가진 Transponder까지의 최소 경사 거리(m)

D_j는 F_j 주파수를 가진 Transponder까지의 최소 경사 거리(m)

$H_{i,j}$는 $F_{i,j}$ 주파수를 가진 Transponder와 TA사이의 차이(m)

그리고 거리를 3번 이상 측정하여 평균값을 사용한다.

(※ 모선을 TW1과 TW2 사이, TW2와 TW3 사이, TW3와 TW1 사이로 3회 이동시키며 TW 사이의 거리와 각 TW의 위치(삼각뿔의 밑면 삼각형의 변의 길이와 각 꼭지점의 좌표)를 알아내는 작업 - Base Calibration)

그림 6.3은 Mutual intersection method에 대한 그림이다.

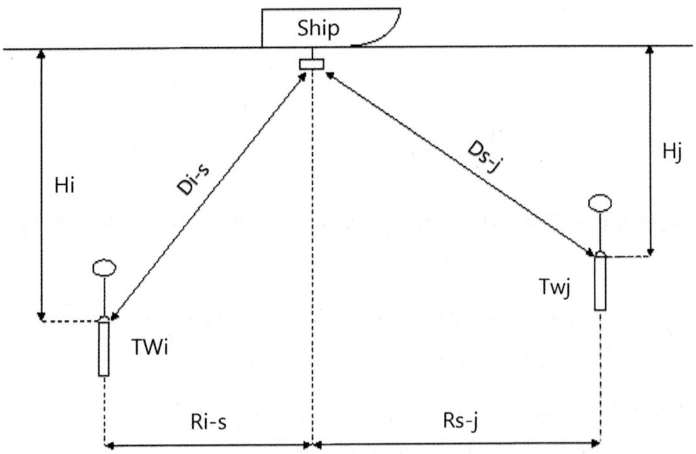

그림 6.3 Mutual intersection method의 원리

(7) Transponder의 좌표

먼저 초기 좌표로 선택할 지리학적인 좌표(L_0, F_0)를 가진 임의의 점을 선택하자. 그러면 transponder의 지리학적인 좌표를 아래의 관계식을 이용해서 직각 좌표로 변환하자.

$$X_i = (L_i - L_0) \times I_F \ COS F_0 \ ; \quad Y_i = (F_i - F_0) \times I_F$$

여기서,

F_i ; L_i 은 i-Transponder의 경도와 위도

F_0 ; L_0 은 초기 좌표로 선택된 지점의 경도와 위도 (F=경도, L=위도)

I_F 은 위도 각단 위에 해당하는 거리

$I_F(1°)$ = 111120 m ; $I_F(1')$ = 1852 m

상대 좌표계에서 정확한 transponder의 좌표를 정의한 후에 아래 식을 이용해서 지리학적인 좌표로 변환 할 수 있다.

$$F_i = F_0 + \frac{Y_i}{I_F} \ ; \quad L_i = L_0 + \frac{X_i}{I_F \ COS F_0}$$

6.2 Ship Transceiver Unit

6.2.1 Ship Transceiver Unit의 목적

Ship Transceiver는 Towed Array와 함께 APS의 한 구성부인데 Ship Transceiver의 역할은 다음과 같다.

① Navigation 신호와 telecontrol 신호 주파수를 생성

② Towed Array에 전원을 공급

③ 단심 케이블을 통하여 APS 신호와 telecontrol 신호를 전달

④ 여러 개의 navigation 신호 주파수를 받고, Towed Array로부터 신호를 전달

⑤ AUV와 transponder의 거리에 비례하는 임시적인 간격을 정의

⑥ 하드 디스크에 navigation 정보를 저장

⑦ 케이블을 이용하여 AUV을 원격 제어

⑧ 지역 네트워크 이더넷을 이용하여 시스템 관리

⑨ 케이블을 통하여 AUV 비디오 모니터로부터 비디오 신호상태 모니터링

6.2.2 Ship Transceiver Unit의 기술적인 특성

(1) Towed Array와 함께 수신하는 채널의 아날로그 장치의 주파수 범위:

10~15 kHz

(2) 방사(radiation) 채널의 아날로그 장치

① 중간 전력 소비에서의 Towed Array의 전력 공급 : ≤ 50 W

- 최대 방사 전력에서 +280 V
- 최소 방사 전력에서 +120 V

② 형성된 펄스의 진폭: 5 V

(3) 전처리 장치

① 채널 수: 6

② APS 주파수:

- F_{RC} = 12.195 kHz
- F0 = 12.5 kHz
- F1 = 12.82 kHz
- F2 = 12.158 kHz
- F3 = 12.514 kHz
- F4 = 13.889 kHz

(4) AUV의 제어 신호

① 형성된 펄스의 진폭: 24 V

② 형성된 펄스의 주기: 100 ms

(5) 지역 네트워크의 형태: 이더넷 네트워크(thin Ethernet Network)

6.2.3 Ship Transceiver Unit의 구성

(1) ship transceiver의 구성:

① ENC-72110: Desk Mount Chassis

② PS-100: AC-DC Power Supply

③ TAPS: Towed Array Power Supply

④ CC-21WP: 21-Slot 0.75" Card Cage w/backplane

⑤ CB2: Interval Cable Set

(2) Card Cage의 구성

케이블의 연결도는 그림 6.4와 같다.

① FD3-144: 1.44 MB Floppy Drive

② HDAT-100: 120 MB 3.5" IDE Drive

③ LPM-486SLC-25-4M: CPU w/Co-Processor

④ LPM-ENET: Ethernet Controller

⑤ LPM-A/D12M-DC: AD Converter

⑥ STD-WW2 based: Detector Synchronized

⑦ LPM-CTC: Frequency Synthesizer

⑧ CTD-WW2 based: Cable Interface

⑨ LPM-CTC: Signals Generator

⑩ STD-WW2 based: Reference Generator

⑪ LPM-7904 based: AUV Controller

(3) 주변장치의 구성

① Towed Array

② Towed Array Unit w/Cable

③ AUV's Power Supply

④ AUV-CSU Cable

⑤ VHS Video Monitor

⑥ SVGA Monitor, Printer, Mouse, Keyboard

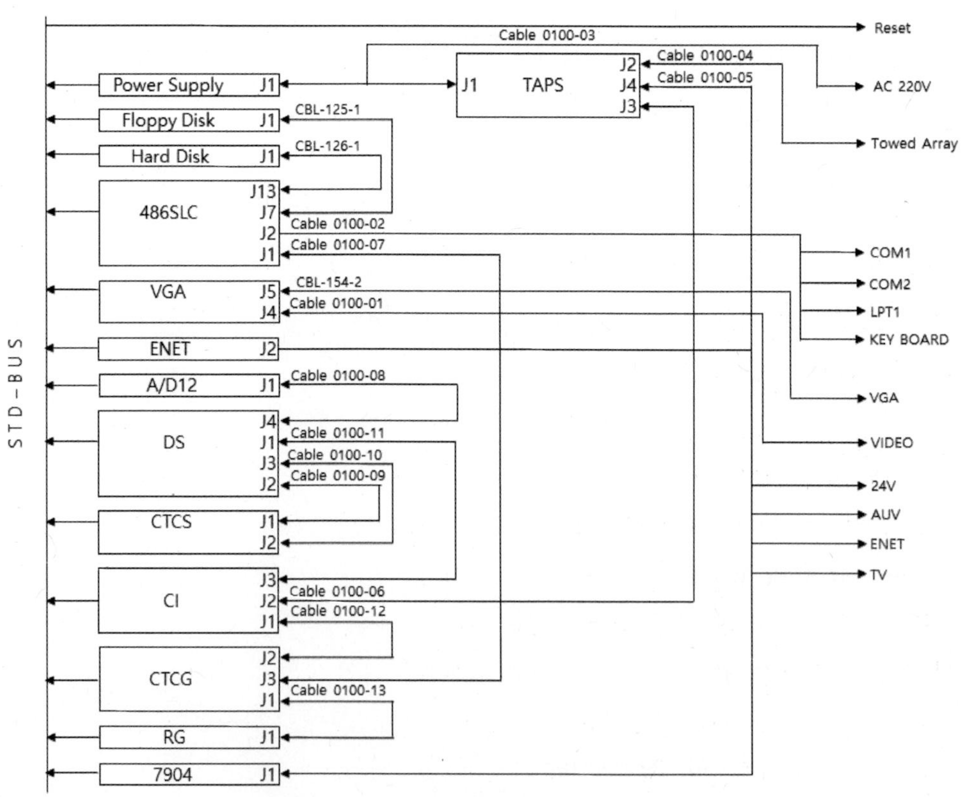

그림 6.4 Ship Transceiver 케이블 연결도

6.2.4 Ship Transceiver Unit 배치 및 작동

(1) Ship Transceiver Unit의 배치

Ship Transceiver Unit의 배치는 그림 6.5와 같다. 그리고 Ship Transceiver Unit는 다음과 같은 주요 장치들로 구성되어 있다.

① PC/AT 486SLC

② Analog to Digital Converter(ADC)

③ Detector Synchronized(DS)

④ Cable Interface(CI)

⑤ Towed Array Power Supply(TAPS)

⑥ Frequency Synthesizer(FS)

⑦ Signal Generator(SG)

⑧ Reference Generator(RG)

⑨ AUV Controller(AUVC)

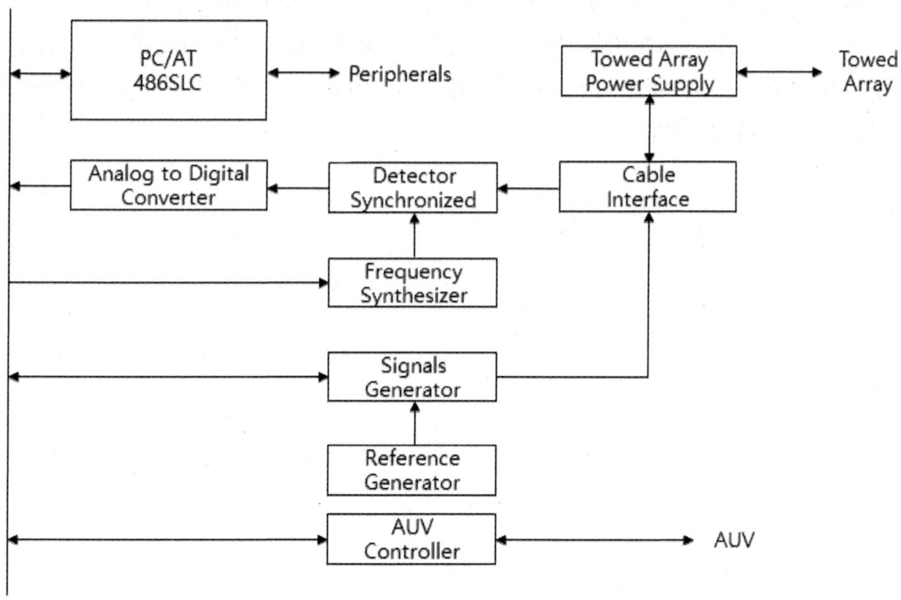

그림 6.5 Ship Transceiver Unit의 배치

(2) 디바이스의 작동

디바이스의 작동은 STD-BUS을 통하여 486SLC의 제어를 받는다. Navigation 신호와 telecontrol 신호는 SG에서 생성된다. 여기서 타이머는 486SLC에 의해 프로그램 되어진다. 신호는 CI로 들어가서 TA로 전달된다. 신호 생성은 TAS(Towed Array Sync) 동기화 타이머의 인터럽트에서 생성되고 486SLC로 들어간다. 동기화 타이머는 SG에 존재하며 동기화 타이머에 있는 클락 주파수는 RG로부터 들어온다.

Bottom transponder나 AUV로부터의 Navigation신호는 Towed Array에 수신되고 증폭된다. 신호의 여과 및 변환은 CI에서 CMOS 논리 레벨로 실행된다. 신호는 DS에 적용되고, 여기서는 주파수의 선택 및 추출이 이루어진다. DS를 위한 반송 주파수는 FS에서 만들어진다. 신호는 ADC 다중 채널의 입력측으로 들어간다. ADC 결과에 따라 486SLC는 신호 검출에 대한 결정을 내리고, 이 신호가 bottom transponder 또는 AUV에 속하는지 정의하고, 486SLC의 접근 시간을 정의한다. 486SLC에 대한 신호 접근 시간은 동기화 타이머로부터 입력된다. 이러한 입력에 따라 486SLC는 navigation임무를 결정한다.

AUV 제어기는 AUV-CSC 통신 케이블을 통하여 AUV를 원격 제어하기 위해서 사용된다. AUVC는 AUV에 외부 전원 공급 장치가 연결되도록 해서 AUV의 스위치를 on/off 하고, AUV 시스템의 리셋이 가능하게 한다. 그리고 그런 연결 동안 오퍼레이터는 Ship transceiver 동기화 타이머와 AUV 동기화 타이머를 동기화 시킬 수 있다. AUVC는 이더넷 제어기로 구성된다. 이 이더넷 제어기는 AUV, Ship Transceiver와 지역 네트워크에 연결된 다른 디바이스 사이의 데이터 교환을 가능하게 한다.

6.3 AUV Transceiver Unit

6.3.1 AUV Transceiver Unit의 목적

AUV transceiver Unit는 AUV에 설치되어 있다. 이 장치는 bottom transponder에 의해 보내진 음향 신호를 수신하고 전처리하기 위해 사용된다. 그리고 long base line APS 원리에 따라 다음과 같은 동기화 신호를 방사하는 ship transceiver unit에 의해 보내진 원격 제어 신호를 수신하고 전처리하는 역할도 담당한다.

① Navigation 신호(F_0 주파수)

② Depth coding 신호(F_4 주파수)

③ 원격 제어 인식 신호(F_5(F_{RC}) 주파수)

그리고 만약 ③의 신호를 잃어 버렸을 때에는 AUV transceiver는 비상 모드 신호를 발생시킨다. 이 신호는 navigation 신호 주기와 F_0, F_4 주파수와 같은 반송 주파수의 배수의 주기를 가지고 있다. 이 유니트는 AUV 메인 밧데리로 전원을 공급받고, AUV의 비상 모드 시에 자신의 비상 밧데리에 의해 전원을 공급받는다.

6.3.2 AUV Transceiver Unit의 사양

① AUV Transceiver 발신 작동 주파수:

- F_0 - 12500 Hz
- F_4 - 13889 Hz
- F_{RC} - 12195 Hz

② AUV Transceiver 수신 작동 주파수: 12000~13590 Hz

③ 펄스 간격: 10 ms

④ 수신 모드에서 라디오 주파수대의 대역폭: 1590 Hz

⑤ 공급 전원: +22~+32 VDC

⑥ 비상 밧데리 전원: 22.5 VDC

⑦ 비상 모드 시에 비상 밧데리로 가능한 작동 시간: 150 hours

⑧ 공급 전압 24 VDC로 작동할 때 평균 소비 전력: 14 mA

⑨ 공급 전압 22.5 VDC로 작동할 때 평균 소비 전력: 17 mA

6.3.3 AUV Transceiver Unit의 구성 및 배치

(1) AUV Transceiver Unit의 구성

AUV transceiver unit의 구성은 다음과 같다.

① Acoustic Transducer

② Receiver sub-unit

- pre-amplifying stage
- main delimiting amplifier PCB

③ Control sub-unit

- control PCB
- accumulating capacitor module
- emergency power source module

(2) AUV Transceiver Unit의 배치

AUV Transceiver Unit의 배치는 그림 6.6과 같다.

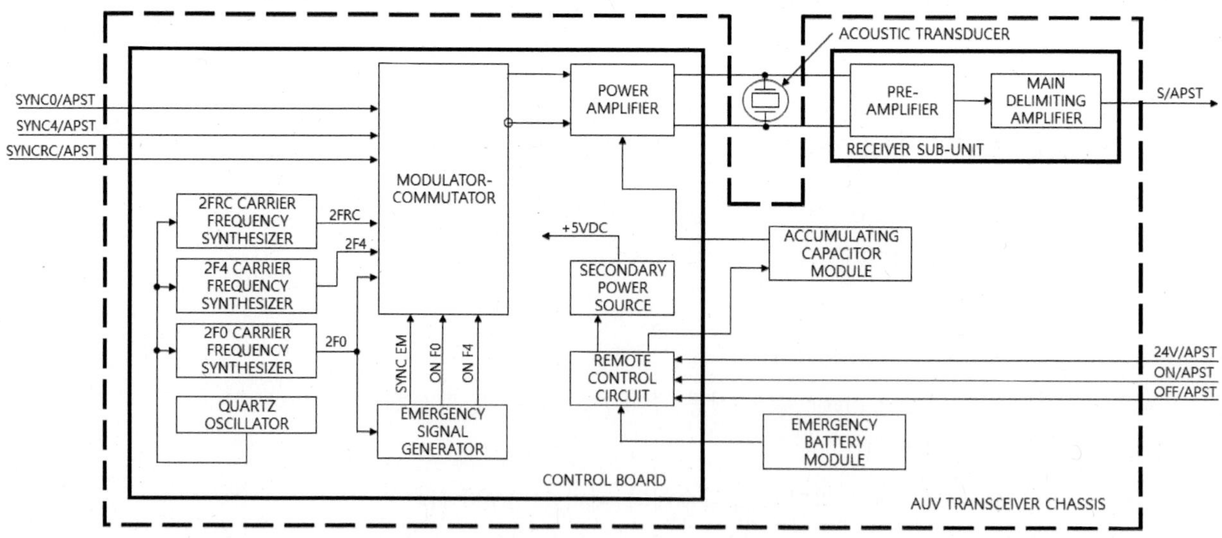

그림 6.6 AUV Transceiver Unit의 배치도

6.4 Towed Array Unit

6.4.1 Towed Array Unit의 목적

Towed Array는 12~14 kHz의 주파수 대역에 해당하는 신호를 방사하고, 10~15 kHz의 주파수 대역에 해당하는 신호를 수신하도록 설계되었다.

6.4.2 Towed Array Unit의 사양

Towed Array의 외형은 그림 6.7과 같다.

① Array의 빔 패턴은 semisphere 이다.

② 전파하는 채널의 주파수 대역: 12~14 kHz

③ 수신하는 채널의 주파수 대역: 10~15 kHz

④ Antenna response in the mode of reception is no less than 800 mV/Pa

⑤ 펄스 간격: 10 ms

⑥ 작동 깊이: 6,000 m

⑦ Drop at the band margins is less than 40 dB/octave

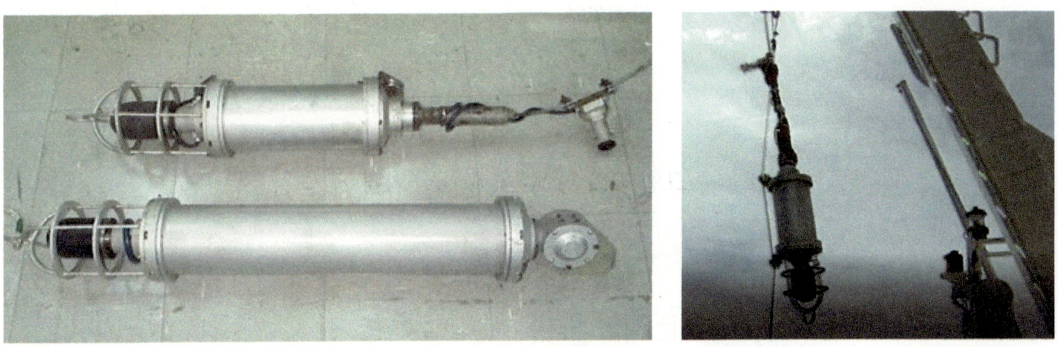

그림 6.7 Towed Array의 외형과 실해역 투하 모습

6.4.3 Towed Array Unit의 구성

Towed Array의 구성은 그림 6.8과 같다

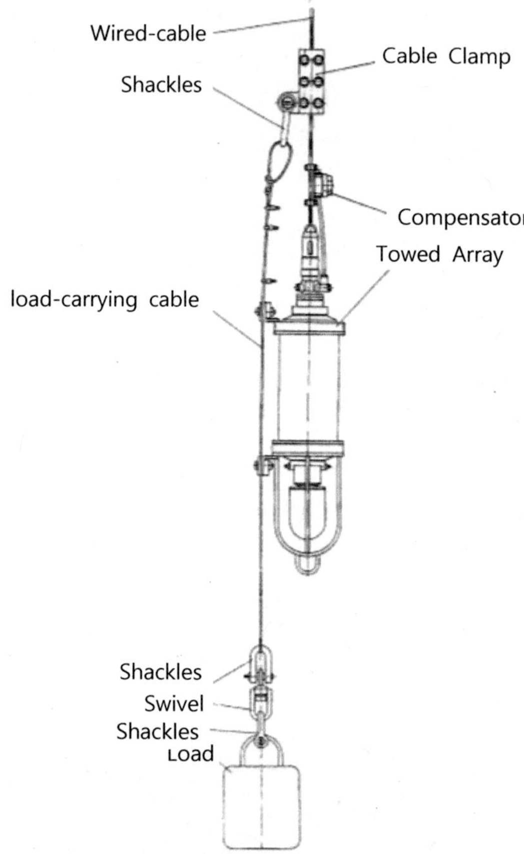

그림 6.8 Towed Array 외형 구성

6.4.4 Towed Array Unit의 설계

Towed Array의 도안은 그림 6.9와 같다.

Towed Array는 다음과 같은 블록으로 구성된 전자-기계 장치이다.

① Cable terminal(1)

② Body and covers of a tough container (2,3,4)

③ Clamps for wired cable(5)

④ Array(6)

⑤ Electronics unit(7)

⑥ Fence(8)

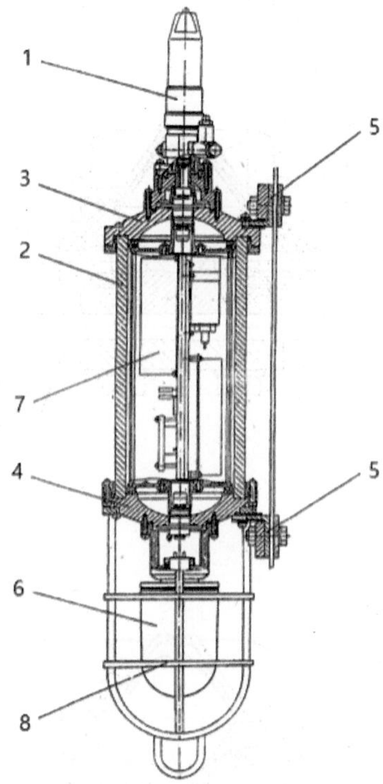

그림 6.9 Towed Array의 도안

Fence(8)는 외부 충격으로부터 Array Antenna를 보호하기 위한 프레임이다. 이 Antenna는 하나의 piezoceramic cylinder이고, 10~15 kHz의 주파수 대역의 음향 신호를 수신하고 재생한다. Antenna는 silicon oil로 채워져 있고 연결된 슬리브관(sleeve tube)을 통하여 4번 lower cover에 고정되어 있다. 연결된 슬리브관의 내부는 변압기유와 등유(kerosene)의 혼합물로 채워져 있고, 슬리브관 벽에 있는 구멍을 통해 주입된다.

Towed array의 Container(2,3,4부분)는 금속 부식을 억제하는 B-95 합금으로 구성되어 있다. Container의 벽두께는 수압 630 bar를 견디도록 설계되어 있다. Container에 걸리는 압력은 고무 O-Ring을 이용하여 밀폐(sealing)한다.

전자 장비(7)는 전압을 발생시키고, 전력 증폭기의 작동을 제어한다. 그리고 wired-cable에 들어가는 제어 펄스를 증폭시키고, piezoceramic 안테나로부터 수신된 신호를 여과 및 증폭하여 wired cable을 통하여 수상 지원선의 APS Transceiver Unit로 송신한다.

케이블 lug는 wired cable에 TA의 기계, 전기적인 연결을 위해서 설계된다. 케이블 lug는 연결 슬리브관을 통하여 TA Container의 뚜껑에 고정되어 있다. 또한 커넥터의 압력 밀폐는 O-Ring을 이용한다.

보상기(Compensator)는 케이블 lug을 채우는 에폭시 수지(epoxy resin) 부피의 온도 변화를 보상하기 위해서 설계되었다. 보상기의 설계안은 그림 6.10과 같다.

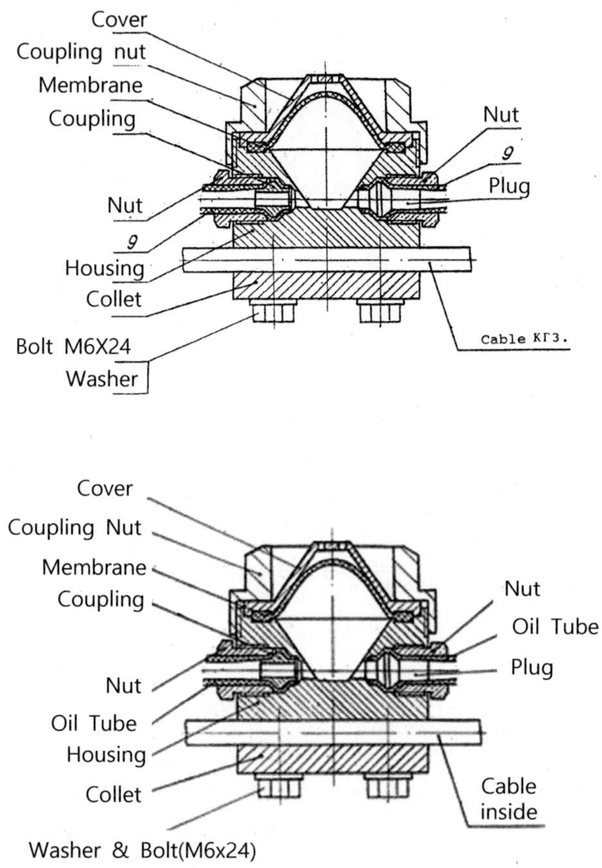

그림 6.10 Compensator

6.4.5 Towed Array Unit의 작동 원리

TA의 기능도는 그림 6.11과 같고 다음과 같이 구성되어 있다.

① Transmission channel

② Reception channel

③ Piezoceramic antenna

④ Power source

제어 펄스가 transmission channel의 입력으로 들어가면, 전압 발생, PA(power amplifier)의 작동 유도, 펄스 증폭이 실행된다. Reception channel은 더 나은 transmission을 위해서 piezoceramic antenna로부터 수신된 신호를 여과하고 증폭한다. 그림 6.12는 piezoceramic antenna가 Oil 내부에서 진동하는 모습을 보여준다. Power source는 장치의 작동 소자에 전류를 공급한다.

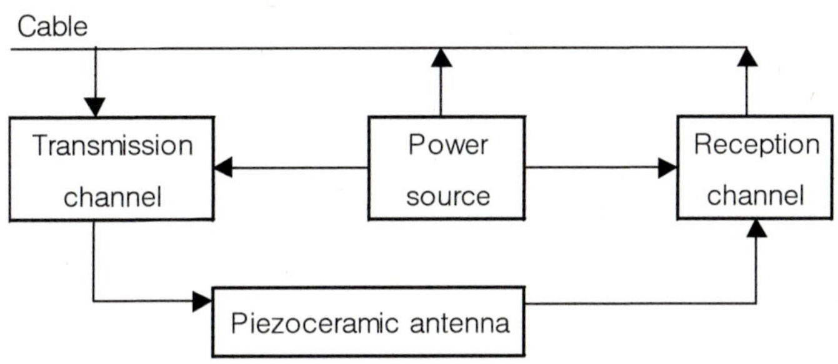

그림 6.11 Towed Array의 기능도

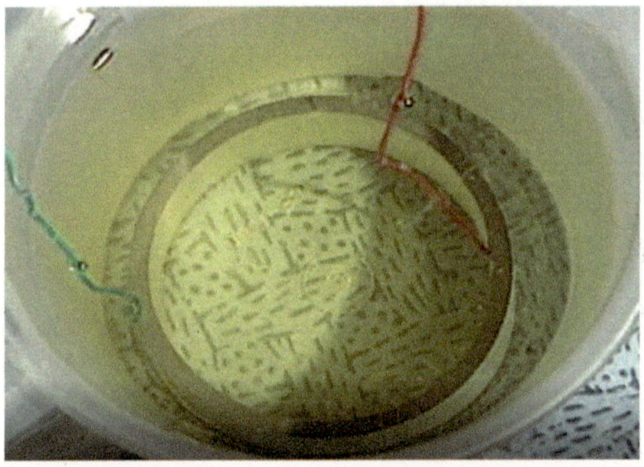

그림 6.12 Piezoceramic antenna가 Oil 내부에서 진동하는 모습

6.4.6 Towed Array Unit의 유지보수 지침

안테나를 사용하기 전에 아래와 같은 사항이 없는지 검사해야 한다.

① 외관상의 기계적인 손상

② 회로 요소들의 기계적인 손상이나 조임의 느슨 정도(이것은 TA를 흔들었을 때 들어보면 알 수 있다.)

③ 외관을 못 쓰게 하거나 정상적인 작동을 방해하는 TA의 외부적인 손상이나 부식의 흔적

6.4.7 Towed Array Unit의 작동 순서

① APS Ship transceiver의 전원을 스위치 on 한다.

② TA에 신호를 보낸다.

③ 신호의 방사를 들어서 검사한다.

④ TA를 물속으로 넣는다.

6.5 Bottom Transponder Unit

6.5.1 Bottom Transponder Unit의 목적

Transponder TWR-12-4는 AUV와 CS가 보낸 신호를 수신하고, 그 신호들에 응답한다.

6.5.2 Bottom Transponder Unit의 사양

① Coding 채널 반송 주파수 F_0: $12{,}5000 \pm 75 \cdot 10^{-3}$ kHz

② 응답 채널 반송 주파수:

- F1: $12.8205 \pm 3 \cdot 10^{-3}$ kHz
- F2: $13.1578 \pm 3 \cdot 10^{-3}$ kHz
- F3: $13.5135 \pm 3 \cdot 10^{-3}$ kHz

③ 응답 펄스 기간: 10±1 ms

④ 저전압 전원: 9.0~9.5 V

⑤ 저전압 전원으로 할 수 있는 작동 시간: ≥ 250 일

⑥ 고전압 전원: 45~51 V

⑦ 심해에서의 경사 거리: ~ 8 km

⑧ 펄스의 전력: 200~250 Watt

⑨ Release 채널의 수: 16

⑩ 공기 중에서의 무게: 23 kg

⑪ 바닷물 속에서의 무게: 10 kg

⑫ 최대 깊이: 6,000 m

⑬ TWR 전체 치수(mm): 길이 1100, 외경 172, 내경 120

6.5.3 Bottom Transponder Unit의 구성

TWR-12-4의 완벽한 세트는 다음과 같이 구성되고, TWR의 도해는 그림 6.13과 같다.

① TWR-12-4

② 부이(Buoy)

③ Light Beacon

④ Anchor(wasting elements)

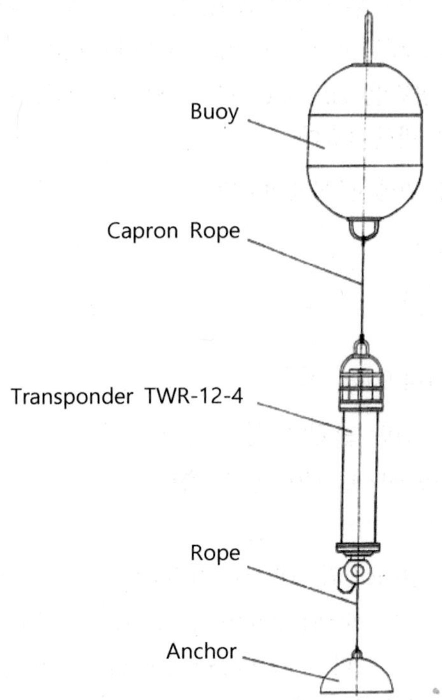

그림 6.13 TWR의 도해

6.5.4 Bottom Transponder Unit의 배치

TWR-12-4는 다음과 같이 구성된 전기-기계 장치이다. 그리고 transponder의 배치는 그림 6.14와 같고, 기능도는 그림 6.15와 같다.

① Fence

② Hydroacoustic array

③ Body

④ Top and lower covers

⑤ Electronic unit

⑥ Power unit

⑦ Releaser

Fence는 array를 외부 충격으로부터 보호하고, fence의 윗부분에 있는 고리에 캐프론 줄을 묶기 위해서도 사용된다. Array는 piezoceramic cylinder이고, 대역폭이 12~14 kHz인 음향 신호를 받고, 보낸다. Array 공간은 silicone oil로 채워져 있다. TWR Container는 금속 부식을 막기 위하여 합금 B-95로 만들어졌다.

Electronic unit 는 다음을 위해서 설계되었다.

① 원격으로 켜고 끄기

② Array로 수신된 신호 선별

③ 제어 신호 해독

④ Long base tuning 타이머 신호 출력

⑤ Array 방사(emission)를 위한 고전압 펄스 출력

⑥ 회수 시 Releaser가 작동하도록 제어 펄스 출력

Power unit는 두 개의 전압(고전압(50V)과 저전압(9V))을 발생시키기 위해서 설계되었다. Releaser는 electronic unit로부터 electromagnetic power pulse를 수신했을 때 transponder를 수면으로 떠오르게 하는 장치이다. Container lower lid에 연결되고, 변압기유로 채워져 있다. 그림 6.5-4는 Releaser이다. Buoy는 transponder에게 양성 부력을 제공하고 수면에 떠올랐을 때 강한 스트로보 조명을 발산함으로써 발견 및 회수가 쉽도록 설계되었다. Buoy의 양성 부력은 20±2 kg 이다.

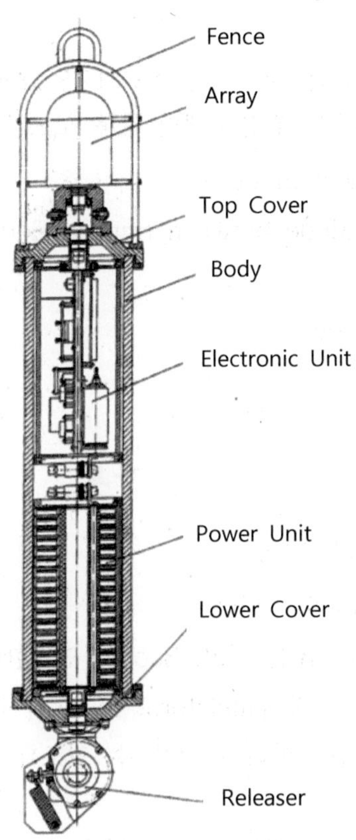

그림 6.14 Transponder TWR-12-4

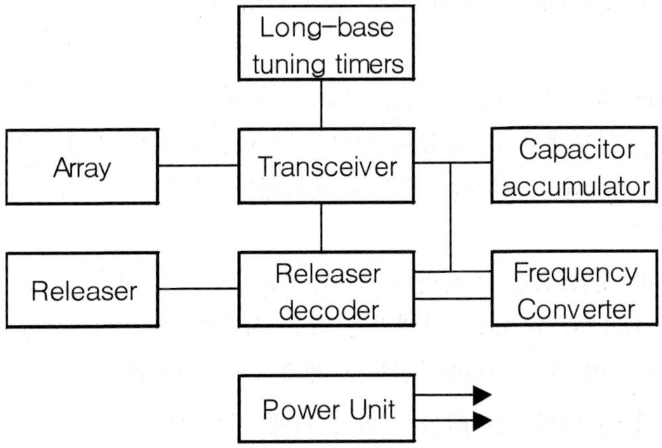

그림 6.15 Transponder TWR-12-4의 기능도

6.5.5 Bottom Transponder의 작동 모드

Transponder의 작동 원리는 반송 주파수 F_0(12.5 kHz)을 가진 음향 펄스의 수신에 의존한다. 그리고 Transponder는 다음과 같은 4개의 작동 모드가 있다.

① Distance measurement mode

② Long Base Tuning Mode between transponders(LBTM)

③ Release Mode

④ On/off emission mode

6.5.6 Bottom Transponder의 작동

BT의 사용 순서는 다음과 같다.

① 영구자석을 가지고 TWR을 켠다.

② Light radio beacon(LRB)을 켜고, Buoy에 연결한다.

③ Releaser가 작동할 때까지 simulator로 release 신호를 보낸다.

④ Capron rope의 길이를 빨리 측정할 수 있도록 anchor eye의 한쪽에서 다른 anchor eye로 감는다.

⑤ 모선이 TWR를 투하할 지점까지 오면, 다음 순서로 투하한다.
: Float → TWR → Rope

⑥ 수면으로 복귀할 때, 수심 15~20 미터 정도에서 LRB 압력 센서는 작동을 한다. 그래서 LRB는 Pelengator(RDF Station)에 수신될 radio 신호를 발신한다. Light pulse는 야간에 발신한다.

⑦ TWR을 배위로 올린 다음 전원을 끄고, 민물로 씻은 다음 말린다.

⑧ Remover를 이용해서 container로부터 power unit를 빼내고, plait와 lower lid with releaser를 분리한다. 후자는 오래된 윤활제를 새로운 것으로 교체한 후 다시 container에 연결한다.

⑨ Power unit 전압 값을 검사한다. 만약, High-voltage 밧데리가 U_{XX} = 45 V를 가리키면 바꿔야 된다. Low-voltage 밧데리는 작동 시간이 총 250시간을 넘으면 바꿔야 한다.

⑩ Float로부터 LRB를 분리하고, 민물로 씻은 다음 말린다.

⑪ TWR의 작동에 대한 데이터를 실험 노트에 기록한다.

그림 6.16은 Acoustic Releaser Block의 단면도이다.

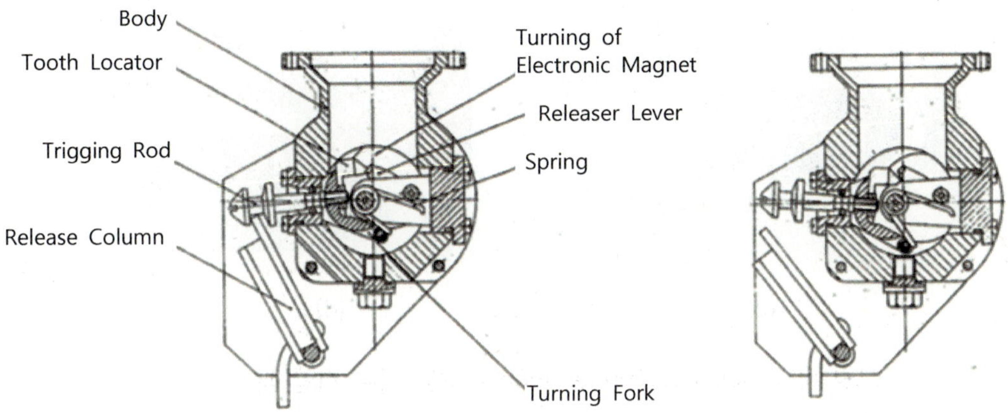

a) Locking Position b) Release Position

그림 6.16 Releaser Block

실해역에서의 작업을 마친 후에는 해저에 설치한 BT를 다음 작업 때까지 sleeping mode(최소전력사용 모드)로 전환하여 그대로 두거나, BT 아래쪽에 매달린 추를 분리시켜 BT를 수면으로 회수한다. 그림 6.17의 (a)~(d)는 Releaser Block의 정상작동 여부를 시험하는 과정이다. (a) 발신용 Transducer를 물속에 넣는다. (b) Simulator로 release 신호를 보낸다. (c) 일정 거리 떨어진 수중에 위치한 BT에 신호가 수신된다. (d) Trigger Block이 작동하여 추가 release 된다.

(a) (b)

(c)

(d)

그림 6.17 Releaser(Trigger Block) 작동 여부 시험 과정

Acoustic Releaser에 대한 상세한 원리는 부록 3을 참조하기 바란다.

6.6 Navigation Software(NSYSTEM)

6.6.1 NSYSTEM의 목적

프로그램 NSYSTEM은 APS(Acoustic Positioning System)와 GPS을 이용해서 AUV의 항해(Navigation)를 지원, 관리하고 수상 지원선도 안전하게 유지하기 위한 것이다. 작업은 상대 좌표계와 절대 좌표계를 이용한다.

6.6.2 NSYSTEM의 원리와 구조

(1) NSYSTEM의 원리

NSYSTEM에서 APS의 원리는 다음과 같다.

① BT(Bottom Transponder)을 세팅한다.

② BT의 초기 좌표는 GPS 데이터를 기초로 해서 정한다.

③ Base Calibration을 한다. 즉, BT사이의 거리와 상대 좌표를 구한다.

④ AUV를 물에 넣기 전에 APS와 AUV의 시간을 동기화(synchronization)시킨다.

⑤ BT에 상대적인 TA의 위치를 찾는다.

⑥ BT에 상대적인 AUV의 위치를 측정한다.

⑦ AUV에서 TA 까지 거리를 계산한다.

⑧ AUV의 깊이는 BT까지의 거리를 측정함으로써 계산할 수 있다.

⑨ TA의 깊이는 수면으로부터 반사되어 온 펄스의 수신된 시간으로 정의된다.

(2) NSYSTEM의 구조

NSYSTEM의 블록도는 그림 6.18과 같고, 다음과 같이 구성되어 있다.

① 486/7SX-25 MHz CPU, 4 MB DRAM

② 120 MB Hard Disk

③ 1.44 MB Floppy Disk

④ 3개의 시리얼 포트: RS232/RS422/RS485

⑤ SVGA the controller

⑥ SVGA the monitor

⑦ Keyboard

⑧ Mouse

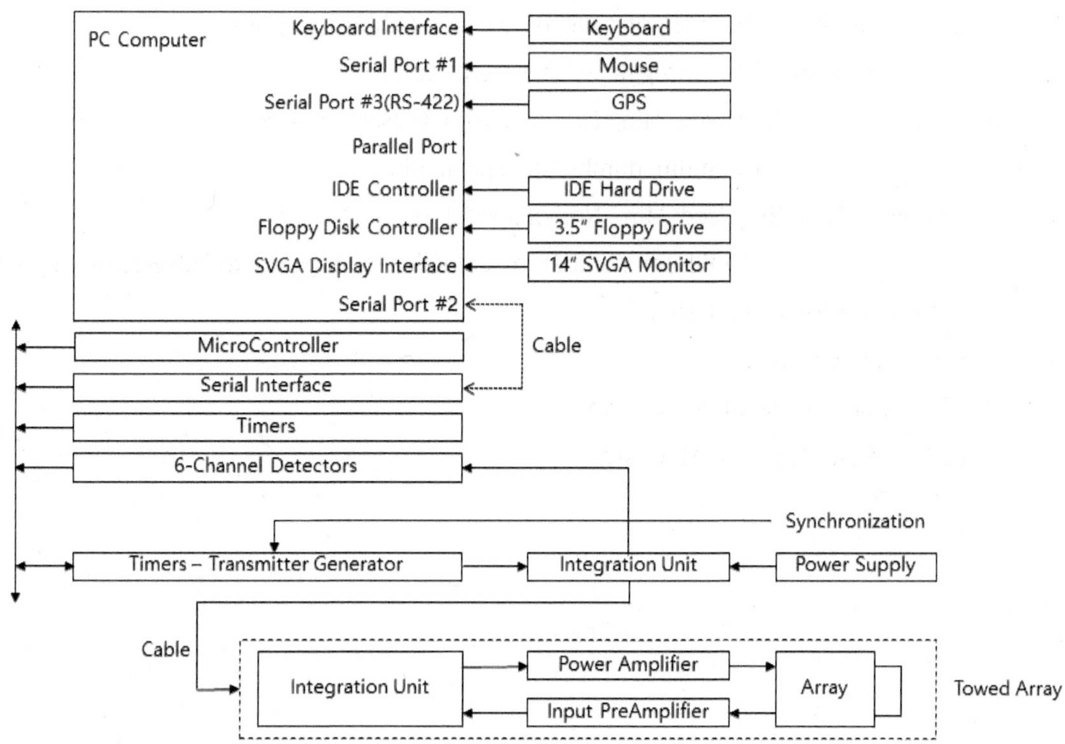

그림 6.18 APS의 블록도

6.6.3 NSYSTEM의 수중음향 관련 용어 설명

① Bound : Low = 2000 ms, High = 10,000 ms 일 경우 2000~10,000 ms 범위의 신호만 사용함

② 30초 간격으로 신호를 처리하여 각종 계산을 수행함

③ 각 단계(step)별로 500 바이트가 필요함

- (30 sec/2 msec) × 6 channel = 90,000 bytes: Detector
- (PC - 30 sec 간격, Detector - 2 msec 간격)

④ HANS : APS의 old name (Hydro Acoustic Navigation System)

⑤ RC(Remote Control) 작동 방법 : "3분간" 신호를 보냄. 각 번호에 따라 50 msec 간격으로 신호를 보냄

⑥ ELIM : static error(20 ms), Error LIMit time interval
Error time of distribution of a signal

⑦ VLIM : AUV Velocity limit(200 ms), Velocity LIMit time interval
Maximum speed of a object movement

⑧ RLIM : Reflection limit(200 ms), Reverberation LIMit time interval
Minimum interval of time between neighboring pulses
(threshold for struggle with reverberation)

⑨ Criterion "M" : Required Min. No. of useful pulses (M = 3)
Minimum number of signal hits

⑩ Criterion "N" : Required Min. No. of useful steps (N = 7)
Minimum number of considered steps of work(selector depth)

⑪ COG : Course Over Ground

⑫ SOG : Speed Over Ground

⑬ PTS : Pulse Time of Ship Array

⑭ PTA : Pulse Time of AUV Array

6.6.4 NSYSTEM의 작동 설명

(1) 프로그램 파일의 구조와 목적

현재의 디렉토리에는 아래와 같은 파일들이 있다.

- Nsystem.exe: 메인 프로그램
- Nsystem.pcl: 메인 프로그램을 위한 데이터 파일
- Nsystem.set: 텍스트 형식의 구성(configuration) 파일
- Nsystem.cfg: 프로그램의 현재 조건의 구성 파일
  (존재하지 않을 때에는 자동적으로 생김)

계산의 결과로 생긴 APS와 GPS의 데이터는 확장자 COO를 가진 파일로 저장된다. 저장되는 파일의 형식과 원리는 그림 6.19와 같다.

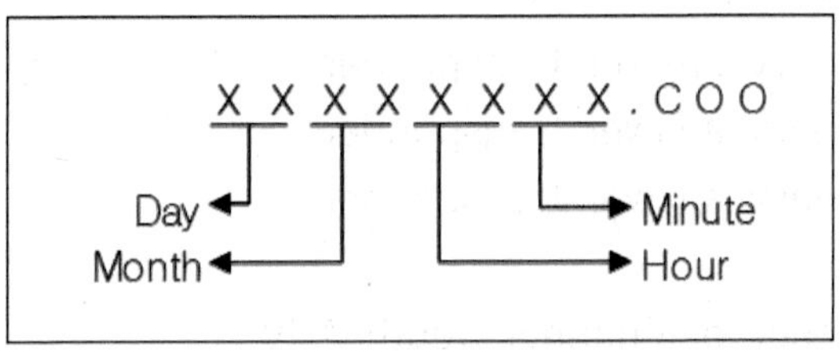

그림 6.19 데이터의 파일 이름 형성 원리

작업자 행동의 순서 결과로 생기는 APS와 GPS의 데이터는 확장자 LOG를 가진 텍스트 파일로 저장된다. 프로그램이 실행되는 동안에는 음속의 분포 파일이 사용된다. 파일의 이름은 텍스트 configuration 파일로 사용자에 의해 임의적으로 정해질 수 있다. 만약 음속의 분포 파일이 없다면, 프로그램은 단지 작업자가 텍스트 configuration 파일로 설정한 수평 속도와 수직 속도만을 사용한다.

a) Configuration 파일

Configuration file에는 다음과 같은 것들이 설정된다.

- GPS를 위한 시리얼 포트
- BT의 좌표
- TA와 AUV의 초기 좌표
- 음속 분포 파일 이름

- BT의 질문 신호(interrogation) 주기
- Selector의 파라미터
- 대상의 좌표를 계산하는 알고리즘의 중요한 파라미터
- 좌표 격자 눈금, 그림 등의 색깔

파일의 변경은 텍스트 편집기로 할 수 있고, 아스키(ASCII)형태로 작업해야 한다. Configuration 파일의 예는 그림 6.20과 같다. 기호 ";"의 오른쪽에 있는 모든 것은 설명이고, 파라미터의 이름이나 순서를 바꾸는 것은 불가능하다.

```
;-----        Acoustic Position System         ------------------------
;
;   Work Frequency TeleControl                          : 12195.0 Hz   FRC
;   Frequency of polling transponders                   : 12500.0 Hz   F0
;
;   Work Frequency answer transponder                   : 12820.5 Hz   F1
;   Work Frequency answer transponder                   : 13157.8 Hz   F2
;   Work Frequency answer transponder                   : 13513.5 Hz   F3
;
;   Work Frequency of Channel Depth AUV                 : 13889.0 Hz   F4
;
;   Answer time                             : 10 ms
;---------------------------------------------------------------------
;                         CHANNELS
;   Channel F0 - AUV                - BT         02    12500.0 Hz
;   Channel F1 - trans      1       - AUV        04    12820.5 Hz
;   Channel F2 - trans      2       - AUV        08    13157.8 Hz
;   Channel F3 - trans      3       - AUV        10    13513.5 Hz
;   Channel F4 - depth      AUV     - surface    20    13889.0 Hz
;--------------------------------------------------------------
;   Channel F5 - trans      1       - ship       04    12820.5 Hz
;   Channel F6 - trans      2       - ship       08    13157.8 Hz
;   Channel F7 - trans      3       - ship       10    13513.5 Hz
;   Channel F8 - Depth      ship    - bottom     02    12500.0 Hz
;   (* Depth AUV   H = F4 - F0 - 1000)
;---------------------------------------------------------------------;
```

```
;                HARDWARE CONTROL HANS
;      Configuration:
;      Text File   nsystem.set   - Default Set
;      Binary File nsystem.cfg   - Current Set
;        1) Constants of calculating coordinates;
;        2) Current coordinates;
;        3) Colors and other;
;      Binary File ddmmhhmm.cfg   - Current Set
;------------------------------------------------------------------;

;------ On/Off  Global Position System  GPS
```

GPS Read	On	; On/Off GPS

```
;------- Period TZGS/TZGA
```

Period TZG	3000	; Period TZGS/TZGA [ms]

```
;------- Set serial port GPS
```

GPS Port	COM1	; GPS RS232/422 COM3 (IRQ5, 3E8H) COM4 (IRQ7, 2E8H)

```
;-------Set Thresholds of Channels.(0 min ; 64 max), Duration: 2~10
```

Duration	
Threshold F0	41
Threshold F1	42
Threshold F2	43
Threshold F3	44
Threshold F4	45

```
;
;                Initial coordinates
;------------------------------------------------------------;
;          E - East        , W - West     ,
;          N - North       , S - South    .
;
; Example coordinate: 131° 06.17 E or 131° 06'09.60 E ;
  Initial coordinates
- Transponders  ---------
```

```
 ---- Transponder 1 ----
Frequency              F1     ;  BT Frequency channel
Channel                06     ;  Channel TeleControl
Long:         128° 43.20 E    ;  Initial X
Lat:           34° 53.30 N    ;  Initial Y
Depth (m)               6     ;  Initial Depth
 ---- Transponder 2 ----
Frequency              F2     ;  BT Frequency channel
Channel                02     ;  Channel TeleControl
Long:         128° 42.40 E    ;  Initial X
Lat:           34° 52.74 N    ;  Initial Y
Depth (m)               7     ;  Initial Depth
 ---- Transponder 3 ----
Frequency              F3     ;  BT Frequency channel
Channel                07     ;  Channel TeleControl
Long:        128° 42.534 E    ;  Initial X
Lat:           34° 52.60 N    ;  Initial Y
Depth (m)               7     ;  Initial Depth
 -------- AUV ---------
Long:        128° 42.350 E    ;  Initial X
Lat:          34° 52.600 N    ;  Initial Y
Depth (m)              10     ;  Initial Depth
 --------- Ship --------
Long:         128° 42.35 E    ;  Initial X
Lat:           34° 52.62 N    ;  Initial Y
Depth (m)               6     ;  Initial Depth
;
--- Medium Feature ---------
--- Sound Speed ------------
 File Speed  speed_01.dat ; File Sound Speed, or
 Horiz. Speed 1540.0 ; Sound Speed between Horizontal Transponders, m/s
 Vert.  Speed 1540.0 ; Sound Speed between Transponders & Array, m/s
 Speed Echo  1540.0 ; Sound Speed for Calculating Depth Array, m/s
 Sea Depth (m)      180 ;
;       Control Computation coordinates
;--- Parameters Set ----------
```

```
---- Parameters Set ----                ;  Compute Depth Array :
Echo                        Off         ;  /On - response to bottom
                                        ;  /Off - response to surface

--- Parameters Selector ---
            ELIM(ms)        20          ;  Max. Error
Speed       VLIM(ms)        200         ;  Max. Speed (ms)
Threshold   RLIM(ms)        200         ;  Threshold for reverberation (ms)
Criterion M                 3           ;  Min. Number
Criterion N                 7           ;  Depth View Selector
Mode Calculate              0           ;  Sound Speed 0/1 - file/const
Ship As Transp              Off         ;  Use Ship as Transponder
F0 Ship → Depth             Off         ;  Use F0 Ship for defining depth [F8]
F4 AUV → Depth              On          ;  Use F4 AUV for defining depth [F4]
```

;

; Set Low/High Bound Receive Strobe for Fx Ship/AUV

; F8

```
Set strobe bounds
Bound F0(ms)  15    4900    ;  F0 €AUV 0
Bound F1(ms)  15    4900    ;  F1 €AUV 1
Bound F2(ms)  15    4900    ;  F2 €AUV 2
Bound F3(ms)  15    4900    ;  F3 €AUV 3
Bound F4(ms)  2000  14900   ;  F4 €AUV 4
Bound F5(ms)  1000  5900    ;  F5 Ship 0
Bound F6(ms)  15    4900    ;  F6 Ship 1
Bound F7(ms)  15    4900    ;  F7 Ship 2
Bound F8(ms)  15    4900    ;  F8 Ship 3
```

;

```
Set Use Channels
F0 AUV  Use   On     ;  Use Channel F0
F1 AUV  Use   Off    ;  Use Transp0 AUV
F2 AUV  Use   On     ;  Use Transp1 AUV
F3 AUV  Use   On     ;  Use Transp2 AUV
F4 AUV  Use   On     ;  Use Depth   AUV
F0 SHIP Use   Off    ;  Use Transp0 Ship
F1 SHIP Use   Off    ;  Use Transp1 Ship
F2 SHIP Use   Off    ;  Use Transp2 Ship
F3 SHIP Use   Off    ;  Use Depth   Ship
```

;

Field Size (m) 3000 ; Size Field For View Objects Position
;

;
; Colors Set
;---;
; Color background for regime Configuration → 0
; Color background for regime View Objects → 0
; Color CoordLine for regime View Objects → 15
; Color CoordDigits for regime View Objects → 11
; Color CoordBounds for regime View Objects → 12
; Color Ship Trajectory for View Objects → 3
; Color AUV Trajectory for View Objects → 2
; Color Line Between Transponders for regime view Objects → 14
; Color Digits Coord for regime view Objects → 0
; Type of Fill For Research Area → 7
; Color UnSelected Time Point → 14
; Color Selected Time Point → 10
; Color First Selected Time Point → 12

; ------ C O L O R ------			
; BLACK	0	DARKGRAY	8
; BLUE	1	LIGHTBLUE	9
; GREEN	2	LIGHTGREEN	10
; CYAN	3	LIGHTCYAN	11
; RED	4	LIGHTRED	12
; MAGENTA	5	LIGHTMAGENTA	13
; BROWN	6	YELLOW	14
; LIGHTGRAY	7	WHITE	15

; Sound Set
;---;

Data Block Event	On On	; Sound On Receive Block Data From HANS. ; Sound On Message.
ArrayEmit PowerSet Time Shift CoeffDepth	On Low 9 0.01	; ; ; Time Shift For Local Time (from UTC) ; 1 for deep water, 0.01 - shallow water

;

;-------------------THE END OF CONFIGURATION FILE------------------------

그림 6.20 Configuration File

b) 음속 분포 파일

파일에 있는 데이터는 아래와 같은 형식의 텍스트 파일로 표현된다.

```
; 설명하는 줄
; Depth (meters) Sound speed (meters in second)
        0    1500
        20   1501
        100  1502
        ..........................
```

데이터의 양은 100까지이며 깊이의 단계는 선택적이다.

(2) 사용자 인터페이스

작업을 시작하려면 WORK을 선택한다. 그러면, 초기 메뉴가 다음 그림과 같이 나타난다.(그림 6.21 Menu INIT)

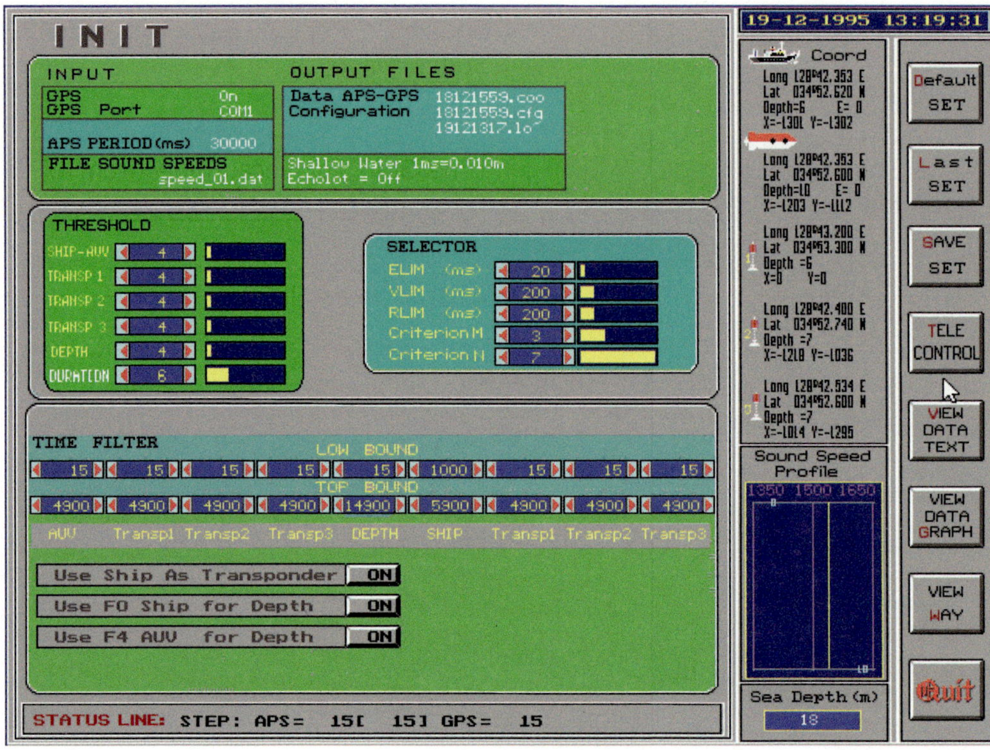

그림 6.21 Menu INIT

(3) Menu INIT

화면의 윗부분에서 다음과 같은 파라미터를 조정할 수 있다.

① GPS[ON/Off] - WORK 에서 GPS을 사용/미사용

② GPS Port - GPS가 사용하는 시리얼 포트

③ APS Port - APS가 사용하는 시리얼 포트

④ APS PERIOD - BT의 interrogation 펄스의 송신 주기

⑤ File Sound Speeds - 음속 profile 파일 이름

⑥ Data APS-GPS - APS-GPS 입출력 데이터의 파일 이름

⑦ Configuration - configuration 파일의 이름

⑧ Shallow/Deep Water - AUV 채널 F4를 위한 깊이의 단계

화면의 중간 부분에서 다음과 같은 파라미터를 조정할 수 있다.

① TA-AUV - 채널 TA F0과 AUV F0을 위한 threshold의 수준
② BT1 - 채널 TA F1과 AUV F1을 위한 threshold의 수준
③ BT2 - 채널 TA F2와 AUV F2를 위한 threshold의 수준
④ BT3 - 채널 TA F3과 AUV F3을 위한 threshold의 수준
⑤ DEPTH - 채널 DEPTH F4와 RC F4를 위한 threshold의 수준
⑥ TM - 채널 TM을 위한 threshold의 수준
⑦ ELIM - 신호 분포의 시간 오차
⑧ VLIM - 대상물의 최고 이동 속도
⑨ RLIM - 펄스간의 최소 시간 간격(복반사를 견디는 threshold)
⑩ Criterion M - 신호의 최소 히트(두개의 데이터를 성공적으로 비교하는) 수
⑪ Criterion N - 고려된 작업의 단계 수(selector depth)

화면의 아래 부분에서 다음과 같은 파라미터를 조정할 수 있다.

① Top/Low Bound AUV - 채널F0 AUV의 최고/최하 범위
② Top/Low Bound BT1 - 채널F1 AUV의 최고/최하 범위
③ Top/Low Bound BT2 - 채널F2 AUV의 최고/최하 범위
④ Top/Low Bound BT3 - 채널F3 AUV의 최고/최하 범위
⑤ Top/Low Bound DEPTH - 채널 AUV Depth F4와 RC F4의 최고/최하 범위
⑥ Top/Low Bound TA - 채널F0 TA의 최고/최하 범위
⑦ Top/Low Bound BT1 - 채널F1 TA의 최고/최하 범위
⑧ Top/Low Bound BT2 - 채널F2 TA의 최고/최하 범위
⑨ Top/Low Bound BT3 - 채널F3 TA의 최고/최하 범위

화면의 오른쪽 부분에는 다음과 같은 것들이 나타난다.

① 그래프 형식으로 나타나는 음속의 profile
② 작업 지역의 수심
③ AUV, TA, BT의 상대 좌표와 절대 좌표
④ DEFAULT SET - 프로그램의 파라미터들이 configuration 파일 NSYSTEM.SET에 따라 설정된다.
⑤ LAST SET - 프로그램의 파라미터들이 configuration 파일 NSYSTEM.CFG에 따라 설정된다.

⑥ SAVE SET - 프로그램의 파라미터들이 임시 configuration 파일 NSYSTEM.CFG에 저장된다.

⑦ USE TA AS TRANSPONDER - AUV의 좌표를 구하기 위해서 TA의 계산된 좌표를 사용하는 것

⑧ USE F0 TA FOR DEPTH - TA의 깊이를 정의하기 위해서 채널 F0를 사용하는 것. 만약, F0 가 TA의 깊이를 정의하는데 사용되지 않으면 TA의 깊이는 configuration 파일에 따라 정해진다.

⑨ USE F0 AUV FOR DEPTH - AUV의 깊이를 정의하기 위해서 채널 F0를 사용하는 것

⑩ START AUV - AUV의 좌표 계산을 시작하는 것. AUV가 물에 들어갈 때 사용되고, AUV로부터 규칙적인 정보가 수신된다.

⑪ QUIT - MENU에서 빠져나오는 것

(4) Menu TeleControl

Menu TeleControl은 APS Controller 프로그램을 loading하고, 동기화 과정을 실행하고, AUV의 원격 제어 신호 및 BT의 원격 신호를 송신한다.

TeleControl Menu는 그림 6.22이다.

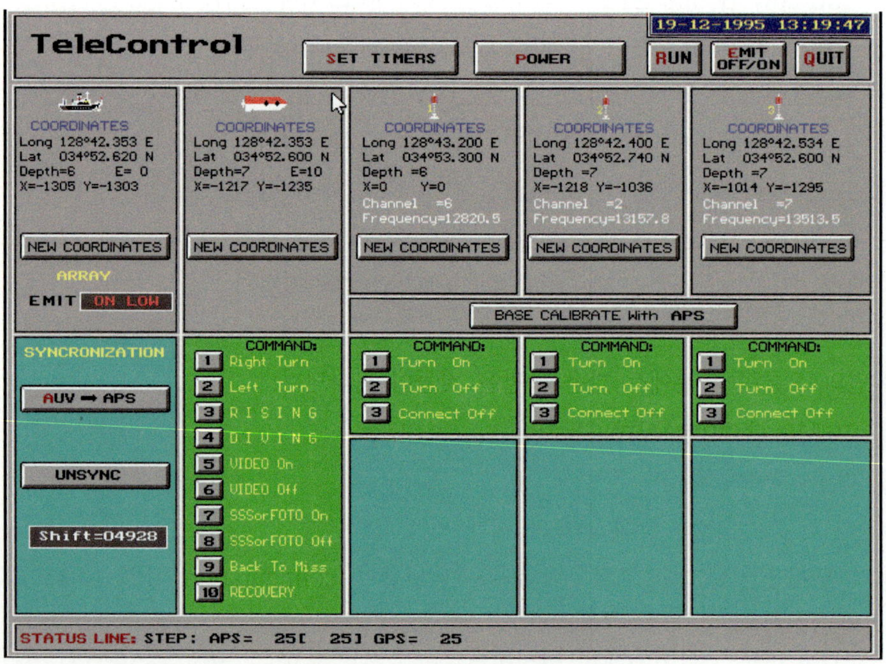

그림 6.22 Menu TeleControl

① LOAD PROGRAM - 작동의 실제 모드에서 APS Controller 프로그램을 loading하고, APS 타이머를 세팅하는 것. APS on 해야만 프로그램이 실행된다. 타이머를 세팅한 후에 AUV와 동기화 시켜야 한다.

(※ 주의: APS 작업을 시작하기 위해서 타이머를 세팅한 다음에 RUN을 누른다.)

② RUN - APS 작업을 시작하는 것(즉, 펄스의 송신/수신을 시작하는 것, GPS로부터 신호를 수신하는 것, 좌표를 계산하는 것)

③ EMIT ON/OFF - 신호의 송신을 켜고/끄고 하는 것. 증폭기의 현재 상황이 임시 CONFIGURATION 파일에 저장된다. 그리고 증폭기의 현재 상황이 화면 왼쪽 ARRAY POWER(ON/OFF)에 나타난다.

(※ 주의: APS를 켰을 때 증폭기는 송신 모드로 자동 세팅된다.)

④ QUIT - 메뉴에서 빠져나가는 것

⑤ SET COORDINATES(TA, AUV, BT) - 새로운 지리학적인 좌표를 세팅하는 것

(※ 주의: 단지 프로그램의 수정을 위해서만 사용된다.)

⑥ SYNCHRO UNSYNC - 타이머 AUV와 APS의 비동기화를 10-3초 단위로 측정

⑦ BASE CALIBRATE WITH APS - Base Calibration 과정을 시작하는 것

APS는 BT가 Base Calibration을 통과하도록 명령을 송신한다. Base Calibration을 하는 동안에 BT는 active 모드에서 동작한다. 각 BT에 대한 active 모드의 기간은 10분이다. Base Calibration 데이터는 데이터 파일 *.coo 에 기록된다. Base Calibration을 마친 후에 생성된 파일은 base distance를 계산하는 프로그램에 의해 사용된다.

⑧ RC 1 AUV RIGHT TURN - 오른쪽으로 45도 회전하는 것

RC 2 AUV LEFT TURN - 왼쪽으로 45도 회전하는 것

RC 3 AUV RISING - 떠오르는 것(0.5 m 씩)

RC 4 AUV DIVING - 잠수하는 것

RC 5 AUV VIDEO ON - 라이트와 함께 VIDEO를 켜는 것

RC 6 AUV VIDEO OFF - VIDEO를 끄는 것

RC 7 AUV SSS/PHOTO ON - SSS/PHOTO를 켜는 것

RC 8 AUV SSS/PHOTO OFF - SSS/PHOTO를 끄는 것

RC 9 AUV BACK TO MISS - 일시적으로 중단된 Mission 프로그램으로 돌아가는 것

RC 10 AUV RECOVERY - 부상하는 것

⑨ RC 1 BT1 TURN ON - BT1을 켜는 것

RC 2 BT1 TURN OFF - BT1을 끄는 것

RC 3 BT1 RELEASING - BT1을 부상시키는 것

⑩ RC 1 BT2 TURN ON - BT2를 켜는 것
RC 2 BT2 TURN OFF - BT2를 끄는 것
RC 3 BT2 RELEASING - BT2를 부상시키는 것

⑪ RC 1 BT3 TURN ON - BT3을 켜는 것
RC 2 BT3 TURN OFF - BT3을 끄는 것
RC 3 BT3 RELEASING - BT3을 부상시키는 것

AUV에 RC 명령을 송신할 때 RC 명령의 송신 기간을 넣어 주어야 한다. 잘못된 송신을 막기 위해서 두 번의 승인이 필요하다. 승인은 작업자에 의해 STATUS LINE에서 행하여진다. 또한 STATUS LINE에서 송신 펄스의 수가 나타난다.

(5) Menu VIEW DATA GRAPH

Menu VIEW DATA GRAPH는 모든 채널에서 수신된 APS 펄스의 시간을 나타낸다. 그림 6.23은 Menu VIEW DATA GRAPH 화면을 보여준다.

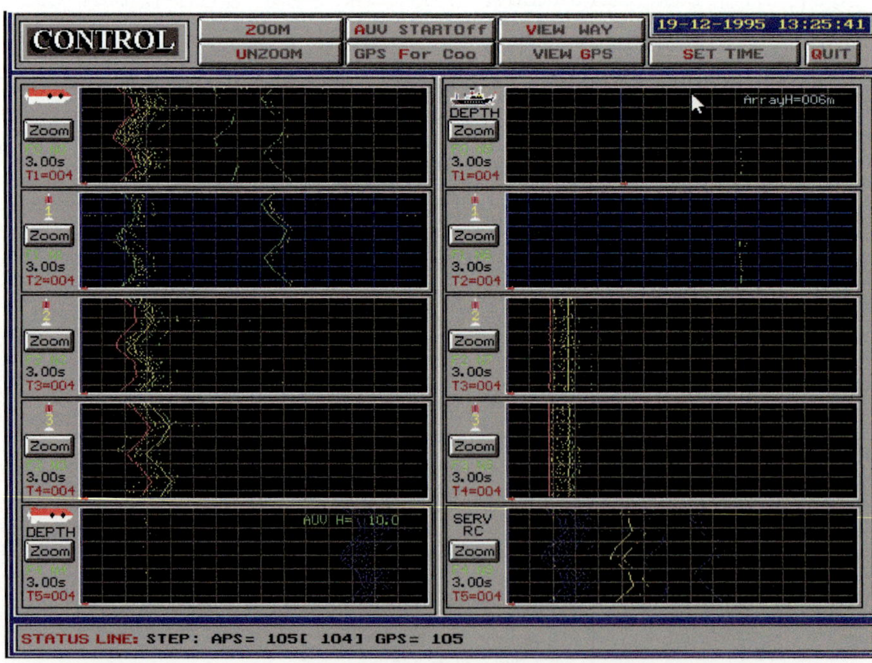

그림 6.23 Menu VIEW DATA GRAPH

화면의 왼쪽에는 다음과 같은 것들이 나타난다.

① CHANNEL F0 AUV[N0] - AUV까지의 직선 거리 펄스
AUV는 BT interrogation 사이클을 시작할 때 송신한다.

② CHANNEL F1 AUV[N1] - AUV 요구에 대한 BT1의 응답

③ CHANNEL F2 AUV[N2] - AUV 요구에 대한 BT2의 응답

④ CHANNEL F3 AUV[N3] - AUV 요구에 대한 BT3의 응답

⑤ CHANNEL F4 AUV[N4] - AUV 깊이 채널. 그 펄스는 F0 AUV 보다 2초 늦게 송신한다. 깊이의 단계는 아래와 같다.

- 얕은 물 - 100 ms per 1 meter, 깊은 물 - 1 ms per 1 meter

⑥ CHANNEL TM1 AUV[N5] - AUV Heading 채널. 그 펄스는 F0 AUV 보다 0초 늦게 송신된다. (Heading의 단계: 1초 - 60도)

화면의 오른쪽에는 다음과 같은 것들이 나타난다.

① CHANNEL F0 TA[N6] - TA 깊이 채널. 깊이는 BT interrogation 펄스의 수면으로부터의 반사에 의해 정의된다.

② CHANNEL F1 TA[N7] - TA 요구에 대한 BT1의 응답

③ CHANNEL F2 TA[N8] - TA 요구에 대한 BT2의 응답

④ CHANNEL F3 TA[N9] - TA 요구에 대한 BT3의 응답

⑤ CHANNEL F4 RC AUV[N10] - AUV RC 명령 승인 채널

AUV는 F0 TA+ delay dT에 그 펄스를 송신한다. Delay dT는 다음과 같은 의미를 가지고 있다.

- 0 ms - zero level
- 500 ms - 프로그램을 완료할 때 AUV의 메시지
- 1500 ms - RC 명령 1의 인식
- 2000 ms - RC 명령 2의 인식
- 2500 ms - RC 명령 3의 인식
- 3000 ms - RC 명령 4의 인식
- 3500 ms - RC 명령 5의 인식
- 4000 ms - RC 명령 6의 인식
- 4500 ms - RC 명령 7의 인식
- 5000 ms - RC 명령 8의 인식

- 5500 ms - RC 명령 9의 인식
- 6000 ms - RC 명령 10의 인식

※ 주의: - AUV는 APS 작업의 10단계 동안 인식 신호를 출력하고 zero level로 간다.
 - dT를 정의하기 위해서 신호의 분포 시간 즉 F0 AUV를 빼야 한다.
 - N0~N9는 창의 일련번호이고, 명령에서 사용된다.

⑥ CHANNEL TM2 AUV[N11] - AUV의 속도와 고도 채널
- 속도 펄스는 F_0 AUV 보다 0초 늦게 송신된다. (속도의 단계: 1초 - 1 m/s)
- 고도 펄스는 F_0 AUV 보다 3초 늦게 송신된다. (고도의 단계: 1초 - 10 m)

각 창에 APS 작업의 최근 70단계가 나타난다.

APS 단계는 수직으로 시간(초)을 나타내고, 수평으로 시간 간격을 뜻한다. Normal 모드에서 창의 폭은 APS 작업 주기의 반과 같다(15초). 주어진 단계에서 각 채널은 16개의 펄스를 수신할 수 있다. 수신된 펄스는 노란 색으로 표현되고, passed selector (the regular readout) 펄스는 녹색으로 나타난다. 좌표를 계산하는데 사용된 펄스는 빨간 색으로 나타난다. 채널의 Time Bounds는 수직의 어두운 파란 선으로 표현된다.

각 창의 왼쪽에는 다음과 같은 것들이 있다.

① Object icon
② 주파수 번호(F_0, F_1, F_2, F_3, F_{TM})
③ 채널의 일련 번호(N0~N11)
④ 창의 폭(단위는 초)
⑤ Threshold(T0~T5)을 세팅하기 위한 창의 수
⑥ 주어진 창에서 ZOOM모드를 선택하는 버튼

화면의 윗부분에는 프로그램의 작동 모드를 제어하고 메뉴를 선택하는 버튼들이 있다.

① ZOOM - 창의 폭을 감소하는 것으로 최소 표시는 500 ms
② UNZOOM - 창의 폭을 증가시키는 것으로 최대 표시는 APS 작업 기간의 반
③ AUV START ON/OFF - AUV 좌표 계산을 시작하는 것. AUV가 물에 들어갈 때 사용되고, AUV로부터 규칙적인 정보가 수신된다.
④ GPS FOR COO - GPS를 TA 좌표를 위해서만 사용하는 것
⑤ VIEW WAY - BT의 배치, TA와 AUV의 궤적을 보여주는 것
⑥ VIEW GPS - GPS 데이터에 따라 모선의 이동 궤적을 보여주는 것
⑦ SET TIME - GPS와 컴퓨터의 시간을 맞추는 것
⑧ QUIT - 메뉴를 빠져나오는 것

메뉴 VIEW DATA GRAPH에는 다음과 같은 "hot" key가 있다.

① T : TELECONTROL 메뉴를 선택하는 것

② W : VIEW WAY 메뉴를 선택하는 것

③ M : RC/DEPTH AUV 채널과 TM 채널(heading, 고도, 속도)를 선택하는 것

④ → : 오른쪽으로 시간 기준을 따라 창을 옮기는 것

⑤ ← : 왼쪽으로 시간 기준을 따라 창을 옮기는 것

⑥ ALT + [0~9] : 일련번호 N0~N9를 가진 창의 ZOOM 모드

⑦ C : 화면의 색깔을 변경하는 것

⑧ ALT + [F1~F10] : 좌표를 계산하는데 있어서 일련번호 N0~N9를 가진 채널을 사용 금지/허용(F10은 N0에 해당)

(6) Menu VIEW DATA GRAPH/ZOOM

Menu VIEW DATA GRAPH/ZOOM은 각각의 채널에 있어서 수신된 펄스를 나타내고, time bound를 세팅한다. Menu VIEW DATA GRAPH/ZOOM의 화면은 그림 6.24와 같다.

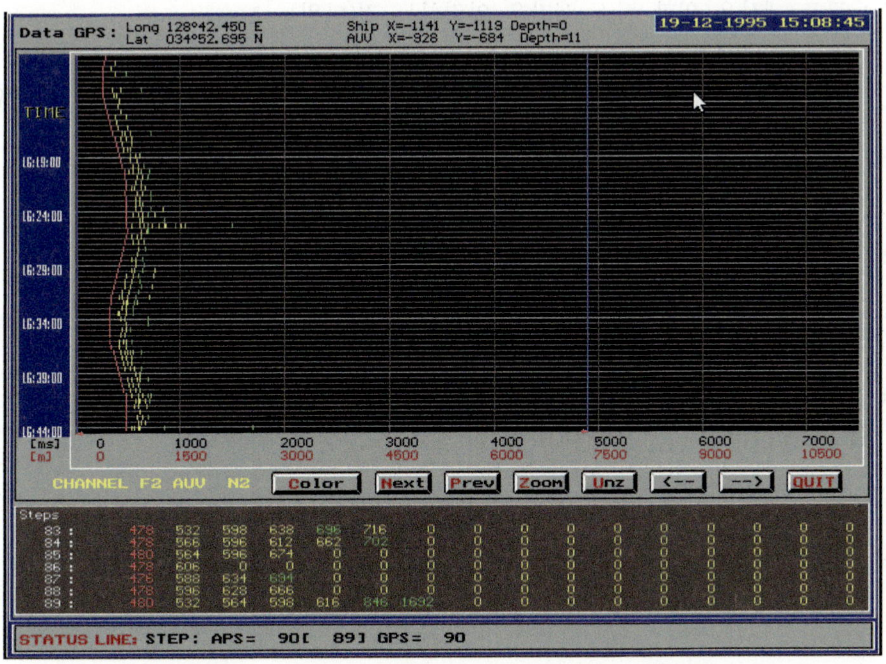

그림 6.24 Menu VIEW DATA GRAPH/ZOOM

화면의 윗부분에는 AUV, TA, SHIP의 절대 좌표 및 상대좌표가 나타난다. 각 창에는 APS 작업의 최근 70단계가 나타난다. 화면의 왼쪽 부분에는 10단계마다 시간이 표시되고, 밝은 회색 선의 줄이 나타난다. 다음과 같은 제어 버튼들이 창의 아래에 존재한다.

① COLOR - 화면의 색깔을 변경하는 것

② NEXT : 다음 채널을 보여주는 것

③ PREV : 이전 채널을 보여주는 것

④ ZOOM : 창의 폭을 감소하는 것으로 최소 표시는 500 ms

⑤ UNZOOM : 창의 폭을 증가시키는 것으로 최대 표시는 APS 작업 기간의 반

⑥ → : 오른쪽으로 시간 기준을 따라 창을 옮기는 것

⑦ ← : 왼쪽으로 시간 기준을 따라 창을 옮기는 것

⑧ QUIT : 메뉴를 빠져나오는 것

화면의 아래 부분에는 주어진 채널에서 최근 7단계 동안의 시간 기록이 텍스트 모드로 출력된다. 메뉴 VIEW DATA GRAPH/ZOOM에는 다음과 같은 "hot" key가 있다.

① B : 주어진 채널에 대해 time bound의 입력

② T : 좌표 계산을 위한 펄스 시간을 입력하는 것(단위는 ms)

주어진 단계에서 APS의 기록이 무시된다.

③ → : 오른쪽으로 시간 기준을 따라 창을 옮기는 것

④ ← : 왼쪽으로 시간 기준을 따라 창을 옮기는 것

(7) Menu VIEW DATA GRAPH/GPS

이 모드에서는 창의 왼쪽에는 GPS 데이터에 의한 모선의 궤적이 보여진다. 첫 점은 흰색으로 항상 창의 중심에서 시작한다. 최근 20단계는 밝은 파랑 선으로 표시되고 모든 앞의 단계는 녹색으로 표시된다. 전체 창은 수직 수평으로 10칸으로 나누어지고 어두운 회색선으로 표시된다. Menu VIEW DATA GRAPH/GPS의 화면은 그림 6.25와 같다.

화면의 오른쪽에는 다음과 같은 궤적 정보가 나타난다.

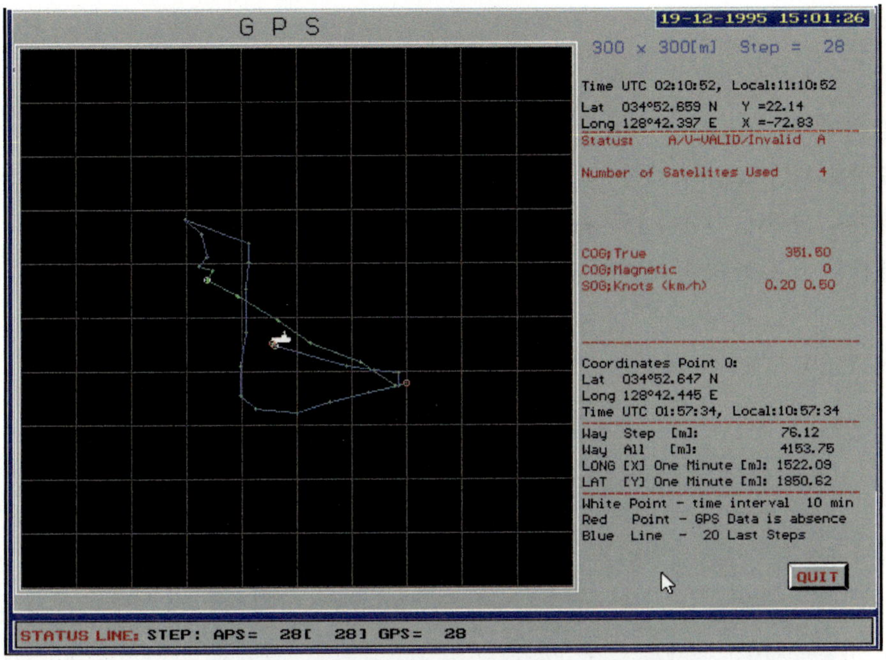

그림 6.25 Menu VIEWDATA GRAPH/GPS

① 전체 창의 크기(단위는 m)

② 프로그램 단계의 수

③ UTC 시간

④ 지역 시간

⑤ AUV와 Ship의 절대 좌표와 상대 좌표

⑥ Status Valid/Invalid - GPS 작동 여부

⑦ Number of Satellites - GPS를 위해 사용되는 인공 위성의 수
(계산을 위해서는 최소한 3개의 인공위성이 필요하다)

⑧ COG True : Course Over Ground, True(단위는 도)

⑨ COG Magnetic : Course Over Ground, Magnetic(단위는 도)

⑩ SOG Knots (km/h) : 속도 mph와 km/h

⑪ 첫 점 위치의 좌표와 시간

⑫ 최근 단계의 길이(단위는 m)

⑬ 첫 점으로부터 지나간 길의 길이(단위는 m)

⑭ 주어진 지역에서 경도 1분의 길이

⑮ 주어진 지역에서 위도 1분의 길이

(8) Menu VIEW WAY

이 모드에서 화면의 오른쪽에는 상대 좌표계로 다음과 같은 것들이 나타난다.

① BT의 위치

② GPS에 의한 모선의 궤적

③ 계산된 좌표에 의한 TA의 궤적

④ 계산된 좌표에 의한 AUV의 궤적

Menu VIEW WAY의 화면은 그림 6.26과 같다.

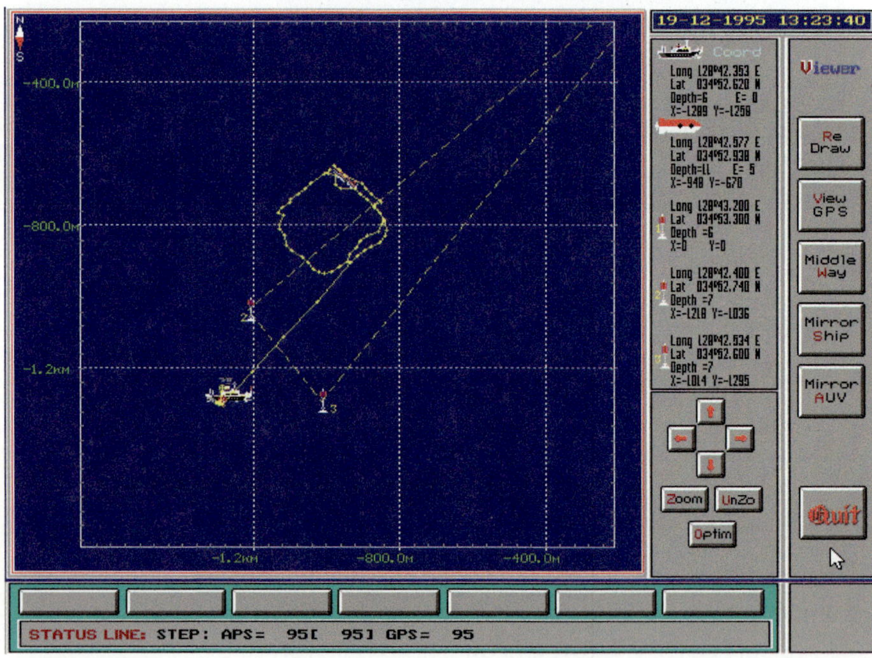

그림 6.26 Menu VIEW WAY

궤적은 선으로 연결된 점들로 보여진다.

메뉴에는 다음과 같은 제어 버튼들이 사용된다.

① REDRAW : 화면을 새롭게 재현

② VIEW GPS : GPS 화면에서 모선의 궤적을 표시

③ MIDDLE WAY : 계산된 궤적을 평균함

④ MIRROR TA : BT 개수의 부족으로 모선의 위치를 잘못 계산한 경우를 표시

⑤ MIRROR AUV : BT 개수의 부족으로 AUV의 위치를 잘못 계산한 경우를 표시

⑥ → : 오른쪽으로 창을 옮김
⑦ ← : 왼쪽으로 창을 옮김
⑧ ZOOM : 창의 폭을 감소하는 것으로 최소 표시는 500 ms
⑨ UNZOOM : 창의 폭을 증가시키는 것으로 최대 표시는 APS 작업 기간의 반
⑩ OPTIM : 창의 크기를 최적화(모든 대상물이 보이도록)

메뉴 VIEW WAY에는 다음과 같이 "hot" key가 있다.

① J : 궤적의 표시 유무
② K : 점에 의한 궤적 표시
③ L : 선에 의한 궤적 표시
④ SHIFT + → : 오른쪽으로 창을 이동
⑤ SHIFT + ← : 왼쪽으로 창을 이동
⑥ SHIFT + ↑ : 위쪽으로 창을 이동
⑦ SHIFT + ↓ : 아래쪽으로 창을 이동
⑧ GRAY PLUS : 창을 증가시키는 것
⑨ GRAY MINUS : 창을 감소시키는 것
⑩ '.' : 일정한 표시를 하는 것으로, BT1으로부터 점(마우스 커서)의 상대 좌표
⑪ ',' : 일정한 표시를 하는 것으로, 모선으로부터 점(마우스 커서)의 상대 좌표
⑫ '>' : 임시로 표시를 하는 것으로, BT1으로부터 점(마우스 커서)의 상대 좌표
⑬ '<' : 임시로 표시를 하는 것으로, 모선으로부터 점(마우스 커서)의 상대 좌표
⑭ T : BT사이의 거리, TA로부터 수평거리, AUV에서 BT까지의 거리를 계산하고 보여주는 것

※ 주의: 프로그램의 모든 메뉴에서는 다음과 같은 "hot" key가 있다.

① Y : 모선과 AUV의 절대 좌표와 상대 좌표를 보여주는 것
② P : AUV 좌표의 계산을 시작하는 것
③ F : TA의 좌표 계산을 위해 GPS를 사용하는 것
④ Q 또는 ESC : 메뉴를 빠져나가는 것

(9) 프로그램 작동의 REAL MODE와 MODEL MODE

프로그램 NSYSTEM은 다음과 같은 작동 모드가 있다.

① REAL : APS와 GPS를 사용해서 실제 조건에서 작업을 하는 것

명령의 형식: NSYSTEM.EXE

② MODEL : APS와 GPS 없이 작업을 하고, 계산을 위해서는 *.COO 의 데이터 파일이 사용된다.

명령의 형식: NSYSTEM.EXE *.COO [Time]

여기서, Time은 프로그램 단계 사이의 시간 간격(단위는 ms)이고, 일시적인 정지는 key "「"와 "」"가 사용된다.

③ REPEAT : APS와 GPS 없이 작업을 하고, 단지 궤적만 보여지는데 프로그램의 한 단계에 대해서 10개의 궤적 점들이 보여진다.

명령의 형식: NSYSTEM.EXE *.COO repeat [Time]

여기서, TIME은 프로그램 단계 사이의 시간 간격(단위는 ms)이고, 일시적인 정지는 key "「"와 "」"가 사용된다.

6.7 Signal Simulator

6.7.1 Signal Simulator의 목적

Signal Simulator의 목적은 음향(Acoustic)과 제어된 주기의 전기적 펄스를 내보내는 것이다. 주파수는 FRC = 12.195 kHz, F0 = 12.5 kHz, F1 = 12.821 kHz, F2 = 13.158 kHz, F3 = 13.514 kHz, F4 = 13.889 kHz 이다.

6.7.2 Signal Simulator의 사양

① 반송 주파수(carrier frequency):

FRC = 12.195 kHz, F0 = 12.500 kHz, F1 = 12.821 kHz

F2 = 13.158 kHz, F3 = 13.514 kHz, F4 = 13.889 kHz

② Release 채널에서 acoustic 펄스 주기(ms):

channel 1 - 1679 channel 2 - 1720 channel 3 - 1761 channel 4 - 1802 channel 5 - 1843 channel 6 - 1884 channel 7 - 1925 channel 8 - 1966 channel 9 - 1597 channel 10- 1638	channel 11 - 1270 channel 12 - 1311 channel 13 - 1352 channel 14 - 1393 channel 15 - 1434 channel 16 - 1475 channel 17 - 1516 channel 18 - 1556 channel 19 - 1184

③ 작동 전압 범위(V): 4.5~10

④ 전체 치수(mm): 180×100×65

6.7.3 Signal Simulator의 구성

Signal Simulator는 다음과 같이 구성된다.

① Frame

② Control Transceiver Board

③ Remote piezo-ceramic emitter

6.7.4 Signal Simulator의 배치와 작동

Transceiver Board는 upper lid에 고정되어 있다. 스위칭 소자 및 simulator 작동모드 제어는 upper lid에 있다. Converter는 고무 받침대에 있는 지름이 30 mm인 piezo-ceramic의 원반 요소이고, 원통 모양의 금속 프레임에 놓여져 있다. Signal Simulator의 앞 패널에는 다음과 같은 작동 제어와 스위칭 방법이 있다.

① Toggle switch "On - Off"

② Toggle switch "Hand - Automat"

③ Knob "Hand"

④ Knob "Acoustic pulse duration"

⑤ Switch "Emission frequency"

⑥ Switch "Release channels"

⑦ Output signals connector "Output"

⑧ Sockets for external power supply "9 V"

6.7.5 Signal Simulator의 작동 순서

(1) 전원 공급기에 연결

① Toggle switch "On-Off"를 “Off"위치에 놓는다.

② Simulator로부터 측면의 덮개를 연다.

③ 내부 전원을 커넥터 XS3에 연결한 다음 덮개를 닫는다.

④ 외부 전원이 꺼진 경우에 외부 전원을 커넥터 XS1에 연결한다.

(2) Transponder 감도의 평가

① Toggle switch "Hand - Automat"를 “Automat"에 놓고 왼쪽에 있는 acoustic signal duration regulator handle을 맞춘다.

② Simulator를 켠다. Acoustic pulse duration regulator를 돌려서 Transponder 응답을 수신한다.

(3) Release Signaling

① 오른쪽에 있는 Acoustic pulse duration regulator handle을 고정한다.

② Release 채널 스위치를 필요한 곳에 세팅한다. 예를 들어, Simulator emitter를 transponder array에 고정시킨 후 Simulator를 켠다.

③ Switch "Hand - Automat"를 “Automat"에 놓는다.

④ Simulator를 끄고, manual 작동 범위로 그것을 옮긴다.

(4) Transponder receiver tuning

① Piezo-ceramic emitter를 signal simulator로부터 분리한다.

② Transponder 전원을 켠다.

③ Simulator를 켠 후 필요한 모드에서 transponder receiver에 신호를 적용한다.

6.8 GPS(Global Positioning System)

6.8.1 GPS의 역사

1950년대 후반과 1960년대 초기에 걸쳐 미 해군은 위성에 기초한 두 종류의 측량 및 항해 체계를 마련하였다. 트랜짓(Transit)이라고 불리어진 이 시스템은 1964년부터 가동되기 시작하였고 1969년에 일반에게 공개되었다. 그러나 1969년까지 개발된 티메이션(Timation) 프로그램은 위성에 기초한 측량 및 항해 체계의 원형으로만 자리 잡았을 뿐 실행에 옮겨지지는 못하였다.

때를 같이하여 시스템 621B 라고 일컬어지는 계획을 미 공군에서 착수하였는데 1973년에 미 국방 차관이 해군에서 계획했던 티메이션과 시스템 621B를 통합할 것을 지시하였고 이것이 DNSS(Defense Navigation Satellite System)으로 명명되었으며 후에 NAVSTAR(NAVigation System with Timing And Ranging) GPS로 발전되었다.

한편, 위성 항해 개념의 검증을 위한 1단계가 1970년대에 착수되었는데 최초로 위성이 제작되고 여러 실험이 행해졌다. 1977년 6월에 최초로 기능을 수행할 수 있는 NAVSTAR 위성이 발사되었고 NTS-2(Navigation Technology Satellite 2)라고 불리어졌다. 이 NTS-2는 단지 일곱 달 동안만 운영되었으나 위성에 기초한 항해 이론이 타당함을 입증하였고 1978년 2월 최초의 Block I 위성이 발사되었다. 1979년에 2단계로 전체 규모의 설계와 검증이 행해졌는데 9개의 Block I 위성이 이후 6년 동안 추가로 발사되었다. 3단계는 1985년 말에 2 세대의 Block II 위성을 제작하면서 시작되었다.

GPS 신호의 민간 수신은 1983년 소련에 의한 한국 항공기 KAL-007기의 격추 사건을 계기로 1984년 레이건 대통령이 공식 선언하였다.

6.8.2 GPS의 3가지 영역

(1) 우주 부문(Space Segment)

GPS 우주 부문은 모두 24개의 위성으로 구성되는데 이 중 21개가 항법에 사용되며, 3개의 위성은 예비용으로 배치된다(2020년 현재에는 29개의 위성 중 24개가 상시 사용되고 있다.). 모든 위성은 고도 20,200 km 상공에서 12시간을 주기로 지구 주위를 돌고 있으며 궤도면은 지구의 적도면과 55° 의 각도를 이루고 있다. 모두 6개의 궤도는 60°씩 떨어져 있고 한 궤도면에는 4개의 위성이 위치한다. 이와 같이 GPS 위성을 지구 궤도상에 배치하는 것은 지구상 어느 지점에서나 동시에 5개에서 최대 8개까지 위성을 볼 수 있게 하기 위함이다.

현재까지의 GPS 위성들은 미국의 Rockwell사, Lockheed Martin사 등에서 제작되었으며 가격은 위성 한대 당 약 4천만 달러이다. 한편 위성을 궤도에 진입시키는데 드는 발사 비용은 위성 한 대 가격의 약 1/4인 1천만 달러로 1990년대 말까지 GPS 체계를 유지하는데 미 국방성에서 투자한 금액은 100억 달러 이상이다. 각 위성의 무게는 900 kg 정도로 태양 전지 판을 완전히 펼쳤을 경우 폭이 약 5 m로 그림 6.27에서 GPS-3의 모습을 볼 수 있다.

그림 6.27 GPS 위성 GPS-3

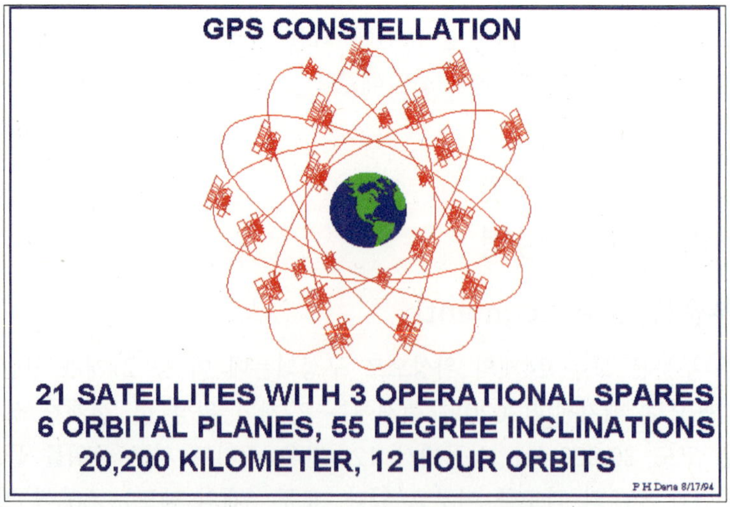

그림 6.28 GPS 위성의 궤도별 배치

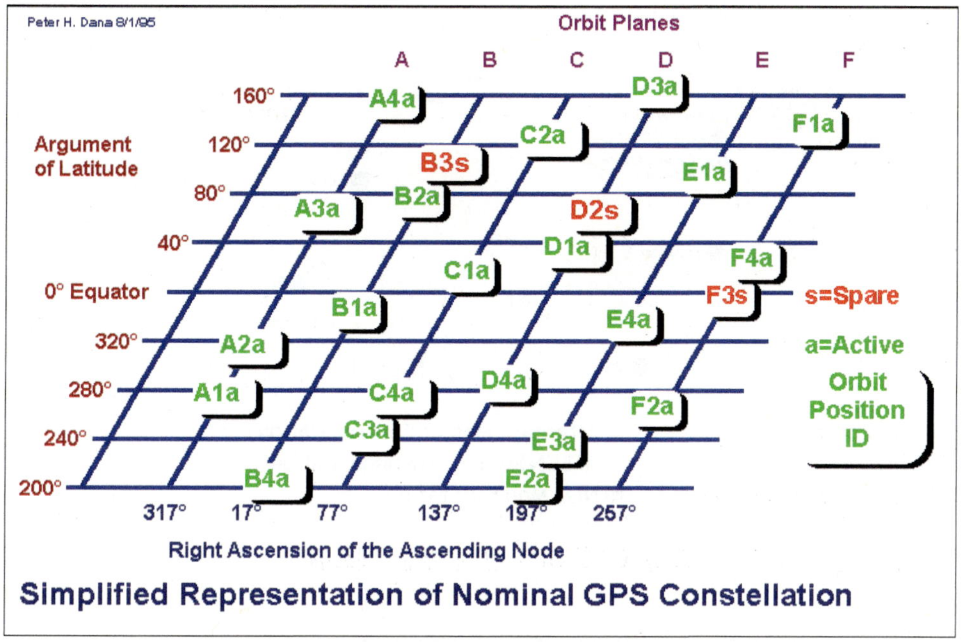

그림 6.29 궤도면 도해

(2) 관제 부문(Control Segment)

GPS에 대한 관제 부문은 GPS 위성들을 추적하고 교신을 추적, 분석하여 명령과 자료를 위성으로 보내는 지상의 네트워크로 구성된다. 그림 6.30은 GPS 관제 부문의 네트워크를 나타낸다.

GPS의 관제는 하나의 주 관제국(MCS: Master Control Station)과 무인으로 운영되는 16개의 부 관제국(Monitor Station)으로 구성된다. 주 관제국은 미국 콜로라도 스프링의 팰콘 공군 기지에 위치해 있고 부 관제국들은 그림 6.30과 같이 전 세계에 나뉘어져 배치되어있다. 한편 이들 관제국 이외에 12개의 지상 안테나를 운영하고 있으며 유사시 주 관제국을 대신할 수 있는 예비 주 관제국을 캘리포니아의 써니 베일에 두고 있다.

무인으로 운영되는 부 관제국들은 주어진 시간에 관측할 수 있는 모든 GPS 위성의 신호를 추적, 신호를 저장한 다음 주 관제국으로 전송하게 되는데 이 통신 시설을 DSCS(Defense Sat ellite Communication System)이라고 부른다. 이렇게 여러 부 관제국에서 보내 온 자료를 주 관제국에서는 방송 궤도력(Broadcast Ephemerides)과 위성에 있는 원자시계 오차(Clock-bias)를 추정하는데 사용하며 결과를 주기적으로 GPS 위성으로 전송하게 된다. 그림 6.31이 주 관제국과 부 관제국과의 자료 전송 개념을 도시하고 있다.

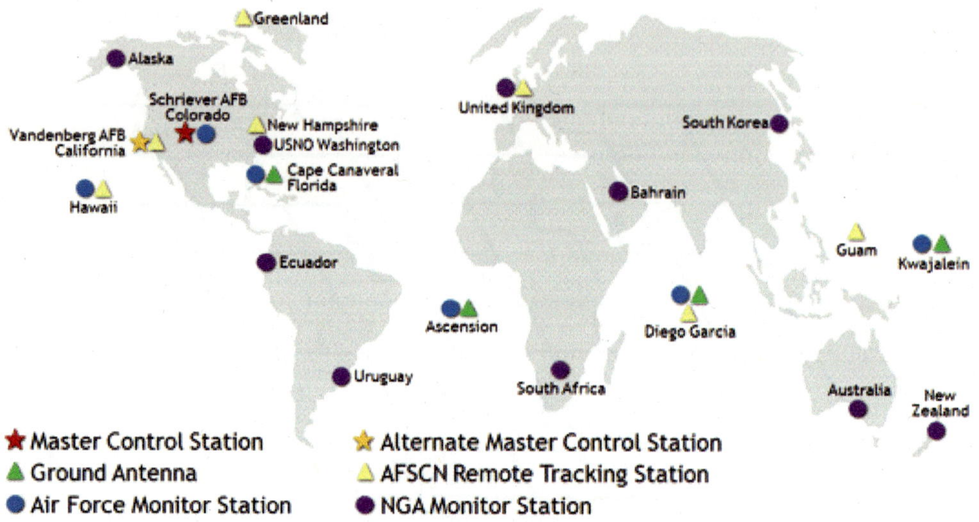

그림 6.30 GPS 관제 부문 네트워크

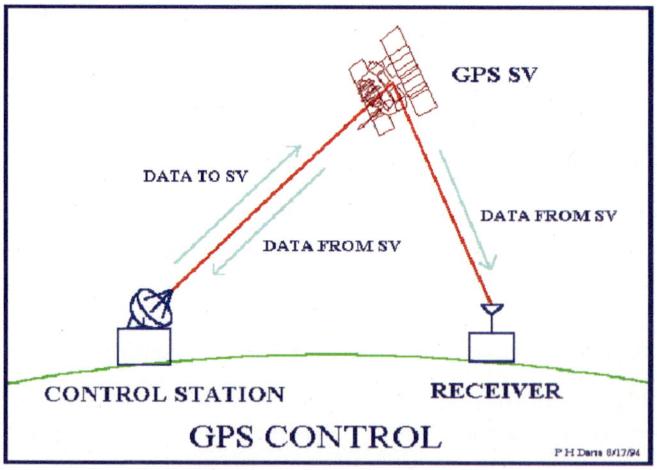

그림 6.31 주 관제국과 부 관제국과의 자료 전송

(3) 사용자 부문(User Segment)

GPS의 사용자 부문은 GPS 수신기와 사용자 단체로 이루어진다. GPS 수신기는 위성으로부터 수신 받은 신호를 처리하여 수신기의 위치와 속도, 시간을 계산하는데 4개 이상 위성의 동시 관측을 필요로 한다. 이것은 3차원 좌표와 시간이 합쳐져 4개의 미지수를 결정해야 하기 때문이다. 그림 6.32와 같이 GPS 수신기는 현재 항해와, 위치 측량, 시간 보정 등 다양한 분야에 이용되고 있다.

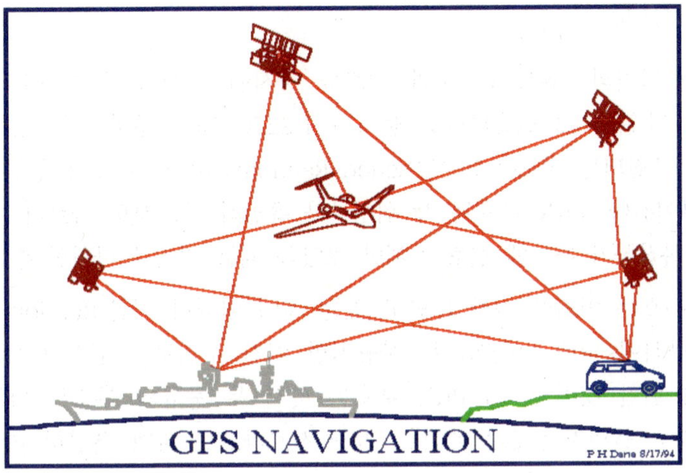

그림 6.32 GPS를 이용한 항법

6.8.3 GPS의 기본 원리

GPS가 어떠한 원리로 작동되는가를 이해하는 것은 개념적으로 매우 단순하다. 근본적으로 GPS는 삼각 측량의 원리를 사용하는데 전형적인 삼각 측량에서는 알려지지 않은 지점의 위치가 그 점을 제외한 두 각의 크기와 그 사이 변의 길이를 측정함으로 결정되는데 반해 GPS에서는 알고 싶은 점을 사이에 두고 있는 두 변의 길이를 측정함으로 미지의 점의 위치를 결정한다는 것이 고전적인 삼각 측량과의 차이점이라 할 수 있겠다.

인공위성으로부터 수신기까지의 거리는 각 위성에서 발생시키는 부호 신호의 발생 시점과 수신 시점의 시간 차이를 측정한 다음 여기에 빛의 속도를 곱하여 계산한다.

거리 = (빛의 속도) * (경과 시간)

실제로 위성의 위치를 기준으로 수신기의 위치를 결정하기 위해서는 이 거리 자료 이외에도 위성의 정확한 위치를 알아야 하는데 이 위성의 위치를 계산하는 데는 GPS 위성으로부터 전송되는 궤도력을 사용한다.

6.8.4 GPS의 신호

각 위성은 두 가지의 다른 주파수의 신호를 동시에 발생시키는데 L1 반송파라고 알려진 1.57542 GHz 주파수와 L2 반송파라고 불리는 1.2276 GHz 주파수의 신호로 구성되어 있다. 이러한 반송파에 중첩되는 정보는 PRN(Pseudo-Random Noise) 부호와 항법 메세지(Navigation Message)로 이루어진다. PRN 부호는 각 위성마다 유일하도록 서로 다르며 이진 부호로 구성되는데 매우 길고 복잡하기 때문에 신호 자체만 보았을 때는 의미를 파악할 수 없다.

사실상 PRN 부호는 어떠한 정보를 담고 있는 것이 아니라 이름(Random Noise)에서 알 수 있듯이 어떠한 규칙에 의해 만들어지는 불규칙한 이진 수열로서 위성까지를 거리를 측정하는데 사용되어지기 위한 것이다. 이 PRN 부호는 다시 두 종류의 부호로 나누어지는데 Coarse Acquisition 이라고 불려지는 C/A 부호는 민간 신호라고도 하며 특별히 허락 받지 않은 개인이나 단체도 이용할 수 있으나 P 부호(Precise Code)는 신호의 암호화가 이루어지므로 이용을 위해서는 허가가 필요하다. 그림 6.33은 GPS 신호의 구성도를 나타낸다.

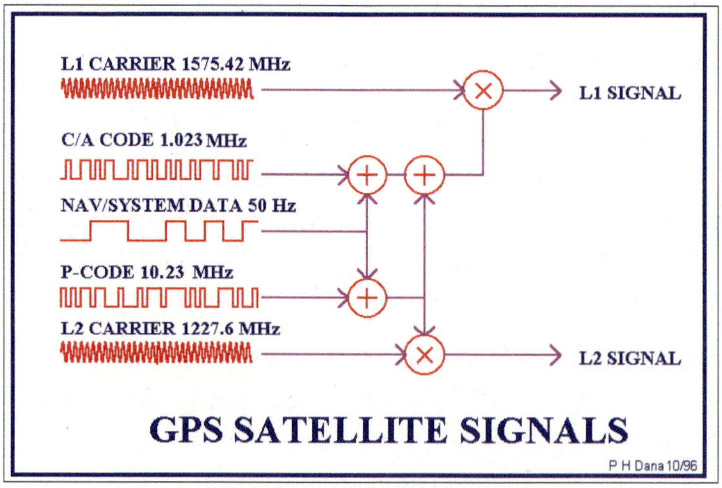

그림 6.33 GPS 신호의 구성

6.8.5 GPS의 정밀도

GPS에 의해 제공되는 측량과 항법의 정밀도는 사용하는 신호와 자료 처리 방법에 따라 천차만별이나 부호 신호를 이용할 경우 C/A 코드와 P 코드 중 어느 것을 사용하느냐에 따라 다음과 같이 두 가지로 나누어 생각할 수 있다.

(1) Standard Positioning System(SPS)

민간 이용자들은 SPS를 무료로 제한 없이 수신 받을 수 있다. 대부분의 수신기는 SPS 신호를 받을 수 있도록 되어 있으며 SPS의 정밀도는 미 국방성의 정책에 의해 고의적으로 제한된다. SPS의 예상되는 정밀도는 다음과 같다.

① 수평 100 m
② 수직 156 m
③ 시간 167 nanosecond

이 수치들은 95% 정밀도 내의 오차를 말하는 것이다.

(2) Precise Positioning System(PPS)

암호 해독 장치를 갖춘 허가된 사용자만이 특별히 고안된 수신기를 이용하여 PPS를 수신할 수 있다. 미군과 연합군, 일부 미국 정부 기관, 기타 미 정부로부터 선택된 민간 사용자들이 대상이 되며 PPS를 사용할 경우 정밀도는 다음과 같다.

① 수평 17.8 m
② 수직 27.7 m
③ 시간 100 nanosecond

6.8.6 Differential GPS(DGPS)

C/A 코드 하나만 사용할 경우 10-30 meter 이상의 정밀도로 위치를 결정하는 것은 현실적으로 불가능한데 이것은 수신기가 결정하는 위성까지의 거리 자료에 여러 가지 오차 요인이 복합적으로 영향을 미치기 때문이다. 특히 미 국방성에서 고의로 민간 GPS 이용의 정밀도를 저하시키기 위한 SA(Selective Availability)가 시행 중일 때는 이보다 더욱 정밀도가 떨어지게 되는데 단독으로 작동되는 수신기가 자신이 계산하고 있는 위치 정보가 틀린지 맞는지를 판단할 수 있는 방법이 없다. 만약 어떤 제 2의 장치가 수신기 근처에 존재하여 지금 현재 수신 받는 자료가 얼마만큼 빗나간 양이라는 것을 수신기에게 알려줄 수만 있다면 위치 결정의 오차를 극소화시킬 수 있는데 바로 이 방법이 Differential GPS 또는 DGPS 라고 불리어지는 기술이다.

(1) DGPS 가 필요한 이유

GPS는 현재까지 개발된 전파에 기반을 둔 항법 체계 중 가장 정확한 정보를 제공한다. 현재 실제로 많은 응용 분야에 있어서도 기본적인 GPS만으로 충분한 정밀도를 제공하기는 하지만 좀 더 향상된 정확도를 가지는 체계를 마련하기 위해서 Differential GPS 라는 방법이 고안되었다. DGPS 체계는 기본 GPS에 수반하는 여러 오차 요인을 제거함으로써 움직이는 물체에 있어서는 수 m, 정지한 대상에 대해서는 1 m 이내의 위치 측정을 가능하게 만들어 준다. 기본 GPS에 비해 괄목할 만한 정밀도를 제공하는 DGPS는 GPS가 선박이나 항공기의 항법뿐만 아니라 자동차 및 정밀성이 요구되는 측지 등에까지 응용될 수 있는 길을 마련하였다.

(2) 작동 원리

DGPS는 두 개의 GPS 수신기를 필요로 한다. 하나의 수신기는 정지해 있고(Stationary) 다른 하나는 이동을(roving) 하면서 위치 측정을 시행한다. 정지한 수신기가 바로 DGPS 개념의 핵심이 되는 것으로 이 정지된 수신기는 실제 위성을 이용한 측정값과 이미 정밀하게 결정된 실제 값과의 차이를 계산한다.

a) 오차의 발생

GPS 수신기는 4개 이상의 위성으로부터 시각 정보를 담은 신호를 수신 받아 위치 측정에 이용한다. 신호가 위성에서 수신기까지 이르는 동안 거치는 여러 오차 요인으로 인하여 이 신호는 정확도가 떨어지게 되는데 각 위성의 신호가 이런 식으로 오차를 포함하고 있으므로 이들을 이용하여 계산한 위치 정보도 어쩔 수 없이 오차를 수반하기 마련이다. 그림 6.34는 위치 오차 발생의 개념도이다.

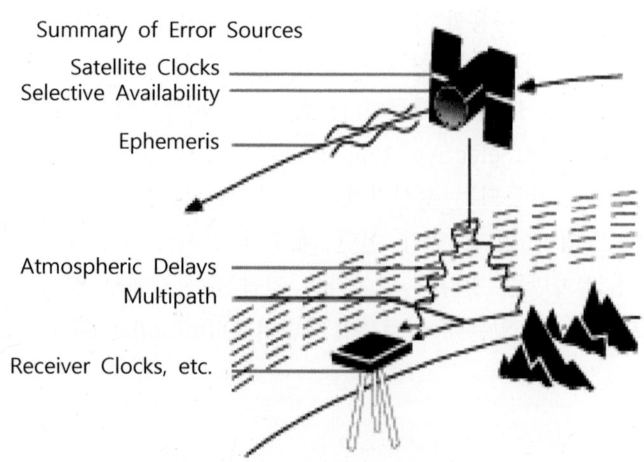

그림 6.34 위치 오차 발생의 개념도

b) 동일한 오차 조건

인공위성은 지표면으로부터 상당히 먼 거리에 위치하므로 지표상에서 우리가 이동하는 거리는 상대적으로 작은 길이가 된다. 그림 6.35에서 보는 바와 같이 두 수신기가 수백 km 이내의 거리에 있다면 위성의 신호는 거의 같은 경로로 수신기까지 도달하게 되고 동일한 오차를 수반하게 된다. 결국 두 개의 수신기는 같은 조건하에 놓인다고 볼 수 있다.

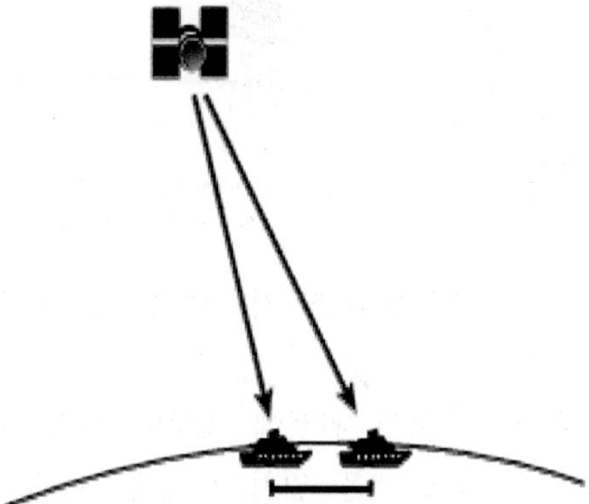

그림 6.35 이종 수신기가 갖는 동일한 오차

c) 기준점에서의 오차 측정

만약 자신의 정확한 위치를 알고 있는 수신기로 하여금 위성으로부터 계산한 값과 비교하여 오차를 계산하도록 만들고 이것을 움직이고 있는 다른 수신기에 전달할 수만 있다면 결과적으로 신호 경로에 수반되는 오차를 제거하는 것이 된다. 이러한 오차 상쇄 효과는 비단 신호 경로에서 비롯하는 오차뿐만 아니라 미 국방성에서 정밀도의 저하를 위해 고의로 실시하는 SA(Selective Availability)까지도 극복할 수 있도록 만들어 준다.

d) 기준점에서 오차 측정의 원리

여러 차례의 측지를 통하여 위치가 정확히 알려진 지점에 기준 수신기를 배치시킨다. 이 수신기는 움직이는 수신기와 동일한 위성 신호를 받지만 일반 수신기와는 다른 방식의 계산(역으로 방정식을 거슬러 올라가는)을 수행한다. 즉 위성의 신호로부터 위치를 계산하는 대신에 이미 정확하게 알려진 그 지점의 위치를 이용하여 신호의 값을 추정하고 이것을 수신받은 신호와 비교한다. 바로 이 차이가 보정값이 된다. 이러한 보정값을 기준계에서 움직이는 수신기에 전송하며 이동하는 수신기는 이 보정값을 이용하여 자신의 위치 측정값을 수정한다.

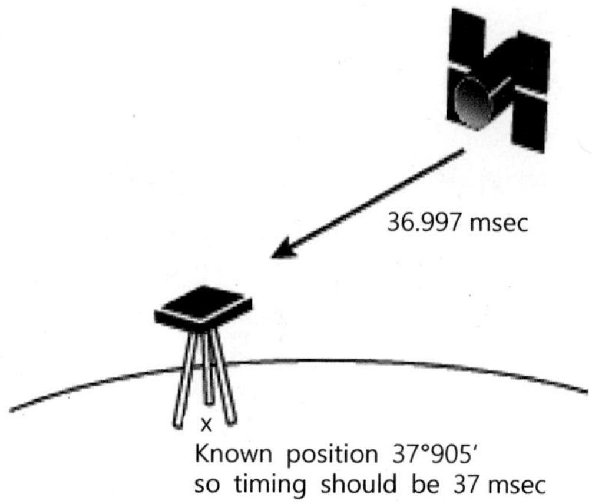

그림 6.36 기준점에서 오차 측정의 원리

기준점은 이용할 수 있는 모든 위성에 대하여 보정값을 계산하는데 이동 중인 수신기가 이용할 수 있는 위성 중 어느 것을 위치 계산에 사용할지를 기준국에서서는 알 수가 없으므로 기준점 수신기는 가능한 모든 위성 신호를 받아 각 위성의 보정값을 계산한다. 이 보정값을 표준 형식으로 전환한 다음 이동 중인 수신기로 전송한다.

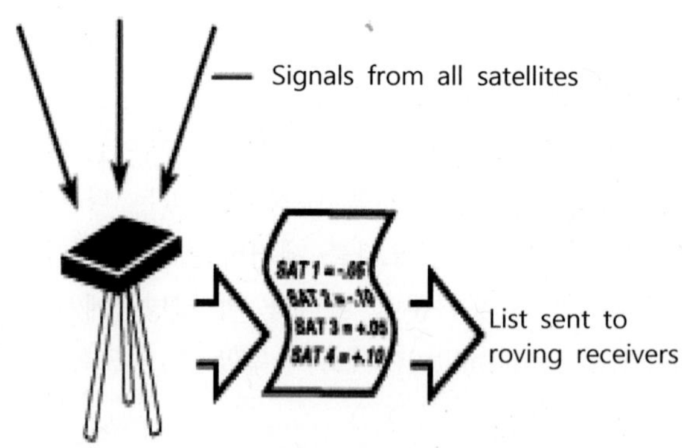

그림 6.37 이동 중인 수신기로 전송하는 방식

(3) 후처리(Post Processing) DGPS

모든 DGPS 응용 분야에 있어서 실시간으로 정밀한 위치 측정을 수행해야 하는 것은 아니다. 이를테면 새로 건설한 도로를 지도에 삽입하고자 할 때는 관측이 먼저 행해지고 이때 저장했던 측량 자료를 후처리하여 위치를 계산할 경우도 있다. 이때 이동하는 수신기는 위성 신호의 수신 자료와 시간만 저장하며 기준국은 동시에 보정값들을 계산하여 저장한다.

측량이 종료된 후 자료를 보정값을 이용하여 후처리하면 정밀한 위치 정보를 획득할 수 있다. 이럴 경우 기준 수신기와 이동 수신기간의 전파를 이용한 연결(Radio Link)은 필요하지 않으며 근처에 직접 보정값을 받을 수 있는 기지국이 없어도 가능하다.

(4) Inverted DGPS

버스 회사를 운영하고 있고 매 순간마다 각 버스들이 어디에 위치해 있는지를 비교적 정확하게 알고 싶은 경우, 가장 쉬운 방법은 각 버스마다 DGPS 수신기를 장착하고 매순간 자신의 정확한 위치 정보를 관리국에 전송하는 것이다. 그러나 DGPS가 가능한 수신기의 단가가 매우 비싸기 때문에 전 차량에 설치하는 데는 많은 비용이 소요될 것이다. 좀 더 저렴한 방법으로 이런 체계를 가능하도록 고안된 방법이 Inverted DGPS이다. 각 차량에는 일반 GPS 수신기를 장착하되 매 순간 각 차량은 자신의 위치 정보를 관리국에 전송하게 된다. 이때 관리국에 DGPS의 기준이 되는 수신기가 설치되어 있다면 각 버스에서 전송한 위치 자료를 보정할 수 있고 보정된 정확한 각 버스들의 위치 정보를 지도에 표현할 수 있다. 이런 체계를 구축하는 데는 차량 수만큼의 일반 수신기와 차량에서 관리국까지의 전송 시스템, 한 대의 기준 수신기와 보정값을 계산하는데 필요한 컴퓨터가 필요하므로 모든 차량에 DGPS 수신기를 장착하는 것보다는 훨씬 저렴할 수 있다.

6.8.7 오차 원인과 크기

GPS 위치 측정의 정확성을 떨어뜨리는 요소들은 다음과 같은 것들이 있다. 인공위성 시간 오차, 인공위성 위치 오차, 전리층과 대류층의 굴절, 수신기 잡음, 다중 경로(Multipath), 그리고 가장 큰 오차 원인인 SA(Selective Availability) 가 있다. 이 요소들이 모두 잠재적으로 합쳐져서 매우 큰 오차를 유발하는데 이것을 UERE(User Equivalent Range Error) 라고 한다. 각 오차들은 시간과 장소에 따라서 매우 크게 변한다. 다음은 각 오차들의 크기를 나타낸 것이다.

① 인공위성 시간 오차: 0-1.5 m
② 인공위성 위치 오차: 1- 5 m
③ 전리층의 굴절: 0-30 m
④ 대류층의 굴절: 0-30 m
⑤ 수신기 잡음: 0-10 m
⑥ 다중 경로(Multipath): 0-1 m
⑦ SA(Selective Availability): 0-70 m

C/A 코드의 경우 모든 오차가 합쳐진 수평 오차는 SA 가 작동하지 않는 경우는 28 m 이고 작동하는 경우에는 100 m 이다.

(1) 위치 오차와 시간 오차

시간 오차와 위치 오차는 미 공군에서 계속 감시하고 오차를 매 시간마다 보정해 주기 때문에 다른 오차들에 비해 상대적으로 적은 편이다. 그러나 인공위성이 본 궤도에서 약간이라도 이탈하는 경우가 생긴다면 그리고 오차 보정이 되지 않은 자료를 사용했다면 큰 오차를 가질 수도 있다.

(2) 전리층과 대류층의 굴절

우주 공간에서 라디오 파의 속도는 빛의 속도인 300,000 km/s 이다. 그러나 인공위성에서 오는 신호는 약 300 km 정도의 지구 대기를 통과해야만 한다. 전리층은 전기적으로 하전된 입자를 가지고 있는 층으로 약 50-200 km 사이에 위치하고 대류층은 우리가 일반적으로 대기라고 생각하는 층으로 8-16 km 고도에 위치하고 있다. 이 층들은 라디오파를 밑으로 잡아끌어서 굴절시키는데 약간의 굴절도 상당한 영향을 줄 수 있고 더구나 각 층의 굴절률이 다르기 때문에 양상은 더욱 복잡해진다.

전리층에서는 하전된 입자들이 들어오는 신호를 끌어당겨서 굴절시키고 대류층에서는 다른 비율로 물방울들이 같은 역할을 한다. 이러한 문제들은 인공위성이 지평선으로 고도가 낮아질 때 더욱 심해진다. 왜냐하면 인공위성에서 오는 신호는 더 두꺼운 대기층을 통과해서 들어와야 하기 때문이다.

이 문제를 해결하는 데는 여러 가지 방법이 있다. 첫째로 인공위성의 항법 메세지는 대기 굴절 모델을 포함하고 있어서 50~70% 의 오차를 해결할 수 있다. 더 효과적인 두 번째 방법은 dual-frequency 수신기를 사용해서 동시에 L1 과 L2 반송파에 신호를 모으는 것이다. 굴절의 크기는 진동수에 반비례하므로 같은 대기를 같은 시간에 통과한 두 가지 다른 진동수를 이용하면 굴절의 크기를 더 쉽게 계산 할 수 있다. 그러나 이 방법은 대류층의 굴절률이 진동수에 무관하므로 전리층에만 적용될 수 있다. 그러나 dual-frequency 수신기는 너무 비싸다는 단점이 있다.

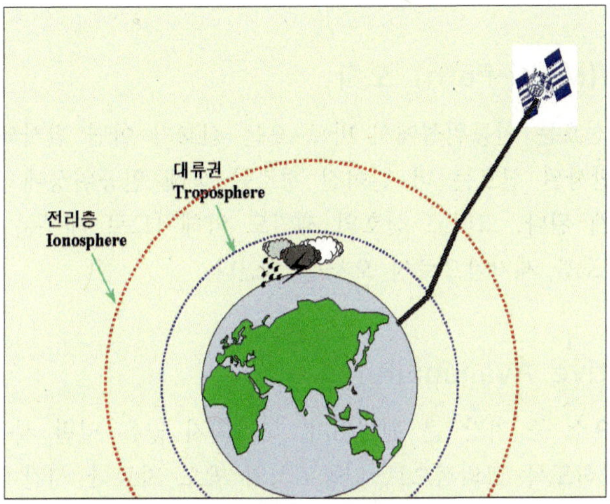

그림 6.38 전리층과 대류층의 굴절

수신기 하나만으로 더 적은 비용을 가지고 할 수 있는 방법이 있다. 대부분 수신기는 사용자 입력으로 수평선 위로 어느 각도 밑에 있는 인공위성으로부터 오는 신호는 무시하도록 되어 있다. 이 각도를 "Mask Angle" 이라고 한다. 이것의 단점은 mask angle이 너무 높게 입력된 경우에는 최소 필요한 4개의 위성에 미달될 수도 있다. 대부분 mask angle은 15~20도 정도로 유지되게 설정되어 있다.

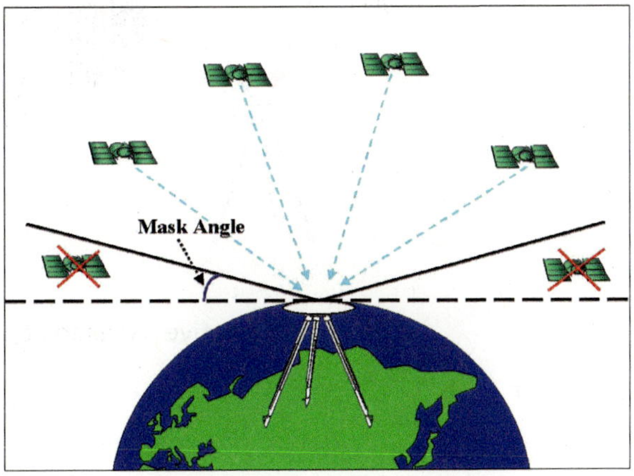

그림 6.39 Mask Angle

(3) 수신기 잡음

매우 약한 신호와 간섭을 일으켜서 수신기 자체에서 잡음이 발생한다. 잡음은 각 신호기마다 다르지만 대부분 수신기는 잡음을 최소화하기 위한 내부 필터링 장치를 가지고 있다.

(4) 다중 경로(Multi-Path) 오차

Multi-Path 신호는 인공위성에서 바로 오는 신호가 아닌 반사되어 들어오는 신호를 받아들이는 것이다. 반사된 신호는 더 길어진 경로를 통해 인공위성에 들어오므로 결과적으로 틀린 위치를 측정하게 된다. 그리고 신호의 세기도 약해지므로 대부분 수신기는 신호의 세기를 비교해서 약한 신호를 제거함으로써 오차를 줄인다.

(5) SA(Selective Availability)

SA는 오차 요소 중 가장 큰 원인이다. 허가되지 않은 일반 사용자들이 일정 한도 내로 정확성을 얻지 못하도록 고의적으로 인공위성의 궤도 자료나 시간에다 오차를 집어넣어서 95% 확률로 최대 100 m까지 오차가 나게 만든 것을 말한다.

걸프전 때 많은 수의 민간 수신기들이 군에서 사용되어졌을 때 전쟁이 끝날 때까지만 미 국방부는 SA의 작동을 중지했었다. SA는 1996년 3월 29일 클린턴 대통령의 지시에 따라 2000년 5월에 영원히 중지되었다.

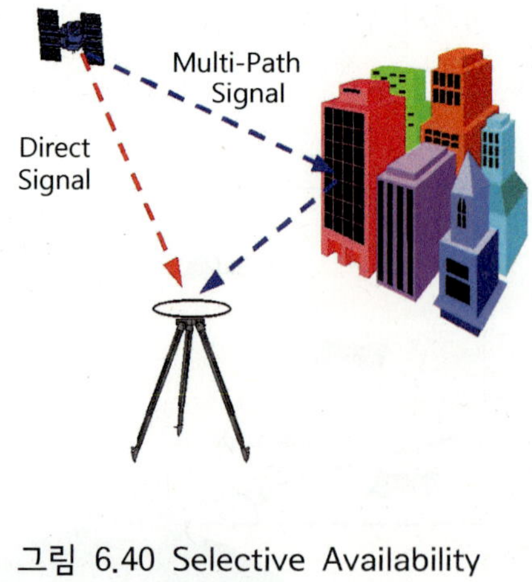

그림 6.40 Selective Availability

Chapter 7.

AUV 운용 소프트웨어

7.1 서론

7.2 Software Architectures와 Mission 프로그래밍

7.3 OKPO-6000 AUV Software Operator's Manual

7.4 OKPO-6000 제어기 설계

7.1 서론

7장에서는 AUV를 운용하는데 관련된 소프트웨어들에 대해 기술한다. 중요한 작업 환경인 QNX OS에 대해서는 부록 4에서 상세하게 설명하였다. AUV를 실질적으로 기동시키고 제어하는 Autopilot 시스템의 운영체제로서 QNX OS는 매우 유용한 Tool을 제공한다. QNX OS에서 제공하는 여러 실시간 제어기법이 AUV 제어 프로그램인 RTM에 어떻게 활용되었는가와 RTM 자체 알고리즘에 대해서도 자세히 다룬다. 또한, RTM을 이용하여 실험실이나 모선위에서 AUV 성능을 확인하고 Launching을 준비하는 방법과 AUV가 운항할 때에 적용되는 제어기법에 대해서도 기술할 것이다. 천해역 시운전과 동해, 태평양에서의 실제 운용 경험에서 말해 주듯, AUV를 운용하기 위해서는 앞으로 다룰 모든 내용을 충분히 이해하고 스스로 Source Code 등을 수정 가능할 정도가 되어야 한다. 물론, 실제 AUV를 상업적으로 판매할 때에는 운용자의 편의를 위하여 하드웨어와 더불어 소프트웨어를 유연하게 만들어, 수정할 필요가 없도록 하는 기법을 개발, 적용해야 할 것이다.

7.2 Software Architectures와 Mission 프로그래밍

일반적으로 AUV(Autonomous Underwater Vehicle)는 ROV(Remotely Operated Vehicle)과 함께 수중 환경, 지질, 자원 등을 탐사하는 로봇으로서 굳이 우리말로 옮기자면 자율 수중 탐사정이라 할 수 있다. 이와 같이 자율 수중 탐사정은 크게 AUV와 ROV로 분류할 수 있는데 이들 간의 가장 큰 차이점은 Tether Cable의 유무이다. Tether Cable이 있는 ROV는 상황에 따라 모선에 있는 사람이 실시간으로 제어할 수 있는 반면에 Tether Cable로 인한 동적 운동 및 그 활동 범위에 제약을 받는다. AUV는 Launching 이전에 미리 프로그램 된 대로 Mission을 수행하고 복귀한 후에 그 결과를 알 수 있다는 단점이 있지만 상대적으로 활동 범위에 제약을 받지 않는 장점이 있다.

AUV는 탐사 투입 전 미리 작성된 프로그램에 의하여 자항(Self-propelled)되는 수중 탐사정으로 모선에서 AUV의 위치를 추적하도록 음향신호를 발생하면서 각종 탐사 장비를 이용하여 원하는 해저를 탐사할 수 있다. 이 로봇의 주된 역할은 해저면의 탐사에 있으므로 주로 미지의 해저면을 따라 움직이면서 지정된 임무를 수행한다. 그러므로 돌발적인 상황에 대처할 수 있는 능력을 갖추어야 하는데 예로써 장애물 회피 기능을 들 수 있다. 이러한 기능을 수행하려면 먼저 외부의 환경을 감시할 수 있는 장비(센서)와 환경에 대해 적절히 대응하기 위한 제어기가 필요하다. 이와 같이 AUV 제어 시스템은 하드웨어와 소프트웨어가 복합된 것인데 여기서는 소프트웨어에 대한 개념과 알고리즘, 또한 하드웨어와의 인터페이스에 관하여 자세히 기술하였다. 참고로 설계된 제어기에 대한 자세한 내용을 7.4절 제어기 설계에서 기술하였다.

7.2.1 AUV 시스템 구조

AUV 시스템은 모선에 위치하여 AUV와의 정보 교환 및 데이터 분석용으로 이용되는 OC (Operating Computer)와 AUV 자신의 운동을 제어하고 항해, 통신, 외부 환경 및 자세의 측정을 수행하는 두 대의 컴퓨터(AP : Autopilot와 SCC : Sub-Control Computer)로 구성된다. OC와 AP간의 정보 교환은 Ethernet 카드를 이용하고 SCC와 TCM(Termperature & Salinity Meter)과의 정보 교환을 위해 RS232-C를 사용하였다.

AUV를 제어하는 주된 기능은 거의 AP에 의해서 이루어지고 있으며, AD 변환기를 이용하여 AP는 Flux Gate Compass, Pitch Sensor, Rate Gyro로부터 읽어 들인 자신의 자세에 대한 정보를 처리하는 동시에 이차(Secondary)전원 공급 전압, 배터리(Battery Accumulator), 소모 전류를 측정하고 있다. 또한, AP, OAS(Obstacle Avoidance System), 심도 센서(PDV or DS) 및 속도 센서와의 정보 교환을 위하여 특수한 제어기가 사용되고 있다.

2차 전원 공급 장치, PDV, OAS 및 각종 센서들의 전원을 켜고 끄는 기능은 Bit Controller (BC)라 불리는 제어기에 의하여 이루어지고 있는데 이것은 각종 I/O 병렬포트를 모아 놓은 것이다. AP는 또한 시간을 나타내기 위하여 3개의 Timer 보드가 장착되어 있으며 AUV가 탐사 중에 얻은 정보와 내부 시스템의 상태 및 조건에 대한 정보가 HDD에 저장된다.

AP의 업무 처리 기능을 분산시키기 위하여 설계된 다른 컴퓨터가 SCC인데 이 프로세서는 원격 명령을 받아 그에 따른 처리를 RS232-C를 이용하여 AP에 요구하며 TV 카메라 및 Video Recorder, Still 카메라 등을 제어하는 기능이 있다. 원격 명령 제어기에는 여러 개의 Timer를 내장하고 있어 각 명령의 인식 등을 위해 쓰이고 있다.

해수 온도와 전도도는 그 지역 해양에 대한 중요한 자료로 이용되고 있는데, OKPO-6000에서도 이러한 기능을 담당하는 시스템(TCM)이 있고 이 시스템에는 INTEL 8051 마이크로프로세서를 이용하였다. 이 시스템 역시 다른 시스템과는 독립적으로 운영되고 있으며 축적된 정보를 AP에 보내기 위하여 RS232-C를 사용한다.

위에서 언급된 장비들 외에 AUV에는 모터를 제어하는 장비(MCU)와 고전압 전원 공급기(HVC)가 설치되었는데 MCU는 PWM 보드를 통해 AP에 연결되어 4개의 추진 모터를 제어하며 HVC는 Flash Light와 SSS용으로 300V의 고전압을 공급한다.

7.2.2 AUV Autopilot Software Architectures

Monitor 상에서 AP를 구동하기 위하여 작성된 프로그램은 여러 모듈들로 이루어져 있으며 모니터 프로그램(RTM)은 AP와 AUV 운용자 사이의 인터페이스를 제공한다. 이 프로그램은 크게 실시간 제어 시스템(RTCS)과 몇몇의 보조 기능을 구현하는 프로그램들로 이루어져 있다. RTCS는 실제 탐사 모드에서 AUV가 Mission 프로그램을 수행하는 중에 AUV를 감시/제어하기 위한 것이고 나머지 보조 프로그램들은 주로 실험실이나 모선 위에서 AUV의 기능 검사 등을 위해 사용된다.

(1) 실시간 제어 시스템(Real Time Control System)

운항 중에 AUV는 주어진 임무를 수행하여야 하고 센서를 통해 외부 환경을 감지하며 변화에 대해 대처하여야 한다. 또한, AUV는 시스템의 내부 조건(상태)을 계속적으로 감시하면서 이상이 있을 경우에는 그에 해당하는 작업을 수행하게 된다.

AP의 이러한 여러 작업들이 원활하게 진행되기 위해서 동시 작업으로 수행되고 있으며 서로의 자원(Resources)을 공유한다. 이러한 작업을 위해 필요한 기능이 다중 작업(Multi-tasking)과 우선순위(Muti-priority) 메커니즘(Mechanism)이다. QNX OS를 이용하여 만들어진 다중 작업 및 우선순위 실시간 모니터(RTM)는 이러한 모든 요구 조건들을 만족한다(부록 4 참조). QNX는 그 크기가 작음에도 불구하고 기능이 탁월하여 OKPO-6000의 운영 체계로 선택되었다. AUV의 작업과 관련하여 RTCS는 다음과 같은 기능들을 수행하여야 한다.

- 경로와 운동 모드를 형성
- Onboard 연구 장비의 유지
- AUV 시스템 내 각 모듈 사이의 정보 교환
- 각종 센서 및 OAS 데이터 처리
- 전체 시스템의 상태 검사

우선순위가 가장 높은 프로세스는 운동 제어와 센서로부터 입력되는 데이터 처리이다. 모든 프로세스는 주기적으로 수행되며 각각의 수행 시간과 주기가 정해져 있다. 제어에 관련된 프로세스는 수십 밀리초(milliseconds)의 주기로 수행되며 ES(Emergency System)는 수초 단위로, 데이터의 저장과 SCC 관련 작업은 수십 초의 주기로 수행된다. QNX를 이용하여 만들어진 소프트웨어 타이머에 의해서 각 프로세스가 주어진 주기를 갖고 동작된다.

RTCS 프로세스들은 일련의 입력 및 출력 데이터들을 처리하는데 어떤 프로세스의 출력이 다른 여러 프로세스의 입력으로 사용되기도 하며 정적(Static) 변수들에 대한 공유 영역이 있어 데이터 변환이 유기적으로 이루어진다. 프로그램 실행 과정이 실시간으로 이루어지기 위해서 100 ms 단위의 타이머 인터럽트가 일어난 동안에 정보의 교환이 이루어지고 그 결과로

AP는 각 시스템 모듈의 상태 및 제어 코드값을 얻는다. 모터에 전달되어진 제어 코드값은 제어량의 현재와 목표값을 참고로 하여 제어기(Regulator)에 의해 계산된다. 각속도, 피치 및 속도 센서 등을 통해 얻어진 데이터로 AUV의 상대 위치가 결정된다. 또한, 주어진 주기를 갖는 AP로부터 SCC로 전달된 제어 명령에 의해 SCC는 Still Camera, TV Recorder 등을 제어한다.

OKPO-6000 시스템에서 각종 제어는 프로그램 제어 블록(Program Control Block: PCB)을 통하여 이루어지는데, PCB는 RAM 상의 한 영역으로 각속도, 속도, 운동 고도, 각종 장비 운용 모드 등 여러 변수들을 저장하고 있다. RTCS에 포함된 레귤레이터는 매 100 ms 마다 해당 PCB 영역 내의 데이터를 검색하는 동시에 적당한 값을 써 넣는다. 그러므로 AUV의 제어는 적당한 때에 PCB Cell 내의 데이터를 조회하고 새로운 값을 써넣는 과정으로 단순화될 수 있다. MP(Mission Program)에 의해 주어진 임무가 수행되고 그러한 임무는 하나의 함수로 정의되어 있어서 정의된 함수의 매개변수가 RTCS에 전달되고 RTCS는 필요한 작업을 수행하게 된다. 이러한 과정을 볼 때에 MP는 표면적으로(Foreground), RTCS는 내부적으로(Background) 프로그래머가 정의한 인터럽트 핸들러(Handler)에 의해 수행된다고 말할 수 있다.

MP는 RTCS의 어느 한 부분은 아니고 MP가 없다면 제어 시스템은 어떤 일을 수행해야 할지를 모르게 된다. 프로그램이 시작될 때에 RTCS는 MP를 자신의 한 부 프로세스로 만들고 RTCS와 MP간의 통신은 QNX의 메시지 전달 메커니즘에 의해 이루어진다. MP의 각 함수는 특정 메시지를 이용하여 RTCS에 제어 변수 블록을 전달한다. RTCS의 인터페이스 부분에 의해 받아들여진 메시지 블록은 PCB로 보내지고 인터럽트에 의해 관련 프로세스는 PCB의 데이터를 참조하여 작동된다. 작업이 끝나면 제어권이 다시 MP로 넘어가고 RTCS와 MP사이에 작업 동기화(Synchronization)가 일어난다.

가장 중요한 RTCS 모듈 중의 하나가 ES이며 이것은 작업 수행 과정과 AUV의 상태를 감시하기 위한 기능으로 아무런 문제가 없을 때에는 ES와 관련된 메시지가 화면과 해당 파일에 출력되지 않는다. 비정상적인 상황이 발생하면 ES는 MP와 RTCS의 구조를 바꾸는 등 상황에 따른 복구 작업을 수행하게 된다. ES의 기능은 다음과 같다.

- 모든 Onboard 장치에 대한 상태 코드를 검사
- 전원 공급 전압 검사
- 각속도, 속도, 심도, 고도 등을 목표값과 비교
- Tack 실행 시간 및 최대 심도 검사
- 각각의 Onboard 프로세스 실행 시간 검사
- 시스템 실행 시간(Watchdog) 검사

RTCS 구조에는 원격 명령 처리를 위한 프로그램이 포함되어 있는데, 이것은 상대적으로 낮은 우선순위를 가지나 MP에 대한 우선순위보다는 높게 설정되어 있다. APST와 SCC에 의해 감지된 원격 명령에 의해 MP 실행이 멈춰지고 해당 작업이 실행된다. 인터럽트가 걸린 MP는

RC 프로그램이 끝날 때까지 멈춰진 상태로 있게 된다.

AUV의 주 작업 중 하나가 데이터 입력 및 처리이다. 그러므로 이에 대한 효과적인 방법이 필요한데 이러한 기능을 담당하는 프로그램(프로세스)이 Logger이다. 이 프로세스는 RTCS의 한 부분으로, MP에 저장하고자 하는 데이터의 종류와 저장 주기가 정의되며 PCB를 통해 저장된다. 여러 개의 데이터 집합체를 동시에 저장할 수 있다.

RTCS에는 실제 탐사 모드가 아닌 디버깅 모드에서의 운동 시뮬레이션과 데이터 인쇄 등과 같은 특별한 기능이 있다. 모선이나 실험실에서 작성된 MP를 시뮬레이션 시키면 방위각, 심도, 속도, OAS 데이터 등은 일정하게 유지되는 반면에 계측된 현재 값과 MP에서 정의된 목표값 사이에는 큰 차이가 나게 된다. 이렇게 두 값 사이의 차가 클 경우에는 ES에 의해 프로그램 수행이 멈추게 되어야 하나 실제 모드가 아니므로 이러한 상황을 피하도록 프로그램이 설계되어야 한다. 즉, 계측된 실제 값을 임의로 조작된 다른 값으로 대치시키게 되는데, 이 값은 제어기에 의해 생성된 제어 코드를 참고로 하여 시뮬레이션된 값이다.

데이터를 프린트하는 프로그램은 일반적으로 제어 기능은 아니지만 RTCS의 한 부분으로 구성되어 있고 화면에 출력되는 센서 데이터를 이용하여 센서 보정(Calibration) 및 검사를 수행할 수 있다.

RTCS의 여러 부 프로세스를 포함한 블록도를 그림 7.1에 나타내었다.

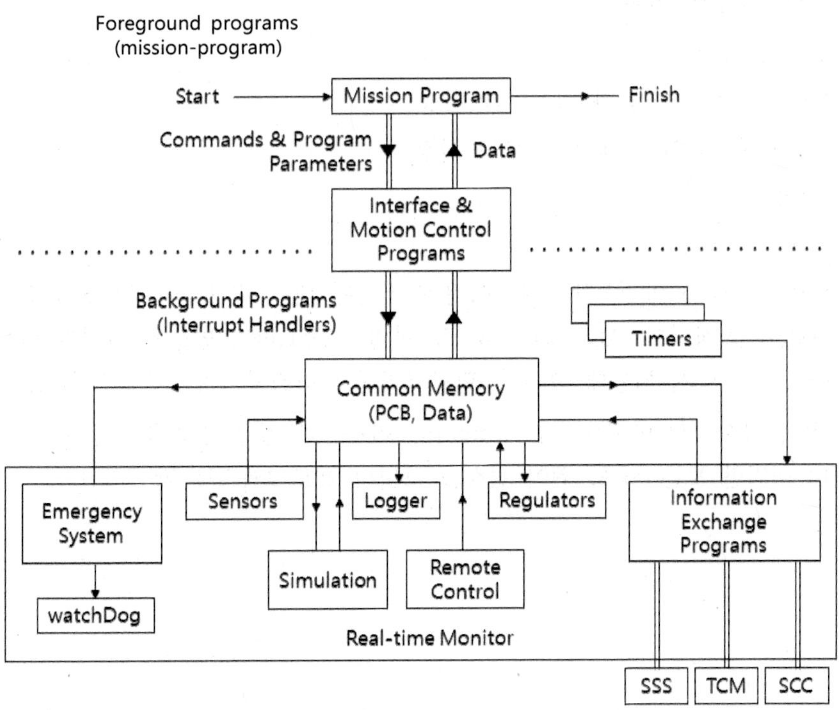

그림 7.1 RTCS Block Diagram

TCM, SSS(Side Scan Sonar)와 SCC에서 운용되는 소프트웨어들은 각각의 프로세서에서 독립적으로 실행된다. 주어진 임무를 수행하면서 SCC의 도움이 필요할 때에 AP는 변환 프로그램을 이용하여 SCC에 명령 및 데이터를 전달하고 그에 대한 상태 코드값을 넘겨 받는다. TCM과 SSS 소프트웨어는 특정 프로세서 블록의 EPROM에 저장되어 있다.

(2) 모니터 프로그램과 보조 프로그램

모니터 프로그램은 AP 소프트웨어와 함께 작업의 편리함을 제공하며 다음과 같은 기능을 수행할 수 있도록 구성되어 있다.

- 실제 탐사 모드, 디버깅 모드 및 시뮬레이션 모드로 MP를 실행
- Onboard 장비 시험
- 작업 수행 중 발생하는 AUV 상태, ES 메시지, 센서 데이터, 배터리 전압 등 여러 정보를 OC에 전달
- RTCS 구조 수정

모니터 프로그램은 메뉴 방식으로 되어 있으며 이에 관한 자세한 내용은 7.3절의 Operator Manual 부분을 참조하기 바란다. MP 프로그램이 시작되기 전에 시스템이 초기화되는데 다음과 같은 일련의 작업이 일어난다.

- RTCS 설정 검사
- RTCS의 부 프로세스들과 타이머를 생성
- Onboard 장비들의 초기 작동 모드 설정
- MP 생성

MP가 실행되는 중에 발생하게 되는 여러 사건들에 대한 정보들이 RTCS에 의해 특정 파일(Blackbox.txt)에 저장되어, AUV 회수 후 그 파일을 참조하면 발생된 사건과 발생 시각 등에 대한 정보를 알 수 있게 되는데, 이것은 항공기의 블랙박스와 같은 기능을 한다.

때로는 실제 탐사 모드에서도 Still Camera, SSS 등과 같은 장비를 사용하지 않으려 할 경우가 있는데 이러한 모든 소프트웨어 설정을 모니터 프로그램으로 할 수 있다.

7.2.3 Sub-control 컴퓨터 구동용 소프트웨어

SCC 소프트웨어는 원격 명령 인식 및 정사진, 비디오를 이용한 동영상 기록과 관련된 여러 작업을 통합 관리하는 프로그램으로 AP 소프트웨어와는 다른 구조로 이루어졌다. AP의 운영 체제로 QNX를 쓰고 있는 것과는 달리 SCC에서는 ROM-DOS를 이용하였다. AP프로그램을 "Master"라고 하면 SCC 프로그램은 "Slave"라고 할 수 있고 SCC 관련 작업은 AP 프로그램에 의해 결정된다. 즉, 통신 채널을 통하여 AP로부터 보내진 명령에 의해 SCC 제어가 이루어진다. 이에 대한 응답으로 SCC는 AP에 상태 코드 또는 어떤 원격 명령을 받았다는 내용을 전달한다. 평상시 SCC는 AP의 명령을 계속 기다리는 상태로 있게 된다.

SCC 프로그램을 계통적으로 분석하여 보면 AP로부터의 명령을 주기적으로 검사하는 부분과 비디오 및 Still Camera 등과 같은 장비를 제어하는 부분이 Foreground로 실행되고 인터럽트에 의한 원격 명령 인식 및 정보 교환용 프로그램이 Background로 수행된다. SCC 소프트웨어 계통도를 그림 7.2에 나타내었다.

모선의 TA(Towed Array)를 통해 원격명령이 주어지면 AUV의 음향송수신기(APSU)가 신호를 수신하게 되고 원격 명령 인식기(RC Detector)의 Synchronous Detector(신호와 잡음이 혼합된 형태의 Envelop을 출력)와 Comparator(Noise를 줄이기 위해 Threshold와의 비교 기능)를 거쳐 나오는 신호의 Duration을 매 6.104 ms 마다 일련의 Code로 바꾸어 컴퓨터 메모리에 저장한다. 프로그램은 Filtering, Recognition 및 자동 Threshold 조정을 통해 원격명령을 인식하게 된다. 매 1초마다 SCC는 수신된 원격명령을 AP로 전달한다.

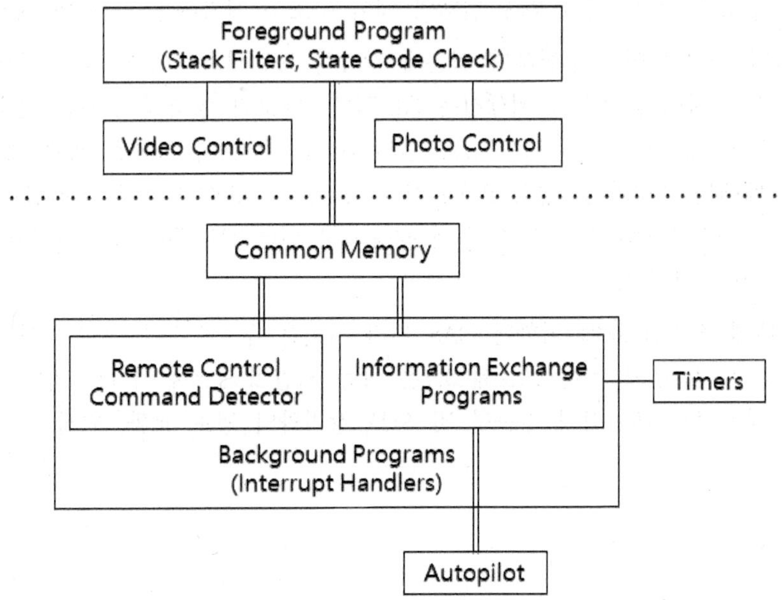

그림 7.2 SCC 소프트웨어 계통도

7.2.4 Real Time Monitor(RTM)

RTCS의 기본이 되는 실시간 모니터(Real Time Monitor: RTM) 프로그램으로 RTCS의 모든 프로세스들을 실행시키고 상호작용을 조직화한다.

(1) RTM의 주요 기능

RTM은 여러 타이머 프락시 핸들러(Proxy Handler)로 나타내어지며 새로운 프로세스를 생성시키고 소프트웨어 타이머를 각각의 해당 프로세스와 연결시키는 작용을 한다. 이 프로그램이 실행되면 여러 과정이 일어나는데 먼저, 이미 생성되어 있는 제어 구조를 제거시킨다. 그 다음 과정으로 RTM은 여러 자식 프로세스들을 초기화시킨다. 이 과정은 프로그램 내에 프로세스의 이름, 우선순위 및 실행 주기 등으로 정의되어 있는 표를 참조하여 일련의 작업이 진행되며 각각의 자식 프로세스는 그 표에 따라 우선순위를 할당받는다. 그림 7.3에 이러한 과정을 나타내었다.

다음 과정으로 각각의 프로세스 내부에서 타이머가 생성되며 생성된 타이머는 프락시 생성 모드에서 사용된다. 레귤레이터를 비롯한 각각의 프로세스들이 주기적으로 실행되며 실행되기까지 해당 메시지를 기다린다. 어떤 프로세스를 실행시키기 위해 해당 타이머의 프락시가 사용되며 그와 동시에 받은 메시지를 검사하여 그것이 타이머 프락시이면 CPU 제어권이 프로세스의 함수 몸체로 넘겨지게 되고 실행된 후에는 메시지를 기다리는 지점으로 되돌아간다. 그러나 메시지를 기다리는 프로세스가 없다면 RTM의 자식 프로세스는 끝나게 되는데 이것은 새로운 제어 구조를 생성시키기 위해 현재의 제어 구조를 제거하는 것을 의미한다.

RTM에는 몇 개의 데이터 집합체가 있는데 각각의 프로세스 자신의 국부 데이터 집합을 갖는다. 프로세스들 사이의 통신을 위해서는 GDT라는 메모리 영역에 위치한 글로버 데이터 세그먼트를 이용하는데 이 세그먼트는 프로그램의 “main" 부분이 시작될 때에 해제되며 RTM이 다시 시작될 때에는 변하지 않는다. 또한, 이 세그먼트는 ADC와 같은 인터럽트가 발생되었을 때 인터럽트 핸들러가 데이터를 읽기 위해 사용되며 인터럽트 핸들러는 초기화 과정 중에 적당한 프로세스에 부착된다.

프로그램 내에 정의된 표에 의하면 OAS 처리 작업은 우선순위가 가장 높게 설정되어 있으며 일반적으로 우선순위가 높은 프로세스들은 작동 시간이 1 ms 이하로 짧다. 우선순위가 가장 낮은 프로세스로는 데이터의 입출력 및 외부 장비와의 정보 교환, 원격 명령 처리와 ES가 있다.

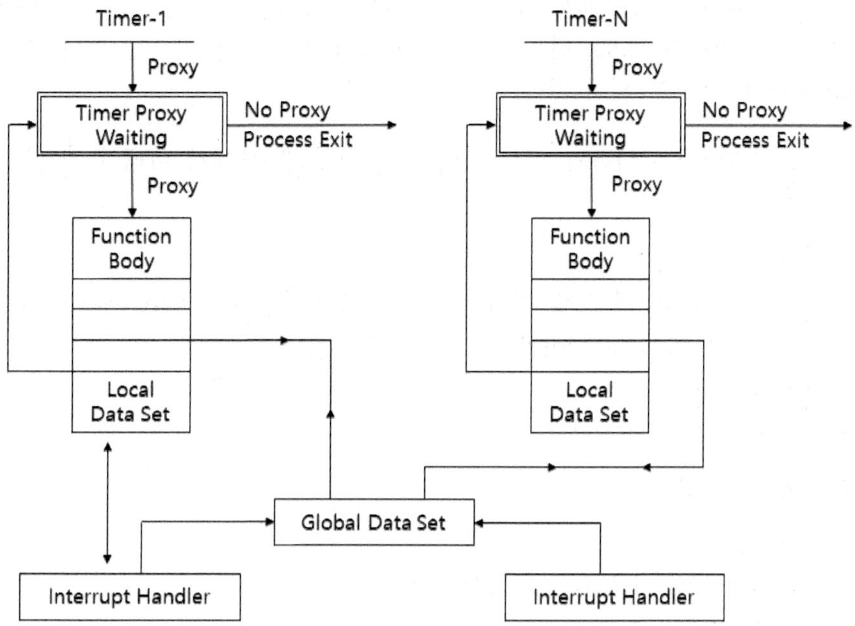

그림 7.3 RTM 프로세스 생성

언급했던 내용 중 몇 가지를 요약하면 다음과 같다.

- 프로세스가 어떤 이유로 인하여 할당된 시간 동안에 실행되지 못하면 프로세스는 자기 자신에게 인터럽트를 걸지 못한다. 즉, 다른 프로세스의 실행을 막고 다시 시작시키려 할 수 없게 된다.
- 프로세스 자신의 호출 시간 동안 실행되어야 하며 그렇지 않으면 우선순위가 낮은 프로세스들은 실행되지 못하게 된다(Frozen). 이러한 상황이 발생하면 ES나 Watchdog이 작동된다.

RTM 운영은 호출 프로그램 모듈에 관하여 정의되어 있는 프로그램 내의 표에 의하여 조정되는데 표의 각 행에 다음과 같은 정보가 정의되어 있다.

- 프로그램(실행되면 프로세스)의 이름
- 프로그램 호출 주기
- 프로그램의 우선순위와 스케쥴링 전략
- 프로그램에 대한 간략한 내용
- 프로그램 실행이 요구될 때 RTCS 구조에 포함되어 있는가의 여부
- 모니터 프로그램의 메뉴 상에서 해당 프로그램의 설정 값을 바꿀 수 있는 가의 여부,

즉, 프로그램을 제어 구조에서 활성화시키거나 비 활성화시킬 수 있는 옵션으로 예를 들어, 100 ms 타이머 프로그램은 시간 제어 문제에서 가장 기본이 되는 기능이므로 비 활성화시킬 수 없도록 되어 있다.

RTM의 부 프로그램들은 다음과 같으며 이들은 프로그램 내에서 아래와 같은 표로 정의되어 있다.

- MP의 시뮬레이션
- 방위각, 피치각, 속도, 방위 및 피치 각속도 등을 이용한 Onboard Navigation
- 속도, 방위, 심도 및 고도 제어기
- 원격 명령 처리기
- 데이터 저장
- ES(Watchdog 포함)
- OAS와 측심기
- Onboard 장비 구동기(Drive) 및 정보 교환

```
STR_TAB   TB_BLD[] = {
{OAS, 15, SCHED_FIFO, 1, (int*)offsetof(RTM,OAS_C),        "OAS call          ", 1, 1},
{C100, 15, SCHED_OTHER, 1,(int*)offsetof(RTM,C100_C),      "100 ms count    ", 0, 1},
{RNAV, 14, SCHED_RR, 1, (int*)offsetof(RTM,RNAV_C),        "Navigation      ", 1, 1},
{REGUL, 14, SCHED_RR, 1, (int*)offsetof(RTM,REGUL_C),      "Regulators      ", 1, 1},
{E_BUD, 13, SCHED_RR, 1, (int*)offsetof(RTM,E_BUD_C),      "Motors control ", 1, 1},
{E_BC, 13, SCHED_RR, 1, (int*)offsetof(RTM,E_BC_C),        "Bits controller", 1, 1},
{AK_IN, 12, SCHED_OTHER, 1, (int*)offsetof(RTM,AK_IN_C), "Logger            ", 1, 1},
{KAS, 13, SCHED_OTHER, 5, (int*)offsetof(RTM,KAS_C),       "Emergency programs", 1, 1},
{WTRDISK, 11, SCHED_OTHER, 1, (int*)offsetof(RTM,WTRDISK_C), "HDD writer      ", 1, 0},
{WTRDAT, 11, SCHED_OTHER, 10, (int*)offsetof(RTM,WTRDAT_C), "Information print", 1, 1},
{RC, 10, SCHED_OTHER, 1, (int*)offsetof(RTM,E_RC_C),       "RC interpreter ", 0, 1},
{C100, 12, SCHED_RR, 60, (int*)offsetof(RTM,E_TCM_C),      "TCM work          ", 1, 0},
{E_SSS, 12, SCHED_RR, 20, (int*)offsetof(RTM,E_SSS_C),     "SSS work           ", 1, 1},
{E_CC, 12, SCHED_OTHER, 10, (int*)offsetof(RTM,E_CC_C),    "Control Computer ", 1, 1},
{C100, 12, SCHED_RR, 10, (int*)offsetof(RTM,E_VIDEO_C),    "VIDEO recorder    ", 1, 0},
{C100, 12, SCHED_RR, 10, (int*)offsetof(RTM,E_PHS_C),      "Still camera      ", 1, 0},
{0} } ;
```

위 표에서 각 필드의 의미는 다음의 구조체와 같다.

```
typedef struct {
            void (*func)(int P)        ; // 프로세스 이름
            int prio;                  ; // 프로세스의 우선순위
            int sched;                 ; // 프로세스의 스케쥴링 방법
            int per                    ; // 호출 주기
            int far* work              ; // 프로그램 주소
            char *mes                  ; // 메세지
            int ques                   ; // RTM 메뉴로부터의 수정 가능 여부
            int creat                  ; // 프로세스 생성 여부
        }STR_TAB
```

각 프로세스의 스케쥴링 방법과 우선순위를 다음 표에 정리하였다.

Process	Scheduling Policy	Priority
OAS Handling	FIFO	15
100 ms Counter	Adaptive	15
Navigation Sensors Handling	Round Robin	14
Regulator	Round Robin	14
Motors Control	Round Robin	13
Bits Controller	Round Robin	13
Emergency System	Adaptive	13
Logger	Adaptive	12
SSS Handling	Round Robin	12
Control Computer	Adaptive	12
Information Print	Adaptive	11
RC Interpreter	Adaptive	10
HDD Writer	-	-
TCM Work	-	-
VIDEO Recorder	-	-
Still Camera	-	-

(2) RTM의 구조

여기서는 RTM의 각 프로세스들과 데이터 교환 구조에 대해 자세히 기술하고자 한다.

① OAS 프로그램과 인터럽트 핸들러는 가장 높은 우선순위(15)로 설정되었으며 OAS의 경우에 거리 측정용 5개의 소나 센서는 100 ms 하드웨어 타이머 인터럽트에 의해 Polling 방식으로 작동한다. OAS가 작동하면서 얻은 데이터(Sonars gain array, Amplitude detectors voltages array, Distance array, Filtered distances array)를 보관하기 위하여 GDT 세그먼트를 사용한다. 데이터 중에서 Filtered distances array만 제어기에서 사용되며 나머지 데이터는 Logger에 의해 참고용으로 저장된다.

② Navigation 프로그램은 우선순위를 14로 설정하였으며 계산된 방위각, 피치각, 방위 및 피치 각속도와 좌표를 GDT 세그먼트에 저장한다. 또한 이 프로그램은 항해용 센서들의 ADC 채널 데이터를 읽기 위해 ADC 인터럽트 큐(Queue)를 초기화시킨다.

③ 제어기(Regulator) 프로그램의 우선순위는 14이며 이 프로그램 역시 GDT 세그먼트를 사용하여 모터 제어 코드값과 방위각, 심도 또는 고도들에 대한 계산 오류와 같은 데이터를 저장한다. 운동 시뮬레이션 프로그램은 제어기 프로그램의 서브루틴이며 입력 변수는 PCB에서 읽고 시뮬레이션된 출력 값은 GDT 세그먼트에 두어 그 결과를 제어기와 ES가 사용한다.

④ 모터 제어 프로그램의 우선순위는 13이며 제어기로부터의 제어 코드값을 GDT 세그먼트에서 읽고 몇몇 데이터를 GDT 세그먼트에 쓴다.

⑤ 비트 제어기(Bits Controller)는 I/O 포트 접근 횟수를 최소화시키기 위해 설계되었으며 이것에 의해 모든 프로그램은 I/O 처리를 위해 포트에 직접 접근하지 않아도 해당 데이터를 읽고 쓸 수 있다. 이 프로그램은 데이터를 GDT 세그먼트에 보관하는데 정의된 시각에 데이터를 다시 읽어 해당 포트에서의 값과 비교하여 두 값이 일치하지 않으면 I/O 처리를 수행한다.

⑥ SSS 프로세스는 데이터를 버퍼링하기 위해 GDT가 아닌 국부 데이터 세그먼트를 이용하여 HDD에 저장한다. 이 프로그램 역시 SSS 인터럽트 핸들러에 의해 인터럽트 서비스가 처리된다.

⑦ Logger 프로그램은 GDT 세그먼트를 사용하나 단지 데이터를 읽기만 한다. MP의 요구에 의해 GDT로부터 데이터를 읽어 파일에 저장한다.

⑧ RTM에는 TCM 프로세스가 정의되어 있지 않으나 RTM에 의해 해당 인터럽트가 걸려 독립적으로 운영되는 TCM 프로세서를 이용하여 해당 프로그램이 작동한다. TCM 인터럽트 핸들러는 부모(Parent) 프로세스 환경에 붙어(Attach) 있고 해수 온도, 전도도 등의 데이터를 GDT 세그먼트에 보관한다.

⑨ SCC 프로세스는 SCC 작동을 위한 것으로 정해진 주기에 따라 SCC에 명령과 해당 데이터를 전달하며 SCC로부터 원격 명령에 대한 정보 및 SCC 상태 코드를 읽어 온다.

⑩ ES는 AUV 시스템 중에서 가장 중요한 시스템의 하나로서 최대한의 안전도를 가져야 한다. ES는 해당 데이터를 GDT 세그먼트로부터 읽고 해당 프로세스의 입력으로 사용하며 모든 PCB 정보, 항해 정보 및 장비 상태 코드값을 참조한다. 또한, 이 프로세스는 ADC 채널로부터 전압을 참조하기 위해 ADC 인터럽트 큐를 초기화시킨다. ES만이 CPU의 Watchdog에 접근할 수 있다. ES에 관해서는 뒤에 자세히 서술할 것이다.

⑪ HDD Writer는 현재 Version에선 프로세스가 아니며 단순히 “write()” 함수를 이용하여 HDD에 정보를 저장하는 역할을 한다.

⑫ 정의된 정보를 프린트하는 목적으로 만든 “Information Print" 프로세스는 모든 해당 정보를 GDT 세그먼트로부터 읽어 화면에 출력하며 우선순위는 낮게 설정되어 있다.

⑬ 원격 명령 처리 프로세스 역시 RTM의 한 부분으로 몇 가지 특징을 가지고 있다. 원격 명령의 처리는 다음과 같은 과정으로 수행된다.

- 현재의 PCB(MP의 현재 상태)를 저장
- 자식 프로세스가 생성되고 CPU 제어권이 MP로부터 해당 프로세스로 넘겨진다. MP는 HELD 상태로 된다. 원격 명령을 처리한 시점에 다른 원격 명령이 감지되면 다시 인터럽트가 걸려 해당 프로세스를 실행시킨다. 그러므로 원격 명령은 스택(Stack)에 누적되지 않는다.
- 원격 명령이 수행되고 나면 저장되어 있던 PCB가 복구되며 SIGCONT 신호에 의해 제어권이 MP로 넘겨진다.

7.2.5 MISSION 프로그램

(1) 로봇 제어 프로그래밍 시스템

AUV가 수행할 작업을 MP에 정의하려 할 때에 작업에 관련된 모든 기능을 함수 형식으로 만들어 놓아 AUV를 운용하는 사람으로 하여금 관련 제어 시스템에 대한 자세한 정보를 모르더라도 해당 함수 사용법만을 알면 AUV를 제어할 수 있도록 해석적인 프로그래밍 기법을 사용하였다. 또한, C 언어를 이용하여 복잡한 AUV 제어 과정을 단순한 몇 개의 함수(로봇 제어 언어)로 만듦으로써 AUV 운용자가 비교적 쉽고도 빠르게 AUV의 성능을 시험할 수 있도록 구성되었다.

AUV를 이용하는 목적을 생각해 보면 해저면의 지형, 해저 자원 분포, 가라앉은 물체 등을 탐사하는 것이 대부분이고 이를 위해서는 AUV가 해저면을 따라 일정 고도에서 운항해야 하는 것이 보통이다. 그러므로 이러한 고도유지 운항 모드를 OKPO-6000의 기본 함수 원형으로 정의하여 쉽게 MP를 작성할 수 있도록 하였다. 즉, 운항 속도, 운항 고도 및 방위각만을 함수의 매개변수로 정의하면 고도유지 운항 모드를 실현시킬 수 있게 된다. 이러한 일정 고도 운항 모드를 유지시키기 위해서는 음향 센서의 도움이 반드시 필요하다.

(2) 프로그래밍 언어

앞에서 언급한 바와 같이 AUV의 임무를 기술하는 것은 해당 함수와 관련 데이터를 로봇 프로그래밍 언어를 이용하여 MP에 작성하는 일이라고 생각할 수 있다. C 언어로 작성된 MP 내에 해당 임무에 대한 함수를 연속적이고 순차적인 일련의 과정으로 나열한다. 이러한 과정에 대해 if와 switch 구문을 이용하여 조건을 명시하고 분기할 수 있으며 while과 do 구문을 이용하여 반복 작업을 수행시킬 수 있다.

MP에는 운항에 관련된 프로그램과 장비 운영 프로그램들이 포함되어 있는데 전자에는 AUV의 궤적을 형성하는 각각의 Tack 수행시간과 관련 매개변수들이 정의되며, 후자에는 전자를 참고로 하여 필요한 Onboard 장비 관련 작업이 자세히 기술되나 운동 프로그램과 별개로 수행될 수는 없다.

여러 시스템 프로세스와 MP에 정의된 프로세스들은 로봇 운동제어, Onboard 장비 관리와 외부 환경의 인식을 위한 센싱 그룹으로 크게 나눌 수 있다.

첫 번째 그룹은 RTCS 내부의 매개변수를 이용하여 한번의 Tack을 기술하는 방위각, 속도, 심도, 고도 및 다른 값들을 전달하는 함수들이다. 이들은 C 언어로 다음과 같은 함수 원형을 갖는다.

a) MP 시작 조건

```
void DIVING(int time, float depth, float altitude) ;
```

여기서, "time"은 프로그램이 시작될 때까지 기다리는 지연 시간이고, "depth"는 프로그램이 시작되는 심도를, "altitude"는 시작 고도를 나타낸다.

MP는 두 가지 다른 조건으로 시작될 수 있는데 하나는 AUV가 물속으로 잠수를 시작한 후 정해진 시간이 지나면 시작되는 조건이고, 다른 하나는 정해진 심도에 도달하면 MP가 시작되는 조건이다. 후자의 방법에서 함수에 정의되는 고도값은 응급상황을 대비하는 값이 되는데 아무런 정보도 없는 바다 속으로 잠수할 때에 갑자기 해저면이나 장애물이 나타날 것을 예비한 것으로 이때에는 주어진 고도에서 MP가 시작된다.

MP 시작 모드는 DIVING(...) 함수에서 첫 번째 변수에 의해 결정되어지며 이 값이 0이 아닐 경우에만 그 값이 지연시간을 나타내고 이후의 두 개의 값이 의미가 없어지며 0이면 두 값에 의해 MP가 시작된다.

b) 주어진 방향으로의 Tack

```
void GALS(int tack_time, float heading, float velocity,
          int stab_mode, float altitude_depth) ;
```

c) 좌표로 주어진 지점으로의 Tack

```
void GALS_XY(float X, float Y, float speed, int stab_mode, float altitude_depth) ;
```

d) 거리와 방향이 주어진 Tack

```
void GALS_DXY(float distance, float heading float speed,
              int stab_mode, float altitude_depth) ;
```

여기서, "tack_time": 초단위의 Tack 실행 시간
"distance": 거리(m)
"heading", "velocity": 방위각(Degree)과 속도(m/s)
"X", "Y": 목표 지점의 좌표(m)
"Stab_mode": 수직면 상에서의 운동 모드
※ 고도유지 모드(Altitude Stabilization Mode, ASM)와 심도유지 모드(Depth Stabilization Mode, DSM)가 있다.
"altitude_depth": 고도/심도(운동 모드에 따라)

위 함수를 이용하면 원하는 임의의 AUV 운동 궤적을 만들 수 있다.
두 번째 그룹의 프로세스들은 Onboard 장비 관리와 관계되어 있고 다음과 같은 종류가 있다.

e) 제어기 출력을 고려하지 않는 직접 제어

```
void DIRECT_CONTROL(float Tx, float My, float My) ;
```

여기서, "Tx" : 전진 방향 힘(N),
"My" : 수평 모멘트(N*m),
"Mz" : 연직 모멘트(N*m).

세 개의 매개변수 값이 0이 아니면 그 값이 해당 제어기 매개변수로 쓰이고 0인 변수에 대해서는 직접 제어를 적용할 수 없다.

f) 수평면 상에서의 제어 보정

void DIN_HORIZON_CHAN(float Kp, float Kd, float Ks) ;

g) 수직면 상에서의 제어 보정

void DIN_VERT_CHAN(float Kp, float Kd, float Kdd, float Ks) ;

주어진 값이 0이 아닌 각 변수는 PID 제어기의 계수가 된다.

h) SSS 운용

void SSS(int on_off, char* name) ;

"Name" : SSS 정보 저장용 파일 이름

여기서, "on_off" : 0이 아닐 경우에는 정보 압축비로서 1, 2 또는 4를 사용하고 값이 클수록 압축이 많이 되는 것을 의미한다. 0일 경우에는 SSS를 끄는 것을 의미한다.

i) Photo 시스템 운용

void PHS(int period) ;

여기서, “period"는 PHS 작동 주기(sec)이고 값이 0이면 PHS를 끈다.

j) 비디오 카메라 작동

void VIDEO(int rec_on_off, int light_on_off) ;

여기서, “rec_on_off"는 비디오 녹화기 사용 여부이고 ”light_on_off"는 TV Light 사용 여부에 대한 옵션이다.

k) 데이터 저장

void LOG_ON(int num, char* name, int period, int param1,... int ENDPAR) ;

여기서, "num": Logger 채널 수(0~2)

"name": Logger 채널에 대한 파일 이름

"period": 0.1초 단위의 샘플링 시간

"paramN": 파라미터 인식자 (Logger 하나에 파라미터 26개 이하)

"ENDPAR": Termination constant

N번째 채널에 대한 Logger 프로세스를 끝내려면 "period"에 0을 넣어 준다. 각 파라미터들에 대한 정의는 다음과 같다.

ENDPAR	Parameter string delimiter	MAX4	RC max-4
V	AUV velocity	MAX5	RC max-5
FI	Heading	MAX6	RC max-6
PSI	Pitch	MAX7	RC max-7
FIP	Heading rate	MAX8	RC max-8
PSIP	Pitch rate	MAX9	RC max-9
St	Integrated way	DDIF	Horizontal sonars control addition
H	Current depth	SDDIF	Integral of horizontal sonars control addition
SDFI	Heading difference integrator	SDH	Depth difference integral
T	Environment temperature	SDPSI	Pitch difference integral
R	Environment conductivity	ALT	Altitude
DF	Forward sonar distance	KUF	Forward sonar gain
DL	Left sonar distance	ADF	Forward sonar amplitude
DR	Right sonar distance	CDF	Forward sonar distance(Filtering되지 않은 값)
DS	Slope sonar distance	KUS	Slope sonar gain
DD	Downward sonar distance	ADS	Slope sonar amplitude
DFI	Heading difference	CDS	Slope sonar distance(Filtering되지 않은 값)
DPSI	Pitch difference	KUD	Down sonar gain
DH	Depth difference	ADD	Down sonar amplitude
X	AUV X-coordinate	CDD	Down sonar distance(Filtering되지 않은 값)
Y	AUV Y-coordinate	KUR	Right sonar gain
IB	Discharge current	ADR	Right sonar amplitude
TX	Tx force	CDR	Right sonar distance(Filtering되지 않은 값)
MY	My moment	KUL	Left sonar gain
MZ	Mz moment	ADL	Left sonar amplitude
MCCB	Bottom motor control code	CDL	Left sonar distance(Filtering되지 않은 값)
MCCR	Right motor control code	V24MB	Main battery voltage
MCCU	Upper motor control code	SFVD	Forward sonar range(상수 T로 filtering된 값)
MCCL	Left motor control code	SEABED	Depth of sea bed
LEVEL	RC threshold	SINFI	Heading sine component
NOISE	RC noise	COSFI	Heading cosine component
MAX0	RC max-0	SFLEFT	Left sonar range(상수 T로 filtering된 값)
MAX1	RC max-1	SFRIGHT	Right sonar range(상수 T로 filtering된 값)
MAX2	RC max-2	PDVFREQ	Depth sensor raw frequency
MAX3	RC max-3		

l) Blackbox.txt 파일에 메시지 저장

```
void MESSAGE(char* format,....) ;
```

이 함수는 C 언어의 printf 함수 구문과 같다.

m) 원격 제어 명령 처리

```
void RC_CTRL(int on_off) ;
```

세 번째 그룹은 운동 매개변수들의 현재값과 외부환경 조건에 대한 정보를 얻기 위해 사용되는 함수들이 포함된다.

n) 현재 좌표를 얻음

```
void XY(float* X, float* Y) ;
```

o) 현재 AUV 속도

```
float VC(void) ;
```

p) 방위각, 피치 및 롤의 현재값

```
void ANGLES(float* heading, float* pitch, float* roll) ;
```

q) 방위각과 피치각의 현재 각속도

```
void ANGLES_RATE(float* heading, float* pitch) ;
```

r) 해수 온도

```
float TE(void) ;
```

s) 해수의 전도도

```
float RE(void) ;
```

t) 전방 소나

```
float FDF(void) ;
```

u) 하방 소나

```
float FDD(void) ;
```

v) 우측 소나

float FDR(void) ;

w) 좌측 소나

float FDL(void) ;

x) 전하방 소나

float FDS(void) ;

y) AUV 수심

float DEPTH(void) ;

(3) RTCS와 MP 사이의 상호작용

앞에서 언급하였듯이 MP 프로세스는 RTCS에 의해 요구되어 RTCS의 자식 프로세스로서 실행된다. 자식 프로세스인 MP와 부모 프로세스인 RTCS 사이의 정보 전달은 다음과 같이 설명될 수 있다.

① RTCS는 MP에 제어권을 넘긴다. 이 때에 RTCS는 백그라운드로 계속 수행되며 MP로부터의 메시지를 기다린다.

② MP가 실행되기 시작하여 주어진 작업을 수행하는데 로봇 프로그래밍 언어가 실행될 때에는 RTCS에 적당한 메시지를 보낸다. 메시지에는 함수의 어트리뷰트(Attribute)와 매개변수가 포함되어 있다. 이후에 MP는 SEND-expectation 상태로 분기(Switch)된다.

③ RECEIVE 상태로 있는 RTCS와 MP 사이의 인터페이스 모듈은 MP로부터 메시지를 받아 메시지의 어트리뷰트에 따라 Tack 실행 프로그램과 같은 프로그램에 제어권을 전달하고 PCB에 해당 데이터를 저장한다. 이때에 MP는 REPLY-expectation 상태로 분기된다.

④ 요구된 MP의 임무가 완결되면 제어권이 인터페이스 모듈로 넘겨지고 MP에 대한 "Answer-back" 메시지를 만든다. 이후 RTCS의 인터페이스 모듈은 RECEIVE 상태로 분기된다.

⑤ MP가 RTCS로부터 메시지를 받고, 받은 정보에 따라 다음 로봇 프로그래밍 언어(함수 또는 미션)가 나타나기 전에 해당되는 일을 수행한다. 그 후 b)번 항목 이후의 과정을 반복한다.

MP가 완전히 끝나면 제어권은 다시 RTCS로 넘겨지고 자식 프로세스는 종결된다. 이때에 RTCS는 MP가 완전히 종결되었다는 메시지를 출력하고 AUV 부상용 프로그램을 작동시킨다.

(4) Mission 프로그래밍의 예

AUV가 수심 4,500 m나 고도 50 m에서 MP을 작동하여 SSS(고도 20 m 이상에서)와 사진 촬영(고도 2~3 m에서)을 하는 MP를 작성하면 다음과 같다.

```
#include "mission.h"
void MISSION(void)
/*******************************************
*     Program for SSS and Photos-Filming     *
*******************************************/
{
      int j ;
      float fit, ht ;

    DIVING(0,4500,50) ;            // 수심 4500 m나 고도 50 m가 될 때까지 잠수

    /* 1. 사각형 궤적을 돌며 고도유지 모드에서 SSS를 이용한 작업 수행 */
    MESSAGE("Square with SSS\n") ;
    SSS(4,"sss.dat") ;             // SSS is ON
    fit=45. ;                      // 사각형 궤적의 첫 번째 Tack 방향
    ht=20. ;                       // 고도 20 m
    for (j=0; j<4; j++) {
          GALS(4*60,fit,0.7,ASM,ht)
          fit+=90. ;
    }
    SSS(0,0) ;

    /* 2. PHOTO */
    LAB(2) ;
    ht=3. ;                        // 고도 3 m
    GALS(2*60,fit,0.7,ASM,ht) ; // 고도 3 m로 이동
```

```
    MESSAGE("Square with photo\n") ;
    PHS(10) ;                    // 10초 주기로 사진 촬영/
    for (j=0; j<4; j++) {
        GALS(4*60,fit,0.7,ASM,ht) ;
         fit+=90. ;
    }
    PHS(OFF) ;

    /* 3. MP 시작 지점으로 되돌아 감 */
    LAB(3) ;
    ht=5 ;
    GALS_XY(0,0,0.7,ASM,ht) ;
}
```

7.2.6 응급상황 대처 시스템(ES, Emergency System)

ES은 AUV가 수중에서 항해할 때에 일어날 수 있는 응급상황에 대처하기 위해 호출된다. 일반적인 위험 상황은 다음과 같다.

(1) 수압

수압에 의해 압력용기로 해수가 스며들거나 압력 보정을 위한 튜브 내의 오일이 유출되면 해수에 의해 전기/전자 장비가 심하게 손상을 입게 된다. 그러므로 ES의 주 기능의 하나가 이러한 해수 유입과 오일 유출 상황을 감시하는 것으로 이를 위해 각 압력용기 내부에는 해수 감지용 센서가, 압력 보정기 내부에는 오일의 양을 알아보는 게이지가 설치되어 있다.

(2) 전기

AUV는 하나의 전기/전자 장비이므로 모든 장비에 전압이 적절히 공급되어야 하므로 공급되는 전압 레벨을 감시할 필요가 있다.

(3) 소프트웨어나 시스템 오류

로봇 프로그래밍 언어나 AP 시스템 프로세스에 이상이 발생할 수도 있으며 이러한 상황을 막기 위해 하드웨어 이상 유무 검사와 더불어 소프트웨어에 의한 오류 검사도 필요하다.

MP의 실행에는 영향을 주지만 시스템의 안전을 위협하는 상황은 발생하지 않는 경우도 있는데 이러한 상황 또한 낭비의 원인이 되므로 예방되어야 한다.

- 탐사 전이나 후에 MP에 의해 주어진 모든 작업의 완결성을 평가하여야 한다. 평가를 위한 지침은 여러 가지로 무엇보다 먼저 AUV의 운동변수를 검사하여야 하는데 좋지 않은 제어 능력으로 인해 수행되는 작업이 무의미해 지기 때문이다. 또한, 카메라 시스템의 정상 작동 여부도 검사되어야 하는데 이들 시스템이 프로그램에 따라 켜지고 꺼지는가를 확인해야 한다.
- AP는 특성상 AUV의 정상 운항에 큰 영향을 미칠 수 있는 프로세스의 실행시간을 검사하여야 한다. 이러한 프로세스로는 ADC, Tack 실행 시간과 각 프로세스 사이의 정보교환 프로세스 등이 있다.

일반적으로 위에서 언급한 상황들은 서로 연관되어 있어서 어느 한 상황이 발생하면 다른 것에도 영향을 미치게 된다.

문제가 발생되었을 경우에는 ES이 작동되는데, ES이 프로그램의 진행에 미치는 영향은 세 가지로 나눌 수 있다. 먼저, ES에 의해 "Emergency Recovery"라는 메시지를 출력하는 경우가 있는데 이러한 경우에는 RTM에 의해 부상 프로그램이 시작되고 MP는 실행이 멈추어 진다. 다음으로는 ES에 의해 아주 짧은 Tack(선회 운동과 같은)이 수행될 수 있으며, 마지막으로 상대적으로 긴 조종 운동이 수행될 수도 있다. 두 번째의 경우에는 ES 프로그램 내부에서 즉시 수행될 수 있으나, 세 번째 경우에는 RTM의 부 프로그램(원격 명령 처리와 같은) 실행에 영향을 미칠 수 있으므로 ES 프로그램에 의해 직접 수행되지 않는다.

가끔 AUV가 작동 중에 AP가 재부팅되는 현상이 발생하는데, 이것은 대부분 소프트웨어나 하드웨어 오류에 의해 어느 시간 이상 동안 프로세서에 대한 작업 요구가 없으면 Watchdog 신호에 의해 시스템이 다운된다. 이러한 상황이 발생하면 Watchdog 기능이 없어지고 부착하고 있던 발라스트가 제거되며 배터리로부터의 전원이 차단된다. 실행 중이던 모든 프로그램들도 중지된다. Watchdog 서비스는 ES와 별개로 운영된다.

AP가 정상 작동할 경우에 ES는 AUV의 상태를 검사하고 정상을 벗어나게 되면 적절한 조치를 취한다. Watchdog 프로그램은 실행 중에 표면에 나타나지 않으나 AP가 작동을 멈추게 되면 ES도 정지되고 Watchdog은 Reset 신호를 발생시킨다. 그림 7.4에 ES 시스템이 작동하는 메커니즘을 나타내었다.

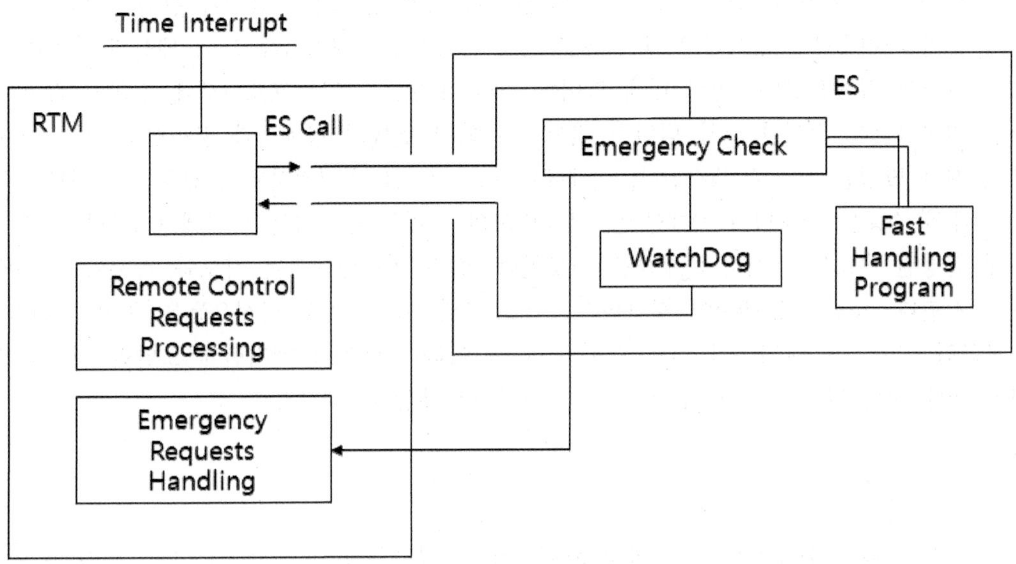

그림 7.4 ES 작동 메커니즘

ES에는 여러 가지 기능이 있으며 각 기능은 프로그램 내에서 Subroutine화 되어 있다. ES의 주요 기능을 아래에 기술하였다.

(1) 모듈의 상태 코드 검사

ES 프로그램은 모듈의 상태코드 중에서 Emergency용 비트를 여러 번 검사하는데 계속 이상이 표시되면 복구 프로그램을 실행시킨다.

(2) AUV 운동 변수 검사

아래와 같은 AUV의 운동 변수들에 대한 검사도 반복적으로 이루어진다.

- 시작 지점으로부터의 거리
- 심도
- 속도
- 소나에 의해 계측된 장애물과의 거리
- 방위각

시작 지점으로부터의 거리가 누적된 좌표값들에 의해 검사되며 AUV가 반경 4,000 m 이내에서 작업할 경우를 정상이라고 생각한다. 심도 및 고도는 제어기에 의해 계산된 오차를 근거로 검사되며 정해진 오차 범위 내에 있어야 한다. 또한, 속도는 프로그램에 정의된 값과 현재값을 비교하는데 정해진 오차 범위를 벗어나게 되면 임의의 장애물과 충돌하였거나 프로펠러에 문제가 발생한 것으로 생각된다. 이때에는 프로펠러를 역회전시켜 후진운동을 시도하게 된다. 4개의 소나를 이용하여 장애물 및 해저면과의 거리를 추정하는데 임계거리보다 작게 되면 현재 설정된 속도를 무시하고 부상을 시도한다. 방위각에 대해서는 각도와 각속도 모두에 대해 검사한다. 또한, Mission이 시작되는 심도로부터 해저면까지 나선운동을 하며 내려가도록 프로그램 되어 있는데 1분간 잠수 깊이가 5 m 이하이면 이미 해저면에 도달한 것으로 판단하고 이때 소나로부터의 거리가 최대값을 나타내면 부상하게 된다.

(3) 잠수시간과 최대 잠수심도 검사

OKPO-6000은 수심 6,000 m 잠수용으로 설계되었기 때문에 임계 심도는 6,000 m 이하가 될 것이고 이 값을 초과하면 부상된다. 잠수시간은 초당 약 1.5 m이므로 6,000 m로 잠수하는데 소요되는 시간은 1시간 10분 정도이므로 여유를 둔다고 하더라도 2시간이 넘게 되면 MP 실행을 포기하고 부상한다.

(4) 전압 검사

프로그램은 배터리 및 이차 전원의 전압을 모두 검사하고 한도를 넘으면 적절한 처리 프로그램을 실행시킨다.

(5) 프로세스 실행시간 검사

이미 언급하였듯이 AUV의 운항에 큰 영향을 주는 프로세스의 실행기간을 검사하여야 하는데 다음과 같은 프로세스를 예로 들 수 있다.

- ADC 계측 프로세스
- Tack 수행
- 블록 간 정보 교환

7.2.7 Autopilot Program List

(1) Autopilot Programs List

V6 디렉토리에는 다음과 같은 Autopilot 프로그램들이 있다.

ABFIX.C	:	"Black box" writer
ADC.C	:	ADC handling programs
AKINUT.C	:	Logger programs
ANSI.C	:	Work with ANSI terminal
APS_MAIN.C	:	APS test program
APS_T.C	:	APS timers handling programs
AUVCNF.C	:	Save and restore AUV software configuration
AUXAL.C	:	SIGN function
AVVERX.C	:	Standard recovery program
BUD.C	:	Work with thruster units
CC.C	:	Sub Control Computer monitor
CC_MAIN.C	:	Main program of SCC monitor
CC_RTM.C	:	SCC control programs(part of RTM)
DB.C	:	Common storage area(data base)
DIVING.C	:	Standard diving program
DOSIE.C	:	Software init. programs and PCB data
IMITON.C	:	Motion simulation program
INTMISSN.C	:	Mission-program task creation and MP requests handler
INTTOFON.C	:	Foreground program initialization(for remote control)
KAS.C	:	Emergency System main module
KASAB.C	:	Emergency System module(state codes check)
KASALL.C	:	Emergency System module(extreme depth & diving time check)
KASPRC.C	:	Emergency System module(processes check)
KASVOL.C	:	Emergency System module(voltages check)
KASWORC.	:	Emergency System module(working situations check)
KB.C	:	Parallel ports handling
KILL_SID.C	:	Kill INIT_T Process
LOG.C	:	LOG filters
LOG_MAIN.C	:	LOG testing

LOG_T.C	:	LOG timers handling programs
MENU.C	:	Menu system subroutines
MON.C	:	Autopilot main module
MOVING.C	:	AUV motion control programs
NAVIG.C	:	On-board navigation system programs
OAS.C	:	OAS filters
OAS_T.C	:	OAS timers handling programs
OTLMON.C	:	Main program of Debugging monitor
PDV.C	:	Depth sensor data handling
PDV_MAIN.C	:	Depth sensor test
PDV_T.C	:	Depth sensors timers handling programs
REGUL.C	:	AUV regulators
SENSORS.C	:	Auxiliary program for depth calculation
SSS_RTM.C	:	SSS control program (part of RTM)
TCM.C	:	TCM unit handling
TCM_RTM.C	:	TCM unit handling (part of RTM)
TIME.C	:	Time service
USRV.C	:	RTM main module
VERSIO.H	:	RTM compilation control file (Autopilot/PC)
VOLTAG.C	:	On-board voltages conversion
WTRDAT.C	:	Data print (at SC screen)
WTRDISK.C	:	HDD writer

Special Files

Programs	Contents
AUX.HLP	Mission Help File
PROGAKK.H	Enables Logger Parameters Identifiers
PGM_ID.H	List of MP Requests Identifiers
MON.MK	RTM Project File
NAV.CNF	Autopilot Navigation Configuration File
STABMODE.H	List of Enable Stabilization Modes

(2) SSS Programs List

Programs	Contents
AVP.C	SSS 서브루틴 사용 예
AVPGBO.H	SSS inteface
GBOROM.BIN	SSS ROM program
PLTINT.C	SSS low level subroutines

(3) Mission Programs List

Programs	Contents
MAIN.C	Main PGM of Mission PGM
MISSION.MK	Project File for Mission PGM
MISSION.H	Header File
MISSNLIB.C	Mission PGM Primitives Library

(4) Remote Control Commands List

Command	Actions
1	Turn to the right (45 deg/step)
2	Turn to the right (45 deg/step)
3	Rising (0.5 m/step)
4	Diving (0.5 m/step)
5	Turn ON Video with light
6	Turn OFF Video
7	Turn ON Still Camera (if altitude less then 10 m) Turn ON SSS (if altitude greater then 10 m)
8	Turn OFF Still Camera and SSS
9	Return to interrupted mission-program
10	AUV recovery

7.3 OKPO-6000 AUV Software Operator's Manual

여기서 다룰 내용은 7.2절의 OKPO-6000 AUV 컴퓨터 네트워크 소프트웨어에 관한 "Software Architecture"에서 일부 언급된 내용으로 시스템 운영상의 유지/관리 기술과 Sub-control 컴퓨터 전용 소프트웨어, 미션(Mission) 프로그램 준비 및 디버깅에 관하여 기술하였다.

약어 일람(Abbreviation)

APSTU	APS Transceiver Unit	RAM	Random Access Memory
AUV	Autonomous Underwater Vehicle	RC	Remote Control
		RCC	Remote Control Controller
ADC	Analog to digital converter	RG	Angular rate sensor (Rate Gyro)
BC	Bit Controller	ROM	Read-Only Memory
SCC	Sub-Control Computer	RTCS	Real Time Control System
CIU	Console Interface Unit	RTM	Real Time Monitor
ES	Emergency system	OC	Ship Computer or Operating Computer
MCU	Motors Control Unit		
MP	Mission-program	HVC	High-Voltage Converter
OAS	Obstacle Avoiding system	SSS	Side Scan Sonar
PCB	Program Control Block	TCM	Temperature-Conductivity Meter

7.3.1 AUV와 OC 구동 준비

AUV 구동을 위한 아래의 차례는 순서가 바뀌어도 된다.

① AUV와 APSTU가 Ethernet 케이블에 의해 잘 연결되어 있는지를 확인한다.

② APSTU의 "24 V"용 플러그가 24.6 Volts 정도의 안정된 전압을 갖는 전원공급 장치에 연결이 되어 있는지를 확인하고 전원공급 장치에 흐르는 전류레벨이 3A 이하가 되도록 한다.

③ OC를 켠다.

④ AUV용 전원공급 장치를 켠다.

⑤ OC가 부팅된 후 보다 편리한 작업 수행을 위해 EZFM(EZ File Manager)를 띄우고 〈F2〉 Key를 눌러 명령모드가 되면 AP에 login하기 위해 다음과 같은 명령을 수행시킨다.

```
# ezfm
  ditto -k //2/dev/ditto
```

위 명령에서 “//2”는 2번 네트워크 노드(Node)로서 AP를 지칭하고 “/dev/ditto"는 root 디렉토리 밑의 장치파일을 지칭한다. 참고로, 4번 노드는 OC를, 3번 노드는 SSS 데이타 처리용 컴퓨터를, 1번은 APS 컴퓨터를 나타내도록 지정되어 있다. 이들 번호는 네트워크 Identifier 역할을 한다. 또한, ”-k“ option은 Local 컴퓨터의 키보드를 쓸 수 있게 하는 것으로 OC로부터 login하였다면 OC의 키보드를 쓴다는 것을 의미한다.

⑥ AP가 부팅되면 화면상에 다음과 같은 프롬프트가 나타나게 된다.

```
Autopilot->
```

여기까지 성공적으로 수행되기 위해선 네트워크에 문제가 없어야 하며 네트워크 상에 연결된 여러 컴퓨터가 정상적인가를 확인해 보기 위해선 EZFM의 명령모드에서 다음과 같은 명령을 수행시켜 보고 미리 정의된 모든 컴퓨터가 화면에 출력되면 전체 네트워크가 정상이고 만약 한 개 컴퓨터에 문제가 있다면 그 컴퓨터만 화면에 출력되지 않는다. 통상 OC와 AP를 연결하여 사용하므로 4번과 2번 노드가 서로 연결 가능하여야 하며 현재 본 시스템에서는 4개 컴퓨터만을 연결할 수 있다(4-node expansion license).

```
alive
```

⑦ 원하는 디렉토리로 이동한 다음, *mon* 또는 *mon mission-pgm*을 실행시키면 AP Monitor 프로그램이 동작하면서 화면에 “Welcome to AUV System”이란 자막이 나타난다.

```
Autopilot-> mon   또는,
Autopilot-> mon mission-pgm
```

현재 mon 프로그램은 위와 같이 실행될 수 있으나 실제 Mission 프로그램과 동시에 AUV Work 모드로 구동하기 위해서는 Simulation을 반드시 거쳐야 하는데 즉, 위 두 번째와 같이 프로그램을 실행시킨 후 Simulation 모드에서 운용자가 원하는 바대로 Mission이 작성되었는지를 확인한 후 실제 Work 모드로 구동시켜야 한다. 하지만 시스템 상의 변화가 없는 상태에서 거의 유사한 Mission에 대하여 이미 Simulation을 수행하였다면 다시 Simulation을 수행할 필요는 없는데, 이럴 경우를 위하여 Simulation을 거치지 않고 바로 Work 모드로 AUV를 구동시키려면 다음과 같이 하면 된다.

Autopilot-〉 mon mission-pgm d

mon 프로그램을 필요에 의해 변경하였다면 재 Compile 하여야 하는데 이는 Source File 들이 있는 위치에서 아래와 같이 Batch File(mon.mk)을 이용하면 쉽게 수행될 수 있다. 이러한 작업은 OC에서 수행한 후 실행파일은 AP에 복사한다.

make -f mon.mk

또한, RTM 프로그램이 수정되어 새로이 실행 파일을 생성하였을 경우에는 반드시 *init_t* 프로그램을 다시 컴파일 하여야 한다. init_t 프로그램에서 RTM Module을 사용하기 때문이다.

참고로 *init_t* 프로그램은 AUV Power가 On 된 후에 다음과 같은 일련의 작업을 수행한다.

- Depth Sensor Power를 On 시킴
- APS Timer와 100 ms Interrupt를 초기화
- 현재 시간과 날짜를 AP Computer상의 /exe/serv File에 기록
- AP의 Power On 또는 AP Reset 원인을 같은 File에 기록

7.3.2 AUTOPILOT MONITOR INTERFACE

AP Monitor 프로그램은 AUV 작동에 있어서 필요한 모든 기능의 집합체이며 실제 작동을 위한 준비 단계로서의 관리 기능도 포함한다.

이 프로그램은 팝업(Pop-up) 메뉴 방식으로 구성되어 있으며 *mon*이 실행되면 OC 화면상에 초기 메뉴가 나타난다. 모든 메뉴는 수직 방향으로 배열되어 있으며 각 메뉴는 키보드의 〈화살표〉 키와 〈Enter〉 키를 누름으로써 선택/실행되고 그에 따른 부메뉴가 화면상에 나타난다. 선택된 부메뉴로부터 빠져 나오려면 〈Esc〉 키를 누르면 되는데 초기 메뉴에서 〈Esc〉 키를 누르면 *mon* 프로그램을 빠져 나오게 된다. 이때 현재의 상태를 저장하겠느냐는 질문이 화면상에 표시되고 YES나 NO로 답하면 된다. 각 메뉴에 대한 간략한 설명을 보기 위해선 커서를 원하는 메뉴에 두고 〈F1〉 키를 누르면 된다.

메뉴는 나무와 같이 계층적 구조를 갖기 때문에 편의상 각 메뉴를 숫자로 나타낼 것이고 초기 메뉴는 다음과 같다.

```
Voltage check                1
PGM system config.           2
Mission start                3
Type "black box"             4
Debugging monitor            5


                 Welcome to AUV software.
                 Welcome to AUV software.
                 Welcome to AUV software.
                 Welcome to AUV software.
                 Welcome to AUV software.
                 Welcome to AUV software.
                 Welcome to AUV software.
                 Welcome to AUV software.
                         F1 - help
             RTM monitor. Version Aug. 10, 1998
```

(1) Voltage Check

AP내에 있는 ADC에 의해 측정된 전압을 OC 화면상에 표시할 수 있는데 이것은 초기 메뉴 상의 1번 메뉴("Voltage Check")를 선택하면 된다. 이 메뉴를 선택하면 3개 열에 데이터가 출력되는데 첫 번째는 변수의 이름이고 두 번째는 ADC로부터 직접 읽어 들인 형태의 전압값(Octal)이고 마지막은 전압값이다. 각 변수는 다음과 같은 의미를 갖는다.

① +24 MB: Main Battery Voltage

② +12 Test: +12 v of Power Supplier

③ +5 Test: +5 v of Power Supplier

④ +24 Console: Ship Console Voltage

⑤ -12 Test: -12 v of Power Supplier

⑥ +6 Excite: +6 v of Flux Gate Compass Excite Voltage

⑦ 0 Ground: to check Ground Voltage

⑧ Current: Main Battery Discharge Current

⑨ Integrator: Integrator of Main Battery Discharge Current

각 데이터는 주기적으로 Update되어 출력되고 〈Esc〉 키를 누르면 초기 메뉴로 복귀된다.

주의할 점은 AP가 주 배터리(main battery)를 사용할 경우에만 Accumulator의 +24 V 전압이 측정된다. 즉, 실제 동작 모드가 아닐 경우에는 외부의 전원 공급 장치로부터 전원을 공급받고 실제 동작 모드에선 주 배터리를 사용하기 때문이다. APSTU의 앞쪽에 부착되어진 "ON" 버튼을 누르면 전원공급용으로 주 배터리를 사용하게 되고 이때 화면상의 전류 값이 바뀌게 됨(약 1 A 이상)을 확인할 수 있다. Integrator에 출력되는 값은 이전 동작까지 소비한 전력량을 표시하는데 OKPO-6000의 배터리로 쓰이는 16개의 은-아연 셀(Cell)에서 생산할 수 있는 최대 전력량이 190 Ah이므로 이 값을 항시 확인할 필요가 있으며 남은 양이 적을 경우에는 배터리를 재충전하여야 한다. 물론 Simulation이 정상적으로 끝나면 수행하여야 할 Mission에 대한 전력 소비량과 남은 양을 비교하여 충분치 않을 경우에는 실제 Work 모드로 구동되지 못하도록 되어 있다. 하지만 운영자는 이 값을 항상 파악하고 있어야 한다.

(2) Software Configuration 변경

OKPO-6000을 운용하다 보면 Mission 수행 후에 Still Camera Film을 교체하기도 하고 Battery 용량이 모자랄 경우 등 몸체 내부에 장착된 여러 장비들을 수시로 해체할 필요가 있다. 실험실 등에서 기능검사 수행 시 실제 탐사모드를 실행시키거나 Simulation 또는 Debugging 모드를 구동시켜도 Emergency System에 의해 여러 오류 메시지가 나타나게 되므로 "PGM System Configuration"에서 상황에 적합한 운용모드를 만들어 주어야 한다. 메뉴 상에서 각각의 메뉴를 On/Off 시킴에 따라 그에 상응하는 각 장비의 드라이버들을 제어할 수 있고 Emergency System에 대한 기능들도 필요에 따라 설정할 수 있다. 다음은 "PGM System Configuration"의 부메뉴를 보여 준다.

```
Voltage check                 1.
PGM system config.            2.
Mission start                 3.
Type "bla    Checks toggling                        2.1
Debugging    Real-time monitor configuration        2.2
             Save configuration on HDD              2.3
             Restore configuration with HDD         2.4
```

a) ES 운용 모드 변경

ES를 제어하기 위해선 메뉴 목록 2.1("Checks Toggling)을 선택하여 상황에 맞도록 각 부메뉴를 설정하여 주면 되는데, 메뉴 2.1의 부메뉴는 다음과 같다.

Menu	No.
States codes check	2.1.1
Process check	2.1.2
Working situations check	2.1.3
Voltages & currents check	2.1.4

① 장비 상태 Code 검사(2.1.1)

메뉴 목록 2.1.1("States Codes Check")을 이용하여 OKPO-6000 운용자는 각 장비의 상태를 검사할 수 있는데, 가장 중요한 기능의 하나인 장비 내부 해수의 침투 여부를 검사할 수 있게 하여 준다. 장비를 감싸고 있는 압력선체(Pressure Housing) 내에 해수가 유입되면 장비에 심각한 오류를 일으킬 수 있으며 원하는 Mission을 완수하지 못하고 부상하여야 하기 때문이다. 또한, 이 기능이 없으면 해수의 침투로 인하여 AUV를 분실할 수도 있는 상황이 생길 수 있으므로 항시 이 기능이 작동할 수 있도록 만들어 주어야 한다. 메뉴에서 〈Enter〉 키를 이용하여 설정값을 바꿀 수 있으며 "+" 부호가 각 기능을 작동시키겠다는 것을 의미한다.

각각의 ES 검사 기능은 아래와 같다.

Item	Setting	No.
DEPTH frequency err.	+	2.1.1.1
Autopilot's water	+	2.1.1.2
System' PRC check	+	2.1.1.3
Thrusters' PRC check	+	2.1.1.4
WS#1 check	+	2.1.1.5
WS#2 check	+	2.1.1.6
WS#3 check	+	2.1.1.7
WS#4 check	+	2.1.1.8
No inf.ex. with SCC	+	2.1.1.9
Still camera water	+	2.1.1.10
HV converter water	+	2.1.1.11
TV camera water	+	2.1.1.12
APST water	+	2.1.1.13
SCC water	+	2.1.1.14

DEPTH frequency err.	Depth Sensor의 주파수가 작동범위 내인가 여부
Autopilot's water	AP 압력선체 내부의 해수 누출
System' PRC check	제어 시스템 압력 보상기 내부의 Oil 존재 여부
Thrusters' PRC check	추진 Motors 압력선체 내부의 Oil 존재 여부
WS#1 check	1번 Water Sensor
WS#2 check	2번 Water Sensor
WS#3 check	3번 Water Sensor
WS#4 check	4번 Water Sensor
No inf.ex. With SCC	SCC와의 정보전달 두절
Still camera water	Photo-camera 내부 해수 침입
HV converter water	High Voltage Converter 내부 해수 침입
TV camera water	TV-camera 해수 침입 여부
APST water	APS transmitter 내부 해수 침입
SCC water	SCC 압력선체 내부의 해수 침입

② Processes Duration Check(2.1.2)

Mission이나 시스템 설정에 의하여 AUV의 각 거동에 따른 여러 프로세스들이 수행되는데 응급 상황이나 부상 및 몇몇 원격제어 명령에 의한 경우를 제외하곤 작동하도록 설정되어진 시간 내에서는 그 프로세스가 멈추어 질 수 없다. 그러므로 ES는 이들 프로세스의 상태를 항시 검사하고 관리하게 된다. "Process Check"의 부메뉴에는 다음과 같은 기능이 포함되어 있다.

No ADC-1 interrupts	+	2.1.2.1
No LOG interrupts	+	2.1.2.2
No TCM interrupts	+	2.1.2.3
No SCC interrupts	+	2.1.2.4
No DEPTH interrupts	+	2.1.2.5
MP isn't working	+	2.1.2.6

No ADC-1 interrupts	ADC-1로부터의 Interrupt가 발생되지 않음
No LOG interrupts	Log로부터의 Interrupt가 발생되지 않음
No TCM interrupts	TCM으로부터의 Interrupt가 발생되지 않음
No SCC interrupts	SCC 통신용 포트로부터의 Interrupt가 발생되지 않음
No DEPTH interrupts	Depth Sensor로부터의 Interrupt가 발생되지 않음
MP isn't working	원하는 Mission이 수행되지 못하는 경우로서 그 원인은 임의의 Interrupt 프로그램이 수행된 후 MP로 되돌아 오지 못하거나 수행 불능 및 RTM 상의 오류 등에 의한 것임

③ 작동 상황 검사(2.1.3)

여기서 설정되는 사항은 Mission 프로그램이 완수되는 때까지만 적용되며 Mission 수행 중 OKPO-6000의 운동 관련 변수들을 미리 주어진 한계치와 비교하게 된다.("Working Situation Check" 메뉴)

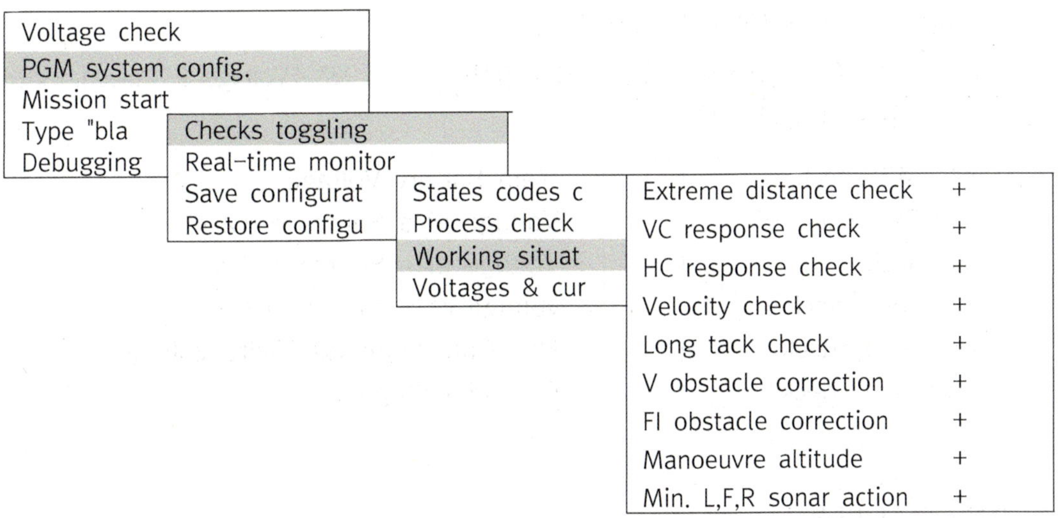

Extreme distance check	AUV의 현재 위치로부터 시작위치까지의 거리가 6,000 m를 넘지 않게 함
VC response check	연직운동 제어에 의해 주어진 심도 및 고도에서 안정되도록 함
HC response check	수평운동 제어에 의해 주어진 방향(Heading)에서 안정되도록 함
Velocity check	현재속도와 주어진 속도 비교
Long tack check	AUV가 1시간 30분 동안 같은 방향으로 움직이는가를 검사 (단지 검사만 한다.)
V obstacle correction	장애물에 접근하면서 자신의 속도를 줄이도록 함
FI obstacle correction	장애물이 인지되었을 때에 회피를 위하여 Heading 조정을 함
Manoeuvre altitude	심도유지 모드에서 AUV가 장애물을 인지하게 되면 고도(5 m) 유지 모드로 전환됨
Min. L,F,R sonar action	왼쪽, 오른쪽 또는 전방에서 장애물이 감지되면 각각 왼쪽, 상하 및 오른쪽 방향으로 회피동작을 하게 함

④ Power Supplies Check(2.1.4)

전원 공급이 주어진 한계치 내에 있는지를 검사하는 기능으로 “Voltage & Current Check” 메뉴의 부메뉴는 다음과 같다.

메뉴	설명
+24 MB check +	- Main Battery Voltage
+12 Test check+	- Voltage of a Source + 12 v
+5 check +	- Voltage of a Source + 5 v
-12 Test check+	- voltage of a source -12 v
+6 Excite check +	- Flux Gate Compass Excite Voltage
0 Ground check +	- Ground Voltage

b) RTM 설정 변경

RTM의 설정을 바꾸려면 부메뉴 2.2(“Real-time Monitor Configuration”)을 이용하면 되고 이 메뉴를 선택하면 전체 프로그램 목록(부메뉴)이 버전과 함께 나타난다. 각각의 부메뉴들은 하나의 QNX OS상의 프로세스로서 동작되며 프로그램 내에서 설정한 스케쥴링 기법에 의하여 동작한다.(System Architectures 및 QNX OS 참조)

```
Voltage check
PGM system config.
Mission start
Type "bla      Checks toggl
Debugging      Real-time mo
               Save configu
               Restore confi

OAS handling                 + N
100 ms count                 + N
Navigation                   + N
Regulators                   + N
Motors control               + N
Bits controller   + N
SSS work                     + N    ware
Logger                       + N    ware
TCM work                     + N    ware
Control Computer             + N    ware
VIDEO recorder               + N    ware
Still camera                 + N    ware
Emergency programs           + N    ware
HDD writer                   + N    ware
Information print            + N
RC interpreter    + N
```

메뉴 상의 "+"와 "-" 기호는 각각 프로그램 내에서 정의될 구조체에 포함된다는 것과 포함시키지 않는다는 것을 나타낸다. 즉, OKPO-6000 작동 시에 "+"값을 갖는 항목(프로세스)은 실행된다. 또한, 각 모듈 이름 반대쪽에는 이상 현상이 나타날 경우 이를 표시하게 되어 있는데 "A" 표시가 나타날 경우에는 ES가 해당 모듈의 이상 현상을 감지하였다는 것을 의미하고 "N" 표시는 정상작동 상태임을 나타낸다. 어떤 모듈의 작동 조건을 변경시키려 할 때에는 〈Enter〉 키를 사용하면 되나 메뉴 상에서 변경을 할 수 없는 것도 있다. 메뉴 구조와 각 기능은 다음 표와 같다.

OAS handling	장애물 회피기능 서비스
100 ms count	Time counter
Navigation	Log, Heading, Pitch와 각속도 센서들 구동 및 좌표 생성
Regulators	AUV 운동 제어기 - 심도, 속도, 각속도와 소나용 Simulation Data 생성
Motors control	모터 구동기
Bits controller	I/O drive processing
Logger	Data 저장
Emergency programs	ES Main program
TCM work	온도, 염도 계측
Control Computer	Control Computer driver
Still camera	Still Camera 구동
VIDEO recorder	Video Recorder 구동
SSS work	SSS data의 저장(Buffering)과 Preprocessing
HDD writer	Buffering Data를 하드 디스크에 저장
Information print	센서 Data와 RTCS 메시지를 출력
RC interpreter	원격명령 검색 및 해당 모듈 구동

c) 현재 설정 저장

이와 같이 각 메뉴 방식에 의해 설정된 로봇 제어 시스템의 Configuration을 하드 디스크 현재 디렉토리 상의 "AUV.CNF" 파일에 Text Mode로 저장할 수 있다. *mon* 프로그램이 실행될 때에 이 파일을 읽어 들이게 되는데, 현재 디렉토리에 이 파일이 존재하지 않을 경우에는 *mon* 프로그램이 있는 디렉토리 내에서 찾게 되고 여기에도 없을 경우에는 프로그램 내부에서 정의한 대로 설정된다. 이러한 저장 및 수정 복구 기능은 메뉴 2.3("Save Configuration on HDD")과 2.4("Restore Configuration with HDD")를 이용하면 된다.

(3) Mission-Program 실행

주 메뉴의 "Mission Start"를 선택하면 다음과 같은 부메뉴들이 나타난다.

Voltage check	1.
PGM system config.	2.
Mission start	3
Type "black	
Debugging	

Sub-menu	Value	No.
Work mode		3.1
Simulation mode		3.2
Debugging sensors output		3.3
Choice of output parameter set		3.4
Sim.' acceleration	5.0	3.5
Diving time limit (min)	40	3.6
Total time limit (min)	300	3.7
Extreme depth (m)	6000	3.8
RC-interpreter	OFF	3.9

이미 언급한 바와 같이 원하는 Mission 프로그램을 실행시키려면 mon 실행 시에 Argument로 Mission 프로그램의 이름을 적어 주어야 한다. Mission 프로그램의 이름을 적어 주지 않았다면 메뉴 3.1과 3.2를 실행시킬 수 없으며 "No Path to Mission Program"이란 메시지가 화면에 출력된다. 올바르게 실행한 경우에는 다음과 같은 세 가지 모드중 하나를 수행시킬 수 있다.

① Work mode : 실제 Mission 실행 모드

② Simulation mode :

강제 Mission 실행 모드로서 실제 수행에 앞서 AUV의 정상작동 여부를 평가하기 위한 것이다. 보통 실제 실행 모드의 경우엔 몇 시간이 소요되나 강제 실행 모드에서는 가속 Factor(메뉴 3.5)를 주어 짧은 시간 내에 전체 Mission을 평가할 수 있게 된다.

③ Debugging sensors output : 원하는 AUV 센서 데이타를 화면에 출력하는 기능

메뉴 3.6~3.8은 AUV 운용 제어를 위한 제어값으로서 "Diving Time Limit"은 실제 Mission이 실행되는 잠수 심도까지 잠수하는데 예상되는 시간의 한계값으로 설정된 시간이 넘었는데도 원하는 심도에 도달치 못하면 AUV는 부상하게 된다. "Total Time Limit"은 Diving Time과 Mission 실행시간을 포함한 전체 실행시간으로 이 시간 동안 Hardware Timer가 작동하게 된다. 역시 설정된 값을 넘기게 되면 AUV가 작동을 멈추게 되므로 실제 실행을 시키기 전에 예상되는 시간을 충분히 반영하여야 한다. 이 값은 Simulation 수행 중에 계산되어 자동적으로 결정되지만 운영자는 항상 이 값이 적당한지를 고려하여 주어야 한다. 메뉴 3.8은 예상 최

대 작동 심도를 나타내며 그 이상의 심도로 내려가게 되면 AUV는 부상하게 된다. 이러한 설정값들은 모두 AUV의 안전한 운용을 위한 것이므로 매 Mission 실행 때마다 확인해야 한다.

메뉴 3.9는 모선의 APS에 의한 원격명령에 대해 반응할 것인가의 여부에 관한 설정값으로 여기서 설정하지 않아도 Mission 프로그램 내에 정의되었다면 AUV는 해당 원격명령을 수행하게 된다.

a) Real Mode에서의 프로그램 운용

메뉴 3.1을 선택하면 다음과 같은 일련의 작업이 수행된다.

- 소프트웨어 설정값 검사
- Timer 구동(RTCS 시작됨)
- Onboard 장치들의 초기화
- 해수 접촉을 감지
- TCM과 OAS를 구동
- 주어진 조건에 대한 Mission을 수행

소프트웨어 설정값을 검사할 때에 프로그램 내부에서 정의된 RTCS 구조체 부분을 검사하는데 검사 결과 이상이 있으면 “Bad RTM Structure...”라는 메시지를 출력하고 Mission 실행 모드를 빠져 나온다.

화면에 “Wait Cable Disconnection”이란 메시지가 출력되면 AUV Launch 준비가 완료되었음을 나타내고 OC와 연결된 케이블을 AUV로부터 제거하여 수면에 Launch시키면 위의 4) - 6) 항목이 차례로 수행된다.

b) Simulation과 Debugging Modes에서의 MP 실행

AUV를 Launch하지 않는다는 것 이외에도 Simulation 모드에서 Mission을 실행시키는 것과 Work 모드를 구동시키는 것의 차이는, Simulation 모드에서는 Mission 프로그램 내부에서 정의한 DIVING 이라는 과정을 무시한 나머지 부분을 즉시 실행시킨다는 것이다. 또한 혼돈하지 말아야 할 사항으로는 Simulation이라는 의미가 유체동력학적 측면에서 보면 잠수정에 대한 운동방정식과 연계되어 주어진 Mission에 대한 거동을 파악하려는 것인데 현재 OKPO-6000 프로그램에서는 운동방정식에 의한 거동 모사 기능이 존재하지 않는다는 것이다. 예를 들어, 주어진 방위각과 거리를 직진하는 경우에 추진기 출력과 운동방정식에 의해 실제 이동한 거리와 방향이 나타나는 것이 아니고 주어진 속도와 시간에 의해서만 AUV의 이동거리 등을 파악하게 된다. 또한, 실제 해상에는 존재할 수 있는 해저 장애물과 같은 효과도 줄 수 없게 되어 있다. 이것은 Simulation의 신뢰도를 제고하기 위해 보완되어야 할 부분이다.

작업 수행 동안 각 변수들의 현재값과 RTCS로부터 얻어지는 여러 정보들이 화면에 출력되며 그 중에서 중요한 메시지들은 Black-box에 저장된다.

각종 센서들의 Debugging 모드 실행은 Simulation 모드와 같은 방법으로 실행되는데 한 가지 다른 점은 Simulation 모드에서와는 달리 그 목적상 Mission 프로그램을 필요로 하지 않는다는 것이다. 이 모드의 작동을 위한 프로그램 내용은 이미 프로그램 내부에 주어져 있으며 몇몇 ES 검사 및 이상 현상 발생 처리 프로세스가 동작하지 않는 상태에서 실제 Sensor들로부터 계측된 값들이 화면에 출력된다.

현재 Version에선 Simulation 기능이 강화되어 주어진 Mission을 수행하기 위해 소용되는 Power의 소비량, 최대 심도 및 최대 운영 시간 등을 예측하여 Operator에게 알려 주며 Monitor Program 화면에 자동적으로 표시되기 때문에 이전과 같이 Operator가 예를 들면, Watchdog Time 등을 가늠하여 입력하여 주지 않아도 된다. 그러므로 올바른 값을 프로그램이 예측할 수 있으려면 Simulation을 적어도 4분 이상은 수행시켜야 한다. 물론, 유사 Mission에 대한 Simulation이 이미 수행된 경우 또는 필요가 없을 때에는 프로그램 실행 시 “d” argument를 추가하면 된다.

현재 Version에서는 POWER.CNF File가 추가되었고 이 File에는 장비 사양과 경험에 의해 추정된 각 장비 운용에 소요되는 Power를 나타내었고 Mission Simulation 중에 이 File을 참고로 하여 소비 Power를 추정한다. 아래 4개 변수가 Simulation 중에 추정되고 Simulation이 끝나면 자동적으로 화면 입력부에 Display된다.

- Energy Consumption
- Max. Depth of Diving
- Time of given depth achievement(Diving Time)
- Time of Mission-program fulfillment(Total Time)

Simulation이 성공적으로 수행되었을 때에만 옳은 값들이 얻어지고 만일 Mission 수행에 요구되는 Battery Energy가 모자라거나 추정된 최대심도, Diving Time 및 Total Time이 입력된 값보다 클 때에는 Real Mode로 프로그램이 실행되지 않는다.

앞서 설명한 바와 같이 Mission 수행에 필요하다고 추정되는 Power 소비량을 현재 남아있는 양과 비교해 보아야 한다. 이 또한, 자동적으로 Check가 되므로 꼭 주의를 기울일 필요는 없으나 남은 양에 맞는 Mission을 작성해야 하므로 일단은 Check를 해 보아야 한다. Mission 중에 RC 명령을 수행할 경우에는 미소하지만 이에 대한 Power 소비량도 추가로 고려해야 할 것이다. 또한, Battery Discharge Integrator는 역방향(줄어드는 방향)으로 Count 된다.

c) Output Data 선택

화면에 출력되는 데이터를 변경하려면 메뉴 3.4("Choice of Output Parameter Set")를 실행시켜 나오는 다음과 같은 9가지의 부 메뉴들 중에서 원하는 항목을 선택하면 된다.

```
Voltage check
PGM system config.
Mission start
Type "bla    Work mode
Debugging    Simulation mode
             Debugging sensors output
             Choice of output Data
             Sim.' accelerati   Depth, Alt, V, Fi, X & Y          +   3.4.1
             Diving time lim    Filtered sonars, altitude         -   3.4.2
             Total time limi    Sonars' gains                     -   3.4.3
             Extreme depth      Sonars' amplitude detectors       -   3.4.4
             RC-interprete      Navigation data                   -   3.4.5
                                Differences                       -   3.4.6
                                PDV data, TCM data                -   3.4.7
                                Forces & moments, current         -   3.4.8
                                Motors' control values            -   3.4.9
```

선택된 항목은 "+"로 표시되고 그렇지 않은 항목은 "-"로 표시된다.

Menu Item	Display Items
3.4.1	Depth, altitude, velocity, heading and X, Y AUV coordinates
3.4.2	Forward sonar, slanting sonar, bottom sonar, lefthand sonar, righthand sonar and altitude
3.4.3	Forward sonar gain, slanting sonar gain, bottom sonar gain, lefthand sonar gain, righthand sonar gain
3.4.4	Forward sonar amplitude detector, slanting sonar amplitude detector, bottom sonar amplitude detector, lefthand sonar amplitude detector, righthand sonar amplitude detector
3.4.5	Heading, pitch, horizontal rate gyro, vertical rate gyro, depth, altitude
3.4.6	Heading difference, pitch difference, depth/altitude difference, depth rate, horizontal current, vertical current (이 항목은 AUV 제어 시스템을 수조에서 시험할 때 유용하게 쓰임)
3.4.7	Depth sensor frequency, depth, environment temperature, environment conductivity

3.4.8	Forward traction (X-axis), horizontal moment (Y-axis), vertical moment (Z-axis), discharge current
3.4.9	Bottom stern motor control code, right stern motor control code, upper stern motor control code, left stern motor control code.

예를 들어 메뉴 3.4.1이 선택된 경우에는 다음과 같은 데이터가 화면에 출력된다.

```
17:42:13       +0.00     +0.00   +225.00     +0.00     +0.00
17:42:13  ADC-1 is not working.  End mission
17:42:14       +0.00     +0.00   +225.00     +0.00     +0.00
17:42:16       +0.00     +0.00   +225.00     +0.00     +0.00

               H(m)      V(m/s)  Fi(deg)     X(m)      Y(m)
17:42:17       +0.00     +0.00   +225.00     +0.00     +0.00
17:42:18       +0.00     +0.00   +225.00     +0.00     +0.00
17:42:19       +0.00     +0.00   +225.00     +0.00     +0.00
```

화면상에 나타나는 각속도와 속도값들은 Simulation 프로그램에 의해 생성된 값들이다.

(4) Diagnostic Messages List

RTCS는 Mission 프로그램 수행 중에 발생하는 여러 사건들에 대한 정보를 하드 디스크 상의 "blackbox.txt" 파일에 저장한다. AUV 회수 후에 이 파일을 참조함으로써 Mission중에 발생한 여러 상황을 확인할 수 있고 Mission이 이상 없이 완전히 수행되었는가를 알 수 있게 된다. Black-box 파일을 참조하는 방법으로는 Shell 상에서 Editor를 사용하거나 Monitor 프로그램 내의 주 메뉴("Black Box")를 이용하면 된다. 이 파일은 사건이 발생한 시간별로 차례로 기록되어 있고 만약 실제 Mission 실행 이전에 Simulation이나 Debugging을 하였다면 이에 대한 메시지들도 기록되어 있다. 다음은 Black-box에 기록된 한 예를 보여주고 있으며 시스템 내에서 정의된 각 메시지들에 대한 설명은 부록 8과 9에 나타내었다.

〈Blackbox Example〉

07:29:04	Cable disconnected
07:33:36	Putted in water
08:29:33	MISSION begin
08:29:33	Begin of heading TACK
08:29:33	SSS on
08:37:33	Begin of heading TACK
08:50:12	Thrusters' PRC check
08:50:12	Mission end
08:50:12	MISSION isn't fully completed

위의 Black-box 내용을 살펴보면 먼저 시각 7:29:04에 AUV에 연결되어 있는 케이블이 제거되었고 4분 32초 만에 수면에 Launch 되었다. 그 후 약 56분간 잠수를 하여 그때부터 실제 Mission이 수행되기 시작하였다. 먼저 첫 번째 Tack을 시작하고 그와 동시에 Side Scan Sonar를 작동시켰다. 첫 번째 Tack은 8분간 지속되었고 두 번째 Tack이 시작된 후 약 13분 만에 Thruster Motor용 압력 보상기에 문제가 발생하여 Mission이 비정상적으로 종료되었음을 알 수 있다.

(5) Debugging Monitor

AUV 내의 각 시스템 모듈을 직접 제어하고 성능을 확인하기 위한 수단으로 메뉴 5의 Debugging Monitor가 자주 사용되며 다음 그림과 같은 부 메뉴를 갖는다.

Voltage check	1.
PGM system config.	2.
Mission start	3
Type "b	
Debuggi	

ADC-1	5.1
Motors' control	5.2
SCC work monitor	5.3
SSS monitor	5.4
TCM work	5.5
Bites controller	5.6

a) Listing of ADC Codes

메뉴 5.1에는 Analog-to-Digital 변환기(ADC-1)의 각 Channel들에서 계측된 값들이 아래와 같이 표시된다.

— ADC-1 channels —-					
#	Raw	Min	Max	Mean	Dev
0.	07775	07774	07777	07776	1
..	.....	.....	.....	.....	.
15.	03775	03770	04010	04000	10

— ADC-1 channels —-

#	Raw	Min	Max	Mean	Dev
0.	07775	07774	07777	07776	1
..	.....	.....	.....	.....	.
15.	03775	03770	04010	04000	10

모든 Channel에서의 값들은 주기적으로 변화되어 출력되는 것을 볼 수 있으며 첫 번째 열은 Channel을 표시하고 두 번째는 ADC 데이터를 8진수(Octal)의 값, 세 번째와 네 번째 열은 각각 ADC 데이터 중의 최대값과 최소값을, 다섯 번째 열은 해당 Channel에서의 평균값을 나타내고 마지막 열은 Deviation을 나타낸다.

b) Motors Monitor

메뉴 5.2를 이용하여 추진 모터를 직접 제어할 수 있는데, 화면상에 각 모터의 제어값과 전류값이 출력됨을 볼 수 있다. 각 모터에 대한 제어값(Control Codes)을 바꿈으로써 해당 모터를 직접 제어할 수 있고 그때의 전류값을 확인함으로써 적절한 부하 상태에 있는지를 확인할 수 있다. 다음과 같은 내용이 출력된다.

— Motors' control —
Current is measuring
CS & PSW are ON

#	%	DAC	I(A)
1.	0.60	006314	2.47
2.	0.10	004314	2.47
3.	0.20	004631	2.47
4.	0.30	005146	2.47

MB current = 2.07 A
MB voltage = 24.40 V

위에서 보인 바와 같이 4개의 열에서 데이터가 출력되는데 각각 4개 모터에 대한 모터 번호, 제어값(최대 출력에 대한 백분율), DAC Codes와 측정된 전류값을 나타낸다. 화면 윗부분에서 "Current is being measured"라는 메시지가 반짝거리는 것을 볼 수 있는데 이것은 말 그대로 전류가 측정되고 있음을 의미한다.

새로운 제어값을 입력하여 모터의 회전을 확인하기 위해서는 원하는 모터 위치에 커서를 놓고 〈Enter〉 키를 눌러 새로운 값을 입력하면 된다. 물론, 입력되는 제어값은 최대출력에 대한 백분율 값이므로 -1 ~ +1 사이의 값을 입력해야 한다. 음의 값은 모터가 정해진 회전 방향에 대하여 역회전한다는 것을 의미하고 0은 모터가 회전하지 않는 경우를 의미한다. 또한 주의해야 할 점이 하나 있는데 모터의 과부하를 막기 위하여 처음부터 너무 큰 제어값을 주는 것과, 변동 폭이 큰 제어값을 입력하지 않는 것이 좋다. 제어값을 입력하기 위하여 〈Enter〉 키를 누르면 화면 상에 "CS & PSW are ON"이란 메시지가 나타나는데, 이것은 Control 스위치와 Power 스위치가 ON으로 되었음을 의미한다. 다른 모터를 제어하려면 〈Enter〉 키나 〈Space〉 키를 이용하면 된다.

c) SCC Work Monitor

SCC와 연결된 각 장비들(Still Camera, TV Camera, TV Recorder 등)을 직접 제어하고 그 성능을 확인하며 Mission 수행 후 저장된 TV 화면을 출력하기 위한 일련의 기능들을 하나의 모듈로 통합하였고, 이를 모니터 프로그램의 메뉴로 두어 사용자의 편의를 도모하였다.

먼저 모니터 프로그램은 SCC의 전원을 켜게 하고 SCC와의 정보교환에 필요한 Link를 설정한다. 그 후에 제어 프로그램을 SCC에 로딩하면 SCC 제어 프로그램이 동작하게 되는데 위에서 언급한 여러 기능들이 화면에 출력된다. 이 상태에서 빠져 나오려면 〈Q〉 키를 누르면 된다.

d) SSS 구동 모니터

Side Scan Sonar와 관련된 메뉴는 5.4로 나타내었고 이것을 선택하면 다음과 같은 부 메뉴가 출력된다.

메뉴	번호
SSS power OFF	5.4.1
HVC power OFF	5.4.2
Zond. pulses	5.4.3
Registration	5.4.4

메뉴 5.4.1은 SSS 전원을 ON 또는 OFF 시키는 기능을 하며 전원이 OFF 상태에서 ON 상태로 되면 SSS ROM CRC가 Test된다. 그러나 SSS 상태 코드가 0이 아닐 때는 “GBOROM.BIN” 파일이 SSS의 RAM에 Loading된다. 이것은 SSS나 시리얼 포트가 정상적이지 못하다는 것을 의미하므로 좋은 상태가 아니다.

메뉴 5.4.2는 SSS가 동작되기 위해서는 HVC를 이용하여야 하는데 이를 이용하지 못하게 되면 SSS는 음파(Sound Pulse)를 전송하지 못하게 된다.

메뉴 5.4.3은 Envelop Pulse 제어를 할 수 있게 한다. 이 메뉴를 선택하면 다음과 같은 부 메뉴가 나타난다.

항목	값	번호
Data	TEST	5.4.3.1
Span	500	5.4.3.2
Duration	750	5.4.3.3
Start	OFF	5.4.3.4

메뉴 5.4.3.1은 SSS의 모드를 TEST나 REAL 모드로 전환하는 기능을 갖는데 TEST 모드에서는 SSS 보드를 통해 시험적인 음파를 생성시킨다. 메뉴 5.4.3.2에 의해 SSS 동작 주기를 변경할 수 있고 그 숫자는 1/1,000 초를 의미한다. 메뉴 5.4.3.3은 SSS Pulse가 발생하는 시간을 조절하고 숫자는 1/1,000,000 초 단위이다. 메뉴 5.4.3.4를 이용하면 다음과 같은 내용을 수정할 수 있다.

File Name	gbo.gbo	5.4.4.1
Compression	4	5.4.4.2
Start		5.4.4.3

메뉴 5.4.4.1에서 SSS 데이터를 저장할 파일을 변경시킬 수 있고, 메뉴 5.4.4.2에는 데이터를 하드 디스크에 저장할 때의 압축 정도를 나타내는 숫자(1, 2와 4)를 입력하게 된다. 이것은 SSS가 동작하면서 저장하여야 할 음향신호들이 매우 많으나 HDD 용량은 제한되어 있기 때문에 통상 데이터를 압축하는 것이 좋다. 물론, 이 값은 사용가능한 하드 디스크 용량과 SSS 작동에 따른 음향 데이터의 양을 고려하여 적정한 값을 주게 된다. 메뉴 5.4.4.3을 선택하면 데이터의 Logging이 시작되고 Logging을 멈추려면 아무 키나 누르면 된다.

e) TCM 구동

메뉴 5.5인 "Debugging Monitor"를 선택하면 다음과 같은 데이터가 화면에 출력된다.

```
ON TCM
Reset TCM
TCM start

Int.n   Ut     Ub     Ug     Ux     Uo     Ur     T      G
  0    0.00   0.00   0.00   0.00   0.00   0.00   13.63  3.21
```

가장 왼쪽 열에 출력되는 데이터는 TCM으로부터의 인터럽트(Interrupt) 발생 횟수이며 (T)와 (G)로 표시된 열은 각각 측정된 온도와 전도도를 나타낸다. 다른 열에 출력되는 데이터는 온도와 전도도를 계산하는데 필요한 양으로서 TCM으로부터의 Raw 데이터이다. 데이터 값들은 시간에 따라 계속적으로 변화되며 이전 메뉴 상태로 되돌아가려면 〈Esc〉 키를 누르면 된다.

f) Bit Controller Monitor

Debugging Monitor의 5.6 메뉴인 "Bits Controller"를 선택하면 다음과 같은 부 메뉴들이 표시된다.

Voltage check	1.		
PGM system config.	2.		
Mission start	3.		
Type	4.		
Debugg	ADC	Set 100 (BEMx,RAR,OAS,TCM,DS,PSw,LRB)	5.6.1
	Moto	Show 101 (Water sensors)	5.6.2
	SCC	Set 102 (Ax/OAS,Dx/DAC,ENET,RateGyro,SWS)	5.6.3
	SSS	Set 103 (Dx/DAC)	5.6.4
	TCM	Set 104 (CSw,SSS,SCC,SC,TVL,TV cam,VRec,HDD pwr	5.6.5
	Bite	Set 105 (ON_TCUx,RD_TCUx)	5.6.6
		Set 106 (SSS,RSRW,SCC,TCM's resets)	5.6.7
		Show 107 (TCUx Ovl)	5.6.8

100	101	102	103	104	105	106	107
000377	000377	000377	000377	000377	000377	000377	000377

화면 가장 하단의 두 줄은 각각 레지스터(Register) BC의 주소와 그곳에 담겨 있는 8진수의 데이터를 나타낸다. 각각의 레지스터 비트값을 변경시키려면 해당 부 메뉴를 선택하면 되는데 예로서, 5.6.1 메뉴를 선택하였다면 다음과 같은 내용이 화면에 출력된다.

BEM of Diving	ON
BEM of Rising	ON
Antenna Releaser	ON
OAS power	ON
TCM power	ON
Depth sensor	ON
Power Switch	ON
LR Beacon	OFF

각 항목의 비트값을 변경시키려면 〈Enter〉 키를 이용하면 되며 그 변화가 화면 하단 마지막 줄에 반영된다.

7.3.3 MISSION PROGRAM 준비

(1) Mission 프로그램의 작성과 컴파일

AUV를 실제 구동하여 원하는 일(Mission)을 수행하도록 하기 위해서는 Mission 프로그램을 작성하여야 한다. 이 프로그램은 Robot Language라고 불리는 언어(실제로는 프로그램 내에 정의된 함수들)를 사용하여 작성되고 작성된 프로그램은 컴파일 및 시뮬레이션 실행에 의하여 그 오류가 검사된다. AUV가 수행하는 모든 행동은 이러한 프로그램에 의해서 완전히 정의되어 지고, 이에 따라서만 동작하게 된다.

AUV가 수행할 임무에 대한 Mission 프로그램을 작성할 때에는 적당한 문서 편집기를 사용하면 되고 작성된 프로그램은 Watcom C 컴파일러에 의해 컴파일 되어 실행파일을 얻는다. Mission 실행 파일은 RTM 실행 파일인 monitor나 모의 실험을 위한 Simulation 프로그램인 sim과 같이 연계되어 정보를 교환하고 정의된 임무를 수행하게 된다.

Mission 프로그램은 다음과 같이 정의되어 있고

```
void MISSION(void)
```

다음과 같은 Header 파일을 포함한다.

```
#include "mission.h"
```

Mission 프로그램의 컴파일은 ***missmake*** 배치 파일을 이용하고 다음과 같은 형식으로 입력한다.

 # missmake mission-program

위에서 Mission 프로그램의 이름을 입력할 때에 파일 확장자(*.c)는 입력하지 않도록 한다.

(2) Task Interpretation

작성된 Mission 프로그램을 실제 탐사용으로 쓰기 위해 AUV AP로 로딩시키기 전에 시뮬레이션 등을 통해서 프로그램의 로직과 운동성능 등을 검사해야만 한다. 시뮬레이션으로 그 특성을 완전히 파악할 수는 없지만 화면상에 출력되는 여러 정보들을 주의 깊게 파악하여 오류가 있을 시에는 그 내용을 다시 Mission 프로그램에 반영하여 주어야 한다.

OKPO-6000 시스템 내에는 시뮬레이션을 실행시킬 수 있는 방법이 두 가지 있는데, 하나는 AUV내의 각종 탐사 및 제어용 장비들의 기능을 연계시켜 해 보는 방법(Monitor 프로그램

내에서 제공)과 앞에서 언급하였듯이 AUV에 로딩시키기 전에 AUV의 궤적과 전체 소요시간 및 각종 탐사 장비 작동 시간 등에 대한 정보를 알아보기 위한 방법이 있다. 후자의 방법은 OP내의 *sim*이라는 프로그램을 이용하면 되는데 QNX Windows 상에서 그래픽으로 확인하여 볼 수 있다. 먼저, 후자를 이용하고 나서 Mission 프로그램을 AUV에 로딩시킨 후 전자의 방법으로 성능을 최종 확인하면 된다. 후자의 시뮬레이션 프로그램을 이용하는 방법은 다음과 같은 과정으로 실행해 볼 수 있다.

EZFM이나 Shell 상태에서 다음과 같은 명령을 수행시켜 QNX Windows를 띄운다.

 # windows

windows 상태가 되면 화면 내 임의의 지점에 마우스의 오른쪽 버튼을 누르거나 키보드의 〈Alt〉 키와 〈Enter〉 키를 동시에 눌러 나오는 메뉴 중에서 Shell을 선택한다 (현재 OP 컴퓨터에서는 디폴트로 마우스를 쓰지 않게 되어 있으므로 키보드를 이용하든가 꼭 마우스를 쓰려면 마우스를 메모리에 올려야 한다. 이것은 Shell 상태에서 *mouse* 명령을 이용한다. 주의할 점은 OP 컴퓨터에서 마우스와 네트워크 구동을 위해 같은 인터럽트 번호를 쓰고 있으므로 마우스를 쓰면 네트워크가 구동되지 않는다. 그러므로 마우스를 이용한 후에 Network을 사용하려면 재부팅을 하여야 한다.)

Windows의 Shell 상태에서도 EZFM 파일 매니저를 이용하면 편리하므로

 # ezfm

명령을 실행하여 EZFM 파일 매니저를 실행시키고 작성된 Mission 프로그램이 있는 디렉토리로 이동한다. 그곳에서 〈F2〉 키를 눌러 EZFM의 명령모드가 나타나면 다음과 같은 명령을 실행시키면 시뮬레이션 프로그램이 화면에 출력된다. 출력된 시뮬레이션 화면은 컴퓨터와 연결되어 있는 프린터로 직접 보내져 프린트될 수도 있고 파일로 출력될 수도 있다. 시뮬레이션된 AUV의 운동 궤적은 수평면과 연직면에 투영된 결과를 보여 준다. 이 프로그램의 사용방법은 아주 쉬우므로 자세한 언급은 하지 않을 것이다.

시뮬레이션 프로그램을 실행시키면 다음과 같은 초기화면이 출력된다.

Length of square side (in m.):	4200
Suggested work time (min):	161
Max. depth range (m):	350.0
Current velocity (m/sec):	0.2
Current heading (deg):	180.0
Acceleration parameter:	1
Start of MISSION_PROGRAM	

Welcome to AUV software.
Welcome to AUV software.
Welcome to AUV software.
Welcome to AUV software.

SIMULATION monitor.

출력될 궤적을 나타낼 화면의 크기, 작업 수행 시간, 작업영역에서의 대략적인 AUV의 속도 및 방향과 시뮬레이션 가속 Factor가 출력되는데, 모두 무시하고 시작메뉴를 선택해도 AUV의 궤적이 화면 크기에 따라 자동으로 조절되어 출력된다.

시뮬레이션 화면을 파일에 Capture하기 원하면 PIZZAZ Plus라는 유틸리티 프로그램을 이용하면 되는데 시뮬레이션 프로그램을 실행시키기 전에 이 유틸리티 프로그램을 실행시켜야 한다.

7.3.4 AUV 진수

(1) Prestart Checks Technique

각 장비와 제어기를 검사하고 시뮬레이션을 통해 Mission 프로그램의 정상적인 수행을 확인하면 AUV를 실제 탐사에 투입할 모든 준비가 된 것이다. ES는 실제 탐사 모드에서 작동되어 발생될 수 있는 모든 시스템 오류를 검사하여 표시하여 주고 탐사 장비인 SSS, PHS, TV 등이 정상 작동하는 지를 검사한다.

AUV 모듈들을 시뮬레이션 모드에서 동작시켜 볼 때에 특히 주의해야 할 사항은 Still Camera는 자체 Flash Light가 동작하는 주기에 제한을 받는다는 것과 공기 중에 TV Light를 오래 작동시키면 Lamp가 너무 뜨거워져 회로가 손상을 입을 수 있다는 것이다. 또, SSS를 임피던스와 밀도가 낮은 공기 중에서 오래 작동시키면 음향 수발신용 트랜스듀서에 손상이 올 수 있다.

Mission 프로그램이 시뮬레이션 모드에서 아무런 오류가 발생하지 않고 PHS, MCU 및 SSS가 정상적으로 작동하는 것이 확인되면 AUV를 Launch할 모든 준비가 된 것이다.

(2) AUV Launch 선행 작업

- Pressure Compensators filling 검사를 하여 PRC 스프링이 25 mm 정도 압축되어 있어야 한다. 그렇지 않으면 Pure Oil이나 Mixed Oil을 진공펌프를 통해 시스템 PRC 또는 추진기 PRC에 보충해야 한다.
- Ballast ElectroMagnets과 Radio Antenna Releaser 표면이 가능한 한 깨끗한 상태이어야 한다.
- Surface Water 표면도 깨끗한 상태인지 검사한다.
- TV Camera, Still Camera, TV Light 및 Strobe Light의 Window가 투명하고 깨끗한 상태인지 검사한다.
- Light Radio Beacon 기능 조사
- 6.5.1절에서 언급한 내용대로 AUV와 AP를 검사한다.
- 작성된 Mission 프로그램을 AP내 임의의 디렉토리에 로딩시킨다.
- RTM과 Mission 프로그램을 실행시킨다.
- APS 컴퓨터 본체에 설치되어 있는 APSTU 버튼을 눌러 AUV 자체 배터리를 전원 공급용으로 쓰게 한다(I.).
- RTM 메뉴의 "Voltage Check" 명령을 이용하여 공급되는 전원의 전압과 배터리 전류를 한번 이상 검사한다(II.1).
- "PGM System Config." 명령을 이용하여 원하는 동작을 할 수 있도록 프로그램의 모드를 설정한다.(II.2)
- "Simulation Mode"를 선택하여 장비 및 프로그램을 Onboard에서 검사하는데 3.5 ~ 3.9 메뉴에 올바른 설정값을 주어야 함을 주의하여야 한다. AUV가 동력을 이용하지 않고 잠수할 때에 1 km 당 15분 정도 소요되는 것을 감안하여 잠수시간 및 전체 운항시간 등을 입력하여야 하고 실제 해상에 투입한지 오래되었다든가 탐사지역이 크게 바뀐 경우에는 해수밀도 또는 AUV 자체중량이 변하였을 수 있으므로 해당지역에서의 시험잠수를 통해 이 값을 조절하는 것이 좋다. 또한, 원격명령을 수행하게 되면 추가적인 시간이 필요하므로 치밀한 계획과 계산에 의해 Mission을 수행토록 해야 한다. 그렇지 않으면 Mission 수행 중에 하드웨어 인터럽트가 걸려 임무를 완수하지 못하게 된다. 또한, 이 모드에서 각종 장비의 정상 작동 여부도 검사해야 한다.
- 시뮬레이션을 마친 후에는 다시 "PGM System Config." 명령을 이용하여 실제 탐사모드에 적당하도록 모든 기능을 "ON"으로 스위치 시킨다(II.2).

- "Work Mode"를 택하여 프로그램을 실행시킨다. 앞에서도 언급하였듯이 3.5 ~ 3.9 메뉴에 입력하는 값에는 많은 주의를 기울여야 한다. 물론, 이 값들은 시뮬레이션을 통해 자동적으로 얻어지나 항상 확인을 거쳐야 한다.

MP가 시작된 후 프로그램은 현재 디렉토리 내의 기존 데이터 파일을 지우겠냐는 질문을 하는데 YES로 답하여 기존 파일을 지운다. 만약 이 파일에 중요한 데이터가 담겨 있다면 프로그램을 빠져 나와 해당 파일을 적당한 곳에 옮겨 놓는다.

프로그램이 실행되어 기본 기능을 검사한 후 AUV에 연결된 케이블을 제거하라는 메시지가 화면에 나타나는데 이 케이블(CIU Feed)이 연결되어 있는 동안 OP 컴퓨터 화면에 메시지가 출력된다. 케이블을 AUV와 분리하기 전에 주의해야 할 사항은 AUV의 위치추적을 위하여 반드시 AUV와 APS 컴퓨터상에서 실행되는 AUV 위치추적 프로그램이 서로 동기화(Synchronization)되어야 한다는 것이다.

Onboard에서 AUV와 OP와의 정보전달에 쓰이는 케이블을 제거하면 Light Beacon 전구는 15초 동안 반짝이고 매초에 한번씩 APST 펄스에 의한 음파를 발생한다. LRB가 꺼지고 나면 AUV를 크레인 등을 이용하여 바다에 Launch시킨다. AUV가 해상에 Launch된 후 2~3초 내에 다시 LRB와 APST는 15개의 펄스를 발생시킨다. LRB가 15초간 작동된 후에 AUV는 실제 Working 상태가 되는데, 이것은 하드웨어 Emergency Timer가 초기화되고 AUV는 잠수 준비가 되었다는 것을 의미한다. 이때부터 하드웨어 시간(전체 운항 시간)및 잠수 시간이 Count된다. 만약 LRB 전구에서 계속 빛을 내고 자석에 의해 몸체와 나란하게 고정시켜 놓은 안테나가 저절로 떨어지면 시스템에 오류가 발생하였을 가능성이 크므로 AUV를 회수한 후 그 이유를 찾도록 한다(부록 8과 9). 실제 깊은 바다에서 Launch할 경우에는 Ballast Weight로 인해 즉시 잠수를 시작하므로 위와 같은 일련의 과정을 확연하게 볼 수는 없다.

(3) AUV 회수 후 작업

- AUV를 Onboard로 회수한 후에 AUV 내에 기록된 정보를 보기 위해서는 먼저 통신 케이블을 연결한다.
- Launch 시에 케이블을 제거하면서 OP 컴퓨터와 AUV간의 네트워크가 두절되었으므로 다시 연결해 주기 위해서는 OP 컴퓨터에서 "ditto -k //2/dev/ditto" 명령을 수행시킨다.
- RTCS 프로그램을 빠져 나오도록 〈Ctrl-C〉 키를 누른다.
- 탐사 내용을 분석하기 위하여 AUV 내에 저장된 탐사 데이터 파일과 Black-box 파일을 OP 컴퓨터의 HDD로 옮긴다.
- APSTU 버튼을 OFF로 스위칭하여 AUV로의 전원 공급에 전원 공급기를 사용하도록 한다.
- 이제 AUV의 모든 전원을 끊기 원하면 APSTU 전원공급 장치를 끄면 된다.

7.3.5 AUV 운용상의 주의 사항

AUV는 적응제어 시스템(PID 제어기 사용)을 갖는 매우 복잡한 구조의 로봇이다. 이러한 AUV를 잘 다루기 위해서는 다음과 같은 사항들을 명심해야 한다.

얕은 수심에서와 깊은 수심에서의 탐사 시에 AUV 제어기법이 바뀌는 것은 아니지만 AUV 위치추적 및 수심에 따라 장애물 회피 기준거리 등과 관계된 여러 변수들이 변화하기 때문에 수심에 맞는 프로그램 설정이 필요하다. 이를 위해서 프로그램내의 한 상수값을 0 또는 1로 설정하여 재 컴파일한 후 새로운 *mon* 프로그램을 얻으면 된다. 이에 관해서는 "System Architectures"에 설명하였으므로 여기서는 자세한 내용을 언급하지 않을 것이다.

실험실이나 모선위에서의 여러 기능 조사가 이루어지고 이상이 없으면 가장 먼저 수밀시험과 RC 명령시험을 수행한다. 이러한 시험은 깊은 수심에서 수행될 필요가 없으므로 수면으로부터 약 50m 이내에서 수행한다. 간단히 Motor 작동상태도 파악하기 위해 Circle 경로를 따르도록 하고 RC 명령을 시험하면 된다.

다음으로 탐사하고자 하는 해역의 해저 지형도를 보고 정밀 탐사지역과 탐사경로를 결정해야 한다. 이때 Bottom Transponder가 놓인 위치 또한 고려해야 함은 물론이다. Bottom Transponder의 분실 및 작동 오류에 의해 2개 만을 사용할 때와 같은 상황에서는 탐사경로가 제한될 수밖에 없다.

한 번도 탐사해 보지 않은 영역을 탐사하려 할 때에는 그 지역에서 AUV의 부력을 다시 한 번 검사할 필요가 있다. 보통 얕은 수심에서 3~5 kg의 양성부력을 갖게 하고 깊은 해역에선 2~3 kg 이하의 양성 부력을 갖도록 한다. 그 이유로는 해역에 따라 해수의 염도가 다르고 수심이 깊어질수록 부력이 증가되기 때문이다.

물론, AUV는 약간의 추가 부력 상태에서도 운항을 할 수 있으나 과도하게 피치를 제어해야 하는 부담이 따르게 되거나 피치 조절을 못하게 되어 Mission을 포기한 채 부상할 수도 있으며 무인 탐사장비의 단점인 에너지를 필요 이상으로 사용하게 되므로 부력조절은 매우 중요하다. 또한, AUV는 음의 부력을 가져도 운항이 가능하나 작업 중 피치를 계속 증가시키려 하고 이를 막기 위해선 과도한 피치조절이 필요하게 되어 에너지 소모가 빠르게 된다.

이와 같이 잘못된 Mission 프로그램에 의한 경우와 잘못된 부력조절 등은 AUV를 과도하게 제어하게 하여 에너지 소비를 증가시키고 모터의 과부하 등에 의해 Motor 회로에 이상을 발생시키기도 한다.

부력에 대한 정보를 얻기 위해서는 수심에 따라 부력이 변화된다는 사실을 감안하여 Mission 프로그램을 작성한다. 통상 1,000 m 간격으로 부력을 조사하게 되는데 각 수심에서 AUV를 잠시 정지시켜 AUV의 심도 변화를 보고 해당 수심에서의 부력을 추론할 수 있게 된다.

새로운 지역을 탐사할 때에 확인해야 할 또 한 가지는 Compass Deviation이다. 이를 확인하려면 앞에서도 언급하였듯이 AUV가 폐 경로를 따라 움직이면 되는데 Mission에 의해 얻어질 수도 있고 육상이나 선박 위에서 AUV를 강제로 한 바퀴 돌려줌으로써 쉽게 수행될 수 있다. 실험 결과 거제도 지역에서의 Compass Declination은 -7도이고 하와이 부근에선 +9도 정도이다. 해당 지역에 따른 이러한 값을 NAV.CNF에 담고 있어야 하는데 그렇지 않으면 실제 AUV의 회전(Heading)이 Error 양 만큼 바뀌게 된다.

AUV를 적절히 제어하기 위해선 정확한 제어값이 되도록 튜닝을 해 주어야 하는데 여기에는 다소 많은 시간이 소비된다. 그러므로 초기에는 아주 단순한 운동을 하도록 하고 연결되는 Tack은 전환 시간을 고려해 주어 너무 변화가 크지 않도록 하며 외부 환경의 영향(물체, 해저면, 수면 등)을 되도록이면 받지 않도록 한다. 한 번의 Tack 수행시간을 5분 이상으로 유지시키는 것이 좋다. 여러 번의 탐사를 통하여(여러 운동 모드에 대해) 적절한 제어가 이루어지도록 제어계를 보정시킨다. 또한, 해저산과 같은 험한 지형에서의 탐사를 위해 먼저 바닥면으로부터 약 30m 정도 위에서 SSS 만을 위한 작업을 수행하고 얻어진 지형을 숙지한 후 바닥면에 대한 정밀탐사를 수행하는 것이 좋다.

이러한 사전 탐사를 통하여 적절한 제어 계수값을 선정함과 동시에 Motor 자체 Power도 필요 시 변경한 후 해저 바닥면 탐사를 수행하게 되는데, Mission 프로그램 작성 시에 지형에 따른 AUV 전진속도, 방위각 등을 설정하여야 하고 미리 파악된 Still Camera 및 TV Camera 성능을 고려하여 촬영 고도를 정한다. 하지만 현재 OKPO-6000은 깊은 수심에서 2.3 m 이하 고도에서의 운항은 하지 못하도록 설정되어 있으므로 Camera Tuning 시에 이 값을 고려해야 한다.

고도 2.5 m 부근에서 탐사를 할 때에는 Mission 프로그램에 설정되는 선속을 0.4 m/s 정도로 낮추어 주고 급격한 수심변경은 피하는 것이 좋다.

AUV가 잠수된 후에는 APS 모니터를 통하여 그 위치와 Mission 시작 여부 등을 파악할 수 있다. 현재 Version에선 AUV의 현재 위치와 함께 현재 심도를 APS Channel을 통하여 모선의 APS에 전달하는 기능이 추가되었다. 이것은 INIT_T 프로그램에 의해 수행되는데, 참고로 INIT_T 프로그램에는 아래와 같은 Source 파일들로 구성되어 있고 Italic체로 된 부분은 새로 추가된 것이다.

INIT_T.C, *APS_T.C, DOG_RESET.C, PDV.C, PDV_T.C,* T8253.H, *APS_T.H, PDV.H,*

AP가 Reset된 후부터 APS Channel을 통하여 Depth 신호(F4 신호 이용)를 전달하는데, 이를 위해서 Monitor 프로그램이 시작되면 새로이 추가된 KILL_SID Routine이 INIT_T 프로그램을 Kill시킨 후 AP가 Reset된다. INIT_T 프로그램은 Counter 등을 초기화한 후 심도를 계산하여 음향신호를 이용해 모선에 그 값을 전달한다.

천해역에서의 APS에 대한 Depth Measurement Channel Resolution은 1 cm이고 깊은 바다에서는 1 m이다.

심도 이외에 방위각, 선속(LOG.C) 및 고도(OAS.C)도 모선에 전달한다. 또한, RC 명령을 정확히 인식하기 위하여 신호의 Duration을 증가시켰는데, 이 Duration 이후에 신호가 급격히 감소되면 Duration 중에 받은 신호를 원격 명령으로 인식한다.

Mission 수행 중에 발생하는 프로세스들의 실행 시각을 TIME_CHK.TXT File에 저장한다. 따라서 Blackbox.txt 파일과 함께 Mission 중에 일어난 일들에 대한 정보를 더욱 자세히 알 수 있다.

심도고정 Mode(DSM) 및 고도고정 Mode(ASM) 외에 ASM_S와 ASM_B Mode가 새로이 추가되었다. 보통, Bottom Sonar 및 Slope Sonar를 고도 고정 Mode에서 같이 사용(ASM)하나 만일 Bottom 또는 Slope Sonar 중 어느 하나가 정상적이지 않을 경우를 대비하여 추가된 기능이다.

Logger 기능은 미리 정해진 이름의 파일에 여러 정보들이 자동적으로 기록된다. 물론, 파일 이름을 바꾸어 저장하려 할 때에는 Mission 프로그램 상에 반영할 수 있게 되어 있다.(Channel 0과 1을 이용) 또한, Logger Channel은 다음과 같이 6개(0 - 5)이다.

* #0
* #1
* #2 Channel : control.dat
* #3 Channel : rc.dat
* #4 Channel : oas&xy.dat
* #5 Channel : common.dat

실제 Mission 수행을 위해 AUV가 잠수한 후 지정된 심도에 도착하면 Ballast를 떼고 주어진 고도까지 나선 궤도를 따라 잠수하게 되는데, Mission 프로그램에 이 과정을 포함할 수도, 포함하지 않을 수도 있다(Method 1, 2). 하지만, 심도 변화율에 따라 계속 잠수 시도 또는 부상을 선택하는 부분은 운용자의 상황(해저지형 등)에 대한 판단에 따라 바뀌어 질 수 있다.

【Method 1】

```
/*
        Sea bottom diving.
        Tasks:
                1) vertical control channel debugging
                2) AUV diving velocity check
                3) AUV buoyancy test
                4) switch of ASM/DSM mode debugging
                5) remote control commands receive check.
*/
#include "mission.h"
void MISSION(void)
{
#define DPT     2150            // Given depth
#define VZ      0.5             // Given velocity
float   fi_base ;
float   depth_base, depth_old ;
float   roll, pitch ;
int     j, count, dptcount ;
        RC_CONTROL(1) ;
        VIDEO(1,0) ;            // VIDEO without light
        DIVING(0,DPT,50) ;      // Diving until 2150 m or alt 50 m

        // 1. Operations
        LOG_ON(0,"control.dat",10,
                FI, PSI, H, V, FIP, PSIP, DH, DFI, // 8
                SDFI, SDH, TX, MY, MZ, MCCU, MCCB, MCCL, MCCR, // 9
                IB, V24MB, SFLEFT, SFRIGHT, SFVD, DDIF, SDDIF, ENDPAR) ; // 7
        LOG_ON(1,"rc.dat",10,
                H, LEVEL, NOISE,
                MAX0, MAX1, MAX2, MAX3, MAX4,
                MAX5, MAX6, MAX7, MAX8, MAX9, ENDPAR) ;

        // 2. Moving to altitude 40 m (with vertical rate 15 m/min)
        MESSAGE("Circular moving to sea bottom\n") ;
```

```
j=count=dptcount=0 ;
depth_base=DPT+10 ;
ANGLES(&fi_base,&pitch,&roll) ;
DIN_VERT_CHAN(23,0,0,0) ;                // VC adjustment
DIN_HORIZON_CHAN(60,0,0) ;
depth_old=DEPTH() ;
do {
        GALS(6,fi_base,VZ,DSM,depth_base) ;
        if (FDS()<45) count++ ;          // Given altitude 40 m
        else if (--count<0) count=0 ;
        fi_base+=2 ;
        depth_base+=1.5 ;
        if (j++%10==0)
        { // Sea bottom checking
                if (DEPTH()-depth_old<10)
                { // Diving is normal
                        dptcount++ ;
                        if (dptcount>4)
                        { // AUV lies on ground
                        MESSAGE("AUV lies on ground. Depth %4.0f m\n",DEPTH()) ;
                                goto EX ;
                        }
                }
                else if (--dptcount<0) dptcount=0 ;
                depth_old=DEPTH() ;
        }
} while((count<4)&&(depth_base<2900)) ;
MESSAGE("It were %d tacks\n",j) ;

// 6. Working with acoustic devices
fi_base=70 ;
GALS(4*60,fi_base,VZ,ASM,30) ;    // Given altitude 30 m
VIDEO(1,1) ;
SSS(4,"sss.dat") ;
GALS(6*60,fi_base,VZ,ASM,5) ;     // Given altitude 5 m
```

```
        fi_base-=90 ;
        GALS(10*60,fi_base,VZ,ASM,2) ;    // Given altitude 2 m
        fi_base-=90 ;
        GALS(10*60,fi_base,VZ,ASM,2) ;    // Given altitude 2 m
        fi_base-=90 ;
        GALS(10*60,fi_base,VZ,ASM,3) ;    // Given altitude 3 m
EX:     VIDEO(0,0) ;
}
```

【Method 2】

```
/*
        Sea bottom diving.
        Tasks:
                1) vertical control channel debugging
                2) AUV diving velocity check
                3) AUV buoyancy test ;
*/
#include "mission.h"
void MISSION(void)
{
#define DPT     2150            // Given depth
#define VZ      0.5             // Given velocity
float   fi_base ;
        RC_CONTROL(10) ;        // RC step 10 min
        VIDEO(1,0) ;            // VIDEO without light
        DIVING(0,DPT,50) ;      // Diving until 2150 m or alt 50 m

        // 1. Working with acoustic devices
        fi_base=70 ;
        GALS(4*60,fi_base,VZ,ASM,30) ;    // Given altitude 30 m
        VIDEO(1,1) ;
        SSS(4,"") ;                       // Will create file sss0.dat
        GALS(6*60,fi_base,VZ,ASM,5) ;     // Given altitude 5 m
        fi_base-=90 ;
```

```
        GALS(10*60,fi_base,VZ,ASM,2) ;      // Given altitude 2 m
        fi_base-=90 ;
        GALS(10*60,fi_base,VZ,ASM,2) ;      // Given altitude 2 m
        fi_base-=90 ;
        GALS(10*60,fi_base,VZ,ASM,3) ;      // Given altitude 3 m
        VIDEO(0,0) ;
}
```

WatchDog Service Algorithm(KAS.C)이 변경되었으며 WatchDog Registers가 ES에 의해 Clearing되지 않고 100 ms Interrupt Handler(qnx_hint_attach(...) 함수 이용)에 의해 처리된다. ES 프로세스 실행 여부는 "flag_kas" Flag를 검사함으로써 알 수 있고 이 Flag는 주어진 프로세스 내에서 규칙적으로 Clearing되는데 그렇지 않으면 적절한 WatchDog Register Update를 Interrupt Handler가 중지시켜 AP Reset이 일어나게 된다. 거의 일어나지는 않지만 만약 AP Reset에 의해 AUV가 Mission 중 비정상적으로 부상하였을 때에 이러한 상황도 고려해 보아야 한다.

해안선 근방에서 AUV를 운용할 때를 대비하여 수심이 4 m 이하가 되면 ES가 작동되도록 하였으나 이 Routine(KASWOR.C)이 사용될 가능성은 매우 적다.

또한, 운용자는 AUV OAS의 Ranging에 대하여 정확히 파악하고 있어야 하는데 OKPO-6000에는 천수와 심수에서의 값이 다르게 설정되어 있고 아래와 같다.

* Shallow Water
    : Max. Range　12.5 m for Bottom Sonar
    　　　　　　　22.5 m for Other Sonar
    : Min. Range　0.8 m for Bottom & Slope Sonar
    　　　　　　　1.5 m for others
    : Min. Stabilized Altitude　1.3 m
* Deep Water
    : Max. Range　67.5 m(LOG.C에 60 m로 되어 있으나 실제는 67.5 m)
    : Min. Range　1.8 m for all Sonars
    : Min. Stabilized Altitude　2.3 m

Mission 프로그램에서 지정한 RC_CONTROL(..) 함수의 인자에는 마지막 RC 명령을 받은 후 RC Mode 상태로 남아 있는 시간을 의미하도록 수정되었는데, 이 시간이 지나고 나면 RC 명령이 접수되지 않고 Interrupt 되었던 Mission 프로그램으로 복귀한다.

7.4 OKPO-6000 제어기 설계

어떤 시스템을 제어하기 위해 어떤 제어기(Controller)를 이용하는가는 대상 시스템의 특성, 작업 환경, 안전, 비용, 적용성, 신뢰성, 정확도, 중량 및 크기 등에 좌우된다. AUV는 고도의 지능을 갖추고 스스로 주어진 임무를 수행하여야 하므로 제어기의 중요도는 매우 크다고 할 수 있다.

OKPO-6000은 보편적으로 사용되고 있는 PID 제어기를 사용하여 제어기를 설계하였다. 러시아에서도 AUV의 제어용으로 적응(Adaptive) 제어기 등을 사용한 사례가 있었지만 PID 제어기에 비해 큰 효과를 볼 수 없었다고 보고된 바 있다. 하지만 전 세계적으로 AUV에 대한 새로운 제어기법이 계속 연구되고 있으며 몇몇 제어기는 실험실 단계에서 실제 시험도 되고 있으므로 AUV 개발 시 첨단 제어기법을 이용하여 개발자 및 운용자가 원하는 임무를 수행하고자 할 경우에 아래에 설명한 전통적 PID 방식에 기초한 접근 방식을 응용한다면 더욱 신뢰성 높은 운용 시스템 구현이 가능할 것이다.

제어 시스템은 일반적으로 Error Detector와 증폭기(Amplifier)로 구성되며 측정장치(Measuring Element)는 대상 시스템의 출력을 적당한 물리량 예들 들어, 변위, 압력, 온도, 전기신호 등으로 변화시키는 장치로서 주로 폐루프(Closed-loop)의 피이드백 경로 상에 위치한다. 증폭기는 Actuating Error 신호의 Power를 증폭하여 Actuator에 작용시킨다. 이러한 시스템은 다음과 같은 Block Diagram으로 나타낼 수 있다

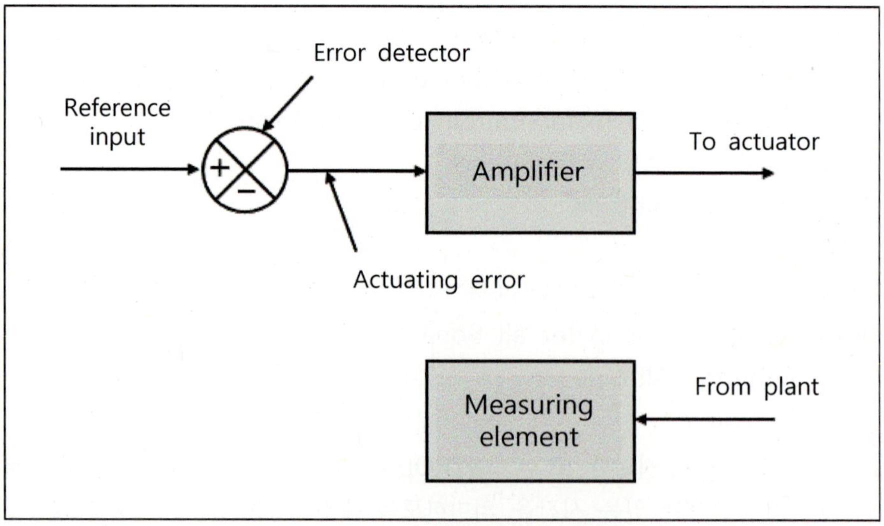

그림 7.5 AUV 제어기 Block Diagram

7.4.1 PID 제어기 특성

여기서는 OKPO-6000의 제어기로 쓰이고 있는 PID 제어에 대한 간략한 내용을 살펴본다. PID 제어기는 아래와 같이 표현된다. 함께 나타낸 그림은 시스템의 응답특성을 나타낸 것이다.

$$m(t) = K_p e(t) + K_p T_d \frac{de(t)}{dt} + \frac{K_p}{T_i}\int_0^t e(t)\,dt$$

여기서,

K_p : 비례 민감도

T_d : 미분 시간

T_i : 적분 시간

e(t) : 입력

m(t) : 출력

전달 함수는 다음과 같다.

$$\frac{M(s)}{E(s)} = K_p(1 + T_d s + \frac{1}{T_i s})$$

제어시스템의 Transient 응답은 정상상태에 도달하기 전에 주로 감쇠를 가지며 변동하는 특성을 갖는다. Transient 응답특성을 파악하기 위해 단위 계단 입력에 대한 출력을 다음과 같은 용어로 기술한다.

- 지연 시간(T_d) : 최종 응답값이 1/2로 되는데 소요되는 시간
- 상승 시간(t_r) : 응답이 최종 응답의 10%에서 90%로 되는데 소요되는 시간
- 피크 시간(t_p) : 첫번째 오버슈트(Overshoot)의 정점(Peak)에 도달하는데 소요되는 시간
- 최대 오버슈트(M_p) : 단위입력선으로부터 측정한 최대 정점값(시스템의 상대 안정성에 관여)
- 정상상태 도달시간(t_s) : 시스템 응답이 최종 응답값의 95%(또는 98%)가 되는데 소요되는 시간

(1) PID(Proportional Integral Derivative) 제어기

P 성분은 현재 오차에 응답하고 상승시간(Rise Time)을 감소시키며, I 성분은 누적된 과거 오차에 응답하고 Settling Time과 Overshoot를 증대시키면서 Steady State Error가 0이 되게 한다. D 성분은 미래에 일어날 오차, 즉 오차의 변화분에 응답하고 Settling Time과 Overshoot는 감소시키지만 Noise에 민감하다.

(2) P(Proportional) 제어기

P 값이 작을 경우에는 응답이 비교적 늦게 나타나며 클 경우에는 크게 진동하는 응답특성을 갖는다. 신속하고도 작은 정상상태 오차값을 얻기 위해서는 가능한 큰 값의 P를 택해야 하지만 과도 시간 응답의 진동현상이 크게 나타나는 것을 방지하기 위해서는 작은 값의 P가 필요하다. 과도현상이 허용범위 내이고 또한 정상상태 응답도 적절하기 위해서는 시스템 자체가 P 요소를 충분히 조정할 수 있는 여유를 갖고 있어야 한다.

(3) PD(Proportional & Derivative) 제어기

P 요소가 증가함에 따라 시스템의 비감쇠 고유 주파수는 증가하며 이는 응답속도를 향상시킨다. D 요소는 시스템의 Settling Time과 관계가 없으며 이 값이 증가함에 따라 시스템의 감쇠비는 커지게 된다.

(4) PI(Proportional & Integral) 제어기

PD 제어기에 비하여 시스템의 반응속도는 훨씬 느리지만 정상상태 오차는 없다. 즉, 시스템 응답속도의 손실은 정상상태 오차를 0으로 만듦으로써 생기게 된 것이다. 만일 시스템이 조금 더 빠른 응답특성을 갖도록 하려면 현재 보다 더 큰 Overshoot와 Ringing을 허용해야만 한다.

7.4.2 REGULATOR PROGRAM의 제어 흐름도

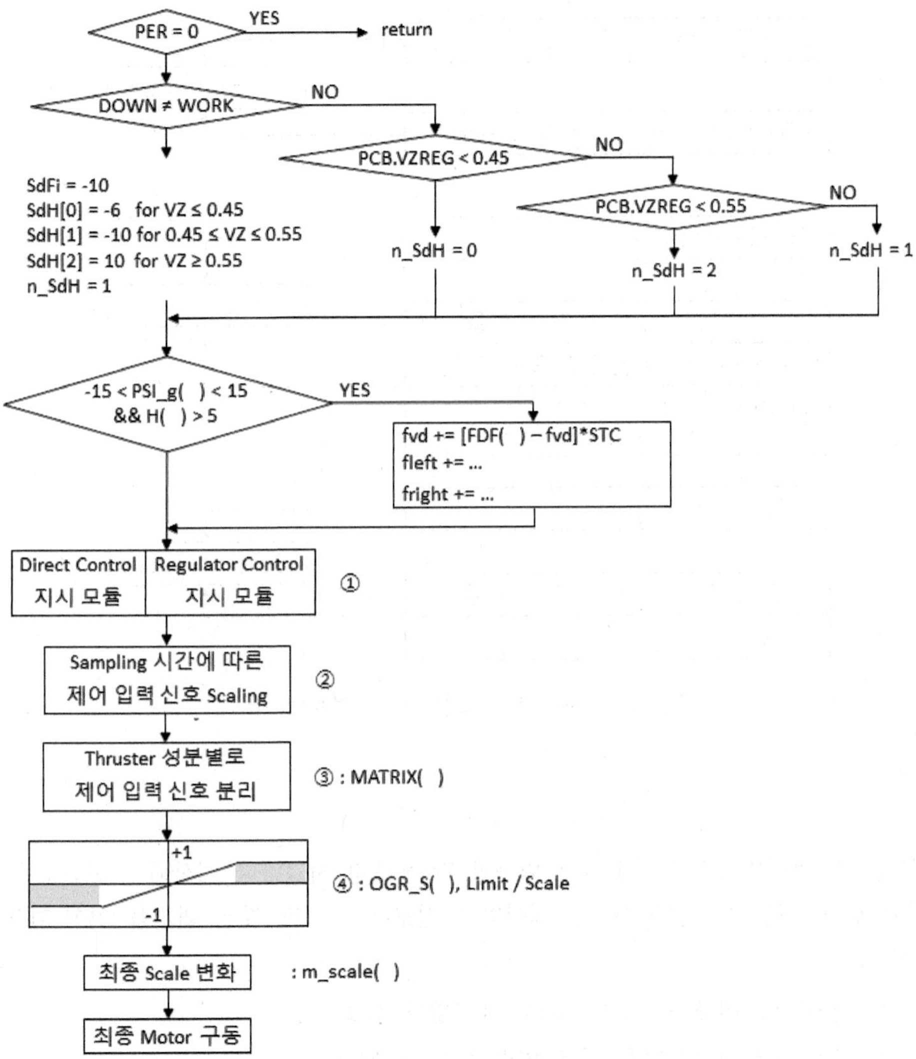

그림 7.6 REGULATOR PROGRAM의 제어 흐름도

(1) 제어 지시 모듈

① 부분을 조금 더 자세히 나타내면 다음과 같다.

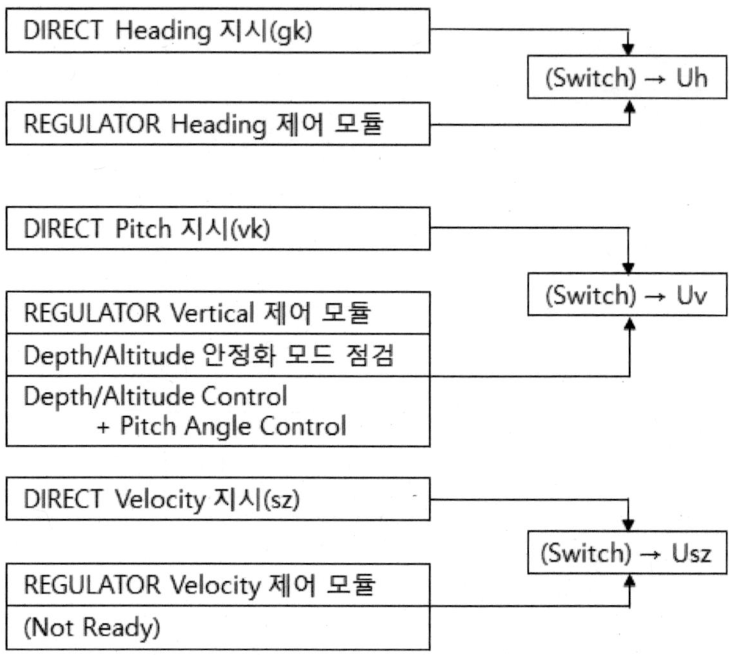

그림 7.7 제어지시 모듈 Block Diagram

(2) 샘플링 시간에 따른 제어입력 신호 Scaling

② 부분에서 제어입력으로 사용하기 위하여 각 샘플링 시간마다 계산되는 전진운동(Usz), 왼쪽 선회운동(SUh)와 상하운동(SUv)용 제어입력 신호는 다음과 같은 과정을 거쳐 매번 새로이 만들어진다.

- 전진운동(Forward Motion : Usz)용 제어입력 신호
  : 제어량의 변화 없이 다음 단계 입력인 TX로 된다.
- 선회운동(Turning Motion : SUh)와 상하운동(Turn-up Motion : SUv)용 제어신호
  : 예를 들어 N번째 샘플링에서 사용될 제어입력신호는 다음과 같이 계산된다.

$$
\begin{aligned}
(SUh,\ SUv)_N &= (SUh,\ SUv)_{N-1} + [(Uh,\ Uv)_N - (SUh,\ SUv)_{N-1}] * STM \\
&= (SUh,\ SUv)_{N-1} + [(Uh - SUh), (Uv - SUv)]_N * STM
\end{aligned}
$$

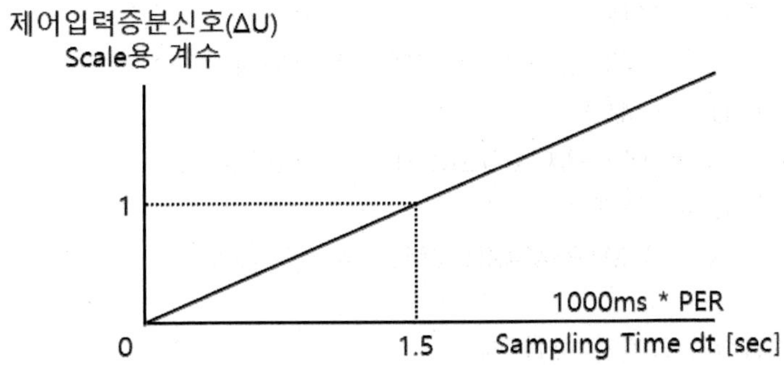

그림 7.8 STM의 특성

여기서, STM은 제어입력 증분 Scale용 계수로서 그림 7.8과 같은 특성을 갖는다.

그림에 나타낸 바와 같이 샘플링 시간이 1.5초이면 현 단계에서 계산된 제어입력 신호가 그대로 다음 단계로 넘어 가게 되고, 샘플링 시간이 1.5초보다 작으면 현 단계에서 계산된 제어입력 신호보다 작은 값으로 넘어 가고 1.5초보다 긴 경우에는 반대로 된다.

(3) 제어신호의 LIMIT/SCALE

③ 부분의 LIMIT/SCALE 용 ORG_S(U) 함수를 분석하여 보면 다음과 같다.

- ORG_S(U)의 LIMIT 분석
  : MTP(전진 추력)와 MTO(후진 추력)의 크기가 같을 때,

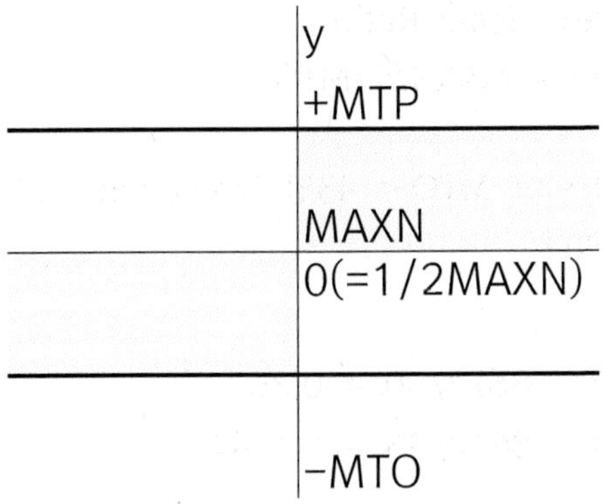

if U = MTP
    y = MTP*MAXN/2MTP = ½MAXN
if U = -MT0
    y = MT0*MAXN/2MT0 = -½MAXN
if U = ½MTP
    y = ½MTP*MAXN/2MTP = ¼MAXN

: MTP와 MTO의 크기가 다를 때,

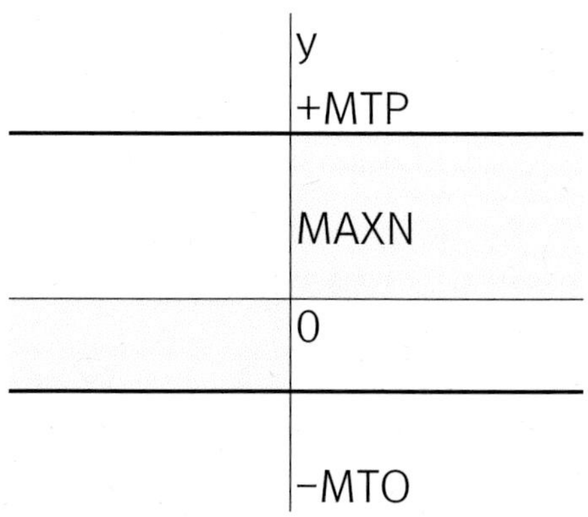

if MTP ≠ MTO
    전진 및 후진은 MTP와 MTO의 비
    율에 의해 Weight 배분된다.
- Foward Scale Ratio
    KP = MAXN/2/MTP
- Backward Scale Ratio
    KO = MAXN/2/MTO

예를 들어, MTP = 50 이고 MTO = 43일 경우에 ORG_S(U)를 분석하여 보면 다음과 같은 그림으로 나타낼 수 있다.

KP = MAXN/2/MTP = 86/2/50 = 0.86
KO = MAXN/2/MTO = 86/2/36 = 1.1944

ORG_S(U) : Thrusters

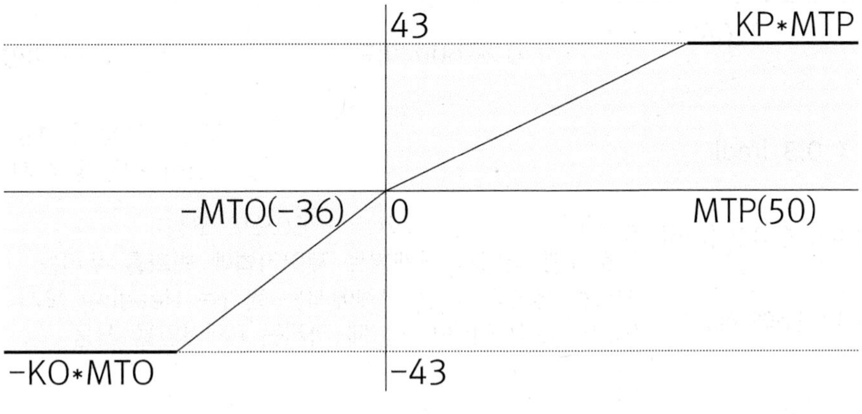

MTO와 MTP는 추진기축에 대한 값이므로 AUV 종축에 대한 추력은 다음과 같이 구해진다.

$$U = \frac{T_x}{4}\frac{1}{\cos(22.5)}\frac{M_{(y\ \mathrm{or}\ z)}}{\sin(22.5)}\frac{1}{2L}$$

여기서 22.5° 는 4개 추진기 각각이 종축(X-Axis)과 이루는 각도이다.

통상 추진기의 최대 추력까지는 사용하지 않고 80%로 제한하여 사용한다. 따라서 U가 MTP의 80%보다 커지면 U를 0.8MTP로 제한한다.

(4) HEADING 제어

가장 먼저 5 m 이상 잠수되었고 Picth가 ±15° 이내가 되면 전진 및 좌우 장애물 여부를 조사한다. 장애물이 없으면 초기 거리값 60 m로 계속 유지하고 장애물을 감지하면 fvd, fleft, fright 값이 작아지게 된다. 이후 Heading 제어를 하게 되는데 전진 속도에 무관하게 이루어진다.

T_GALS / |dFi|	0 ~ 600 미만	600 이상
|dFi| 〈 0.3 [rad]		Tack 시작 후 1분간은 Error 적분을 하지 않음
0.25 ≤ |dFi| 〈 0.3 [rad] (0.25는 14.3o에 해당)	P 제어: (Uh = ∓60으로 고정) 프로그램 내에서 단계별로 제어기법에 변화를 주려는 시도는 있었지만 현 단계에서는 원하는 Heading 오차 (0.25[rad]) 이내에 들 때 까지는 P제어만을 사용	
|dFi| 〈 0.25	PID 제어: P 요소 : KPh I 요소 : 0.5 D 요소 : -3.5*2.5*KDh	

☞ T_GALS : Tack Length(Time), dFi : Heading Error

각 제어요소에 값을 설정하지 않으면 다음과 같은 초기값 또는 Default 값을 사용하나 I 요소의 값은 설정값에 무관하게 Default로 주어진 값을 사용하고 있다.

적분기 SDFi의 적분오차 초기값	P요소 KPh의 Default 값	I요소 KSh의 Default 값	D요소 KDh의 Default 값
-18	70	1 (무조건)	120

이상의 Heading 제어계를 그림 7.9와 같은 제어 Block Diagram으로 나타낼 수 있다.

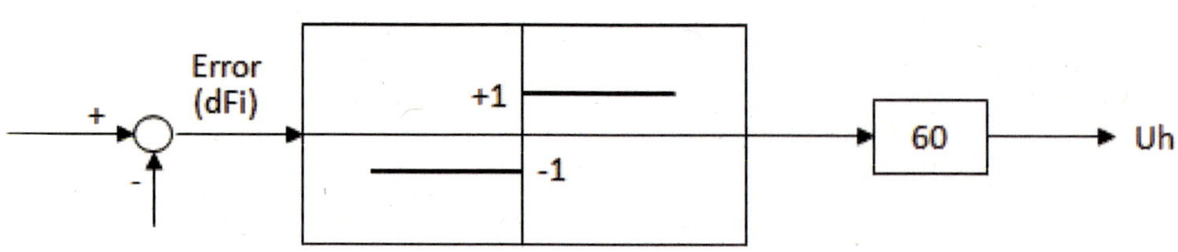

< P제어 >

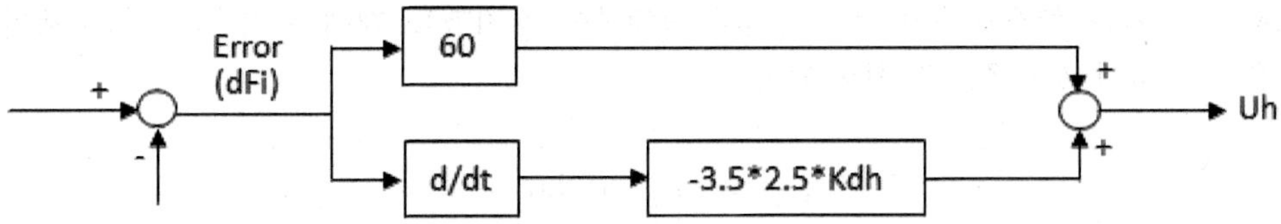

< PD제어 >

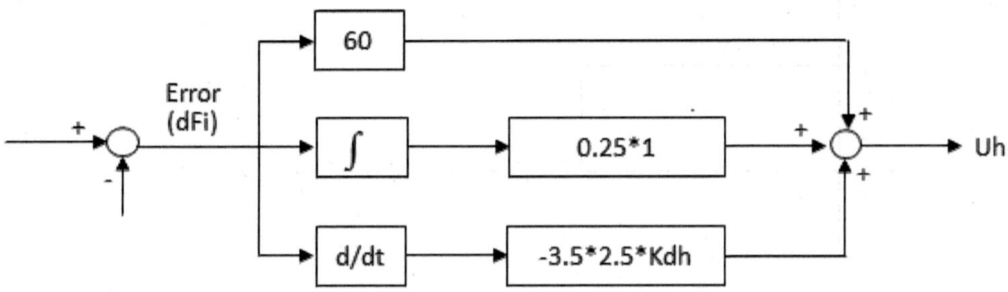

< PID제어 >

(적분계수용 Ks를 1로 하였음)

그림 7.9 Heading 제어 Block Diagram

(5) 비상상황 시의 대처

다음은 AUV가 운항 중일 때 서로의 거리가 10 m 내에서 장애물을 감지하고 대처하는 로직을 도식적으로 나타낸 것이다.

- AUV가 오른쪽 한계거리(10 m) 내에서 장애물을 감지했을 때에는 다음과 같은 제어 명령을 이용하여 왼쪽으로 선회한다.

$$U_h = U_h - 60$$

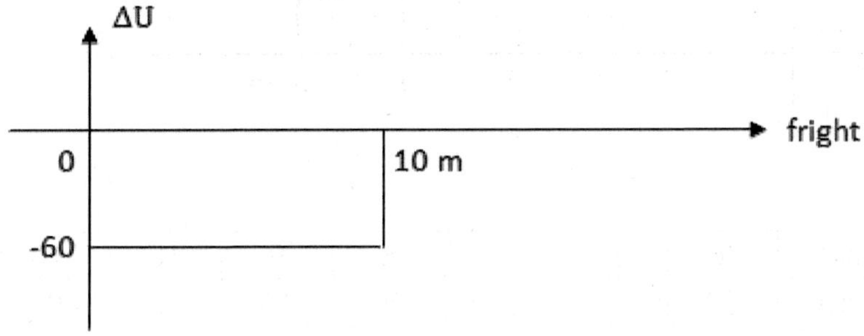

- AUV가 왼쪽 한계거리(10 m) 내에서 장애물을 감지했을 때에는 다음과 같은 제어 명령을 이용하여 오른쪽으로 선회한다.

$$U_h = U_h + 60$$

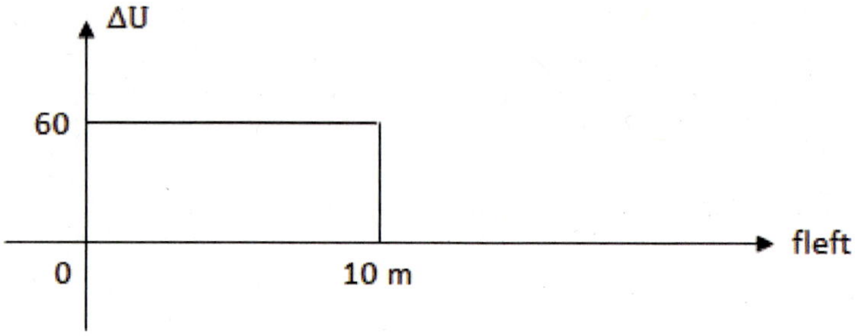

- 다음은 전방 물체 감지 시 제어입력 보정에 관한 것으로 AUV는 상승하여 장애물을 피한다. 장애물과의 거리(fvd)에 따라서 그 회피 Mechanism이 다르며 6 m 이하인 경우에는 빠르게 상승한다.

$$U_v = U_v + \Delta U \quad \text{to upward motion}$$

$$U_v = U_v + \frac{60}{fvd - 5} \quad \text{for } 6\text{ m} < fvd < 10\text{ m}$$

$$U_v = U_v + 60 \quad \text{for } fvd \le 6\text{ m}$$

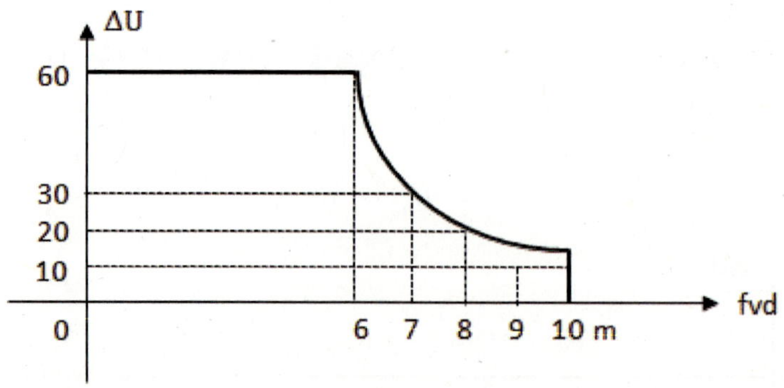

fvd	〈6	6	7	8	9	10	〉10
⊿U	60	60	30	20	15	12	0

- AUV가 해저면에 너무 가까이 접근하였을 경우나 전방 Slope 감지 시에는 다음과 같이 제어입력을 보정한다.(FDD()가 MIN_ALT 이하 또는 FDS() 1.4*MIN_ALT 이하일 때)

$$U_v = U_v + 50(MIN\_ALT - FDD()) \ \text{for} \ FDD() < MIN\_ALT$$

$$U_v = U_v + (50/1.4)(1.4^* MIN\_ALT - FDS()) \ \text{for} \ FDS() < 1.4 MIN\_ALT$$

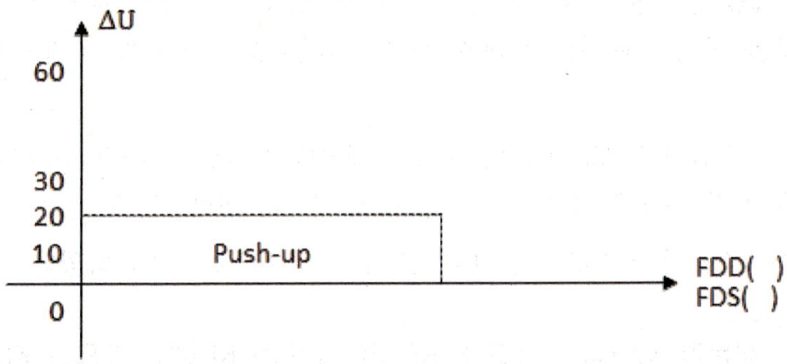

(6) VERTICAL 제어

Vertical 제어를 수행하기 이전에 연직방향에 대한 안정화 모드를 점검할 필요가 있다. 이것은 AUV가 해저면에 너무 접근하도록 요구하는 명령이나 현재 동작에서 너무 바닥 쪽으로 잠수하는 경향을 보일 때에 작동하도록 되어 있다. AUV는 항상 현재의 수심을 H() 함수를 통하여 얻고 해저면으로부터의 높이는 HEIGHT() 함수를 통해 읽어 들이고 있다.

<table>
<tr><td rowspan="2">|dH| 〉 8 [m]</td><td>깊이 제어</td><td>P 제어(±60)</td></tr>
<tr><td>피치각 제어</td><td>D 제어(0.1*K2v)</td></tr>
<tr><td rowspan="2">4 〈 |dH| ≤ 8</td><td>깊이 제어</td><td>PI 제어
• P요소 : 0.8*K1v
• I 요소 : K4v</td></tr>
<tr><td>피치각 제어</td><td>PD 제어
• P요소 : 0.5*K2v
• D요소 : -K3v</td></tr>
<tr><td rowspan="2">|dH| ≤ 4</td><td>깊이 제어</td><td>PI 제어(고정값)
• P요소 : 0.8*K1v
• I 요소 : K4v</td></tr>
<tr><td>피치각 제어</td><td>PD 제어
• P요소 : K2v
• D요소 : -K3v</td></tr>
</table>

ASM(Altitude Stabilization Mode)은 AUV의 위치를 해저면을 기준으로 원하는 높이만큼 유지되도록 하는 모드이며 DSM(Depth Stabilization Mode)는 AUV를 수면을 기준으로 원하는 깊이만큼 유지하는 모드이다. 만일 AUV가 ASM 모드에서 원하는 깊이보다 3 m 이상 더 깊어지면 원하는 깊이를 목표 높이로 두고 DSM으로 바뀌고, DSM 모드중에서 조종한계 가능치(M_ALT=2[m])이하로 내려가면 조종한계 가능치를 목표 높이로 두고 ASM으로 바뀐다. 따라서 조종한계 가능치 이하로 내려가지 못하도록 제한된다. 조종한계 가능치를 더 작은 값으로 놓을 수도 있으나 그렇게 되면 해저 바닥면을 따라서 AUV가 운항할 때에 무리가 따르게 되며 Mission 프로그램을 작성할 때에도 Tack이 바뀜에 따른 AUV의 유체 동력학적인 거동을 고려하여야 한다.

연직운동 제어는 수심/고도(Altitude)및 피치각 제어를 포함한다. OKPO-6000의 제어기에 구현된 제어 기법은 전진 속도에 따라 설정되는 제어 계수가 변화되는데 아래 표에 요약하였다.

각 제어기 제어요소들의 초기값 또는 Default 값을 아래 표에 정리하였다.

<table>
<tr><th>I/D
VZ</th><th>적분기 SdH의 적분오차 초기값</th><th>P요소 KPv의 Default 값</th><th>P요소 KDv의 Default 값</th><th>D요소 KDDv의 Default 값</th><th>I요소 KSv의 Default 값</th></tr>
<tr><td>VZ 〈 0.45</td><td>-6</td><td>40</td><td rowspan="3">120</td><td rowspan="3">750</td><td rowspan="3">0.2</td></tr>
<tr><td>0.45≤VZ≤0.55</td><td>-10</td><td>23</td></tr>
<tr><td>VZ 〉 0.55</td><td>10</td><td>17</td></tr>
</table>

Tack이 시작되고 1분 이내에 제어요소의 값을 고정시킨 이유는 너무 짧은 거리에 대해 계속 적분할 필요가 없기 때문이다.

a) |dH| > 8 일 때,

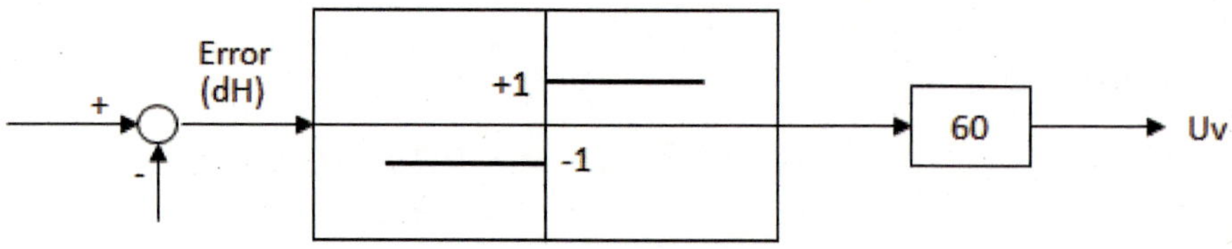

< P제어 >

b) 4 ≤ |dH| ≤ 8 이고 Tack Time이 600 미만일 때,

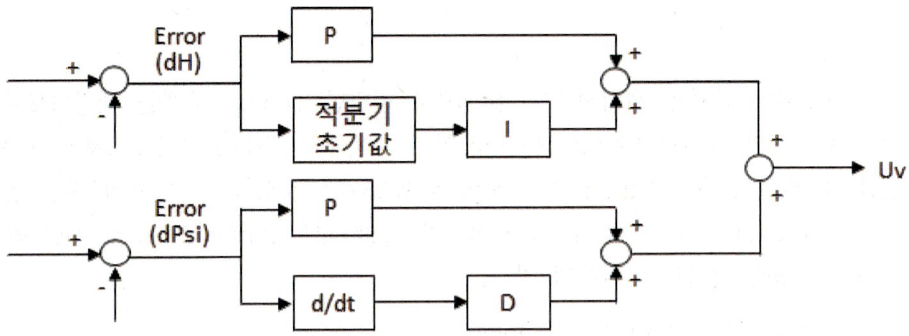

< PI + PD제어 >

c) 4 ≤ |dH| ≤ 8 이고 Tack Time이 600 이상일 때,

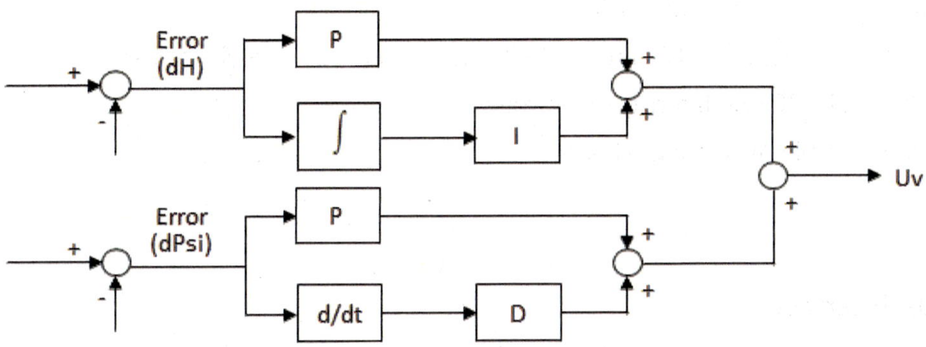

< PI + PD제어 >

d) |dH| ≤ 4 일 때, Depth 제어는 PI 제어기로 피치각은 PD 제어기를 이용하였다.

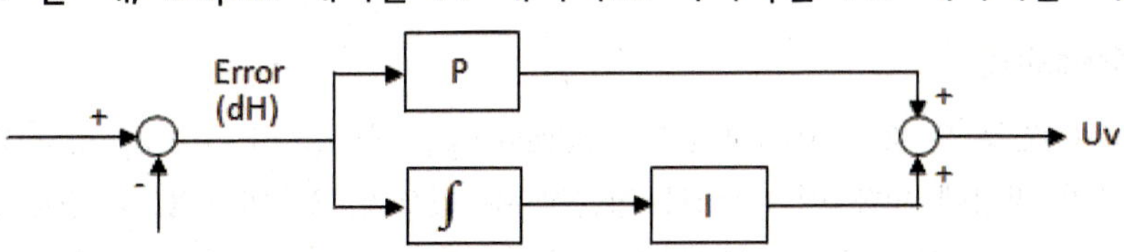

< PI제어 >

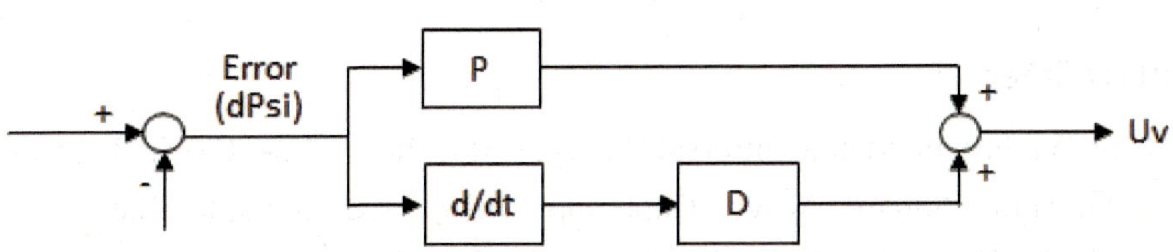

< PD제어 >

그림 7.10 Vertical 제어 Block Diagram

7.4.3 LPM/MCM-CTC 9 Channel Counter/Timer

(1) 특징

LPM-CTC Card는 산업용 제어시스템 설계에서 빈번한 Timing 문제를 해결하도록 설계되었다. 9개의 독립적인 16-bit Channel을 이용하여 주파수/사건(Event) DC로부터 8 MHz까지 Counting할 수 있고 Pulse Marker 또는 Square Wave를 생성할 수 있으며 시간 간격을 측정하고 One-shot Simulation을 할 수 있다. 8개의 Channel은 Buffered Clock, Gate와 Output을 갖고 있다. 특징을 살펴보면 다음과 같다.

① 9개의 독립적인 16-bit Counter/Timer
② 3개의 표준 82C54 Programmable Interval Timer
③ Channel당 6개의 Programmable Counter Modes
④ Input을 DC로부터 8MHz까지 Handle
⑤ Channel 9번은 다른 Channel을 위한 Clock Source로 설정할 수 있음
⑥ Optional 82C59A Interrupt Controller
⑦ Configurable Watchdog Timer

(2) 기능

a) Bus Interface

Full Data, Address와 Control Line Buffering이 CMOS STD Bus로/로부터 제공된다. 또한, STD-8088 Interrupt Priority Scheme을 지원한다.

b) Addressing

LPM-CTC는 8 또는 10-bit I/O Addressing을 하도록 I/O Mapping 되어 있다. CPU의 읽기/쓰기 명령에 의해 이 Card로 접근할 수 있으며, 3개의 82C54 Counter/Timer는 Base Address(Zero)에서 시작하여 12개의 연속되는 Bytes를 요구한다. Address Line A8과 A9는 Optional 10-bit Addressing Mode로 decode된다.

c) Counter/Timer

3개의 82C54 Programmable Interval Timer는 각각 Real Time Clock, Event Counters, Digital One-shot, Square Wave Generator 또는 Programmable Rate Generator로 configure될 수 있다. 각각의 82C54에는 3개의 독립적인 S/W Programmable Counter /Timer가 포함되어 있다(Total 9개의 16-bit Channels).

3개의 내부 82C54 Counter의 작동은 모두 같다. 각각에는 Single, 16-bit, pre-settable, DOWN Counter가 있다. Counter는 Binary 또는 BCD로 작동될 수 있고 그 Input, Gate와 Output은 Control Word Register 내에 저장된 Mode를 선택함으로써 configure될 수 있다. Event Counting 응용에 있어서 Computer는 단순한 READ Operation에 의해 각 Counter의 내용물의 상태(status)를 이용한다. Clock Input을 방해하지 않고 각 Counter의 내용물이 "On the Fly"로 읽혀질 수 있는 특수한 Logic이 포함되어 있다.

d) Watchdog Timer

9번째 Channel은 Watchdog Timer로 사용될 수 있다. 이 Channel(re-triggerable one-shot mode로 Program된)은 S/W의 Malfunction 시에 System을 강제로 reset 시키는 CMOS STD Bus의 PBRESET Line으로 Jumper되는 Output을 가질 수 있다.

e) Time Base Clock

9번째 Channel은 또한 Interval 측정에 사용될 경우 다른 8개 Channel 중 임의의 Channel으로의 Jumper Selectable Clock Input 역할을 할 수 있다. System Clock이나 Onboard 2.4576 MHz Crystal Oscillator가 Dual을 (Channel 9번으로의 입력이며 Configuration Header를 통하여 다른 Counter에 쓰이는) 2, 4, 8 또는 16 Prescaler로 나뉘어지도록 한다.

f) Configuration Headers

Clock, Gate, Output과 Board로 access함으로써 Time Base Clock이 모든 Channel에 제공된다. Select Header가 I/O Connectors, Channel 9 또는 System Clock으로부터의 Clock Input을 jumpering할 수 있도록 제공된다.

g) Interrupts

LPM-CTC는 Optional 82C59A PIC가 Install되어 있을 때, STD-8088 Compatible Interrupt를 생성한다. PIC는 8개 CTC Channel 각각에 대하여 유일하고 Vectored Interrupt를 생성한다. PIC는 Slave Mode로 작동하고 CMOS STD Bus Address Lines(A8 - A10)에 걸쳐서 Cascade Interrupt를 제공한다.

(3) Micro-PD71054 Programmable Timer/Counter

Micro-PD71054 Programmable Timer/Counter는 Micro-computer System의 Timing Control용으로 쓰이는 고성능의 Programmable Counter이다. 3개의 16-bit Counter(각각은 자체의 Clock Input, Gate와 OUT Pin을 갖는다)는 DC로부터 8MHz까지 Clock될 수 있다. S/W Control에서 이것은 정확한 Time Delay를 계산할 수 있다.

Address

A1	A2	Select
0	0	Counter 0
0	1	Counter 1
1	0	Counter 2
1	1	Control Word Register

Control Word Format

D7	D6	D5	D4	D3	D2	D1	D0
SC1	SC0	RW1	RW0	M2	M1	M0	BCD

Select Counter :

SC1	SC0	
0	0	Select Counter 0
0	1	Select Counter 1
1	0	Select Counter 2
1	1	Read-Back Command

Read/Write :

RW1	RW0	
0	0	Counter Latch
0	1	R/W Least significant byte only
1	0	R/W Most significant byte only
1	1	R/W Least sig. byte first, then most sig. byte

Mode :

M2	M1	M0	
0	0	0	Mode 0
0	0	1	Mode 1
x	1	0	Mode 2
x	1	1	Mode 3
1	0	0	Mode 4
1	0	1	Mode 5

<u>BCD</u>

0	Binary Counter 16-bits
1	Binary Coded Decimal(BCD) Counter(4 Decades)

Chapter 8.

Technical Calculations and Analyses

8.1 AUV에 설치되는 Locker의 강도평가

8.1.1 AUV에 작용하는 유체력을 추정하기 위한 실험

(1) 기하학적 상사

- Prototype : 길이 L_p = 3700 mm, 직경 D_p = 700 mm인 원통형
- Scale Factor : $\alpha = \dfrac{L_m}{L_p}$
- Model : 길이 L_m = α L_p, 직경 Dm = α D_p인 원통을 사용함

(2) 운동학적 상사

자유 표면 유동에서는 Froude 수가 지배적이므로 Prototype과 Model 사이에 Froude 수를 같게 한다.

$$F_r)_m = F_r)_p \quad 즉, \quad \frac{V_m^2}{gL_m} = \frac{V_p^2}{gL_p}$$

따라서 모델의 속력은 다음과 같다.

$$V_m = \sqrt{\alpha}\, V_p$$

Prototype의 실제 상승 속도를 규정할 수 없기 때문에 Model의 속도를 알 수 없다. 따라서 위 식은 Locker에 영향을 미치지 않는 적절한 Model의 속도를 결정하여 Prototype의 상승 속도를 결정하는데 사용된다.

(3) 역학적 상사

- Pressure Force

$$f_p)_p = \frac{1}{2}\rho C_d V_p^2 A_p = \frac{1}{2}\rho C_d \frac{V_m^2}{\alpha}\frac{A_m}{\alpha^2} = \frac{f_p)_m}{\alpha^3}$$

- Gravity Force

$$f_g)_p = \rho g\, Vol_p = \rho g \frac{Vol_m}{\alpha^3} = \frac{f_g)_m}{\alpha^3}$$

- Friction Force

$$f_f)_p = \frac{1}{2}\rho C_f V_p^2 A_p = \frac{f_f)_m}{\alpha^3}$$

그러므로 Total Force Fp는

$$F_p = f_p)_p + f_g)_p + f_f)_p = \frac{F_m}{\alpha^3}$$

따라서 Model Test로부터 얻어진 force에 $1/\alpha^3$을 곱하면 실제 Locker에 작용하는 힘을 얻을 수 있다.

(4) 실험 준비

① Model 1개 : 길이 = 66.6 mm, 직경 = 12.6 mm (Scale Factor : 1/55.6)

② 수조 1개 : 직경 = 100 mm 이상, 깊이가 20 mm 이상 일 것

③ 용수철 저울 1개 : 최대 용량이 1 kg 이상일 것

- Model의 중량
  - 공기중에서 중량: Wnet = 22.92 g
  - 수중에서 중량: Winwater = 14.31 g
  - 부력 B: Wnet - Winwater = 8.61 g

(5) 실험

a) 실험 I

: 수중에서 공기중으로 모델이 탈출하는 순간의 최대 관성력을 측정함

표 8.1 모델에 작용하는 총 유체력

실험 수	LIFTING LOAD	하중계수 F/W
1	24.**	1.05
2	25.	1.09
3	25	1.09
4	25.30	1.10
5	25.**	1.09
6	25.**	1.09
7	25.	1.09
8	25.	1.09
9	25.	1.09
최대 총 유체력	25.30 g	1.10

b) 실험 II (자유낙하시험)

: 공기중에서 모델의 가속도운동으로 기인한 동하중, 즉, 모델을 일정 높이에서 낙하시킬 때 발생하는 최대 관성력을 측정함

표 8.2 Model에 작용하는 관성력

실험 수	MODEL의 최대 LIFTING LOAD
1	23.31
2	23.
3	23.35
4	24.
5	23.
6	23
7	23
8	24
9	23
최대 총 유체력	24 g

(6) 결론

공기 중에서 가속도 운동으로 기인한 관성력보다 수중에서 공기 중으로 탈출 할 때가 더 큰 힘이 필요하다는 것을 알 수 있다. 이 힘은 공기 중에서 Dry Weight의 1.10배이다.

8.1.2 구조해석

(1) FE model

대칭성 때문에 Locker의 반쪽만 모델링하였다. 자중 및 유체력을 고려하였을 때 하나의 Locker에 작용하는 외력은 다음과 같다.

$$f = 950 \times \frac{1.1}{2} = 522.5\,kg_f$$

그리고 재료는 SUS303으로서 다음과 같은 물성치로 표시된다.

- 탄성계수 E = 2.1 x 10^4 kg_f/mm^2
- 경화응력 H = 2.3 x 10^3 kg_f/mm^2
- 항복응력 Y = 21 kg_f/mm^2
- 인장강도 U = 53 kg_f/mm^2

MSC/PATRAN을 사용하여 해석을 하였고 CQUAD4 Element를 사용하였다.

(2) 해석결과

FE 해석결과에 의하면 최대응력은 15.55 kg_f/mm^2으로서 항복강도에 비해서 작다. 따라서 약 1.35의 안전율을 가지고 있다. 이 결과에 의하면 AUV에 작용하는 유체력이 자중의 1.4배가 되더라도 안전하다. 그러나 1.5 이상이 되면 소성이 발생하게 된다.

8.2 AUV 압력용기 설계

8.2.1 개요

정수압을 받는 원통형 물체에는 축방향 압축응력과 동시에 원주방향 압축응력이 동시에 발생한다. 여기에 추가해서 원통이 두께가 상대적으로 클 경우 반경방향으로 압축응력이 발생한다. 이렇게 서로 수직한 3개의 축방향으로 발생하는 압축응력에 의해서 원통은 항복이 발생하기 전에 좌굴에 의하여 붕괴가 시작된다. 따라서 원통은 좌굴에 대해서 안전하도록 설계되어야 한다. 여기에서는 러시아의 연구 결과를 직접 설계에 응용하는 방법을 소개하고자 한다.

8.2.2 원통용기 설계 기본식

(1) Von Mises에 의한 방식

원통의 원주방향으로 붕괴가 발생하기 시작하는 정수압을 임계압력이라 하는데, 이 임계압력은 Von Mises에 의하여 아래와 같이 계산된다.

$$P_{cr} = E(\sigma)\eta\left[\frac{1}{3N^2} + \eta^2\left(0.275 + \frac{0.633}{N}\right)\right] \tag{8.2.1}$$

여기서 E()는 탄성계수, η=h/R, N=1+0.405λ^2, λ=L/R 이다. 그리고 h는 두께, L은 원통의 길이, R은 원통의 평균반경이다.

한편 원주방향으로 정수압을 받는 원통에 발생하는 원주방향 압축응력은 다음과 같다.

$$\sigma = \frac{D \times P}{2h} = \frac{2R + h}{2h}P \tag{8.2.2}$$

여기서 D는 원통의 외경이며, 식 (8.2.1)과 (8.2.2)로부터 좌굴강도는 다음과 같다.

$$\sigma_{cr} = E(\sigma)\frac{2R+h}{2h}\eta\left[\frac{1}{3N^2} + \eta^2\left(0.275 + \frac{0.633}{N}\right)\right] \tag{8.2.3}$$

여기서 편의상 주어진 원통에 대하여 상수값을 다음과 같이 표시한다.

$$\frac{1}{F} = \frac{2R+h}{2h}\eta\left[\frac{1}{3N^2} + \eta^2\left(0.275 + \frac{0.633}{N}\right)\right] \tag{8.2.4}$$

식 (8.2.4)를 식 (8.2.3)에 적용하면 다음과 같은 식으로 표현된다.

$$\sigma_{cr} = \frac{E}{F} \tag{8.2.5}$$

식 (8.2.5)에서 좌굴이 비례한계 이내에서 발생한다면 탄성계수는 상수이기 때문에 다음과 같이 표시된다.

$$\sigma_{cr} = \frac{E_0}{F} \quad \text{for } \sigma_{cr} \langle \sigma_p$$

여기서 σ_p는 비례한도, E_0는 물성치에서 초기 기울기 즉 탄성계수를 의미한다. 만약 좌굴이 비례한계를 넘어서 발생할 경우에는 탄성계수는 상수가 아니기 때문에 재료의 특성곡선으로부터 결정해야 한다. 즉, 식 (8.2.5)와 다음의 탄성계수-응력선도로부터 연립하여 결정하여야 한다.

$$E = E(\sigma)$$

(2) DNV 규정을 이용한 방식

a) 두께가 얇은 원통의 경우

$$A \le 3.4\frac{R}{h} \text{ 일 때 } \sigma_e = \frac{\pi^2 E(h/L)}{12(1-\nu^2)}\rho K$$

b) 두께가 두꺼운 원통의 경우

$$A \ge 3.4\frac{R}{h} \text{ 일 때 } \sigma_e = \frac{\rho E(h/R)^2}{4(1-\nu^2)}$$

그리고 좌굴강도는 다음과 같다.

$$\sigma_{cr} = \frac{Y}{\sqrt{1+(Y/\sigma_e)^2}}$$

여기서 ν는 프아송 비이며, ρ와 K는 다음과 같이 주어진다.

$$B = \sqrt{\frac{L}{R}} \text{ 이라면}$$

a) 길이가 짧은 원통의 경우

$$B \le 10.24 \text{ 일 때 } \log_{10}K = (0.62)(\log_{10}\frac{10.24}{B})^{1.6} + \log_{10}(1.016B)$$

b) 길이가 긴 원통의 경우

$$B \ge 10.24 \text{ 일 때 } \quad K = 1.016B$$

$$\rho = \frac{8.3}{(B+1.05)^2} + \frac{0.945B}{(B+6.5)}$$

8.2.3 AUV 압력용기 설계 Data

호칭직경	용기명칭	Section No	내경 (mm)	외경 (mm)	쉘길이 (mm)	두께 (mm)	재질	항복응력 kg_f/mm^2
Φ56	DS	12	56	68	185	6	AL7075T6	43
Φ70	OAS	12	70	82	220	6	AL7075T6	44
	SSS	11	70	82	220	6	AL7075T6	44
	TCM	8	70	82	220	6	AL7075T6	44
Φ100	LRB	11	100	120	235	5	AL7075T6	43.9
Φ120	APS	7	120	144	380	7	AL7075T6	41.5
Φ144	Transponder	외부	120	144	620	7	AL7075T6	42.7
Φ150	HVPU	2	146	174	400	9	AL7075T6	42.7
Φ200	Still Camera	6	202	243	296	11.5	AL7075T6	45.9
Φ230	APU	9	230	270	385	20	AL7075T6	45.2
	TVR	8	230	270	385	20	AL7075T6	45.2
	Main Battery	4.5	230	270	385	20	AL7075T6	45.2

8.2.4 AUV에 사용된 압력용기의 붕괴압력 계산

(1) Von Meses 방식에 의한 붕괴압력 계산

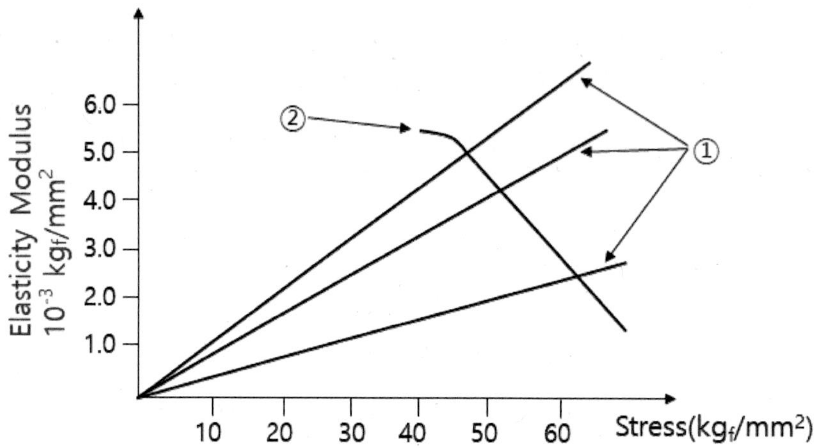

그림 8.1 실험에 의한 재질 성향

그림 8.1에서 ①은 F-σ Plotting Point이고, ②는 E(σ)의 Plotting Point이다. F-σ 곡선과 E(σ) 곡선이 교차하는 점이 좌굴강도를 나타낸다. 그러나 이와 같은 방법은 힘 측정 및 길이 측정 계측기 등을 필요로 하므로 좌굴강도를 구하는데 번거롭다.

(2) DNV 규정에 의한 붕괴압력 계산

DNV 규정식에 제공될 데이터는 재질, Aluminum 7075-T6 Elasticity Modulus, 항복응력과 용기 설계 치수들이다. 이와 같은 데이터 중 항복응력은 재료구입 시 제공되는데, 열처리하여 강도를 증가시킬 경우에는 재료를 쉘 모양으로 가공하여 응력분포가 균일하도록 사전에 열처리하여 시편을 취한 다음 시험하여 항복응력 값을 구해야 한다.

8.2.5 계산 결과

Von Mises Formula는 시험과정에 포함된 모든 데이터를 총동원하여 계산도표를 만들어야 함은 물론 F-σ 곡선과 E(σ)곡선을 작도하여 Yield Stress를 구해야 하고 이로부터 붕괴 정수압을 구해야 한다. 반면에 DNV에 의한 Formula는 재료를 열처리한 후에 인장시험 결과값인 Yield Stress만 있으면 선형식에 대입하여 곧바로 붕괴 정수압을 구할 수 있어 편리한 장점이 있다.

8.3 AUV 수조 Test

8.3.1 Test 목적

(1) TV Camera Test : 화질개선(화면의 밝기)

① 공기중과 물속의 view of angle의 변화를 측정 (촬영면적 측정)
② TV light의 조도를 조정함으로써 화면의 밝기를 측정 (TVL의 용량 교체)
③ 피사체(반사가 잘되는 밝은 물체와 반사가 거의 없는 어두운 물체) 간에 간섭 유무 확인
④ 청수와 탁수에서의 화질비교와 피사체 식별
⑤ TVL의 조명을 가리는 부력재의 가공 필요 여부 확인

(2) Still Camera Test

① 초점 확인
② Filter의 역할 확인
③ TVL의 영향 여부
④ 흑백 및 칼라 필름의 비교
⑤ 청수 및 탁수에서의 화질 비교

8.3.2 Test 환경

① 수조: 가로 4880 mm × 세로 2440 mm × 높이 1220 mm
② 수조 내부: 청색 천막 (가로 12 m × 세로 10 m)
③ 수조 골격의 구성
- 테두리: 가로 40 mm, 세로 40 mm, 두께 3 mm 앵글
- 보강재: 가로 50 mm, 세로 50 mm, 두께 6 mm 앵글
- 합판: 가로 1220 mm × 세로 2440 mm × 두께 0.5 inch 10장
- 합판수밀: 청색테이프

④ 물의 용량: 13.2 톤
⑤ 일몰 후부터 일출 전까지(조명 無)
⑥ 10톤 크레인 사용(AUV 상하 좌우 이동)
⑦ 사다리 4 m 이상
⑧ 탁수 제조: 모래 첨가(5,000 cc)

8.3.3 Test 항목 및 순서

AUV 수조 TEST 계획표

플랜트해양연구실 '97.5.26～'97.5.30

필름	예상 시간	조명	Camera Filter 유무	VIDEO(밝은물)			STILL CAMERA (밝은물)		VIDEO(흐린물)			STILL CAMERA (흐린물)	
					부력재 ○	부력재 ×	TVL ON	TVL OFF		부력재 ○	부력재 ×	TVL ON	TVL OFF
흑백	15분	250W	Filter 부착	밝은물건	2	34	3	4	밝은물건	102	134	13	14
				어두운물건	5	35	6	7	어두운물건	105	135	16	17
			Filter 제거	밝은물건	8	36	9	10	밝은물건	108	136	19	110
				어두운물건	11	37	12	13	어두운물건	111	137	112	113
	20분	150W	Filter 부착	밝은물건	14	38	15		밝은물건	114	138	115	
				어두운물건	16	39	17		어두운물건	116	139	117	
	30분	100W	Filter 부착	밝은물건	18	40	19		밝은물건	118	140	119	
				어두운물건	20	41	21		어두운물건	120	141	121	
			Filter 제거	밝은물건	22	42	23		밝은물건	122	142	123	
				어두운물건	24	43	25		어두운물건	124	143	125	
	20분	60W	Filter 부착	밝은물건	26	44	27		밝은물건	126	144	127	
				어두운물건	28	45	29		어두운물건	128	145	129	
	20분	30W	Filter 부착	밝은물건	30	46	31		밝은물건	130	146	131	
				어두운물건	32	47	33		어두운물건	132	147	133	
칼라	15분	250W	Filter 부착	밝은물건			48	49	밝은물건			148	149
				어두운물건			50	51	어두운물건			150	151
			Filter 제거	밝은물건			52	53	밝은물건			152	153
				어두운물건			54	55	어두운물건			154	155
	20분	150W	Filter 부착	밝은물건			56		밝은물건			156	
				어두운물건			57		어두운물건			157	
	30분	100W	Filter 부착	밝은물건			58		밝은물건			158	
				어두운물건			59		어두운물건			159	
			Filter 제거	밝은물건			60		밝은물건			160	
				어두운물건			61		어두운물건			161	
	20분	60W	Filter 부착	밝은물건			62		밝은물건			162	
				어두운물건			63		어두운물건			163	
	20분	30W	Filter 부착	밝은물건			64		밝은물건			164	
				어두운물건			65		어두운물건			165	

☞ Test 1은 화면축소량 Test(공기중→물속)　☞ Still Camera는 각 test당 2회 촬영　☞ Test id.용 번호판 사용

☞ 흑백필름→칼라필름 소요시간 : 30분　☞ 피사체는 비슷한 밝기로 2개씩 묶어서 투입 (TV, Still 각각)

8.3.4 Test 결과

a) 촬영 대상 지역이 TVC 중심보다 약간 앞쪽이다.

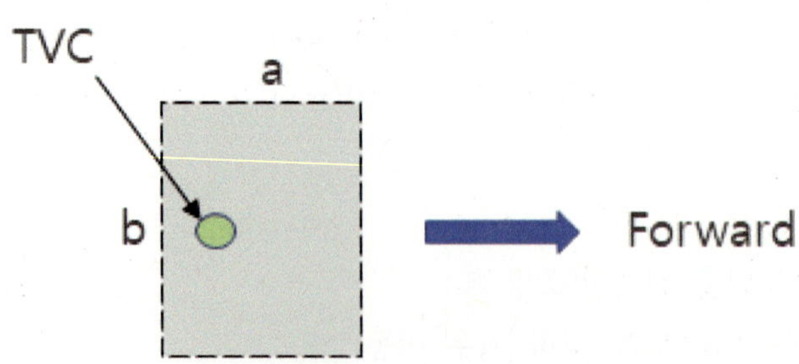

b) 촬영 대상 면적의 가로(a), 세로(b)의 비율은 1 : 1.3 이다.

c) TV Camera Test 결과 분석

- 조명 250 W를 그대로 쓴다.
- 부력재를 조금 깎는다(현저하게 밝기의 차이가 남).
- Altitude를 2 m 이상으로 한다.
- 밝은 것과 어두운 것의 간섭은 별로 없다(즉 서로 가까이 두어도 윤곽이 선명함).
- 탁수에서는 피사체의 윤곽이 뚜렷하지 않다(식별 불가능).

d) Still Camera Test 결과 분석

① 맑은 물(청수)

㉠ 칼라 필름에서는 Yellow Filter가 없는 것이 낫다.

㉡ 공기 중보다 물속에서의 피사체의 초점이 잘 맞지 않는다 (1 m 거리에서).

㉢ 칼라 필름의 경우 Filter 없는 것이 있는 것보다 반사가 덜 된다.

㉣ TVL를 켜고 찍으면 피사체의 윤각이 덜 선명하다 (49번 비교).

② 흐린 물(탁수)

㉠ Filter 제거 시 푸른빛이 난다.

㉡ Yellow Filter를 부착하는 것이 좋다. (탁도 예상 시 Yellow Filter 사용)

8.3.5 Test 후 대책

- 부력재 추가 가공
- TVL, Strobe Light 각도 수정
- 칼라 필름과 흑백 필름을 선택적으로 사용하기 위한 환경조건 설정

8.4 TV Camera 수중 조명실험

8.4.1 목적

OKPO-6000 AUV의 심해용 TV Camera에 가장 효과적인 수중 조명을 주기 위하여 수조(Water Basin) 환경에서 수입한 Impulse 사의 TV Light의 반사경 각도 및 모양을 최적화하기 위함이다.

8.4.2 준비물

TV Camera, TV Light(with spare parts), TV Light Holder, DC Power Supply, Tester, 차광막 & 청테이프, 도면, 줄자, 디바이더, TV Camera holding rope, TV Monitor, Camcoder, 공테이프, 각도기(분도기), 6각 렌치, TV Camera Cap, 피사체(with 끈), Power extension cable, Lantern, Digital Camera, VCR 등

8.4.3 Test 항목 및 순서

① 고도 : 3.5 m, 2 m (2가지)

② 조명 각도 : 4가지

③ 반사경(1 mm씩) : 20가지

④ 영상면적 측정 : 고도 2 m에서 가로, 세로 측정

8.4.4 조명실험 결과

a) 촬영된 영상의 크기로부터 스넬 효과가 반영된 TVC의 촬영 가능 범위를 측정할 수 있다(그림 8.2).

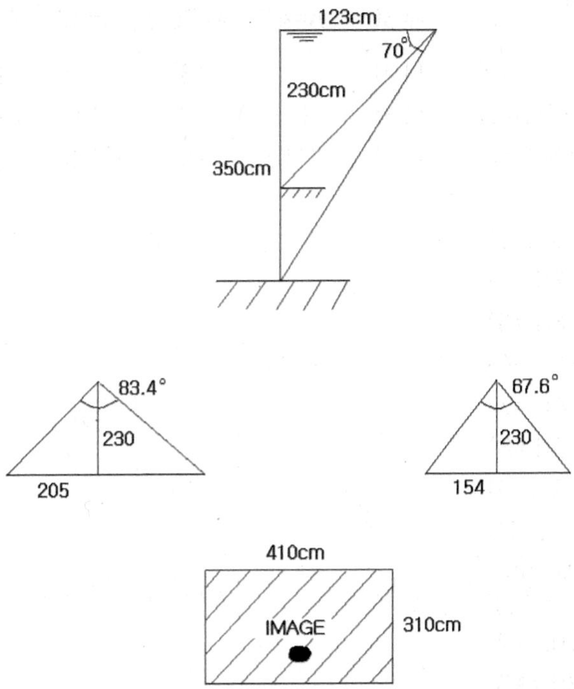

㉠ The horizontal view angle (in water) : 83.4°
㉡ The Vertical view angle (in water) : 67.6°

그림 8.2 Angle of TV Camera Lens in the Water

b) Video Recordings for Various Illuminations

- Distance between TV Camera and TV Light : 120 cm)
- Actual distance during the tests : 123 cm)

Depth(=Altitude)		D = 3.5 m			D = 2.3 m		
Illumination Angle (°)		A=30	A=45	A=70.6	A=30	A=40	A=60
Location of Reflector (mm) (∝ Reflector Angle)	−∞(L=00)	(12)		(8)	[10]	[6]	[1]
	−19(L=0)	(13)	(9)	(7)	[11]	[7]	[2]
	−10(L=1)	(14)	(10)	(6)	[12]	[8]	[3]
	−9(L=2)						
	−8(L=3)						
	−7(L=4)						
	−6(L=5)						
	−5(L=6)		(11)				
	−4(L=7)						
	−3(L=8)						
	−2(L=9)			(5)			
	−1(L=10)						
	0 mm (L=11)	(15)		(1)	[13]		[4]
	1(L=12)						
	2(L=13)			(2)			
	3(L=14)						
	4(L=15)						
	5(L=16)			(3)			
	6(L=17)						
	7(L=18)						
	8(L=19)						
	9(L=20)						
	10(L=21)	(16)	(17)	(4)	[14]	[9]	[5]
Image Area (㎡)		(6.2 m) x (4.7 m)			(4.1 m) x (3.1 m)		

☞ ( ), [ ] show the test numbers
☞ 'L=00' : without reflector
☞ 'L=0' ~'L=xx' : moving the reflector backward the bulb by xx mm

c) TV Light with Reflector

제품이 입고된 상태에서의 반사경의 최대 각도는 직접광의 경우 약 72°, 간접각까지 고려하면 약 110° 이다(그림 8.3) (덮개가 없는 아래 Sketch 참조)

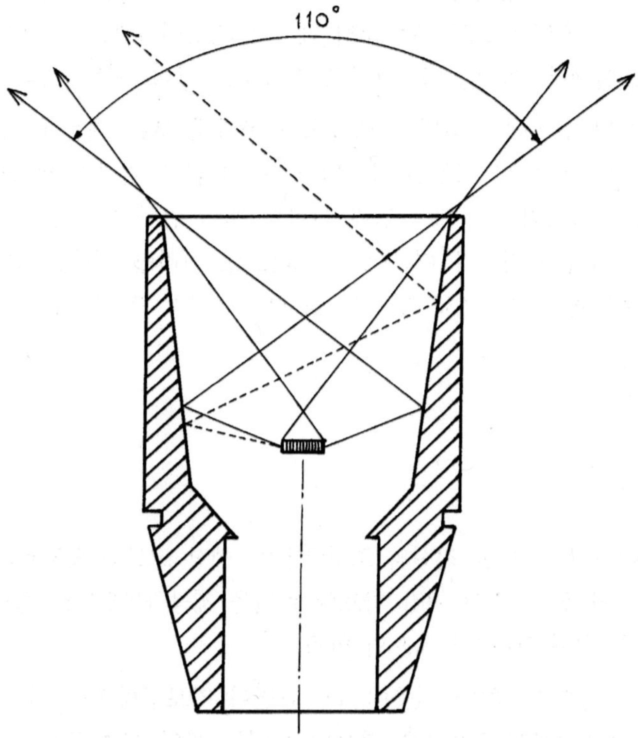

그림 8.3 Deep-Sea사의 심해용 조명기

수조에서의 실험조건은 bulb를 밀어올린 경우로서 19 mm를 밀어 올렸을 때의 반사경 각도는 반사경 끝단을 19 mm 절단해 버린 경우와 같은 효과를 준다고 가정할 때 약 130° 이다. (위 Sketch 점선 광선) 실제로 수중에서의 측정에 의하면 TV Camera의 가로 방향의 촬영 가능 각도는 83.4°, 세로 방향은 67.4° 이므로 위의 조명은 피사체를 비추는 데 문제가 없으나 녹화된 Video Image를 관찰해 보면 변두리로 가는 빛의 세기는 급격히 약해져 실제로 피사체를 밝게 비추지 못함을 알 수 있다.

또 녹화된 실험 (8)~(17), 그리고 [1], [6]~[14]에서 관찰할 수 있듯이 조명이 조금이라도 TV Camera로 직접 가는 경우에는 화면의 질이 급격히 떨어진다. 그렇다고 반사경 각을 좁게 하면 집중조명(Spot Lighting)으로 TV monitor 상의 특정 부위만 밝게 되고 주변은 상대적으로 많이 어두워진다.

청수 중에서의 실험에 의하면 고도가 낮은 경우(230 cm)에는 조명이 지나치게 밝다. 그러나 조명각 60° 를 유지하는 경우는 많이 밝지만 그런대로 괜찮은 화면이다(실험 [2], [3]). 조명각이 40°, 30° 로 작아지면 화면이 급격히 나빠지는 것은 TV Camera로 직접 조명이 되기 때문이다. 여기서 만약 전방으로 경사지게 비추고 있는 조명기의 반사경 아랫부분을 지면과 평행하게 잘라낸다면 앞으로 나아가는 빛의 분포는 어떻게 될까? 조명기에서 가까운 지면과 먼 쪽의 지면에 도달하는 빛의 세기가 비슷해질까? 그런 효과가 있다면 고도 3.5 m에서 반사경 아랫부분을 얼마의 크기로 잘라내는 것이 최적일까?

대기중에서의 실험에 의하면 아래쪽으로 잘라낸 부분 때문에 오히려 화면 앞쪽은 더 밝아지고 전방 먼 쪽은 더 어두워지는 바람직하지 않은 결과를 얻었다. 이것은 반사경의 아래쪽에 반사판이 없어짐으로 해서 멀리 가야할 빛이 반사되지 못하고 가까운 아래쪽은 차폐판이 없어진 효과를 가져오기 때문이다. 그러므로 이러한 현상을 반사경의 좌우 측면에 이용한다면 좌우가 좀더 밝아지고 앞쪽은 차폐되고 전방 먼 쪽으로 가는 빛도 손실이 적을 것이다.

8.4.4 실험 결과

OKPO-6000 AUV를 위한 최선의 조명방법은, 예상 고도인 3.5 m의 경우, 조명방향 70°, 반사경 각도 130°인 실험 (7)이 가장 양호한 화면을 제공하였으므로 반사경의 끝단을 17~19 mm 잘라낸다. (조명방향이 70°보다 작으면 안됨)

또는 앞 절 7)항에서 증명되었듯이 TV 화면이 가로방향으로 넓으므로 반사경의 양 측면을 조금 Open 시켜줌으로써 조명기의 가운데 모이는 빛의 세기도 다소 줄이고 양 측면으로 빛을 분산시키는 효과를 확인하였으므로, 조명기 양 측면 끝단을 45° 각도로 15 mm 깊이로 절단해 낸다. 이때는 조명방향을 60°까지 눕혀도 TV Camera에 직접 조명되지 않는다.

해저 고도가 120 cm 보다 낮게 되면 TV Camera와 Light 사이의 거리(120 cm)를 고려할 때 조명 방향을 60° 이하로 줄 수가 없기 때문에(즉, TV Camera에 직접조명이 되므로) 화면 아래쪽만 밝고 전체적으로 골고루 밝은 화면을 얻기는 불가능하다.

그러므로 최적의 해저 탐사고도는 현재의 TV Camera와 TV Light의 상대적 배치, 각각의 기능(각도)을 고려할 때 약 1.7 m 보다 높게 해야 직접조명에 의한 Camera Blurring 현상도 없고 화면 가운데로 조명할 수 있다. 최적의 Reflector의 형상은 그림 8.4와 같다.

그림 8.4 최적화된 TV Camera용 조명기

8.5 AUV Still Camera Test

빛이 없는 심해저의 환경을 고려하여 야간에 흑백 및 칼라필름으로 실험을 실시한다.

실험결과는 다음과 같다.

① Still Camera에 필름을 삽입한다.

② 필름의 종류에 관계없이 햇빛이 완전히 차단된 환경에서는 아크릴 필터 때문에 노랗게 촬영된다. 그러나 자연광이 들어가면 녹청색 배경이 된다.

③ Strobe Light time duration은 AUV가 움직이는 속도보다 충분히 작아 선명한 사진을 얻을 수 있다. 그러나 외부의 빛이 있는 경우에는 피사체가 조금만 움직여도 사진은 흐려지는데 빛이 밝을수록 더 흐려진다.

④ 빛이 없는 심해저에서는 사진 촬영은 문제가 없다. 그리고 노란색 필터는 사용하지 않아도 된다.

⑤ Camera Angle

- The horizontal view angle (in air) : 68°
- The Vertical view angle (in air) : 48°
- 고도 3 m인 경우 촬영 면적은 그림 8.5로 표현된다.

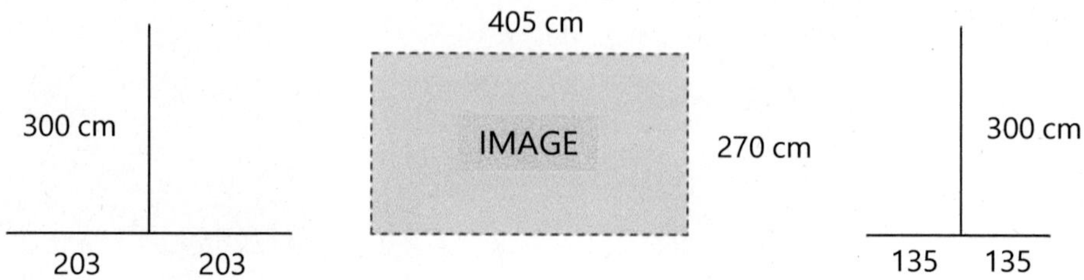

그림 8.5 Still Camera의 영상 면적

Chapter 9.

AUV 운용

9.1 OKPO-6000 천해 운용 절차

9.1.1 천해시험 목적

천해시험의 목적은 AUV의 운용에 관여하는 시스템을 조정하면서 거동을 확인하고 심해 시험을 대비하기 위함이다.

9.1.2 모선의 요구사항

(1) 일반적 요구사항

- 정격 크레인: 2-3 tons
- 선체 외부로 확장되는 boom
- 실험실: 6-8 m^2 (또는 소형 실험실 2개소: 4-5 m^2)
- GPS 수신장치
- 선박 전원공급: ~50Hz, 220V, 3kW
- 소형 고무보트: 3~4 Seats
- 이동식 라디오 수신기: 3 ea
- 고정식 라디오 수신기 및 전파방향탐지기 (AUV 발신 주파수 범위)

(2) 실험실 장비

- Double beam oscillograph: 〉 50 MHz
- Sinusoidal oscillator: 10 Hz~10 MHz
- Power source: 20~30 VDC / 5 A
- Power source: 5~30 VDC / 1 A
- Tester(Multimeter): V, A, N, ˜, =, R, C, L
- Charger: 35 VDC / 25 A
- Computers DX-2-50: 2 pcs
- Laser printer HP-4L: 600 dpi
- Source of continuity of service: 220 VAC, 1 kW
- Video camera

9.1.3 시험 순서

① 모선에서의 장비 배치
② APS 시스템 조정 및 시험
③ 진수(Launching) 및 회수(Recovery) 방법의 개발
④ AUV의 중량조절(Ballasting)
⑤ AUV 탑재장비(OAS, DS, SSS, Still, TV, TSS)의 정상동작 점검 및 조정
⑥ 수면에서의 거동(with a tail float)를 통해 모선의 제어시스템과 AUV의 LRB 시스템간의 수평통신 정상여부 점검
⑦ 여러 가지 수심에서(with a tail float)의 거동을 통해 모선의 제어시스템과 AUV에 탑재한 시스템(APS, TCS, OAS, DS, TSS, SSS, ES, Still, TV) 간의 수직통신 정상여부 점검
⑧ 해저면 근처에서(without float)의 거동을 통해 모선의 제어시스템과 AUV에 탑재된 사진, 비디오의 정상작동 여부를 시험하고, log calibration 및 모선-AUV 간 수평/수직 통신 채널의 미세조정

9.1.4 시험 방법

(1) 모선에서의 장비 배치 시 다음 사항들을 점검 조치한다.

① AUV의 진수 및 회수가 용이한 장소를 결정한다.
② Towed Array(TA)를 진수할 장소를 결정한다.
③ AUV와 APS control desk를 비치할 장소와 AUV 장비/장치들을 유지보수 할 수 있는 공간을 확보한다.
④ 선상의 TA 및 AUV로부터 control desk를 연결할 수 있는 케이블을 준비한다.

(2) APS 시스템 조정 및 시험단계에서 다음 사항들을 점검 조치한다.

① TA를 선박의 음향 송수신 장치(receiver transmitter unit) 및 운항 데이터 처리용 컴퓨터에 연결한다. TA를 물속에 내린 상태에서 APS 제어 컴퓨터 간에 운용을 위한 조정작업을 한다.
② Transponder들을 조정한다.

이 작업을 위해 위치가 고정된 소형 고무보트에서 Transponder를 물속으로 내린 상태에서 TA를 싣고 있는 모선을 일정한 거리, 예를 들면 1, 2, 3 km 거리로 이동하며 비콘 음향 신호 수발신 상태를 점검한다(그림 9.1). 이 작업은 여분의 Transponder까지 총 다섯 개에

대해 작업을 반복한다. TA가 해안의 육상에 있는 경우 고무보트에 다섯 개의 Transponder를 싣고 일정한 거리만큼 이동하며 이 작업을 진행할 수도 있다. Transponder의 음향 송수신 상태에 문제가 있으면 Transponder의 전자부를 미세조정 할 수도 있다(그림 9.2).

(a) TA 설치

(b) BT #1 설치

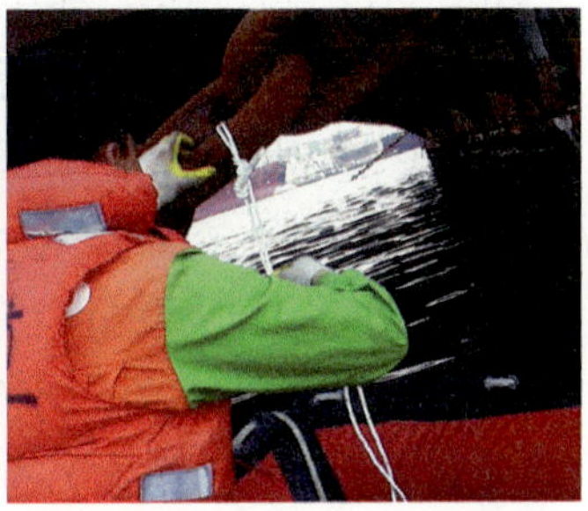

(c) BT #2 설치

그림 9.1 APS 시험을 위한 BT의 해상 설치

그림 9.2 발신기(Simulator)를 이용한 BT의 수신감도 점검

③ 해저면에 Transponder를 세팅한다.

Transponder를 세팅하는 위치는 시험 해역의 해수 상태 및 해저 지형을 고려한다.

먼저 인공위성을 이용하는 GPS 수신기를 APS 제어 컴퓨터에 연결한다. Transponder의 세팅작업 중에는 모선은 정해진 GPS 위치를 유지해야 하며 세팅 방법은 명확한 시험 조건에 따라 정해진다.

④ 3개의 Bottom Transponder(BT)를 해저에 세팅한 후 Base Calibration에 의해 각각의 위치를 파악해 낸다. 이때 모선은 BT 사이를 아주 천천히 움직이면서 각각의 BT간에 주고받는 음향신호들을 청취하여 BT간의 거리를 계산해 내게 된다.

(3) 진수(Launching) 및 회수(Recovery) 방법의 개발

AUV를 바다에 진수할 때는 AUV의 무게를 감당하는 2개의 Lifting Hook(그림 9.3) 외에도 선수 선미부 고리를 이용한 2쌍 4방향으로 당김줄에 의해 AUV를 모선에 상대적으로 고정시켜야 한다. 당김줄은 계속 인장력을 유지한 상태로 AUV를 내리거나 올릴 수 있도록 모선에 장착된 미끄럼 방지걸이 등에 거치되어야 한다. AUV의 흔들림 거동을 제어하던 당김줄을 분리하면 AUV는 자유롭게 물속으로 내려갈 수 있다(그림 9.4). 미션을 끝낸 AUV를 회수하고자 할 때는 3명의 선원이 노(oar)가 있는 고무보트에 승선하여 수면으로 부상한 AUV를 잡은 채 모선 옆으로 끌고 온다(그림 9.5). 통상적으로 모선과 보트 사이에는 느슨한 가벼운 로프가 연결되어 있어 모선 위로 들어 올릴 때 도움을 준다. 보트의 2명은 모선에서 내려준 인양용 크레인 고리에 슬링벨트를 걸고 공중에서 AUV의 흔들림을 방지할 당김줄을 AUV의 선수 선미부 고리에 고정시킨다. 이 상태로 보트와 AUV가 일체로 천천히 크레인 하부로 이동 정지하면 보트의 나머지 한명이 모선에서 내려오는 AUV Lifting Hook (또는 Sling Grip) 2개를 AUV에 연결시키고 Hook 상단에 당김줄도 연결하여 AUV와 보트의 인양 준비를 마친다. AUV를 먼저 갑판으로 올려보내고 보트는 원래 자리로 선원들과 함께 올려진다. 갑판에 올라온 AUV는 4개의 당김줄을 활용하여 흔들림과 충격을 조심하며 Pedestal(그림 9.6)에 얹고 고정시킨다. 진수와 인양이 심해역에서도 무난히 잘 이루어지도록 천해역에서 반복적으로 연습함이 필요하다.

① AUV를 해상에 내릴 때 가장 중요한 일은 압력용기를 완벽하게 밀폐시키는 것이며 경험이 많은 전문가와 숙달된 조수가 매 진수 직전에 이 작업을 수행하여야 한다. 압력용기 뚜껑을 자주 열고 닫으며 O-Ring을 빠뜨리거나 품질이 저하된 O-Ring을 사용하는 실수가 종종 있기 때문이다.

② 매 진수, 회수 시에 당김줄의 설치 및 운용은 AUV의 손상방지를 위해 매우 중요하다.

③ 제작한 AUV를 처음으로 바다에 띄울 때는 모선에 잘 묶은 2개의 부드러운 로프를 AUV에 묶은 상태로 내린다. 이는 AUV가 해수에서 양성부력을 가짐을 확인하는 안전행위이다.

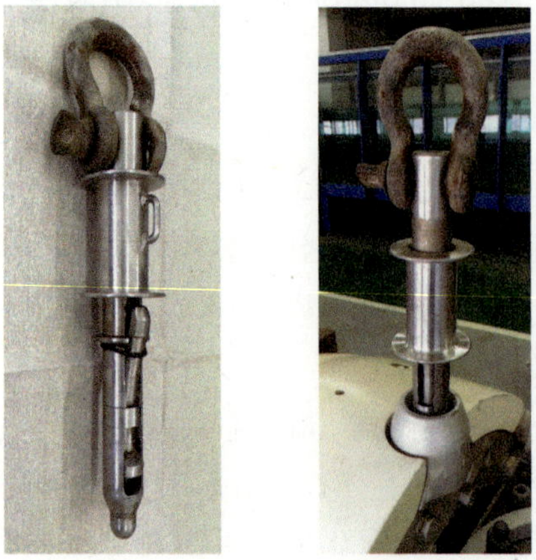

그림 9.3 Lifting Hook(좌: 열림상태, 우: 잠김상태)

그림 9.4 선수, 선미부 고리에 당김줄 연결

그림 9.5 미션 종료한 AUV 회수장면

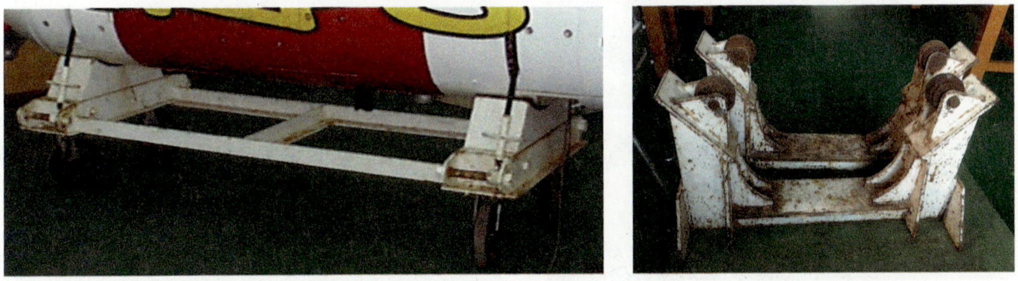

그림 9.6 AUV용 받침대(Pedestal)(좌: 현장 임무용, 우: 실내 유지보수용)

(4) AUV의 중량조절(Ballasting)

양성부력을 가짐을 확인한 상태의 AUV를 모선 또는 안벽 가까운 조용한 수면에 띄워놓고 발라스팅 작업을 실시한다. 먼저 잠수용 추(Weight)를 붙인 AUV(그림 9.7)를 조용히 수면으로 진수하고 슬링벨트의 장력을 없애 AUV가 가라앉지 않음을 확인한다. AUV는 가벼운 로프로 근처의 고무보트에 연결되고 고무보트는 모선 또는 안벽에 느슨하게 연결되어 있다. 보트의 2명이 로프로 AUV를 잡고 있는 상태에서 나머지 1명이 AUV 몸체의 중심선 상의 튀어나온 부분에 발라스트용 가벼운 추들을 좌우 쌍으로 여러 개소에 건다. 발라스팅 작업은 AUV가 좌우 전후 기울어짐이 없고 안정성(Stability)을 가지며 몸체의 수면 상부 돌출 높이가 20~40 mm로 맞추어질 때 마무리 한다(그림 9.8). 선택된 발라스트 조절용 소형 추들은 AUV 몸체 아랫부분의 부력재 안쪽의 구조재에 나사로 결합한다(그림 9.9). AUV 몸체의 수직면 내에 소형 추들을 부착하는 높이에 따라 AUV의 동적 안정성도 영향을 받으므로 몸체의 좌우 바깥쪽에 수직방향으로 cm 단위가 새겨진 자(ruler)를 부착하여 횡방향의 최대 움직임을 측정하여 몸체 내부에 부착하는 발라스트 조절용 소형추의 위치를 적당히 조절한다. 초기 단계의 발라스트 조정결과는 다음과 같다.

- AUV 부력: +20~30 H
- Stability 계수: 120~140 Hm
- 종방향 Trim: ±1~1.5°
- 횡방향 List: ±1~1.5°

Trim 각도도 유사하게 측정하여 AUV 몸체 내부에 추를 부착함으로써 조절이 가능하나 이러한 조절작업 중 AUV가 부력을 잃어 전체적으로 가라앉게 되면 초기 부력 배치부터 재점검하여야 한다.

그림 9.7 임무수행을 위한 중성부력용 추 부착

그림 9.8 Ballasting 및 Balancing 작업

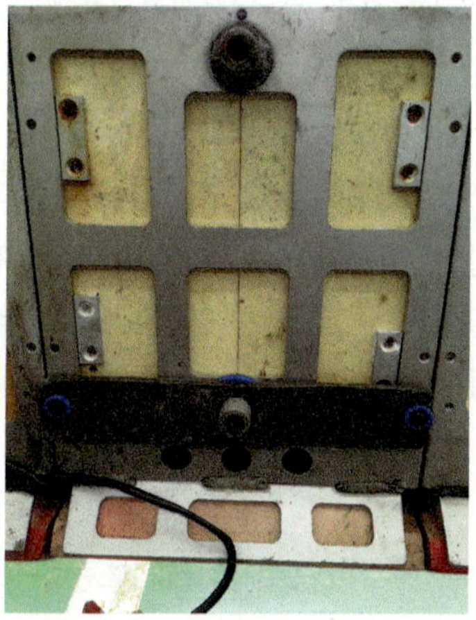

그림 9.9 Ballasting용 납(lead)이 선저에 부착된 모습

(5) AUV 탑재장비들(OAS, DS, SSS, Still, TV, TSS)의 정상동작 점검 및 조정

AUV에 잠수용 추를 붙인 상태에서 5~10 kg의 추 2개를 수평을 유지하도록 무게중심 전후로 2개소에 추가 부착한다. AUV 내부의 각종 계측장비 및 센서들의 계측치가 저장되도록 임무 프로그램을 작성하여 AUV에 다운로드(그림 9.10)한 후 제어컴퓨터와 AUV를 연결한 통신케이블을 분리한다. 모든 압력용기들의 체결상태를 다시 점검한다. 크레인 후크와 슬링벨트를 확실하게 연결하고 추가의 안전(분실방지)를 위해 깊이 표시를 한 Φ15-16 mm의 안전로프를 무게중심 근처에 묶는다. AUV를 물속으로 내리되 음성부력이므로 슬링벨트는 느슨해지지 않는다.

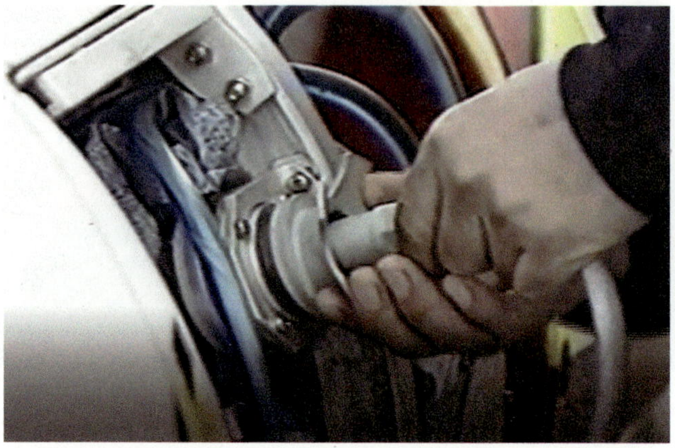

그림 9.10 임무 프로그램을 AUV에 download

해저면까지 내리는 과정에서 적당한 깊이마다 탑재된 장비 및 센서들을 작동시키고 그 결과들을 기록한다. OAS, SSS, DS, TSS들의 작동 데이터들을 기록하고 해저면으로부터 3~9 m 높이에서는 정사진과 비디오 촬영을 실시해본다. 안전로프에 표기된 수심정보를 바탕으로 전 깊이 범위에서 온도와 염도를 계측한다. AUV 회수 후 계측장비 및 센서들의 기록들을 살펴보며 각종 변수들을 조율한다. 이 잠수시험은 수차례 반복하며 최상의 취득정보를 얻을 수 있도록 calibration 한다.

(6) 수면에서의 거동(with a tail float)를 통해 모선의 제어시스템과 AUV의 LRB 시스템간의 수평통신 정상여부 점검

정상 운항용 추(Ballast Weight)를 몸체에 붙이고, 선미부 고리에 묶은 약 50 m 길이의 Φ8-10 mm 로프 끝에 플로터를 매단다. 고리로부터 약 1 m 길이의 로프는 Φ10-12 mm 나일론 튜브 속을 지나게 하여 AUV의 감속, 정지 또는 후진 시 로프가 선미부 4개의 프로펠러에 감기지 않도록 예방한다(그림 9.11). AUV와 APS의 타이머를 동기화하고 임무 프로그램을 다운로드한 후 통신 케이블을 분리하고 케이블 연결부 마개를 돌려 잠근다.

임무 프로그램이 끝나면 AUV의 RB(Radio Beacon)과 LB(Light Beacon)가 작동을 시작한다. 고무보트를 내려 수면의 AUV를 붙잡고 있는 동안 모선이 RDF를 이용하여 천천히 AUV 쪽으로 이동한다. RB와 RDF 간의 신호 유지 거리가 너무 짧으면 모선이 AUV와 충돌할 수 있으므로 Radio RB 발신부를 조절한다. 낮시간에는 LB가 잘 보이지 않으므로 모선 혹은 고무보트로부터 어느 정도 거리까지 분별이 되는 지 기록해 둔다. 이와 같이 플로터 부착을 고려한 수평통신 작동여부를 점검하고 기록한다. 전체 과정은 만족스러운 결과를 얻을 때까지 반복 실시한다.

그림 9.11 선미부 로프의 추진기 엉킴 방지용 비닐 튜브

(7) 여러 가지 수심에서(with a tail float)의 거동을 통해 모선의 제어시스템과 AUV에 탑재한 시스템(APS, TCS, OAS, DS, TSS, SSS, ES, Still, TV) 간의 수직통신 정상여부 점검

AUV에 잠수용 2개의 추를 모두 로프로 부착하고 선미부 고리에는 70~100 m 길이, Φ8-10 mm의 로프와 플로터를 매단다. 임무 프로그램을 부여하고 AUV와 APS를 동기화시킨 다음 통신 케이블을 분리하고 마개를 돌려 잠근다.

우선 해저로 하강시키면서 수심센서 정보와 OAS signal을 기록한다. 수심제어 모드에서 고도제어 모드로 전환되는 지 기록한다. 그 다음 OAS signal에 의존하는 고도제어 모드로 전환하고 수심센서는 수심 기록의 역할만 하도록 한다. 마지막으로 고도모드에서 다시 수심제어 모드로 전환시키고 logger에 기록한다. 필요 시 시스템을 조절하고 만족스러운 운항 데이터 수집이 가능할 때까지 이 잠수작업을 반복한다.

(8) 해저면 근처에서(without float)의 거동을 통해 모선의 제어시스템과 AUV에 탑재된 사진, 비디오의 정상작동 여부를 시험하고, log calibration 및 모선-AUV 간 수평/수직 통신 채널의 미세조정

AUV에 잠수용 2개의 추를 모두 부착하고 플로터는 사용하지 않는다. 잠수 전 작업절차는 앞서 설명한 내용과 동일하고 몇 가지 수심 및 해저로부터의 고도에서 운용해 본다. 사진과 비디오를 사용하며 원격명령을 통해 임무 프로그램을 변화시켜 본다. 사) 항에서와 같이 모든 파라미터들을 기록한다. APS data 및 log signal data를 바탕으로 log calibration을 하고 임무 프로그램이 원만히 수행될 때까지 반복적으로 잠수작업을 수행한다.

에너지 사용량을 체크하여 AUV의 독립적 작업 능력을 예측하고, 천해역 시험들을 바탕으로 심해역 시험계획을 준비한다.

천해역 시험을 위한 준비물은 표 9.1에 나타내었다.

표 9.1 Materials and other accessories for the shallow water sea tests of AUV OKPO-6000

• Lead weights for ballasting, total weight 35-40 kg • Carton soft rope - Φ3~4 mm, length 100 m - Φ5-6 mm, 2 length 100 m each - Φ8-10 mm, 2 length 100 m each - Φ15-16 mm, 4 length 30 m each • Soft chaperon 2 pcs 2.5~3m lengths, load capacity 1.5ton each • Soft cotton gloves for operations, 20 pairs • Rubber gloves for operations with accumulators electrolyte, 4 pairs • Syringes, plastic dishes for operations with accumulators electrolyte, 2 sets • Apparel fabric for wiping of optics (not fleecy) wiping of seals(not fleecy) wiping of pressure housing from sea water • Waste paper for wiping of pressure housing, 5~10 rolls • Lubrication for seal rings • Lubrication for screws and bolts • Transformer oil, 20 liters • Light kerosene, 30 liters • Plastic or aluminium fuel cans, 8~10 liters capacity, 4~5 pcs • Plastic basins, 2 pcs	• Rectified spirit(medical), 2~3 liters • Acetone, 5 liters • Epoxy resin, 1 liter • Air-photo-film, 2 pcs of 60 m • Tanks for developing air-photo-film, 1set • Reagent chemical for developing air-photo-film • Tools - set of wrenches - set of screw drivers - set of files - set of needle files - set of drills - set of taps - set of die chaser - holders for taps and die chasers - electric drills - electric handle cutting disc machine - coil with extension cable, 1 pc - vises portable • Waterproof, rubber overcoats, 4~6 pcs • Rubber boots, 4 pairs • Water proof overalls, 4 pcs • Helmets, 6 pcs • Working clothes for test participants warm jacket + trousers(or overalls), boots

9.2 OKPO-6000 심해 운용 절차

9.2.1 심해시험의 목적

심해시험의 목적은 6000 m의 해역에서 AUV "OKPO-6000"의 운용 능력을 확인하고 기술적 특성들을 평가하기 위함이다.

9.2.2 모선의 요구사항

(1) 일반적 요구사항

① Crane rated load : 3~5 ton
  - boom extending overboard : 3~5 m

② Stern A-frame or turned arm load : 1 ton
  - extending overboard : 1 m

③ Winch for 2.5 km towing cable(Φ6.9 mm) with slip-ring collector
  - velocity : 0~2 m/s ; - max force : 1.5 ton

④ Snatch Blocks(2~3 pieces) with the Sheave(Φ280 mm)
  - groove on the sheave for cable(Φ6.9 mm)

⑤ Laboratory room of area(6~8 m^2) or 2 rooms of area(4~5 m^2)

⑥ Satellite Navigation GPS

⑦ Ship Power Supply : 60 Hz, 220 V, 3 kW

⑧ Three-seater inflatable motor-boat

⑨ Radio Station and Radio direction finder with working frequency : 2764 kHz

(2) Laboratory Equipment

① Double-beam Oscillograph : 50 MHz 이상

② Sinusoidal Oscillator : 10 Hz~10 MHz

③ Power Source : 20~30 VDC / 5 A

④ Power Source : 5~30 VDC / 1 A

⑤ Tester(Multimeter) : V, A, N = R, C, L

⑥ Charger : 35 VDC / 25 A

⑦ Computers 486 DX-2-50 MHz : 2 pcs

⑧ Laser Printer HP-4L : 600 dpi

⑨ Source of continuity of service : 220 VAC, 1 kW

⑩ Video Camera

9.2.3 실해역 시험 준비

가) AUV installation

나) Control desk arrangement

다) Laboratory arrangement to serve AUV, APS electronic units accumulators

라) APS preparation

① Preventive maintenance for towing cable and its slip-ring collector

② Towing cable winding on winch, APS towed array collection

③ Notch blocks modification and their installation on the ship

④ APS control desk arrangement and its connection to towing cable

마) AUV and APS joint operation check

바) Training for AUV launching-recovery

사) Joint operation check of AUV radio beacon with ship radio receiver and direction finder

※ **주의 사항** : 상기 8.2.3의 준비 작업은 심해역에 나가기 전에 수행되어야 한다.

9.2.4 시험해역에서의 준비사항

a) 시험 해역은 선박의 echo sounder를 이용하여 완만한 해저지형을, 총 부유물 계측(TSM: Total Suspended Matters)으로부터의 해수 상태에 관한 데이터를 바탕으로 선정하여 해저 지형도까지 그린다.

b) AUV의 진수 및 회수 훈련

모선으로부터 AUV를 내리고 올리는 연습을 수차례 반복한다. 이 훈련에서는 모든 참가 인력들 상호간의 정확한 역할이 필수적이다.

※ **경고 사항**: AUV를 진수하기 전에 모든 압력용기들의 뚜껑이 정확하게 체결되었는지 철저히 체크하여야 한다. 이 경우,

① O-Ring들을 검사하여 미세한 손상이라도 있는 것은 교체한다.

② 내압용기 내부의 수분감지센서(WS) 동작여부를 점검한 후 몸체와 뚜껑을 확실하게 체결한다.

※ **경고 사항**: 매 진수 시마다

① 열어본 내압용기는 O-Ring들과 WS를 다시 검사하고 몸체와 뚜껑을 확실하게 체결한다.

② 해역의 습도가 높은 경우 심해저의 수온하강으로 압력용기 내 전자장비에 결로(condensing) 현상이 생겨 오작동할 수 있다. 이때는 뚜껑을 닫기 전에 내압용기에 휴대용 질소가스를 충진시켜야 한다.

c) APS 용 BT들을 해저로 보내기 전에 음향통신 기능들을 확인한다.

BT들의 음향 송수신 범위를 체크하여 필요 시 조율하기 위해 소형 모터보트가 BT를 싣고 나가 하나씩 물속 일정 깊이로 넣는다. 이때 Towed Array를 매단 모선은 정위치를 유지하거나 조류에 따라 천천히 drifting하면서 각각의 BT들과 TA 간에 신호를 교환한다. 다양한 거리에서 신호 교환 작업을 하여 BT의 통신 범위를 찾아내고 필요 시 BT의 전자부를 다시 조율한다.

d) BT를 해저에 설치한다.

모선이 해저 지형과 수리학 정보를 바탕으로 정한 시험 해역으로 이동한 다음 거기서 해류에 따른 drifting을 시작한다. 이때 BT 시스템을 진수한다. 진수하는 순서는 LB가 탑재된 플로터(그림 9.12), 트랜스폰더, 앵커링 추 순서이다. 로프에 매달려 잠수하는 앵커링 추의 형상은 무덤 형상이다. 이는 하강 속도를 최대한 늦추어 상부의 BT 아래쪽에 부착된 음향분리장치(AR: Acoustic Releaser)가가 하강하는 관성으로 해저면에 부딪히거나 AR에 로프가 감겨 BT의 회수가 불가능하게 되는 상황을 피하기 위함이다.

앵커링 추를 완전히 놓기 전에 TA와 BT가 정상적으로 음향 송수신을 하는지 확인한다. 앵커링 추를 놓은 후 모선은 drifting을 계속하고 선상에서 하강중인 BT와 교신하면서 정상적으로 해저로 내려가고 있는지 확인한다. 이 프로세스도 정상으로 판단되면 모선은 두 번째 BT를 투하할 장소로 이동하여 동일한 방법으로 두 번째, 세 번째 BT를 해저에 설치하고 차후 모선의 GPS를 이용하여 해저에 안착한 3개의 BT의 좌표를 계산한다(Base Calibration).

그림 9.12 Strobe가 부착된 Transponder 회수용 부이

e) 시험 해역에서 AUV의 정적 부력의 크기와 전파통신 기능을 확인한다.

※ **경고 사항:** AUV가 입수한 직후 AUV의 확실한 여유부력이 확인되면 Sling Hook을 분리한다. 해저 운항모드의 추를 부착한 상태에서 여유부력은 2~3 kg이 적당하다. 그러나 작업 수심이 깊어지면 염도의 증가 또는 수압으로 인한 체적의 감소로 순 부력의 증감이 발생하므로 수면에서 이를 미리 고려하여 AUV가 정해진 수심 또는 해저로부터의 고도를 유지할 수 있도록 해야 한다.

AUV가 모터보트와 함께 drifting 하면서 Radio Beacon을 발신하면 모선의 RDF는 이를 수신하게 되는데 AUV로부터의 신호를 감지할 수 없을 때까지 멀리 이동한다. 이 거리가 너무 짧으면 AUV의 RB를 조정할 필요가 있다. 왜냐하면 임무를 끝낸 AUV가 수면으로 부상할 때 조류 등의 이유로 모선과 상당한 거리가 있는 수면으로 부상했을 때에도 모선은 수면상의 AUV의 위치를 파악해야 하기 때문이다.

9.2.5 AUV의 잠수

※ **경고 사항 :**

① AUV의 진수는 반드시 AUV 제어시스템과 APS 시스템을 동기화시킨 Operator의 허락을 득한 후 실시해야 한다.

② AUV를 수면으로 내린 Sling Hook의 분리는 AUV로부터 정상적인 물 접촉 신호(LB)를 확인한 Operator의 명령에 따라 실시해야 한다.

AUV의 잠수는 4 단계로 이루어진다.

(1) Stage 1. 수심 40~50 m까지의 잠수

첫 번째 잠수는 다이빙 추 없이 운항용 추만 제 위치에 로프로 부착한 채 실시한다. AUV 꼬리에 150~200 m 로프와 플로터를 매단 채 추진기를 이용하여 잠항한다. 수심 센서의 작동 여부를 체크하고 APS 환경에서 원격채널을 조정한다. 해저에서 수행하게 될 모든 기능들을 시험한다.

두 번째 잠수는 첫 번째와 달리 잠수용 추를 전자석으로 부착한 상태로 진수하고 수심센서 signal에 의해 수심 40~50 m에서 잠수용 추를 버리고 추진기에 의한 운항모드로 전환한다. 이때 안전을 위해 수면의 플로터의 부력은 잠수용 추 무게보다 조금 큰 구명환(Life Ring) 등을 사용한다.

※ **주의 사항** : 매 잠수 후 육안으로 압력보상장치(Pressure Compensator)를 검사하여 오일이 충진된 비닐 튜브에서 누유가 있는지 확인하여 원인을 제거하고 필요 시 내부에 Oil을 추가한다.

(2) Stage 2. 수심 1000 m까지의 잠수

※ **주의 사항** : 모든 심해 잠수에서는 로프와 플로터는 매달지 않고 2개의 추는 모두 부착한다(그림 9.13). 이 시험들에서는 수심센서 signal에 따라 AUV의 수직방향 거동을 제어한다.

정해진 수심까지 하강하면 잠수용 추를 버리고 임무를 시작한다. 모든 AUV 시스템의 동작을 검증하고 제어시스템과 원격제어 채널을 조절하는 임무가 끝나면 부상용 추를 버리고 부상한다. 수중 거동 중 APS는 작동해야 하고 수면에 올라오면 RB가 작동함을 확인한다. 수심 1000 m에서의 부력의 변화를 관찰하여 필요 시 미세하게 Ballast 조절을 해야 한다.

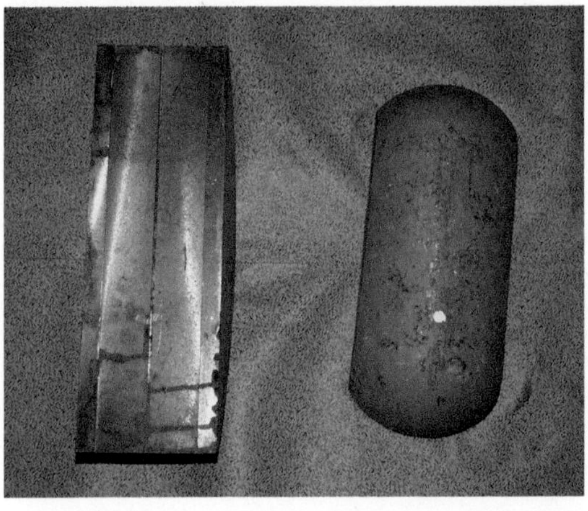

그림 9.13 전자석으로 부착되는 잠수(우) 또는 부상(좌)용 추

(3) Stage 3. 수심 3,500~4,000 m까지의 잠수

이 과정은 수심 6000 m까지 잠수하기 위한 준비 작업으로서 AUV 전체 시스템의 정상작동 여부를 체크하고 Ballasting 상태를 분석하여 AUV 제어시스템 및 원격제어 채널에 대한 추가의 조정이 이루어진다. 필요 시 추가로 Ballast를 조절한다.

(4) Stage 4. 수심 6,000 m까지의 잠수

최대 수심까지 내려 보내기 전에 AUV의 모든 시스템은 한 번 조정되어야 한다. 해저면 근처에서 SSS, 정사진, 동영상 등 데이터를 정상적으로 확보하기 위해 AUV의 제어시스템을 점검하고 필요 시 조정한다.

AUV는 거의 수직 하방 자세로 잠수하다가 주어진 수심에서 첫 번째 추를 떨어뜨리고 추진기를 가동시켜 선회하면서 해저로 내려가기 시작한다. Echo sounder가 지면을 인식하면 수심모드가 고도모드로 바뀌게 되고 해저면에 가까이 접근하면 정밀하게 주어진 고도를 유지하며 임무프로그램에 따라 각종 데이터를 취득한다.

주어진 임무가 끝나면 AUV는 두 번째 추를 떨어드리고 수직 상방 자세로 수면으로 부상한다. 수면으로 올라오는 중에도 APS 시스템은 AUV의 핑(Ping)을 들으며 AUV의 움직이는 위치를 추적한다. 수면에 AUV가 도착할 때는 부상 관성력으로 수면으로 한 번 솟아오르는 모습을 관측할 수도 있다. 모선은 RDF를 이용하여 AUV로 접근한 후 소형 보트를 내려 천해역 시험 때와 동일한 방법으로 AUV를 회수한다.

※ 주의 사항 :

① 모선 옆에서 AUV를 선상으로 회수하는 방법은 천해역에서 연습한 9.1.4 다) 순서에 따라야 한다.

② 3500~4000 m에서의 시험을 하기 전에 반드시 1000 m에서의 시험결과를 반영한 조정작업을 하여야 한다.

③ 심해역 시험을 위한 준비물은 표 9.2에 나타내었다.

표 9.2 Materials and other accessories for the deep water sea tests of AUV OKPO-6000

• Lead weights for ballasting, total weight 35-40 kg • Capron soft rope: - Φ3~4 mm : length 100 m - Φ5~6 mm : 2 length 100 m each - Φ8~10 mm : 2 length 100 m each - Φ15~16 mm : 4 length 30 m each • Soft kapron 2.5~3 m length, load capacity 1.5 ton each : 2 pcs • Soft cotton gloves for lifting operations : 20 pairs • Rubber gloves for operations with accumulators electrolyte : 4 pairs • Syringes(주사기) for operations with accumulators electrolyte : 2 sets • Plastic dishes for operations with accumulators electrolyte : 2 sets • Cleaning fabric for: - wiping of optics (not fleecy) - wiping of seals (not fleecy) - wiping of pressure housing from sea water • Waste paper for wiping of pressure housing : 5~10 rolls • Lubrication for seal rings • Lubrication for screws and bolts • Transformer oil(변압기유) : 20 liters • Light kerosene : 30 liters • Plastic or aluminium fuel cans, 8~10 liters capacity : 4~5 pcs • Plastic basins : 2 pcs	• Rectified spirit (medical)(증류수) : 2~3 liters • Acetone(아세톤) : 5 liters • Epoxy resin (에폭시 수지) : 1 litter • Air-photo-film : 2 pcs of 60 m • Tanks for developing air-photo-film : 1 set • Reagent chemical for developing air-photo-film(현상액) • Tools - set of wrenches - set of screwdrivers - set of files - set of needle files - set of drills - set of taps - set of die chasers - holders for taps and die chasers - electric drills - electric handle cutting disc machine - coil with extension cable, 1 pcs - vices portable • Waterproof rubber overcoats : 4~6 pcs • Rubber boots : 4 pairs • Waterproof overalls : 4 pcs • Helmets : 6 pcs • Working clothes for test participants : warm jacket + trousers(or overalls), boots • Spare set O-rings

9.3 유지보수 지침

9.3.1 Pressure Housing Test 방법

Pressure Housing들을 Test하는 순서는 다음과 같다

① Housing에 Oil 또는 물을 80~90% 정도만 채우고(그림 9.14) Housing Cover 조립한 후 1시간 동안 Pressure 700 kg/cm^{2}을 가한다(그림 9.15).

② Housing을 꺼낸 후 확인한 후 Pressure 650 kg/cm^2 10회 반복(회당 3분)

⇒ 목적 : 충격시험 및 피로시험 (심해저 반복 잠수 모사)

③ 6시간 동안 650 kg/cm^2 가압 유지

⇒ 목적 : Creep test

④ Oil 및 물을 완전히 제거한 후 1시간 동안 650 kg/cm^2 가압 test

⇒ 목적 : Leakage test(주의 : 낮은 압력의 천수심에서 Leakage 자주 발생)

⑤ Test를 끝내고 Housing 확인 및 변형량 측정(Diameter)

Plane lid 여부검사(Feeder Gauge 사용)

⇒ 목적 : 높은 압력으로 인한 housing 변형 검사

그림 9.14 수압시험을 위한 내압용기의 물 채움

그림 9.15 가압용 Chamber

9.3.2 Housing 제작 시 재료 사용법

(1) ASTM 7075-T6

a) 특성

강도가 강하고 연신률이 작다.

b) Housing 전체 및 내부공간이 있는 부분에는 ASTM 7075-T6 재료를 사용한다.

c) Housing 제작 시 주의할 점

① 단괴(Ingot) 재료는 그 상태로 도면대로 절삭하여 사용하면 안된다.

② 황삭 가공 후 자료에 준하는 열처리를 하여 Rockwell 경도시험(Hardness Test)후 최종 가공한다.

(2) ASTM 6061-T6

① Housing 부분 및 빈 공간을 제외하고는 전체를 용접하며 사용하여도 무방하다.

② 재료가 강하게 요구되는 부분(Lifting Lug 및 Bolt 등)에는 7075를 사용한다.

※ **주의 사항** : ASTM 6061-T6 재질의 AUV의 마디형 몸체를 연결하기 위해 스테인레스 볼트, 너트를 사용할 경우 해수 중에서 이종 금속간의 전위차에 기인한 Galvanic Corrosion을 방지하기 위해 그림 9.16과 같이 비금속 와셔로 금속 간 직접 접촉을 막는다.

그림 9.16 Galvanic Corrosion 예방을 위한 베이클라이트 와셔(Bakelite Washer)

9.3.3 유지보수

(1) 각 Section 별 주요기능(그림 9.17)

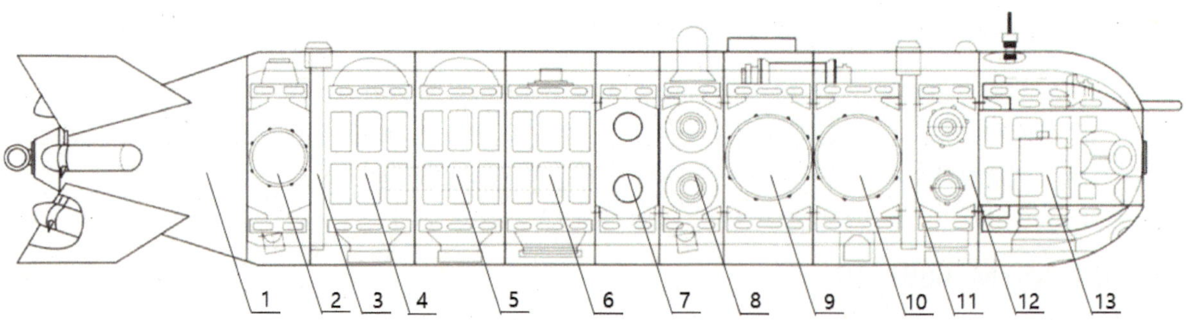

그림 9.17 AUV OKPO-6000의 Sections

Section No.	Equipment	Section No.	Equipment
1 (Stern)	• Thruster Units • Stabilizer	8	• Acoustic Positioning System Housing & Array • Pressure Compensators • TV Light
2	• High Voltage Housing • Strobe Light • Pressure Compensator • Nose Branch Box	9	• Temperature / Conductivity Meter Housing and Sensors • Subcontrol Computer Housing • Side Scan Sonar Housing
3	• Lifting Frame	10	• Autopilot Computer Housing • Obstacle Avoidance Transducer • Radio Antenna Releaser • Console Water Proof Connector
4 & 5	• Main Battery Housings • Side Scan Sonar Transducers	11	• Lifting Frame
6	• Still Camera Housing	12	• Light Beacon • Light Beacon Housing • Temperature / Conductivity Housing • Ballast Electromagnet Unit
7	• Additional Buoyancy	13 (Bow)	• Obstacle Avoidance System Housing and Transducers • TV Camera • Branch Box • Ballast Electromagnet Unit • Speed Log • Radio Antenna

(2) 각 Section별 유지보수 지침

<Section 1>

구성 : TCU(Thruster Control Unit), FR(Fixed Rudder), VT(Vortex Tag)

① TCU의 기능

Monitoring Program으로부터의 출력 제어 신호에 따라 Thrust의 크기 및 추진 방향을 제어한다(그림 9.18).

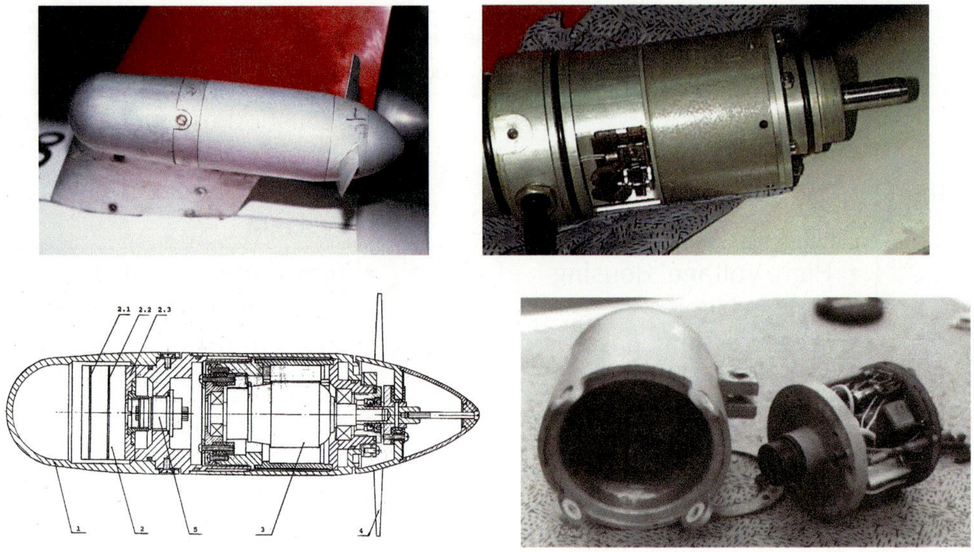

그림 9.18 Thruster 외형과 TCU

② Fixed Rudder 및 Vortex Tag의 기능

십자형으로 부착된 4개의 타(rudder)는 고정식이며 우현 쪽 2개 타에는 Vortex Tag 라 불리는 10x10(cm) 크기의 함석조각을 타면과 약간 벌어지게 부착하여 AUV가 우현 방향의 저항으로 인해 큰 나선형 궤도로 하강하도록 유도한다.

<Section 2>

구성 : HVC(High Voltage Converter), SL(Strobe Light), PC(Pressure Compensator), NBB (Nose Branch Box), PCB(Pressure Connector Box)

① HVC의 기능

- Strobe Light를 제어하기 위한 주 기능으로서 전자 구성품인 콘덴서의 충전으로 사용된다(콘덴서 충전시간 6초 정도 소요).
- PSW(Power Switch)와 CS(Control Signal)의 두 신호에 의해 Power Relay가 On/Off 된다(Relay의 전력소모를 줄이기 위함).
- 기계 부품인 Housing 및 Chassis 는 국내에서 열처리 및 가공되었다.
- Chassis에 고정되는 Connector Cap 및 Screw 선택에 주의한다(커넥터 Type 숙지).

② PCB의 기능

Thruster의 신호제어를 위해 연결해주는 Connection Box이며 Pressure Connector를 사용하여, Thruster 부분과 AUV 본체 부분의 Oil filling이 구분된다.

③ PC의 기능

- 압력보상 장치로서 Thruster 부분과 AUV 전체에 대해 압력보상을 해줄 수 있는 Compensator가 구분되어 있다. 2번 Section에 부착되어 있는 Compensator는 Thruster 용이며 Oil의 비율은 등유(Kerosene) 90%, 변압기유 (Transformer Oil) 10%를 사용한다.
- 임의 수심에서의 파스칼의 등압원리를 응용한 시스템이다.
- Oil Leakage가 발생하면 Switch 작동으로 AUV는 수면으로 부상한다.

※ **주의사항** :

- Compensator의 구성품인 Spring이 원활하게 작동을 할 수 있도록 Spring 슬라이딩 축 작동을 확인한다.
- AUV를 장시간 보관 시 Spring 압축용 부위를 분해하여 놓는 것이 좋다.

<Section 3>

① Lifting Hook

- 재질 Al 7075-T6
- 항상 윤활용 그리스를 칠해둔다.
- Ball Bearing 교체(SUS)
- Spring 교체(SUS)

② Frame

- 재질 Al 6061-T6

※ **주의사항** : Boss 나사 주의(Buoyancy를 분해 조립 시 무리한 힘을 주지 않는다. 그림 9.19는 Buoyancy Block 체결, 분해용 드라이버이다.

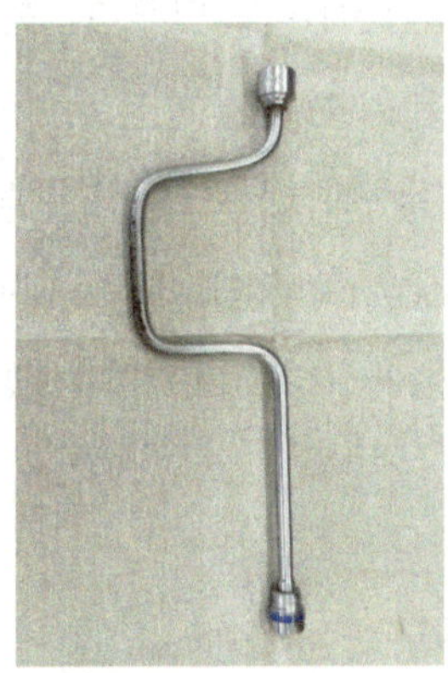

그림 9.19 Buoyancy Block 체결, 분해용 드라이버

<Section 4 & 5>

구성 : MB(Main Battery), SSST(Side Scan Sonar Transducer)

① MB(ACC)

- AUV의 System에 대한 전원 공급
- 2개의 Housing으로 구성
- 1 Cell = 1.5 V / 190 Ah
- 각 Housing에 1.5 V × 8 ea = 12 V / 190 Ah 내장
- 16 ea 직렬연결 24 V / 190 Ah 전원공급

※ **주의사항**

- 필히 극성 확인 후 조립할 것
- Cover 조립 시 Gap을 확인한 후 조립할 것
- AUV 장기간 보관 시 Battery를 꺼내 놓을 것

② SSST

- 상용 주파수 82 kHz, 85 kHz
- 탐사고도 : 해저에서 50 m
- 탐사 폭 : 약 750 m ~ 800 m

<Section 6>

구성 : SC(Still Camera)

① Still Camera Housing을 조립하거나 꺼낼 때 주의

Housing의 충격주의 및 Window Glass Scratching 주의

② Cassette에 필름을 끼울 때 엉키지 않도록 주의

필름은 까칠한 부분이 바깥쪽을 향하게 끼움

③ 충분한 연습 후 필름을 끼우고 여러 장 연습촬영 해본 상태에서 조립

④ Housing 안벽에 제습재(예; 실리카겔)를 부착하거나 Housing에 질소 충진

해상에서의 고온다습한 공기가 심해로 내려가면서 결로현상이 생겨 필름이 눅눅해 지면서 안내면에 붙어버림

<Section 7>

구성 : Housing들이 초기설계보다 두꺼워졌으므로 추가부력을 주기 위한 Section

<Section 8>

구성 : APS(Acoustic Positioning System), PC(Pressure Compensator), TVL(TV Light)

① APS

Bottom Transponder 및 Towed Array와의 음향 송수신 장치로서 Electronic 내부에 비상 Battery가 내장되어 있음

<Section 9>

구성 : TCM(Temperature Conductivity Meter(Sensor)), SCC(SubControl Computer), SSSH(Side Scan Sonar Housing)

① TCM의 기능

- 온도 측정 : 온도의 변화에 의해 저항치가 변함
- 염도 측정 : 양쪽에 뾰족한 부분이 나와 있어 전기 전도도의 변화에 의해 염도측정
- 측정된 값은 AC/DC Converter를 통해 RS232C를 통해 AP 하드디스크에 저장

② SCC의 기능

- TVC, TVL, VTR, ST, WS 등 제어
- 8 Bit Micro Processor 내장 (AP ↔ SCC)

<Section 10>

구성 : AP(FGC, PS, PRG, HRG, WS), WPC(Water Proof Connector), RAR(Radio Antenna Releaser), OAST(Obstacle Avoidance Transducer), ,
[AP(Autopilot Computer), FGC(Flux Gate Compass), PS(Pitch Sensor), PRG(Pitch Rate Gyro), HRG(Heading Rate Gyro), WS(Water sensor)]

① AP의 기능

AUV 전체 System을 제어

- FGC : 방위각 측정(Program에 의한 방위각의 위치 차이를 계산하여 AUV의 진행 방향을 조절함) (그림 9.20)
- PS : 상/하 각도 측정(단지 각도만 측정)
- PRG : 상/하 각도의 변화속도 측정
- HRG : 좌/우 각도의 변화속도 측정
- 기타 제어용 PCB로 구성

그림 9.20 Flux Gate Compass

② WPC의 기능

외부와 연결되어 Program 입력 및 저장된 Data 출력, 각종 장비를 Test 하기 위한 Connection

③ RAR의 기능

Radio Antenna를 잡아주기 위한 전자석(Electromagnet)(그림 9.21)

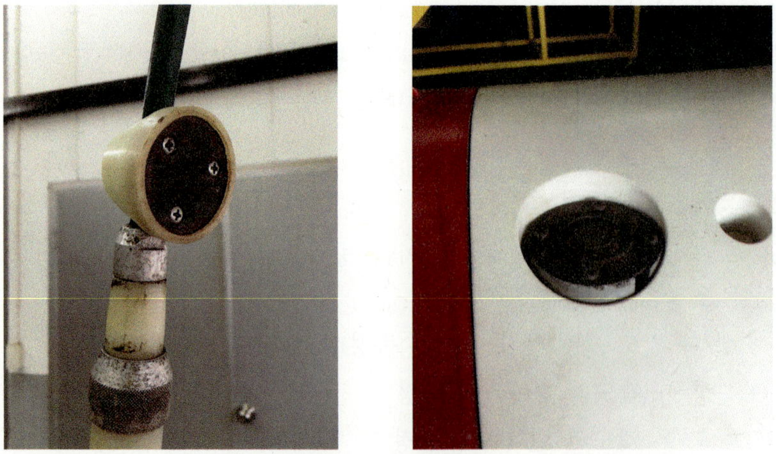

그림 9.21 Radio Antenna를 잡아주기 위한 전자석

<Section 11>

Section 3과 동일

<Section 12>

구성 : LRB(Light Radio Beacon), TCMH(Temperature Conductivity Meter(Sensor) Housing), BEU(Ballast Electromagnet Unit)

① Light Radio Beacon의 기능 (Φ100 mm Housing)(그림 9.22)

- AUV를 search 하기 위한 기능으로서 Light Beacon 및 Radio Antenna로 구성 (Radio Antenna는 Section 13에 위치)
- Light Beacon의 flash 점멸 : 각 2.0 초씩

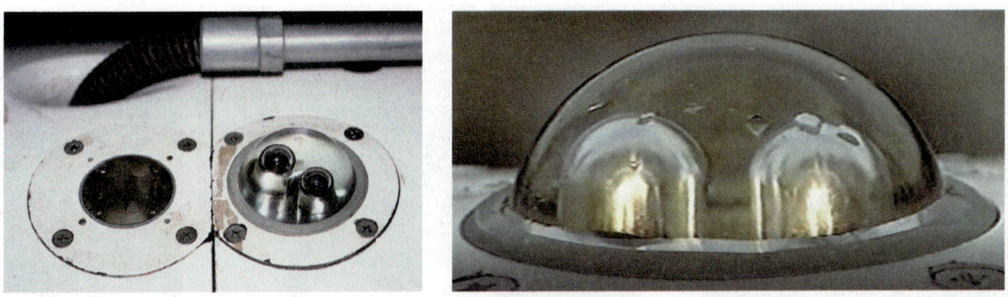

그림 9.22 Light Beacon

② TCMH의 구성 및 기능 (Φ70 mm Housing)

- 온도 변화에 따른 온도 측정 및 전기 전도도에 의한 염도 측정 역할
- 온도 및 전기 전도도의 변환 보드 구성
- A/D Converter Board : Voltage-to-Code
- RS-232C Serial port로 통신
- D87C51 Single-Chip Computer에 의해 작동

③ BEU의 기능

AUV 임무 완료 후 분리할 부상용 추를 잡고 있는 전자석

<Section 13>

구성 : RB(Radio Beacon), BEU(Ballast Electromagnet Unit), OAS(Obstacle Avoidance System), TVC(TV Camera), BB(Branch Box), SLS(Speed Log Sensor)

① Radio Beacon(그림 9.23)

- Radio Finder Operating 범위 : 470 kHz~3 MHz
- Carrier Frequency : 2764 kHz
- Pulse 지속 및 단속 : 0.5 sec 간격
- Number of Pulses : 2
- 소모전력 : 6 W
- Emergency Powering Voltage 내장(22.5 V)

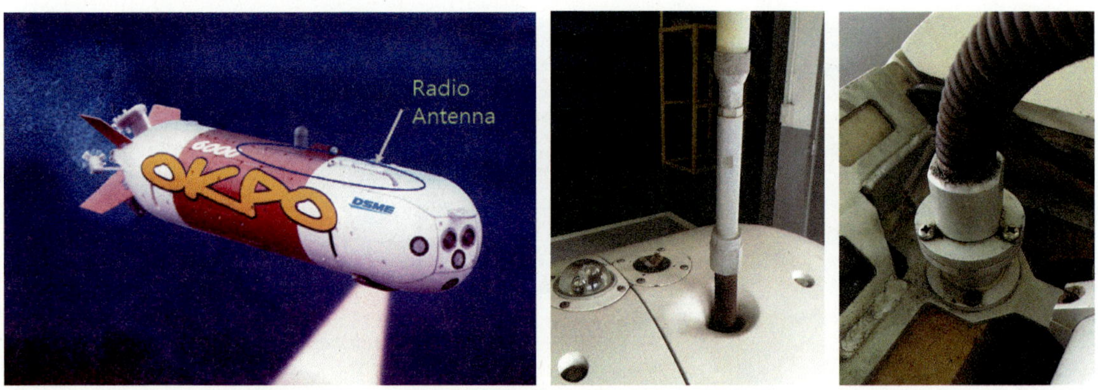

그림 9.23 Radio Beacon

② OAS의 기능 및 사양(Φ70 mm Housing) (그림 9.24)

- AUV 항해에 따른 고도유지와 장해물 탐지 및 충돌회피 장치
- 사양
  - Operating Distance Range : 0.7 ~ 60 m
  - Sounding Pulse Duration : 100 ms
  - 거리 계산 : R = CT/2
    R = maximal distance(m)
    C = sound speed in the water(m/sec)
    T = circle(round trip) time(sec)
- 5개의 Transducer로 구성

③ SLS의 기능

- Impeller의 Magnetic Reel Switch의 접촉에 의하여 속도를 측정
- Water Flow Velocity, V

  V = K*F (m/sec)

  K = switching frequency(㎐)

  F = 0.182 m (scale factor)

④ Depth Sensor Unit의 기능

Column-vibration pressure converters

그림 9.24 Obstacle Avoidance Ranging Sonar

9.3.4 Oil Tube 연결 및 Oil Filling 방법

OKPO-6000 AUV는 선체가 마디 구조로 되어있는데 각 마디마다 여러 가지 크기의 압력용기가 설치되어 있고 마디와 마디간의 통신, 전원 공급 등을 위한 결선도 필요하다. 심해의 고압 상태에서 정상적인 작동을 위하여 압력용기와 케이블의 연결부, 케이블들을 담고 있는 비닐튜브 내부, Thruster 내부, Transponder Releaser Block 내부에는 Oil을 충진시키는데 이때 Oil Filling Vacuum Tank를 이용한다. 또한 비닐튜브 내부의 구석구석에 분포한 기포들을 완전히 제거하기 위하여 다음에 언급할 Vacuum Pump를 함께 사용할 수도 있다.

그림 9.25는 Oil 충진용 Vacuum Tank의 모습을, 그림 9.26은 도면을 나타낸다. 이 Vacuum Tank는 국내에서 제작한 것으로서 기본적인 사양은 다음과 같다.

- 외형크기 : H760 x D260 mm (받침대 직경 350 mm, 높이 110 mm)
- 무게 : 32 kg
- 최대 용량 : 34 Liter

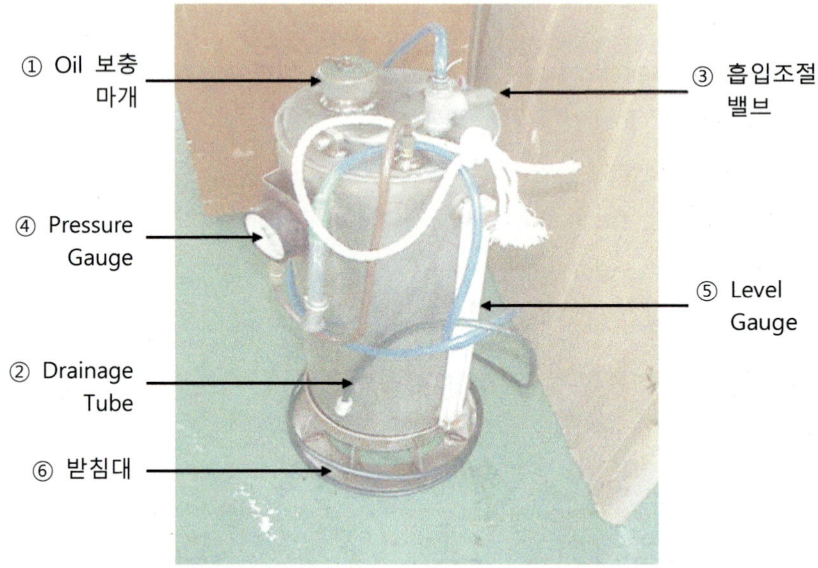

그림 9.25 Oil 충진용 Vacuum Tank

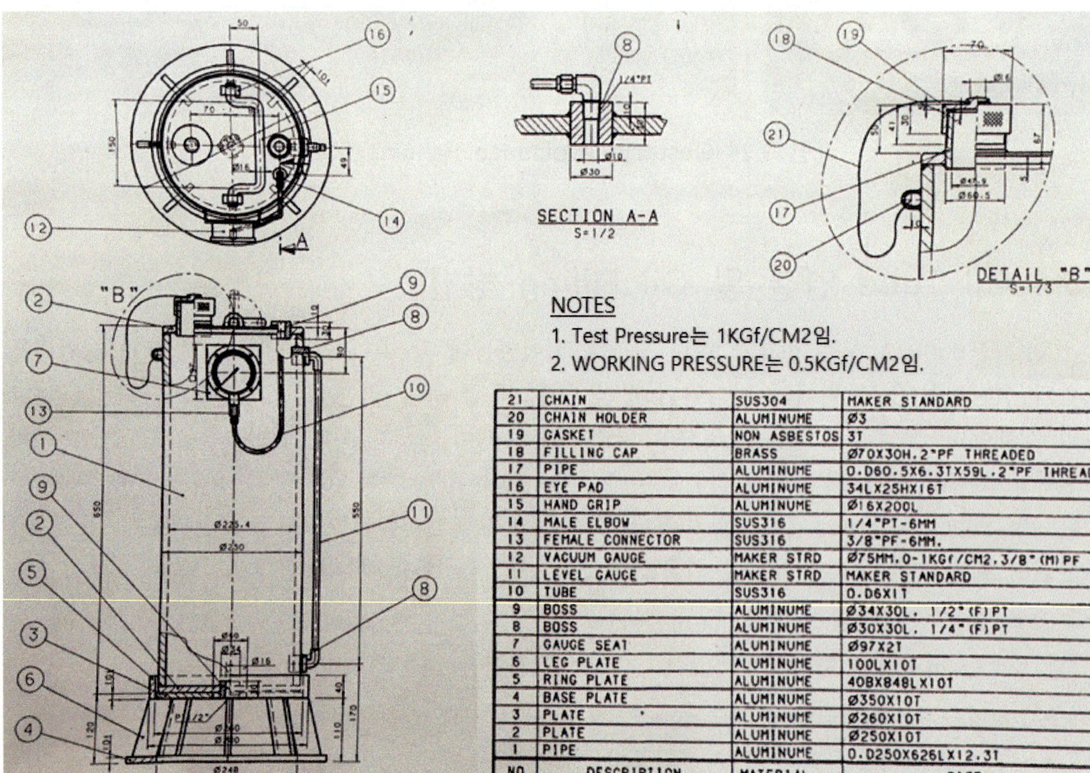

NOTES
1. Test Pressure는 1KGf/CM2임.
2. WORKING PRESSURE는 0.5KGf/CM2임.

NO	DESCRIPTION	MATERIAL	SIZE
21	CHAIN	SUS304	MAKER STANDARD
20	CHAIN HOLDER	ALUMINUME	Ø3
19	GASKET	NON ASBESTOS	3T
18	FILLING CAP	BRASS	Ø70X30H.2"PF THREADED
17	PIPE	ALUMINUME	O.D60.5X6.3TX59L.2"PF THREAD
16	EYE PAD	ALUMINUME	34LX25HX16T
15	HAND GRIP	ALUMINUME	Ø16X200L
14	MALE ELBOW	SUS316	1/4"PT-6MM
13	FEMALE CONNECTOR	SUS316	3/8"PF-6MM.
12	VACUUM GAUGE	MAKER STRD	Ø75MM.0-1KGf/CM2.3/8"(M)PF
11	LEVEL GAUGE	MAKER STRD	MAKER STANDARD
10	TUBE	SUS316	O.D6X1T
9	BOSS	ALUMINUME	Ø34X30L. 1/2"(F)PT
8	BOSS	ALUMINUME	Ø30X30L. 1/4"(F)PT
7	GAUGE SEAT	ALUMINUME	Ø97X2T
6	LEG PLATE	ALUMINUME	100LX10T
5	RING PLATE	ALUMINUME	40BX848LX10T
4	BASE PLATE	ALUMINUME	Ø350X10T
3	PLATE	ALUMINUME	Ø260X10T
2	PLATE	ALUMINUME	Ø250X10T
1	PIPE	ALUMINUME	O.D250X626LX12.3T

그림 9.26 Oil 충진용 Vacuum Tank의 제작용 도면

(1) Oil Tube Connection(그림 9.27)

Oil Tube를 각 Housing Cover에 연결(고정)하기 위해서는 다음과 같은 방법을 활용한다.

① 인두 끝에 Tube size 에 맞는 공구를 끼우고 고정시킨다.

② 공구의 온도를 약 70℃ 정도로 올린다.

③ 공구 끝 부분에 알루미늄 Cap을 끼운 후 Tube에 밀어 넣는다.

④ Nut를 사용하여 Housing Cover의 나사부에 고정 조립한다.
(Tube 고정용 너트는 무리한 힘을 가하여 조립하지 않는다.)

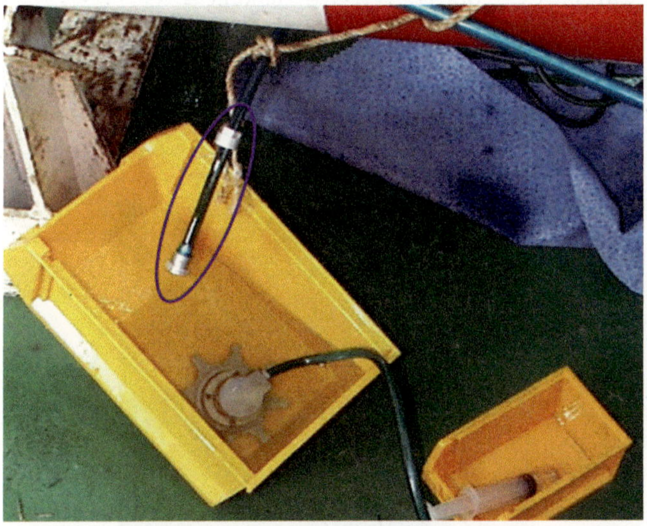

그림 9.27 Oil Tube End

(2) Oil Filling

a) Oil filling 구역은 3개의 독립된 부분으로 분리되어 있다.

① Thruster 부위 → 등유 90% + 변압기유 10%

② Thruster를 제외한 나머지 몸체부분 → 변압기유 100%

③ Radio Antenna 윗부분 → 변압기유 100%

각 부분의 튜브 또는 케이블 접속부위에 Oil을 충진시키는 순서는 다음과 같다.

b) Thruster oil filling 방법

① 2번 Section에 있는 Pressure Compensator의 Tube 끝부분과 Tank에 있는 Tube를 연결한다.

② Vacuum 시 thruster 축 부분에 공기가 빨려 들어오므로 축 부분에 JIG를 사용하여 밀폐시킨 후 vacuum을 실시하여야 한다.

c) 초기에 Oil filling을 할 경우

① OAS 부분에 Oil를 채워 leakage가 있는지를 확인한다.

② SSS, OAS, TCM 순서로 Tube를 연결하여 leakage를 확인한다.

③ Leakage가 없음이 확인되면 Subcontrol Computer Housing 부위에 있는 Tube 끝부분을 Oil Tank와 연결하여 vacuum을 실시하여 차근차근 공기를 제거하면서 반복 실시하여 Oil을 채운다(그림 9.28).

그림 9.28 Vacuum Tank로부터 중력에 의해 공기를 밀어내며 Oil이 충진

(3) 초기 AUV의 각 Housing의 Leakage Check 방법

Vacuum 시 Air만 많이 계속 빨리면 어디선가 Leakage 부분이 있는 것이고, Oil과 Air가 동시에 같은 속도로 천천히 움직일 경우 Leakage가 없다고 확인할 수 있다.

① OAS Housing의 Tube 한쪽 부분을 분리 후 Vacuum Tank와 연결하여 Leakage를 체크한다.

② LRB, SSS, TCM 등의 Housing들도 각각의 Tube 번호끼리 분리 후 ①과 같은 방법으로 체크한다.

- 부분적으로 Leakage 발생이 없음을 확인한 후 SCC Housing에 연결된 VPC2와 Vacuum Tank를 연결하여 Oil filling을 완료한다.
- Thruster 부분의 Oil filling 방법은 thruster motor 축의 바깥 부분에 신축성 있는 고무를 사용하여 밀폐시킨 후 Compensator의 TVPC와 Vacuum Tank를 연결하여 Oil filling을 완료한다.
- Radio Antenna 부분은 Antenna 끝부분을 Vacuum Tank와 연결하여 실시한다.

(4) Oil 보충 요령

① Pressure Compensator의 Spring이 고무캡을 누르는 상태에서 SubControl Computer 부분에 있는 Tube 끝부분과 Tank에 있는 Tube를 공기가 들어가지 않게 연결한다.

② Oil이 충분히 들어갈 수 있도록 Compensator의 Spring을 Jig를 사용하여 고무캡과 거리를 두도록 압축시킨 채 holding 한다(그림 9.29).

③ Oil이 보충되었으면 Tube를 분리한 후, 조립하고 다시 Compensator의 Spring을 정상 상태로 풀어주면 된다.

(5) Oil filling 시 주의사항

① Oil filling 시 높이가 낮은 부분부터 점차적으로 Air를 제거함

② 반복해서 최대한 Air를 제거함

③ Housing 부위와 연결되는 Tube 고정부위의 손상에 주의

④ 기타 비닐 Tube의 손상방지(그림 9.30)

(※ 초기 Oil filling 시 소요시간은 대략 1주일 걸림)

그림 9.29 Pressure Compensator의 Spring

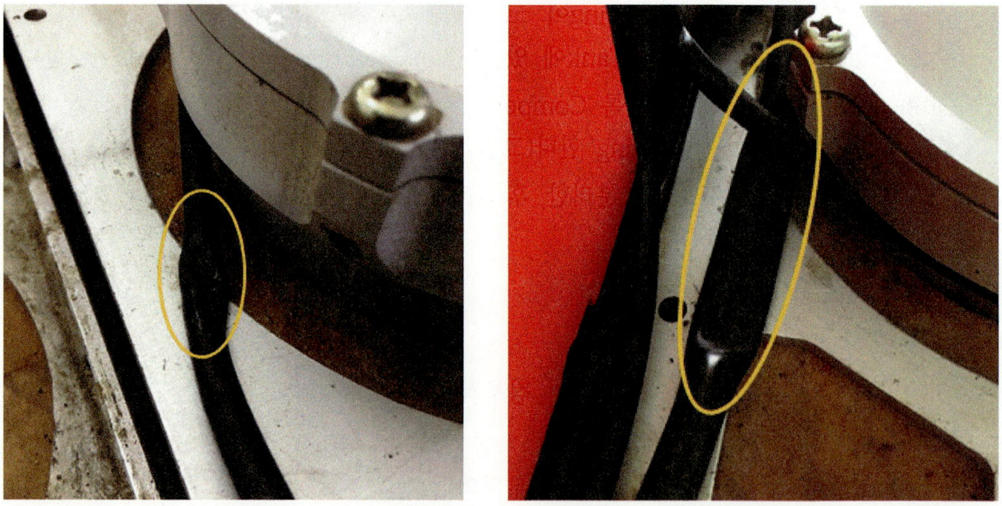

그림 9.30 Buoyancy Block에 의한 Oil Tube Damage

9.3.5 진공 펌프

진공 펌프는 AUV 내부의 각종 결선에 대한 자동 압력보상용으로 쓰이는 여러 튜브 내부에 오일을 빨리, 완전히 채우기 위해 사용된다(그림 9.31). 주요 사양은 다음과 같다.

- Displacement Speed : 100 L/min
- RPM of Pump : 1750
- Motor : 0.4 Kw / 1 Phase / 220 V / 60 Hz / 1750 RPM / 4 Poles / 1.4 A
- Ultimate Pressure : 5 x 10^{-3} Torr (= 6.7 x 10^{-3} mbar)

그림 9.31 Vacuum Pump

9.3.6 Pressure Connector(그림 9.30) 연결 시 주의사항

Connector에 전선/통신선을 납땜할 때는 아래 사항들을 주의한다.

① Connector 부위에 열을 3초~5초 이상 계속 가하지 말 것

② Connector의 납땜은 반복하지 않는 것이 좋음

③ Connector 납땜 시 열발산 효과를 얻기 위해 상대편의 Connector를 연결한 상태로 납땜하면 효과적임

④ Connector 조립 시 Jig를 사용하여 완전히 Housing Cover 평면과 밀착시킬 것

⑤ O-ring을 잘 확인하고 끼울 것(흠집이 있는 오링은 절대 사용하지 말 것)

⑥ Connector 교환 시 Jig를 사용하고, 압력 test를 필히 실시한 것으로 교환

⑦ Connector pressure test 전 pin 부위에 납을 입힌 후 test를 실시할 것

⑧ Pressure Connector는 잘 보관할 것

그림 9.32 Hermetically Sealed High Pressure Connector

9.3.7 일반적인 주의사항

① AUV 본체에 Sus Bolt를 사용하지 말 것(해수 중 전위차 부식 방지)

② Buoyancy 분해 조립 시 AUV frame 본체의 나사산 마모에 주의

③ AUV의 각 장비에 녹이 있는 부분은 그리스 도포할 것

④ Housing에 고정되어 있는 Chassis를 분해, 조립할 경우 무리한 힘을 주지 말 것
⇒ 반복적으로 분해 조립할 경우 Connector 수명단축 및 마모 유발

⑤ Pressure Housing 분해 후 조립 시 O-ring을 확실히 체결한 후 2인 1조로 Bolt를 조립할 것

⑥ Battery 조립 시 극성을 반드시 확인한 후 조립할 것

⑦ Housing과 Cover를 조립 시 접촉면적을 반드시 확인하며 조립할 것(완전접촉)

⑧ Pressure Housing 내부에 있는 이물질을 확실히 제거할 것

⑨ Pressure Compensator는 장시간 AUV 보관 시 Spring 부분만 분리해 놓을 것

⑩ AUV Test 시 Compensator의 Spring 기능 및 슬라이딩 상태를 반드시 확인할 것

⑪ AUV를 장시간 보관 시 Battery를 Housing에서 분리해 놓을 것

⑫ Ballast Magnet 부분은 녹을 제거하기 위해서 그리스를 도포해 둘 것

⑬ Pressure Housing을 다룰 때 충격을 주지 말 것

⑭ AUV 이동 시 지면으로부터의 충격을 최대한 줄일 것

⑮ Oil Tube에는 손상이 가지 않도록 하며, Buoyancy 조립 시 Tube가 끼지 않도록 주의할 것

⑯ AUV test를 마친 후에는 몸체의 염분을 최대한 제거할 것
⑰ Speed Log는 test가 끝나면 물로 깨끗이 세척할 것
⑱ Transponder 및 Towed Array도 청수로 세척할 것
⑲ Housing Cover를 분리하여 보관 시 Housing과 Cover의 모서리에 demage가 가지 않도록 주의할 것
⑳ 필름을 삽입하기 위해 이동 시 중량이 무거운 Still Camera를 조심해서 다룰 것
(※ 주의사항 : 방향을 주의하여 끼울 것)
㉑ 모든 Housing 및 Oil을 사용하는 부분들은 각별히 O-ring size와 홈의 폭과 깊이를 확인한 후 사용할 것
㉒ O-ring 사용 시 표면에 손상이 있는 O-ring은 절대 사용하지 말 것
㉓ O-ring을 한번 사용 후 납작해진 것은 교체하거나 반대 방향으로 사용할 것
㉔ Housing에 연결되어 있는 Tube 고정부위를 조심하여 다룰 것
㉕ AUV를 최대한 아끼는 마음으로 다룰 것
㉖ Battery는 AUV를 장시간 보관 시 Housing에서 분리해 놓는 것이 좋음
㉗ Ballast Magnet 부분에는 세척 후 방청 오일로 닦아줄 것
㉘ Housing Cover 끼리 연결되는 Tube 부분, 특히 나사로 고정되는 부분은 Tube의 손실이 잦으므로 주의하여야 함

9.3.8 AUV Equipment 추가분 제작

① 여분의 필름
② Thruster 추가 보유(1 ea)
③ Transponder 추가 보유(2 ea)
④ Towed array 추가 보유(1 ea)
⑤ Thruster Support 고정용 Bolt Nut (ASTM 7075)(8 ea)
⑥ Pressure Compensator의 Spring 이동용 축(코팅하여 마찰력을 줄인 것)(2 ea)
(분해 후 재조립 해본 것)
⑦ Pressure Connector 여유분(size별 다수 보유)
⑧ Ballast Weight 추가 제작(실해역 시운전 회수 이상)
⑨ AUV Lifting Hook의 Ball Bearing 교체 및 Spring 교체 여유분

9.4 부대장비 유지보수 지침

9.4.1 Transponder Unit

① 전체 도면을 숙지할 것

② Releaser Block 분해 조립 시 주의할 것

③ Releaser Block에 Oil filling 시 Leakage가 발생하지 않도록 각별히 주의할 것(특히 Rod 부분)

④ Releaser Block Oil Filling 방법

- Release Block을 전체 조립한 후 Oil을 넣는다.
- Oil을 주입시킨 후 테이블에 흰 종이를 깔고 5시간 정도 방치한 상태에서 leakage가 있는지를 확인한다(만약 leakage가 발생 시 O-ring을 면밀히 검사할 것).
- Leakage 발생이 없음을 확인하면 Release Block을 최종 조립한다.
- 조립 완료 후 Releaser Rod Outside 부분에 부드럽고 탄력성 있는 고무로 Rod 부분을 감싸두어 표면을 보호한다.
- Releaser Block에 Oil을 주입한 후 Oil tank와 연결하여 vacuum을 실시하여 마무리 한다.

9.4.2 Towed Array Unit

① 전체도면 숙지할 것

② Cable Lug를 이해하기 위해서는 분해 조립 후 도면과 비교하면서 이해하는 것이 효과적임

③ Oil filling 방법은 일반적인 방법으로 진행하면 됨

④ Transducer 부분에는 에폭시를 채울 것

Chapter 10.

맺음말

지난 세기 말에 자율무인잠수정과 인연이 생긴 이후 10 수년 경험했던 공학적 실무 활동들을 시간이 꽤 흐른 지금에서야 정리하여 활자화 하게 되었다. 아직도 국내외에서 수중 로봇, 특히 AUV에 대한 일반 서적을 찾아보기 어려운 상황이라 이러한 체험을 공유하는 것도 나름 의미가 있을 것으로 판단하였다.

영리를 추구하는 조선 산업체가 상업적 목적으로 개발 생산하기에는 다소 이른 시기에 선진 기술의 도입이라는 안전장치를 전제로 도전하여 태평양 심해저를 탐사할 수 있기까지 회사의 넓은 이해와 도전 정신에 힘입은 바 매우 컸었다. 또한 직장인으로서, 젊은 공학도로서 함께 수년간 헌신한 동료들에 대한 진한 동질감과 감사의 마음은 평생 지울 수 없는 소중한 추억이다. 수십 번의 거제도 인근 해역에서의 실해역 시험들이 개발 중인 수중로봇의 기능적 신뢰도를 올려 나가는 과정이었다면, 동해 바다 2,400 미터 수심과 태평양 4,800 미터 수심에서의 반복된 시험들은 성능을 제대로 발휘하는지 확인하고 수심과 해양 환경이 달라짐에 따른 새로운 변수들을 체험하는 과정이었다.

AUV 자체는 기계 전자 재료의 복합체인 로봇의 일종이지만 활동 무대는 해양이라서 사용자가 인위적으로 환경을 제어할 수 있는 부분 보다는 자연에 적응하고 위험을 회피하며 탐사의 목적을 달성하고자 하는 노력이 개발 과정과 운용에 많이 반영되었다고 할 수 있다.

본 책자에서는 20년 전 기술적 상황에서 자연을 극복하며 소기의 목적을 달성했던 전체 과정을 순서적으로 빠짐없이 기술하고자 하였다. 오늘날의 기술적 진화로 상당 부분 용이하게 극복하거나 대체될 수 있는 센서, 장치, 장비들이 있으나 일관된 개발 프로세서를 간접적으로 체험하는 실무서 역할에 충실하기 위해 현재의 첨단 기술과 비교하며 부언 설명하지 않았다. 연구 개발자는 각 프로세서의 원리와 접근 방식, 그리고 주의할 사항들을 이해한 다음 현재의 용이한 전자 기계적 부품들로 대체해 나간다면 신뢰도와 방향성을 잃지 않고 정상적으로 작동하는 AUV를 개발할 수 있을 것이다.

참고문헌

1. “Advanced Unmanned Search System”, Naval command, Control and ocean Surveillance center.
2. A. D. Waite, "SONAR FOR PRACTISING ENGINEERS", Ferranti Thomson Sonar Systems Ltd., UK 1996
3. A.J. Healey and D.B. Marco(Naval postgraduate School), "Slow speed flight control of autonomous underwater vehicles: Experimental results with NPS AUV Ⅱ", Proceedings of the second(1992) International Offshore and Polar Engineering Conference San Francisco, USA, 14-19 June 1992.
4. Albert M. Bradley(Woods Hole Oceanographic Institution), "Low power navigation and control for long range Autonomous Underwater Vehicles", Proceedings of the second(1992) international offshore and polar engineering conference sanfrancisco, USA, 14-19 June 1992.
5. Albert W. Cox, "Sonar and Underwater Sound", Raytheon Company, London, 1982
6. Antonio Pascoal, “Undersea Robotics Research at IST : The AUV MARIUS Programme”, Proceeding of Undersea robotics & intelligent control(URIC), 1995.
7. A.J. Healey and D.B. Marco(Naval postgraduate School), "Slow speed flight control of autonomous underwater vehicles: Experimental results with NPS AUV Ⅱ", Proceedings of the second(1992) International Offshore and Polar Engineering Conference San Francisco, USA, 14-19 June 1992.
8. Albert M. Bradley(Woods Hole Oceanographic Institution), "Low power navigation and control for long range Autonomous Underwater Vehicles", Proceedings of the second(1992) International Offshore and Polar Engineering Conference San Francisco, USA, 14-19 June 1992.
9. Bernard LEDUC and Gerald AYELA, "TIVA a self contained image/data acoustic transmission system for underwater application."
10. Bian Xinqian, “Design and experimental evaluation of the dynamic positioning control system for undersea vehicles”.
11. Bruce butler, “Field trials of the theseus AUV”, Proceedings of 9th 'Unmanned Untehered Submersible Technology(UUST)', 1995.
12. C.A. Gongwer, "Relationships for Self-propelled Underwater Vehicles in Steady Motion"

13. C.L. Tsucamoto, "Comparison study on advanced thruster control of underwater Robots", Proceedings of the 1997 IEEE International conference on Robotics and Autonomous Albuquerque, New mexico April 1997.
14. Dana R. yoerger, "The influence of thruster dynamics on underwater vehicle behavior and their incorporation into control system design", IEEE Journal of Oceanic Engineering, Vol.15, No.3, July 1990.
15. Daniel Steiger, "Autonomous undersea vehicle(AUV) technology development in the US : an update", Underwater defense Technology conference, London 1994.
16. David M. Lane, "Task planning and world modelling for supervisory control of robots in unstructed environments", IEEE International conference on ROBOTICS and Automation, 1995.
17. D. Simon, "Design of control procedures for a free-floating underwater", Proceedings of the 1997 IEEE International conference on Robotics and Autonomous Albuquerque, New mexico April 1997.
18. G.J.S. Rae and S.E. Dunn(Florida Atlantic Univ.), "On-line damage detection for autonomous underwater vehicles", Proceedings of the second(1992) International Offshore and Polar Engineering Conference San Francisco, USA, 14-19, June 1992.
19. Gordon McAlary and David Bloomfield, "Fuel cell power systems", pp.13~15, UN&T, July/August 1994.
20. Hanumant Singh, "Issues in AUV design and deployment for oceanographic research", Proceedings of the 1997 IEEE International conference on Robotics and Autonomous Albuquerque, New mexico April 1997.
21. H. Ishitani, "A Study on Altitude Control of an Autonomous Vehicle(1st Report), SNAJ, 1984
22. Hui-Ryong Yoo, Sang-Moo Lee, "Depth control of an Autonomous Underwater Vehicles using H_∞ controller".
23. Jamie M. Anderson and Dana R. Yoerger, "Autonomous Benthic Explorer model development".
24. Jamie M. Anderson(Woods Hole Oceanographic Institution), "Model development for control of the autonomous benthic explorer", Proceedings of the second(1992) International Offshore and Polar Engineering Conference San Francisco, USA, 14-19 June 1992.

25. Jerome VAGANAY, “Supervised navigation : Optimal algorithm example and needs for autonomous supervision” , IEEE International conference on ROBOTICS and Automation, 1995.
26. J.G. Bellingham, C.A. Goudey, T.R. Consi and C. Chryssostomidis (Massachusetts Institute of Technology), "A small, long range autonomous vehicle for deep ocean exploration", Proceedings of the second(1992) International Offshore and Polar Engineering Conference San Francisco, USA, 14-19 June 1992.
27. J.G. Bellingham, J.W. Bales(Massachussetts institute of Technology), “ Performance characteristics of the odyssey AUV” , Proceeding of 8th USST, 1993.
28. Junku Yuh, “A neural net controller for underwater robotic vehicles” , IEEE Journal of Oceanic Engineering, Vol.15, No.3, July 1990.
29. J. Yuh, “Development in Underwater Robotics” , IEEE International conference on Robotics and Automation, 1995.
30. J. Yuh, “Learning control for underwater robotic vehicles” , IEEE control system, April 1994.
31. J. Yuh, V.Adivi and S.K. Choi(University of Hawaii), "Development of 3D graphic test platform for underwater robotic vehicles", Proceedings of the second(1992) International Offshore and Polar Engineering Conference San Francisco, USA, 14-19 June 1992.
32. Karen A. Harper, “Decreasing the energy costs of swimming robots through passive elastic elements” , Proceedings of the 1997 IEEE International conference on Robotics and Autonomous Albuquerque, New mexico April 1997.
33. Ken collins, “Untethered AUV's can reduce costs for offshore inspection jobs”, Offshore Technology Conference, May 1993.
34. Kenichi Asakawa(KDD R&D Laboratories), “Development of Autonomous Underwater Vehicle for inspection of underwaer cables” , Proceeding of Underwater Intervention, 1993.
35. Lee E. Freitag and J. Stevens Institution(Woods Hole Oceanographic), “Robust 5000 bit per second underwater communication system for remote applications ” .
36. L.V. Kiselyov, D.B. Khmelkov, "Dynamic Properties of AUV TYPHLONUS", IMTP
37. L.V. Kiselyov(Institute for Marine Technology Problems), “Dynamic properties of AUV 'TYPHLONUS'”

38. M.C. Ryu, H.J, Chang, "On the Development of OKPO-946 AUV System", '94 Underwater Thechnology-Marine Vision 2010, 1995
39. M.D. Ageev, “IMTP experience in AUV design and operation” , Institute of Marine Technology Problems.
40. M.D. Ageev(IMTP), “Thruster equation for arbitrary regime of AUV/ROV motion” .
41. M.D. Ageev, "Propulsion Plant for Highly-manoeuvrable AUV", IMTP
42. M.D. Ageev, "Thruster Equations for Arbitrary Regime of AUV/ROV Motion", IMTP
43. M.D. Ageev, “Typhlonus is the AUV for oceanological research” , PACON' 92
44. M.D. Ageev 외 2인 "Tasks for Autonomous Underwater Robot", IMTP
45. Mehran Mojarrad, “Biomimetic robotic propulsion using polymeric artificial muscles” , Proceedings of the 1997 IEEE International conference on Robotics and Autonomous Albuquerque, New mexico April 1997.
46. M. H. RASHID, "POWER ELECTRONICS", Prentice-Hall International, Inc., 1988
47. Michael J. zyda, “Three dimensional visuallization of mission planning and control for the NPS Autonomous Underwater Vehicle” , IEEE Journal of Oceanic Engineering, Vol.15, No.3, July 1990.
48. Michael S. Triantafyllou(Massachussetts Institute of technology, “Development of autonomous vehicle for long term ocean eddy observation”, Proceedings of the second(1992) International Offshore and Polar Engineering Conference San Francisco, USA, 14-19 June 1992.
49. Oddbjorn Bergem, “A multibeam sonar based positioning system for an AUV” , Proceeding of 8-th USST, 1993
50. Pan-Mook Lee 외 2인(KRISO), "Self-tuning control of autonomous underwater vehicles based on discrete variable structure system", 수중로봇기술 연구회, 1997.
51. Scott Mcmillan, “Object-oriented design of a dynamic simulation for underwater robotic vehicles” , IEEE International conference on Robotics and Automation, 1995.
52. S.T. Tuohy, “Map based navigation for Autonomous Underwater Vehicle” , Proceeding of the fifth(1995) Intenational offshore and polar engineering conference.
53. System/Underwater vehicle, “Autopilot of the deep”, pp.38~44, IEEE spectrum, August 1994.

54. Tamaki URA, “Free switching vehicle “PTEROA” for deep sea survey”
55. Teruo Fujii, “Autonomous Underwater Robots with distributed behavior control architecture”, IEEE International conference on Robotics and Automation, 1995.
56. T.J. Tarn, “Modelling and control for underwater robotix manipulators - an example”, Proceedings of the 1997 IEEE International conference on Robotics and Autonomous Albuquerque, New mexico April 1997.
57. “UK venture pursues incremental AUV development approach”, ocean industry, July 1992.
58. "UK's first autonomous underwater vehicle takes to the water", The naval architect, Sep. 1992.
59. V.R. den Hertog and R.Geoffrey Weitzel(ISE Research Ltd), “The autonomous underwater vehicle as a general purpose survey platform”, Proceedings of the second(1992) International Offshore and Polar Engineering Conference San Francisco, USA, 14-19 June 1992.
60. W. Ramberg and W. R. Osgood, 1943., "Description of stress-strain curves by three parameters, NACA TN 902.
61. 谷本茂, "OP 앰프 실전기술“, 도서출판 세운, 1988
62. 本間康之, 石田忍, 昭和 60年, “Shell Buckling of Circular Cylindrical Shells With Initial Deflection", 日本造船學會論文集 第 158 号.
63. 浦環, 大坪新一郎(東京大學生産技術研究所), “Design of unmanned untethered submersible for quick swimming(1st report : Study on Gliding performance)”, 日本造船學會秋季講演會 vol.162, 1987
64. 류민철, "AUV Autopilot S/W Notes", 대우중공업(주) 선박해양기술연구소, 1995~1998
65. 류민철 외 5인, "6,000 m급 해저 무인 잠수정 개발-추진기 설계와 제어 소프트웨어", 대한조선학회 내항/조종 W/S, 1996년 1월
66. 류민철 외 8인, “해저 6,000 m급 무인 잠수정(AUV)개발 OKPO-6000”, 제31차 KTTC 내항성 및 조종성분과 Workshop 논문집, Jan 1996.
67. 신동우, 임용곤, 김영길, “수중 이동체 통신망을 위한 접속제어 프로토콜의 설계 및 구현”, 한국해양공학회지 제11권, 제4호, pp.169~179, Nov 1997.
68. 우종식, 장휴정, 류민철 외 3인, "6,000 m 급 무인 잠수정 개발", 대우중공업 기술지, 1996
69. 유삼상(한국해양대학교), “Robust autopilot design for submarine vehicles”, 한국해양공학회지 제11권, 제2호, pp.180~190, Aug 1997.

70. 임용곤, 김준선, 김천석, “AUV제어용 다중 컴퓨터의 고장 감내 시스템의 구현”, 한국해양공학회 97년도 춘계학술대회 pp. 130~134.

71. 임용곤, 박종원(선박해양공학연구센터), “AUV용 수중 초음파 통신 환경의 Multipath 해석”, 한국해양공학회 97년도 춘계학술대회 pp. 180~187.

72. 이동익, 곽동훈, 최중락, “무인 수중운동체를 위한 지능제어시스템 설계”, Journal of control automation and systems and engineering, Vol.3, No.3, June 1997.

73. 이동익 외 2인 “무인 수중운동체를 위한 지능 제어시스템 설계”, 제어·자동화·시스템 공학 논문지, Vol.3, No.3, June, 1997.

74. 이종길, 윤형규(국방과학연구소), “광섬유 청음기의 수중 음향신호 감지성능 연구”, 한국해양공학회 97년도 춘계학술대회 pp.295~298.

75. 이종무, 홍기용, 김선경(KRISO), “GPS를 이용한 누유 추적부이 시스템”, 한국해양공학회지 제11권, 제4호, pp.189~196, Nov 1997.

76. 이판묵, 이종무(KIMM), “퍼지추론을 이용한 무인잠수정의 하이브리드 항법 시스템”, 한국해양공학회지 제11권 제3호, pp.170~179, Aug 1997.

77. 이판묵, 홍석원, 전봉환, “이산가변구조제어기를 이용한 자율무인잠수정의 심도 제어”, 한국해양공학회지 제11권, 제4호, pp.169~179, Nov 1997.

78. 장휴정, 우종식, “OKPO-6000 AUV(무인자율심해탐사정)소개”, Underwater Science & Technology Vol.1(1), pp.85~89, 1997.

79. 전봉환, 이판묵, 임용곤, “전원내장형 잠수정의 추진모터 효율개선을 위한 연구”, 한국해양공학회 97년도 춘계학술대회 pp. 286~290

부록

부록 1 OKPO-946 AUV에 대한 Hydrostatic Data

부록 2 항해 및 제어시스템의 Cabling

부록 3 원격 음향 분리 장치(Acoustic Releaser)

부록 4 QNX Operating System

부록 5 Monitor Program의 기능별 분석

부록 6 Directory Structure and QNX Requirements for AUV Ship Software

부록 7 Directory Structure and QNX Requirements for AUV Autopilot Software

부록 8 Emergency System Information Messages

부록 9 Control System Information Messages

부록 1. OKPO-946 AUV에 대한 Hydrostatic Data

이 장에서는 OKPO-6000 AUV의 초기 설계 모델인 OKPO-946 AUV에 대한 Weight Control 현황과 정적 Stability에 대해 설명한다. 유사한 AUV를 설계 제작할 때에도 이런 절차를 따르면 실제 운영 시의 정적 거동을 정확하게 예측할 수 있다.

OKPO-946 AUV는 아래 그림과 같이 13개 Section(S #1 ~ S #13)으로 조립된다.

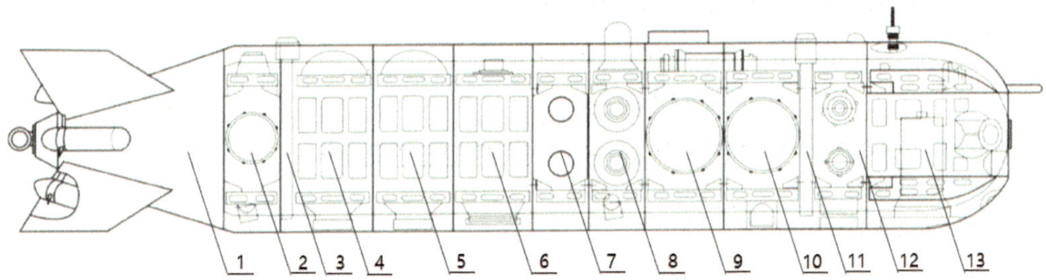

Static calculation에서의 의미와 단위는 다음과 같다.

- M: 공기 중 무게 (kg)
- V: 부피 ($x10^3$ cm^3)
- X_m: 무게중심의 x 좌표 (from stern end) (m)
- Y_m: 무게중심의 y 좌표 (from bottom) (m)
- X_v: 부력중심의 x 좌표 (from stern end) (m)
- Y_v: 부력중심의 y 좌표 (from bottom) (m)
- M_x: 중량에 의한 x축 팔길이 모멘트 (kg·m)
- V_x: 부력에 의한 x축 팔길이 모멘트 (kg·m)
- M_y: 중량에 의한 y축 팔길이 모멘트 (kg·m)
- V_y: 부력에 의한 y축 팔길이 모멘트 (kg·m)

Ⅰ. Static Calculation 결과

AUV Total	M (kg)	V ($x10^3$ cm^3)	X_m (m)	Y_m (m)	X_v (m)	Y_v (m)	M_X (kg·m)	V_X ($x10^3$ kg·m)	M_Y (kg·m)	V_Y ($x10^3$ kg·m)
	948.427	955.516	1.929	0.496	1.925	0.505	1829.870	1839.453	470.694	482.203

Resultant buoyancy at fresh water(density = 1.0 g/cm^3) : + 7.089 kg_f

X_m = 1.9290 m / X_v = 1.9250 m

Y_m = 0.4960 m / Y_v = 0.5050 m

Arm of M_z = 0.0098500 m (☜ distance between (X_m, Y_m) and (X_v, Y_v))

Maximum moment of M_z = 9.390 kg_f·m

Static pitch = - 24 degree

Ⅱ. Balancing (by additional weights) Calculation 결과

Balancing Weights on	M	V	X_m	Y_m	M_X	V_X	M_Y	V_Y
Battery section(2)	1.660	0.150	1.415	0.625	2.349	0.212	1.038	0.094
	3.150	0.286	1.415	0.375	4.457	0.405	1.181	0.107
Still Camera Section	3.100	0.282	1.717	0.625	5.323	0.484	1.938	0.176
	3.200	0.291	1.717	0.625	5.494	0.500	2.000	0.182
	3.200	0.291	1.717	0.375	5.494	0.500	1.200	0.109
Additional Section	11.200	1.020	1.974	0.280	22.109	2.013	3.136	0.286
Total Result	25.510	2.320			45.226	4.114	10.492	0.954

Ⅲ. Static Calculation + Balancing 결과

	M	V	X_m	Y_m	X_v	Y_v	M_X	V_X	M_Y	V_Y
by Static Calculation	948.427	955.516	1.9290	0.4960	1.9250	0.5050	1829.870	1839.453	470.694	482.203
by Balancing	25.510	2.320					45.226	4.114	10.492	0.954
Total Result	973.937	957.836	1.9253	0.4940	1.9247	0.5044	1875.096	1843.567	481.186	483.157

Resultant buoyancy at OKPO Bay(Sea water, Density = 1.023 g/cm^3) : + 5.929 kg$_f$

X_m = 1.9253 m / X_v = 1.9247 m

Y_m = 0.4940 m / Y_v = 0.5044 m

Ⅳ. Static Calculation + Balancing + Salinity Influence 결과

	M	V	X_m	Y_m	X_v	Y_v	M_X	V_X	M_Y	V_Y
by (Static + Balancing) Calculation	973.937	957.836	1.9253	0.4940	1.9247	0.5044	1875.095	1843.567	481.186	483.157
by Salinity		22.03000			1.92470	0.50440		42.40100		11.11100
Final Result	973.937	979.866	1.9253	0.4940	1.9247	0.5044	1875.095	1885.968	481.186	494.268

Resultant buoyancy at OKPO Bay(Sea water, Density = 1.023 g/cm^3) : + 5.927 kg$_f$

X_m = 1.9253 m / X_v = 1.9247 m

Y_m = 0.4940 m / Y_v = 0.5044 m

L_{st} = 0.01 m / K_{st} = 9.74 kg$_f$·m

M_z = about 0.00 kg$_f$·m

Ⅴ. Static Calculation + Balancing + Salinity Influence + Diving Calculation (static) 결과

	M	V	X_m	Y_m	X_v	Y_v	M_X	V_X	M_Y	V_Y
by (Static + Balancing + Salinity) Calculation	973.937	979.866	1.9253	0.4940	1.9247	0.5044	1875.096	1885.968	481.186	494.268
Diving ballast (+)	24.000	3.200	3.745	0.530			89.880	11.984	12.720	1.696
Total Weight	997.937	983.066	1.9690	0.4947	1.9300	0.5045	1964.976	1897.952	493.906	495.964

Resultant buoyancy : - 14.87 kg$_f$

X_m = 1.9690 m / X_v = 1.9300 m

Y_m = 0.4947 m / Y_v = 0.5045 m

Arm of M_z = 0.0400 m

Maximum moment of M_z = 39.91 $kg_f \cdot m$

Static pitch = approx. 76 Degree (negative)

Ⅵ. Static Calculation + Balancing + Salinity Influence + Surfacing Calculation(static) 결과

	M	V	X_m	Y_m	X_v	Y_v	M_X	V_X	M_Y	V_Y
by (Static + Balancing + Salinity) Calculation	973.937	979.866	1.9253	0.4940	1.9247	0.5044	1875.095	1885.968	481.186	494.268
Surfacing ballast (-)	-24.000	-3.200	3.052	0.284			-73.248	-9.766	-6.816	-0.909
Total Weight	949.937	976.666	1.8970	0.4990	1.9210	0.5050	1801.847	1876.202	474.370	493.359

Resultant buoyancy : positive 26.72 kg_f

X_m = 1.8970 m / X_v = 1.9210 m

Y_m = 0.4990 m / Y_v = 0.5050 m

Arm of M_z = 0.0249 m

Maximum moment of M_z = 23.64 kg_f.m

Static pitch = approx. 77 Degree (positive)

부록 2. 항해 및 제어시스템의 Cabling

Ⅰ. Autopilot Internal Interconnection Cables

이 장에서는 표 부2.1과 같이 AP Computer와 연결된 cable들의 연결 상태를 확인할 수 있다.

표 부2.1 APC에 연결된 Cables (Cable 1820-xx Specification)

1	AP chassis X1 2PM10	Cable 1820 - 01	12	J5I/OD-J2CTC#2-J1ENET	Cable 1820 - 12
2	AP chassis X2 2PM19	Cable 1820 - 02	13	J1 OTRM -I/O7604#0,4	Cable 1820 - 13
3	FH-J4,5 OTRM-J2DC-DC J2DC/DC-J4,5 OTRM	Cable 1820 - 03 Cable 1820 - 03	14	J8I/OD -I/O7604#1	Cable 1820 - 14
4	AP chassis X3 PC32A	Cable 1820 - 04	15	J3I/OD -I/O7604#2	Cable 1820 - 15
5	AP chassis X4 PC32B	Cable 1820 - 05	16	J6I/OD -I/O7604#3	Cable 1820 - 16
6	J5TRM300-HDAT	Cable 1820 - 06	17	J1 ITRM-I/O7604#5,6,7	Cable 1820 - 17
7	J1NSC-X5MC	Cable 1820 - 07	18	J1486SLC-J3CTC#1..3	Cable 1820 - 18
8	J5NSC-J1A/D12	Cable 1820 - 08	19	J7 486SLC-FD3-144	Cable 1820 - 19
9	J6NSC-X7RG-X8RG	Cable 1820 - 09	20	J13 486SLC-HDAT-100	Cable 1820 - 20
10	J7NSC-PS	Cable 1820 - 10	21	J3 OTRM-PC/MB	Cable 1820 - 21
11	J4DC-J2NSC-J2I/OD-X6OSC J2NSC-J1CTC#1,#2,#3	Cable 1820 - 11 Cable 1820 - 11	22	J4 ITRM-PC/MB	Cable 1820 - 22

Ⅰ.1 Cable 1820-01 Specification

표 부2.2

Wire Section mm*mm	Wire Length mm	Pin Name	Termination #1 2PM10/X1 AP ch Pin #		Termination #2 FC-20LP/J1DC-DC Pin #
0.2 * 2	460	+24/MB	1	----------------	1, 2
0.2 * 2	460	+24/MB	2	----------------	3, 4
0.2 * 2	460	+24/MB	3	----------------	5, 6
0.2 * 2	460	+24/MB	4	----------------	7, 8
0.2 * 2	460	+24/MB	5	----------------	9,10
0.2 * 2	460	+24/C	6	----------------	11,12
0.2 * 2	460	+24/C	7	----------------	13,14
0.2 * 2	460	+24/C	8	----------------	15,16
0.2 * 2	460	GND/AP	9	----------------	17,18
0.2 * 2	460	GND/AP	10	----------------	19,20

Ⅰ.2 Cable 1820-02 Specification

a) Termination Description

표 부2.3

Termination #	Type	Address
Termination #1: Termination #2:	19-pin female 2PM19S F/Holder 20mm	X2 AP Chassis Fuse Board

b) Cable 1820-02 Diagram

표 부2.4

Wire Section mm * mm	Wire Length mm	Pin Name	Term #1 Pin #	Term #2 Pin #	Term #3 Pin #
0.2	570	+24/BEMD	1 ------	1.1	
0.2	570	+24/BEMR	2 ------	1.2	
0.2	570	+24/RAR	3 ------	1.3	
0.2	570	+24/OAS	4 ------	1.4	
0.2	570	+24/TCM	5 ------	1.5	
0.2	570	+24/DS	6 ------	1.6	
0.2	570	+24/PSW	7 ------	1.7	
0.2	570	+24/LRBC	8 ------	1.8	
0.2	570	+24/CS	9 ------	1.9	
0.2	570	+24/SSS	10 ------	1.10	
0.2	570	+24/SCC	11 ------	1.11	
0.2	570	+24/SC	12 ------	1.12	
0.2	570	+24/LPS	13 ------	1.13	
0.2	570	+24/TVC	14 ------	1.14	
0.2	570	+24/VR	15 ------	1.15	

이하 AP Computer와 연결된 Cabling Schematic 3) ~ 21) 부분은 생략하기로 한다.

I .22 Cable 1820 - 22 Specification

표 부2.5

Wire Section mm*mm	Wire Length mm	Pin Name	Termination #1 2P MLX/J4 ITRM Pin #	Termination #2 PC/Mother Board Pin #
0.35	500	+5VDC	1 ----------------	1
0.35	500	GND	2 ----------------	5

II. Subcontrol Computer Interconnection Cables

이 장에서는 SC Computer와 연결된 cable들의 연결 방법에 대해 설명한다. (Cable 2208-XX Specification)

II.1 Cable 2208-01 Specification

a) Termination Description

표 부2.6

TERMINATION #	TYPE	ADDRESS
Termination #1	10-pin female 2PM10	X1 SCC Chassis
Termination #2	4-pin MOLEX female	J1 SCC DC-DC
Termination #3	6-pin female M-type	J5 MFC

b) Cable 2208-01 Diagram

표 부2.7

Wire Section mm*mm	Wire Length mm	Pin Name	Term1 Pin #	Term2 Pin #	Term3 Pin #	Term4 Pin #
0.35*2	460	+24/SCC	1, 2 -----	1,2		
0.35*2	460	GND/SCC	9,10 -----	3,4		
0.35	500	+24/SCC	2	----------------	6	
0.35*2	460	+24/VR	3,4	----------------	1,2	
0.35	460	+24/LPS	5			
0.35*2	460	GND/VR	6,7	----------------	3,4	
0.35	460	GND/BP	8	----------------	5	

이하 Subcontrol Computer와 연결된 Cabling Schematic 2) ~ 9) 부분은 생략하기로 한다.

Ⅱ.10 Cable 2208 - 10 Specification

a) Termination Description

표 부2.8

TERMINATION #	TYPE	ADDRESS
Termination #1	19-pin PC-19S	X4 SCC Chassis

b) Cable 2208 - 10 Specification

표 부2.9

Wire Section mm*mm	Wire Length mm	Pin Name	Termination #1 Pin #	Termination #2 Pin #
0.2	10	WS1	1,2,3,4	
0.2	10	WS2	8,9,10	

Subcontrol Computer I/O Ports Assignments

Device, I/O Port# hex		Bit	Description
SBC-40 82C55A		0-0	No Use
Port 0 (A)	04C	0-1	No Use
		0-2	No Use
8 Outputs		0-3	ON/Light Power Switch (LPS)
Equipment Power Supply		0-4	ON/High Voltage Converter
Control		0-5	DATA/SC
Port bits are active		0-6	DSYNC/SC
LOW		0-7	START/SC Pulse
SBC-40 82C55A		1-0	ON/OFF Video Recorder Pulse
Port 2 (C)	04D	1-1	PAUSE Pulse
		1-2	REWIND
8 Outputs		1-3	STOP Pulse
VR Control		1-4	FORWARD
		1-5	PLAY
Port bits are active		1-6	RECORD ON/OFF Pluse
LOW		1-7	DATA Pulse
SBC-40 82C55A		2-0	SC-WS
Port 2 (C)	04E	2-1	HVC-WS
		2-2	TVC-WS
Inputs		2-3	APST-WS
Water Sensor Check		2-4	SCC-WS
Bits are active LOW.		2-5	READY/SC
Ready Condition Check		2-6	OverVoltage/HVC
Bits are Active HIGH.		2-7	READY/HVC
SBC-40 SCU,	0B0		Data Register
COMM1 RS232	0B1		Status Register
	0B3		Interrupt Enable Register
SBC-40 USART,	048		Data Register
COMM1 RS232	049		Status/Control Register
	04A-04B		Redundant
Frequency Synthesizer			
LPM-CTC	300-313		

Ⅲ. OKPO-6000 Interconnection Oil-Filled Cables

이 장에서는 AUV 내부 시스템 간에 통신 및 동력 전달을 위한 압력보상 케이블(표 3.1)의 연결 상태를 확인할 수 있다.

표 부2.10 Cable #xx Specification

4.1	Cable #01 SWPC1-ST1	4.33	Cable #33 AP-NBB
4.2	Cable #02 SWPC1-ST2	4.34	Cable #34 AP-OAS
4.3	Cable #03 SWPC2-ST3	4.35	Cable #35 AP-LRB
4.4	Cable #04 SWPC2-ST4	4.36	Cable #36 AP-TCM
4.5	Cable #05 SWPC1-SBB	4.37	Cable #37 TCM-TCM
4.6	Cable #06 TPRC -SBB	4.38	Cable #38 TCM-TMPS
4.7	Cable #07 SWPC2-SBB	4.39	Cable #39 TCM-CNDS
4.8	Cable #08 TPRC -VPC3	4.40	Cable #40 LRB-LRB
4.9	Cable #09 SWPC1-HVC	4.41	Cable #41 LRB-LB
4.10	Cable #10 SWPC2-HVC	4.42	Cable #42 LRB-RA
4.11	Cable #11 HVC-VPC4	4.43	Cable #43 NBB-LOG
4.12	Cable #12 HVC-HVC/B2	4.44	Cable #44 NBB-BEMD1
4.13	Cable #13 HVC/B2-SLU1	4.45	Cable #45 NBB-BEMD2
4.14	Cable #14 HVC/B2-SLU2	4.46	Cable #46 NBB-BEMR1
4.15	Cable #15 HVC-MB2	4.47	Cable #47 NBB-BEMR2
4.16	Cable #16 HVC-SCC	4.48	Cable #48 OAS-OAS
4.17	Cable #17 MB1-MB2	4.49	Cable #49 OAS-ATR0
4.18	Cable #18 MB1-MB2	4.50	Cable #50 OAS-ATR1
4.19	Cable #19 MB2-SCC	4.51	Cable #51 OAS-ATR2
4.20	Cable #20 MB2-AP	4.52	Cable #52 OAS-ATR3
4.21	Cable #21 SCC-APST	4.53	Cable #53 OAS-WPC/ATR4
4.22	Cable #22 SCC-SC	4.54	Cable #54 WPC/ATR4-WPC/A
4.23	Cable #23 PRC#1-PRC#2	4.55	Cable #55 WPC/ATR4-ATR4
4.24	Cable #24 SCC-PRC#2	4.56	Cable #56 OAS-VPC1
4.25	Cable #25 SCC-VPC2	4.57	Cable #57 DS-DS
4.26	Cable #26 SCC-TVL	4.58	Cable #58 AP-SSS
4.27	Cable #27 SCC-TVC	4.59	Cable #59 SSS-HVC
4.28	Cable #28 AP-SCC(1)	4.60	Cable #60 SSS-SSS
4.29	Cable #29 AP-SCC(2)	4.61	Cable #61 SSS-TRL/SSS
4.30	Cable #30 AP-CWPC	4.62	Cable #62 SSS-TRR/SSS
4.31	Cable #31 AP-RAR	4.63	Cable #63 CWPC-OC
4.32	Cable #32 NBB-DS		

Ⅲ.1 개요

이 장에서는 Vehicle 내부의 Oil 충진 케이블들에 대해 설명하고자 한다. 각 케이블 번호는 사양과 연결 방식에 대한 정보를 담고 있으며 다음의 약어가 전체 문서에서 사용된다.

AP: AutoPilot
APST: Acoustic Position System Transceiver
ATR: Acoustic TRansducer
BB: Branch Box
BEM: Ballast ElectroMagnet
DS: Depth Sensor
HVC: High Voltage Converter
LB: Light Beacon
LRB: Light Radio Beacon
MB: Main Battery
NBB: Nose BB
OAS: Obstacle Avoidence System
PRC: PRessure Compensator
RA: Radio Antenna
RAR: RA Releaser
SC: Still Camera
SCC: SubControl Computer
SLU: Strobe Light Unit
SSS: Side Scane Sonar
SSST: Side Scane Sonar Transceiver
ST: Stern Thruster
SWPC: Stern Water Proof Connector
SWS: Surface-Water Sensor
TRL(R): TRansducer Left(Right)
TCU: Thruster Control Unit
TCM: Temperature Conductivity Meter
TVL: TV Light
TVC: TV Camera
WPC: Water Proof Connector

Ⅲ.2 형식

a) 2PMD 10 x - pressure-seal connector 10 pins

```
 ─┬─   ─┬ └── P: plug / S: socket
  │     └──── quantity of pins
  └────────── type of connector
```

b) <C#xx>-: this wire transits to cable #xx

c) 0.07S: wire section 0.07 mm*mm screened

d) 0.07*x: quantity of wires is x

e) <+J>,<-J>: two-contact round board on the Branch Box

f) Wire section comparison:

AWG26 - 0.140 mm^2
AWG24 - 0.226 mm^2
AWG22 - 0.335 mm^2
AWG20 - 0.563 mm^2
AWG18 - 0.963 mm^2

g) -tp-: twisted pair

Ⅲ.3 Oil-Filled Cable Connection Block Diagram

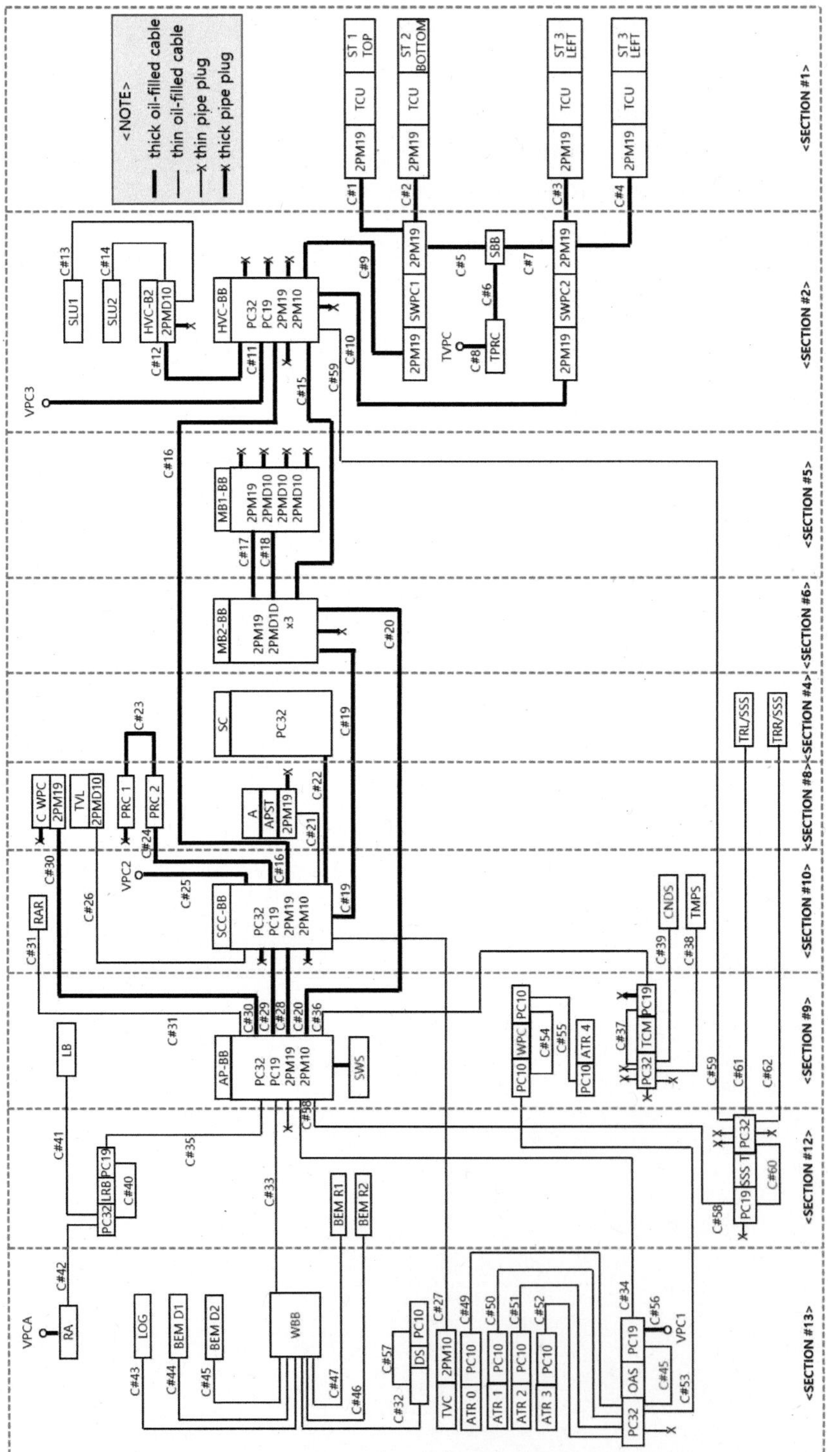

그림 부2.1 Oil-Filled Cable Connection Block Diagram

Ⅲ.4 Cable #xx Specification

Ⅲ.4.1 Cable #01 SWPC1-ST1 &

Ⅲ.4.2 Cable #02 SWPC1-ST2

Cables length: 1260 mm, Type of tube: thick

표 부2.11 & 표 부2.12

Wire Section (mm*mm)	Wire Length (mm)	Pin Name	Term#1 SWPC1 2PM19S	Term#2 TCU1 2PM19P	Term#3 ST1 screws	Term#4 TCU2 2PM19P	Term#5 ST2 screws
0.07	1260	WS/TCU1	1---------1				
0.07S	1260	PWMC1	3---------2				
0.07	1260	RD/TCU1	4---------3				
0.07	1260	OL/TCU1	5---------4				
0.07	1260	ON/TCU1	6--------11				
0.35	1260	FRAME12	11---------5-------screw				
0.5*4	1260	+24/TCU1	12,13------8..10				
0.35*2	150	ST1-A		13,14-------A			
0.35*2	150	ST1-B		15,16-------B			
0.5*4	1260	GND/TCU1	16,17-----17..19				
0.07	1260	WS/TCU2	1-----------------------------1				
0.07S	1260	PWMC2	7-----------------------------2				
0.07	1260	RD/TCU2	8-----------------------------3				
0.07	1260	OL/TCU2	9-----------------------------4				
0.07	1260	ON/TCU2	10----------------------------11				
0.35	1260	FRAME12	11-----------------------------5-------screw				
0.5*4	1260	+24/TCU2	14,15-------------------------8..10				
0.35*2	150	ST2-A				13,14-------A	
0.35*2	150	ST2-B				15,16-------B	
0.5*4	1260	GND/TCU2	18,19-------------------------17..19				

이하 (3)~(62)는 지면 관계 상 생략하고자 한다. AUV 내부 Canister간 압력보상 케이블을 배선하고자 할 경우 표 3.4.1, 표 3.4.2와 유사하게 정리하면 조립 시 실수를 예방하는 데 도움이 될 것이다.

Ⅲ.4.63 Cable #63 CWPC-OC

Cable length: 25 m,

Type of cable: Video Camera Cable 14pin (Stock No. RS 368-148)

표 부2.13

Wire Section (mm*mm)	Wire Colour	Pin Name	Term1 OC 2PM19S	Term2 CWPC 2PM19S
0.35	Red	+24/C	14------------14	
0.35	Black	+24/C	15------------15	
0.35	Green	+24/C	16------------16	
0.07	Yellow	RST/AP	8-------------8	
0.07	Orange	ON/AUV	9-------------9	
0.07	Green	OFF/AUV	10------------10	
0.07	Brown	SYNC/AUV	11------------11	
0.07	Red	GND/SYNC	12------------12	
0.07S1	Red	DATA+	4-------------4	
Screen1	Red	DATA-	5-----scr-----5	
0.07S2	Black	IDEO/VR	6-------------6	
Screen2	Black	SCR/VR	7-----scr-----7	
0.07S3	Yellow	GND/C	18------------18	
Screen3	Yellow	GND/C	19-----scr----19	
0.07S4	Blue	GND/C	13------------13	
Screen4	Blue	GND/C	17-----scr----17	

부록 3. 원격 음향 분리 장치(Acoustic Releaser)

실해역에서 AUV를 운용하고자 할 때에는 실시간으로 AUV의 위치를 추적하기 위한 APS가 필수적이다. 수중에서 전파통신이 불가한 상태에서 음파를 활용하여 실시간으로 AUV의 위치를 추적하는 방식은 여러 가지 방식(Long Base Line(LBL), Short Base Line(SBL), Ultra-Short Base Line(USBL))이 있으나 수심이 아주 깊은 경우에는 위치추적의 오차도 줄이고 AUV 분실의 위험도 줄이기 위해 LBL APS를 주로 사용하게 된다.

AUV 운용을 위해 미리 해저로 투하하는 Bottom Transponder(BT)는 임무가 종료된 후에는 수면으로 회수해야 하는데 이것을 가능하게 해주는 장치가 BT 하단부에 위치하는 음향분리장치(Acoustic Releaser, AR)이다.

이 장에서는 AR의 수중음향 통신체계 구성, 제어용 Hardware(PCB) 제작, 그리고 실물의 제작 및 실험에 대한 내용을 기술한다.

Ⅰ. 이론적 배경 및 접근 방법

AR의 개발은 크게 분리 신호 인식 부분, 통신용 음파발신 부분, 분리 동작의 코드화, 압력용기 설계로 구성되어진다. 일반적으로 해양 환경에서는 전자파 및 빛의 과도한 전달 손실의 문제로 분리신호로서 수중음파를 이용한다. 이 방식에서 가장 중요한 요소는 노이즈 외란에 영향을 받지 않고 안정적, 효율적으로 음파를 인식하는 알고리듬이다.

간단한 회로를 이용하여 저 전력에서 2 ms 정도의 음파 인식 속도를 갖는 효율적인 음원 인식 회로를 작성하였으며, 이의 신뢰성을 수학적 모델링, 수치 시험, 회로 실험을 통하여 검증하였다. 이 회로는 응용 분야로서 저 전력에서 작동하여야만 하는 AUV의 원격 음파 제어장치, 해저에서의 분리장치, 음파 위치 추적 장치 등이 있으며 향후 인식 속도를 좀 더 향상시키면 수중에서의 영상 전송 장치에도 응용될 수 있다.

본 연구에서 이용된 수중음파 인식 알고리즘은 크게 네 부분으로 구성되어 있는데 1)입력된 음파 신호를 duty cycle 50%의 디지털 신호로 바꾸고 기준 주파수의 음원을 duty cycle 50%, 위상차 0도 90도 180도 270도로 디지털 신호를 생성하는 부분, 2)입력된 음파신호를 4가지 위상의 각 기준신호와 배타적 논리합을 구하는 부분, 3)두 번째에서 만들어진 각 신호를 적분회로에 통과시키는 부분, 4)세 번째에서 발생한 각 신호 중 최대값을 추출하여 입력된 음파신호의 주파수를 인식하는 부분으로 이루어져 있다. 이 회로에 대한 수치 해석을 통하여 각 부분의 특성치에 대한 최적 값 및 성능을 검증하였으며, 이 결과를 각각 computer 수치 시험, 실제 회로 실험과 비교하였다.

분리 동작은 분리 제어보드에서 수신 데이터를 코드화 하는 부분으로서 1-bit FIFO Ram을 이용하여 실제 OKPO-6000 AUV의 음향 측위 시스템의 일부로서 BT의 역할을 수행하는 시스템에 적용하여 만족할 만한 성능을 보여줌을 확인하였다.

또한, 분리 시스템의 최대 운용 수심을 6,000 m로 설정하고 600 bar의 압력에서도 압축 응력과 좌굴에 견딜 수 있으며 급격한 온도 변화에도 변형이 적으며 내식성이 뛰어난 ASTM 7075-T6 Aluminum Alloy를 사용하여 압력 시험을 수행하여 이의 안정성을 확인하였다.

Ⅱ. 음파 인식 알고리즘

Ⅱ.1 회로의 전체적 구성

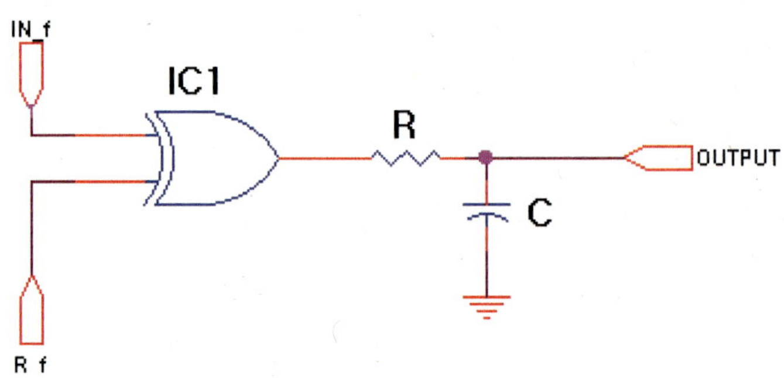

그림 부3.1 음원 인식 회로(Frequency detection circuit)

음원 인식 회로는 크게 네 부분으로 구성되어 있으며 전체 회로도는 그림 부3.1에 나타내었다. 음원 인식 회로의 각 단계별 기능은 다음과 같다.

a) 단계 1

입력된 음파 신호를 duty cycle 50%의 디지털 신호로 바꾸고 기준 주파수의 음원을 duty cycle 50%, 위상차 0도, 90도, 180도, 270도의 디지털 신호로 생성

b) 단계 2

입력된 음파신호를 4가지 위상의 각 기준신호와 배타적 논리합을 구함

c) 단계 3

각 신호를 적분회로에 통과시킴

d) 단계4

발생한 각 신호 중 최대값을 추출하여 입력된 음파신호의 주파수를 인식

Ⅱ.2 단계별 수식적 표현

a) 단계 1의 수식적 표현

서로 비교되어지는 기준 주파수의 신호($F_{r,d}$)와 입력 신호의 파형($F_{i,d}$)은 다음과 같은 간단한 형태의 단위 스텝 함수의 합으로 표현되어 질 수 있다.

$$F_{r,d}(t) = \sum_n u[t - 2nT_r + d] - u[t - (2n+1)T_r + d]$$

$$F_{i,d}(t) = \sum_n u[t - 2nT_i + d] - u[t - (2n+1)T_i + d]$$

$2T_r$; 기준 신호의 주기

$2T_i$; 입력 신호의 주기

d ; ∇ay

(3.2.1)

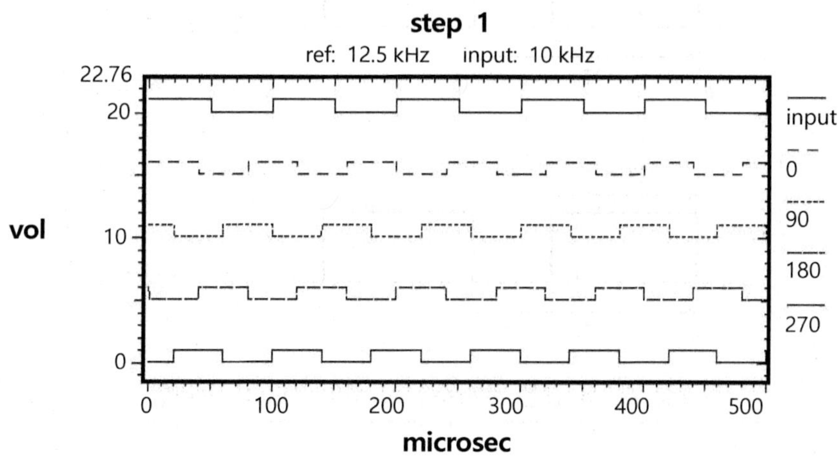

그림 부3.2 10 kHz의 입력 신호

b) 단계 2의 수식적 표현

단계 1로부터 입력된 두 신호의 배타적 논리합은 다음과 같이 나타낼 수 있다.

$$g(t) \doteq g(F_{r,d}(t), F_{i,d}(t)) = F_{r,d}(t) + F_{i,d}(t) - 2F_{r,d}(t) * F_{i,d}(t) \tag{3.2.2}$$

식 (3.2.2)에 의해서 계산된 배타적 논리합의 결과는 기준 주파수와 입력 주파수가 같은 경우와 다른 경우로 나누어질 수 있다.

① 입력 주파수와 기준 주파수가 같은 경우

$T_r = T_i = T$라 하면 배타적 논리합의 결과는 그림 부3.3에 나타낸 바와 같이 기준 주파수의 주기의 반인 주기 T를 갖는데 위상차가 T보다 적은 경우에는 pulse width가 위상차에 해당하는 크기를 가지며 위상차가 T보다 큰 경우에는 2*T-d에 해당하는 pulse width를 갖는다. 실제 위상차 135도를 갖는 12.5 kHz의 주파수에 대한 수치 시험 결과는 그림 부3.4와 같다.

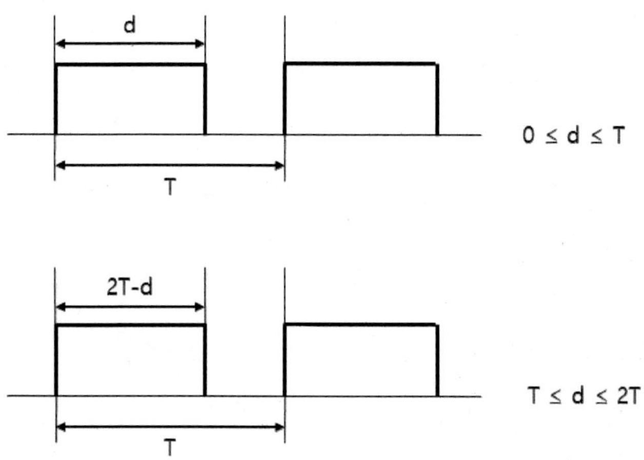

그림 부3.3 같은 주파수인 경우의 배타적 논리합

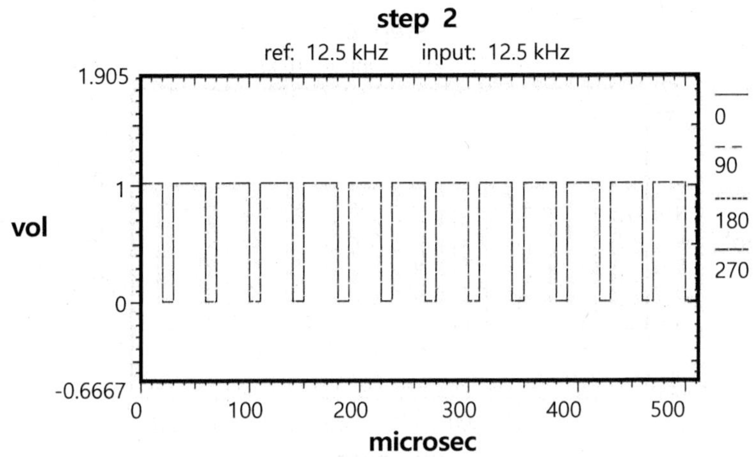

그림 부3.4 12.5 kHz, 위상차 135도의 배타적 논리합 수치 시험 결과
(The numerical test of exclusive-OR at 12.5 kHz with 135° delay)

② 입력 주파수와 기준 주파수가 다른 경우

$T_r - T_i = \delta T$ $(0 < \delta T < T_r)$ 이라 하면 주기가 $2T_r*(\frac{T_r}{\delta T}-1)$인 신호가 되는데 신호의 형태는 그림 부3.5와 같으며 입력 신호 10.0 kHz 위상차 0도, 기준 신호 12.5 kHz의 수치 시험 결과는 그림 부3.6과 같다.

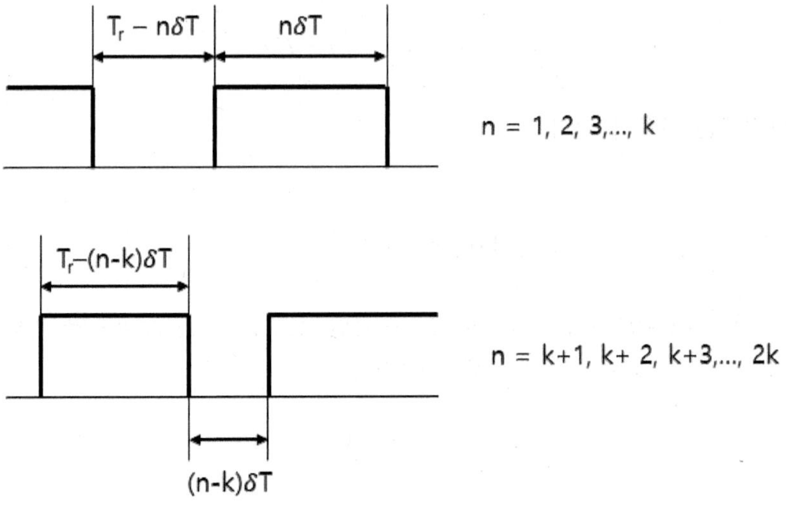

그림 부3.5 다른 주파수인 경우의 배타적 논리합 $(k=\frac{T_r}{\delta T}-1)$
(The result of exclusive-OR at different frequency)

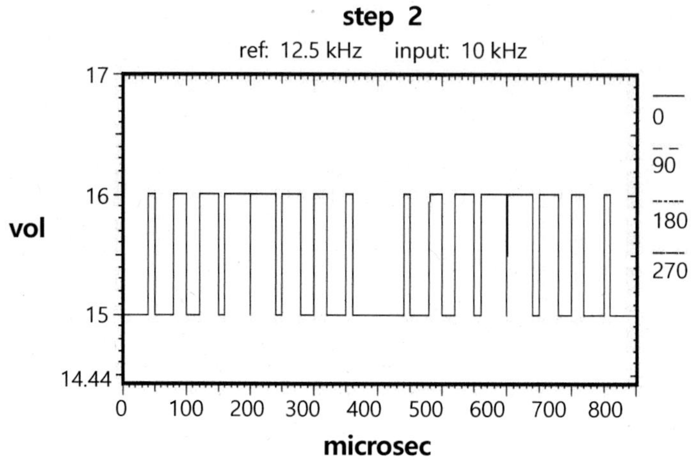

그림 부3.6 기준 주파수 12.5 kHz 입력 주파수 10.0 kHz의 배타적 논리합
(The result of exclusive-OR when input frequency is 10 kHz
and reference frequency is 12.5 kHz)

c) 단계 3의 수식적 표현

적분 회로의 충전식은 E가 인가 전압, Ei는 초기 전압, RC는 시정수라 할 때 다음과 같이 쓸 수 있다.

$$Vol = E(1 - e^{-\frac{t}{RC}}) + E_i e^{-\frac{t}{RC}} \tag{3.2.3}$$

마찬가지로 방전식은 다음과 같다

$$Vol = E_i e^{-\frac{t}{RC}} \tag{3.2.4}$$

식 (3.2.3)과 식 (3.2.4)로부터 적분 회로를 통과한 신호를 기준 주파수와 입력 주파수가 같은 경우와 다른 경우로 나누어 각각 구할 수 있다.

① 입력 주파수와 기준 주파수가 같은 경우

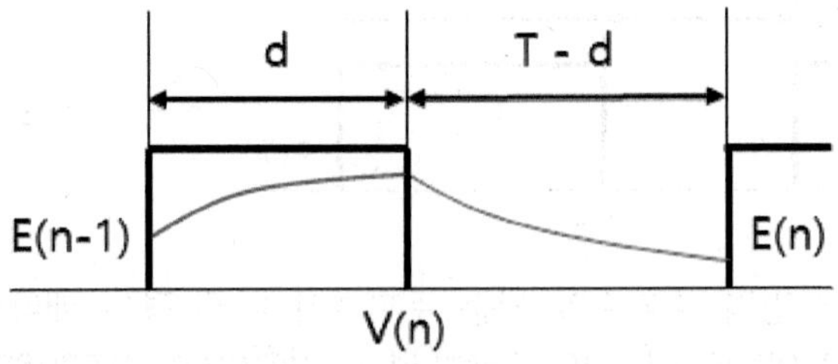

그림 부3.7 기준 주파수와 입력 주파수가 같은 경우의 배타적 논리합
(The result of exclusive-OR at same frequency)

식 (3.2.3), 식 (3.2.4)와 그림 부3.7로부터 다음 관계식을 구할 수 있다.

$$V_n = E(1 - e^{-\frac{d}{RC}}) + E_{n-1}e^{-\frac{d}{RC}} \tag{3.2.5}$$

그림 부3.7과 식 (3.2.5)로부터 다음을 알 수 있다.

$$E_n = E(e^{-\frac{T-d}{RC}} - e^{-\frac{T}{RC}}) + E_{n-1}e^{-\frac{T}{RC}} \tag{3.2.6}$$

식 (3.2.6)으로부터 적분 회로를 통과한 신호는 다음과 같음을 알 수 있다.

$$\begin{aligned} Vol\,(nT) &= E_i + (EK_r + r_r E_i - E_i)\frac{1-r_r^n}{1-r_r} \\ r_r &= e^{-\frac{T}{RC}} \\ K_r &= e^{-\frac{T-d}{RC}} - e^{-\frac{T}{RC}} \end{aligned} \tag{3.2.7}$$

② 입력 주파수와 기준 주파수가 다른 경우

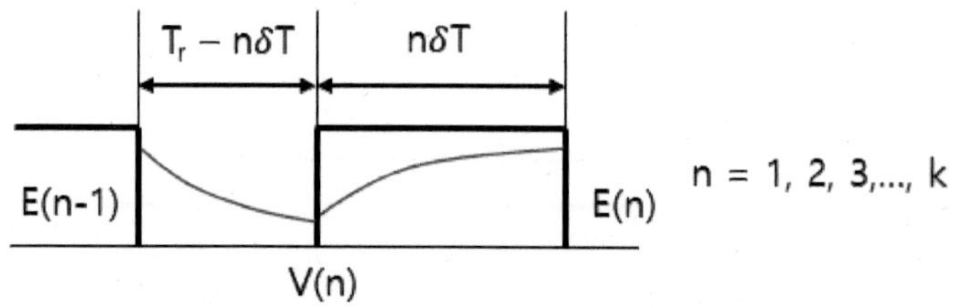

그림 부3.8 입력 주파수와 기준 주파수가 다른 경우 배타적 논리합
(The result of exclusive-OR at different frequency)

식 (3.2.3), 식 (3.2.4)와 그림 부3.8로부터 다음을 알 수 있다.

$$V_n = E_{n-1} e^{-\frac{T_r - n\delta T}{RC}} \tag{3.2.8}$$

또한, 식 (3.2.8)과 그림 부3.8로부터 다음을 유도할 수 있다.

$$E_n = E - E e^{-\frac{n\delta T}{RC}} + E_{n-1} e^{-\frac{T_r}{RC}} \tag{3.2.9}$$

그러므로 식 (3.2.9)로부터 다음을 알 수 있다.

$$E_k = r_r^k E_i + E\left(\frac{r_r^k - 1}{r_r - 1} - c\frac{r_r^k - c^k}{r_r - c}\right) \tag{3.2.10}$$

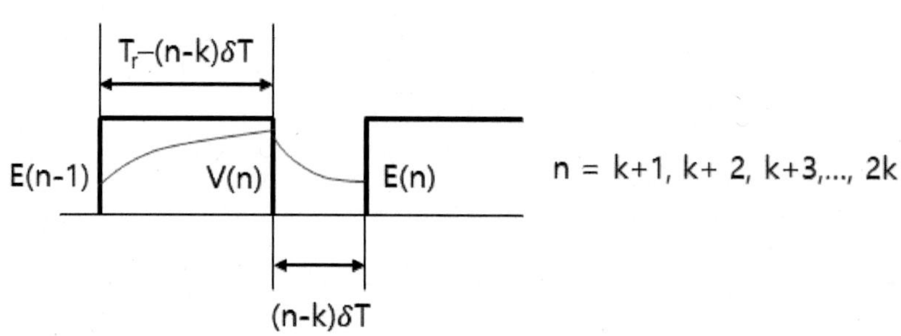

그림 부3.9 입력 주파수와 기준 주파수가 다른 경우 배타적 논리합
(The result of exclusive-OR at different frequency)

또한, 그림 부3.9와 식 (3.2.3), 식 (3.2.4)로부터 다음을 알 수 있다.

$$V_n = E\left(1-e^{-\frac{T_r - n\delta T}{RC}}\right)+E_{n-1}e^{-\frac{T_r - n\delta T}{RC}} \tag{3.2.11}$$

그러므로 식 (3.2.11)과 그림 부3.8로부터 다음을 알 수 있다.

$$E_{2k} = r_r^k E_k + E\left(c\frac{r_r^k - c^k}{r_r - c} - r_r\frac{1-r_r^k}{1-r_r}\right) \tag{3.2.12}$$

또한, 식 (3.2.10)과 식 (3.2.12)로부터 다음을 알 수 있다.

$$\begin{aligned} Vol(T_0 n) &= E_i + (EK + rE_i - E_i)\frac{1-r^n}{1-r} \\ T_0 &= T_r * 2 * \left(\frac{T_r}{\delta T} - 1\right) \\ r &= r_r^{2k} \\ K &= \frac{(r_r^k - 1)(r_r^k - r_r)}{r_r - 1} + c\frac{(r_r^k - c^k)(1-r_r^k)}{r_r - c} \end{aligned} \tag{3.2.13}$$

Ⅱ.3 수치적 검증

a) 극한

① 입력 주파수와 기준 주파수가 같은 경우 식 (3.2.7)로부터 다음을 알 수 있다.

$$\lim_{nT\to\infty} Vol(nT) = E_i + (EK_r + r_r E_i - E_i)\frac{1}{1-r_r} = \frac{EK_r}{1-r_r} \tag{3.2.14}$$

$$\frac{d\,Vol(nT)}{dnT} = \frac{EK_r + r_r E_i - E_i}{RC(1-r_r)}r_r^n \tag{3.2.15}$$

식 (3.2.15)로부터 다음을 알 수 있다.

$$E_i > \frac{EK_r}{1-r_r} \rightarrow \frac{dVol(nT)}{dnT} < 0 \qquad (3.2.16)$$

$$E_i < \frac{EK_r}{1-r_r} \rightarrow \frac{dVol(nT)}{dnT} > 0$$

식 (3.2.14)와 식 (3.2.16)으로부터 입력 주파수와 기준 주파수가 같은 경우 극한값은 신호의 여러 성분 중 오로지 위상차의 영향만 있고 초기값 E_i와는 무관함을 알 수 있으며 위상차에 따른 극한값은 그림 부3.10에 나타내었다. 또한 초기값 E_i가 극한값 $\frac{EK_r}{1-r_r}$보다 작으면 한 주기당 전압은 단조 증가하며 초기값 E_i가 극한값 $\frac{EK_r}{1-r_r}$보다 크면 한 주기당 전압은 단조 감소함을 알 수 있다.

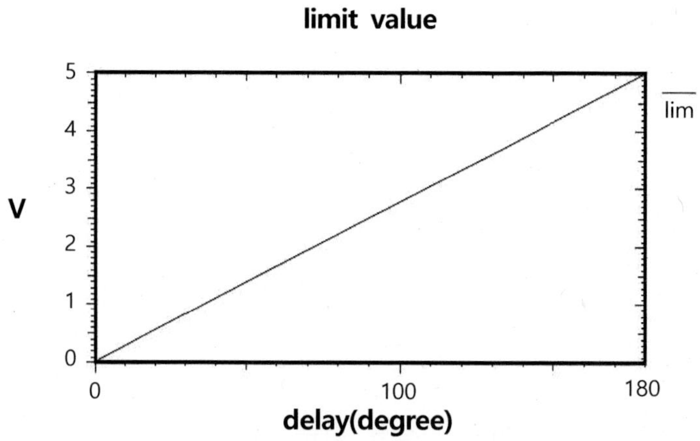

그림 부3.10 위상차에 따른 극한값
(The limit value versus delay)

② 입력 주파수와 기준 주파수가 다른 경우 식 (3.2.13)으로부터 다음을 알 수 있다.

$$\lim_{nT_0 \to \infty} Vol(nT_0) = E_i + (EK + rE_i - E_i)\frac{1}{1-r} = \frac{EK}{1-r} \tag{3.2.17}$$

식 (3.2.17)로부터 입력 주파수와 기준 주파수가 다른 경우 한 주기당 전압량의 극한값은 초기 값 E_i에 관계없이 위상차가 0인 경우 오직 입력 주파수에 따라 변화함을 알 수 있다. 기준 주파수 12.5 kHz, 위상차 0°, 인가 전압 5 V인 경우에 입력 주파수에 따른 극한값을 그림 부3.11에 나타내었다.

식 (3.2.17)로부터 다음을 알 수 있다.

$$\lim_{T_i \to T_r} \frac{EK}{1-r} = 0 \tag{3.2.18}$$

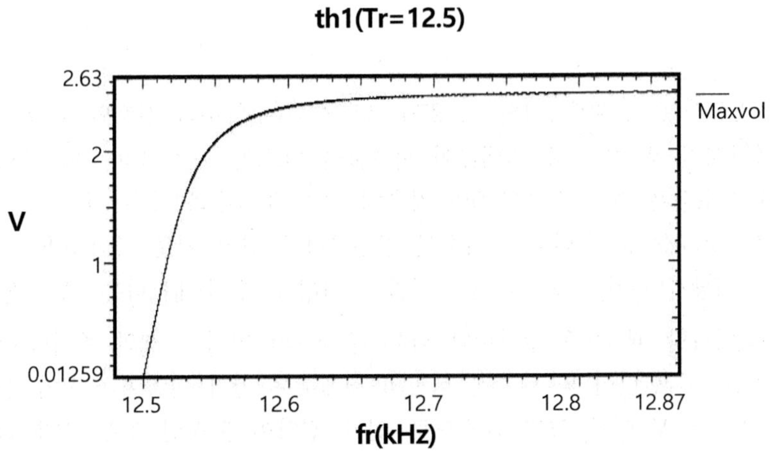

그림 부3.11 입력 주파수에 따른 극한값
(The limit value versus input frequency)

그림 부3.11과 식 (3.2.18)로부터 입력 주파수가 기준 주파수로부터 멀어질수록 극한값은 인가전압의 반으로 수렴함을 알 수 있다. 이로부터 회로의 초기에는 불규칙한 노이즈가 들어온다고 가정할 경우 회로의 초기전압은 인가전압의 반이 됨을 알 수 있다.

식 (3.2.13)으로부터 다음을 알 수 있다.

$$E_i > \frac{EK}{1-r} \rightarrow \frac{dVol(nT_0)}{dnT_0} < 0$$

$$E_i < \frac{EK}{1-r} \rightarrow \frac{dVol(nT_0)}{dnT_0} > 0$$

(3.2.19)

식 (3.2.19)로부터 초기 전압 E_i가 극한값 $\frac{EK}{1-r}$보다 작으면 한 주기당 전압은 단조 증가하고 초기 전압 E_i가 극한값 $\frac{EK}{1-r}$보다 크면 단조감소 함을 알 수 있다.

결국 입력 주파수와 기준 주파수가 서로 다른 경우는 항상 인가 전압의 반으로 수렴하는 성질이 있음을 알 수 있다.

b) 시초값

단계 4는 위상차 0°, 90°, 180°, 270°의 기준 주파수의 신호와 입력 주파수의 신호를 각 단계에 통과시킨 후 이들 중 최대값이 시초값을 넘으면 기준 주파수의 신호로 인식하는 부분이다. 이때 시초값은 초기 전압이 0인 경우에 기준 주파수와 같은 입력 신호와 각 위상차의 기준 신호와의 결과값 중 최대값이 최소인 경우보다는 작고 기준 주파수와 다른 주파수의 입력 신호의 각 위상차의 기준 신호와의 결과값의 최대값 중 최대보다는 크게 설정하면 된다.

시초값을 V_r이라할 때 기준 주파수와 다른 주파수의 입력 신호의 주기당 전압의 최대값은 식 (3.2.19)로부터 극한값이 되고 순간 전압의 최대값은 인가 전압이 5 V인 경우 주기당 전압의 극한값보다 0.5 V 이상 크지 않으므로 인가 전압이 5 V인 경우 시초값의 최소값은 식 (3.2.17)로부터 다음과 같음을 알 수 있다.

$$V_r > \frac{EK}{1-r} + 0.5 \quad (3.2.20)$$

그림 부3.11로부터 인가 전압이 5 V인 경우 주기 당 전압의 극한값은 2.5 V이므로 시초값의 최소값은 3 V임을 알 수 있다.

입력 신호의 주파수가 기준 신호의 주파수와 같은 경우 위상차에 따른 각 기준신호에 해당하는 pulse width는 표 부3.1과 같다.

표 부3.1 위상차에 따른 pulse width
(표 2.2.1 Pulse width vs. phase difference)

위상차 / 기준신호	0〈=d〈=T/2	T/2〈=d〈=T	T〈=d〈=3T/2	3T/2〈=d〈=2T
0	d	d	2T-d	2T-d
90	T/2-d	d-T/2	d-T/2	5T/2-d
180	T-d	T-d	d-T	d-T
270	T/2+d	3T/2-d	3T/2-d	d-3T/2

표 부3.1로부터 위상차에 따른 최대 pulse width는 그림 부3.12와 같다.

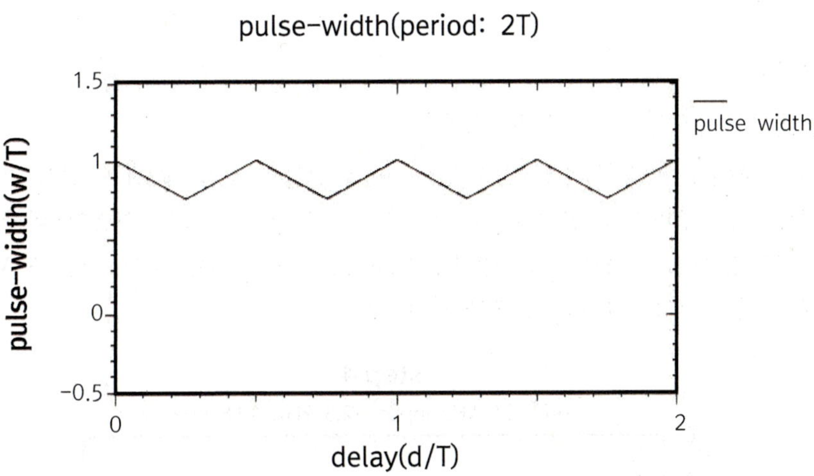

그림 부3.12 위상차에 따른 최대 pulse width
(The maximum pulse width vs. phase difference)

식 (3.2.7)로부터 입력 신호와 기준 신호의 주파수가 같은 경우 출력 전압은 pulse width에 비례하므로 각 기준 신호별 출력 전압의 최대값의 최소값은 그림 부3.12로부터 pulse width가 최소인 $d=\frac{3}{4}T$인 경우이며 식 (3.2.16)으로부터 전압의 최대값은 주기 당 전압의 극한값이 된다. 따라서 식 (3.2.14)로부터 시초값 V_r은 다음을 만족함을 알 수 있다.

$$V_r \quad < \quad \frac{E\left(e^{-\frac{T}{4RC}} - e^{-\frac{T}{RC}}\right)}{1 - e^{-\frac{T}{RC}}} \tag{3.2.21}$$

식 (3.2.20)과 식 (3.2.21)로부터 인가 전압이 5 V인 경우 시초값의 범위는 다음과 같음을 알 수 있다.

$$\frac{EK}{1-r} + 0.5 \quad < \quad V_r \quad < \quad \frac{E\left(e^{-\frac{T}{4RC}} - e^{-\frac{T}{RC}}\right)}{1 - e^{-\frac{T}{RC}}} \tag{3.2.22}$$

Ⅱ.4 수치 시험 및 회로 실험 결과

a) 수치 시험

① 음원 인식 속도가 가장 늦은 경우

시정수 0.00616, 기준 주파수 12.5 kHz, 인가 전압 5 V일 때 음원 인식 속도가 가장 늦은 경우는, 기준 주파수와 입력 주파수가 같은 경우에는 출력이 최소인 위상차 45°, 초기 전압 0 V인 경우이고, 서로 다른 주파수(12.8 kHz)인 경우는 초기 전압 5 V인 경우이다. 이의 수치 시험 결과는 그림 부3.13과 같다.

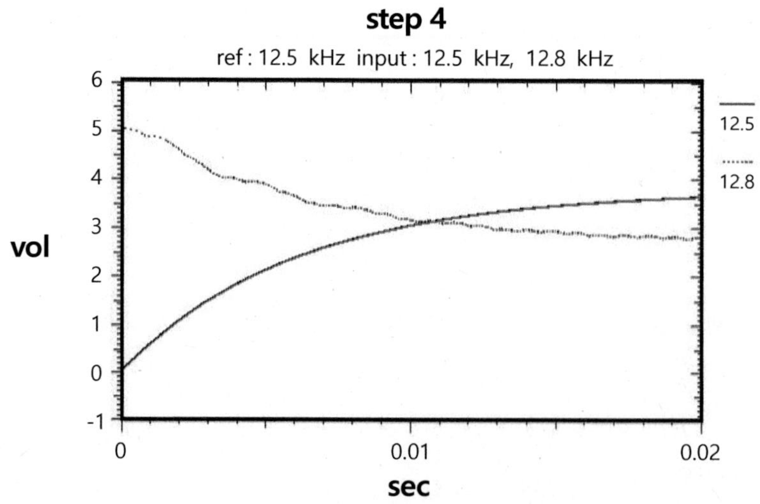

그림 부3.13 ①의 수치 시험 결과
(The numerical result at case ①)

①의 수치 시험 결과로부터 시초값을 3.2 V로 하면 최대 음원 인식 시간은 약 10 ms 정도임을 알 수 있다.

② 일반적인 음원 인식 상황

식(3.2.17)과 그림 부3.11로부터 시정수 0.00616, 기준 주파수 12.5 kHz, 인가 전압 5 V일 때 일반적인 상황에서 초기 전압은 약 2.5 V 정도임을 알 수 있다. 또한 입력 신호의 평균적 위상차를 22° 로 가정할 때 입력 신호 12.5 kHz, 12.8 kHz의 수치 시험 결과는 그림 부3.14와 같으며 그림 부3.14로부터 일반적인 상황에서 시초값을 3.2 V로 하면 음원 인식 속도는 약 2 ms 정도임을 알 수 있다.

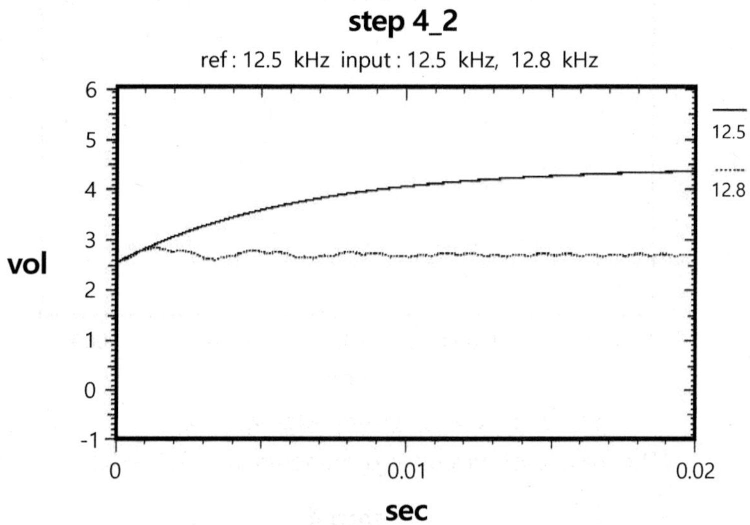

그림 부3.14 ②의 수치 시험 결과
(The numerical result at case ②)

b) 회로 실험

수치 시험 결과와 회로 실험 결과를 서로 비교하여 음원 인식 알고리즘의 타당성을 검증할 수 있는데 회로 실험 환경은 다음과 같다.

※ 회로 시험 환경

- 기준 주파수: 12.5 kHz
- 시정수: 0.00616
- 인가 전압: 4.56 V
- 초기 전압: 2.54 V

회로 실험은 입력 주파수 12.4 kHz, 12.5 kHz에 대하여 시행하였으며 결과는 각각 그림 부3.15, 부3.16에 나타내었다.

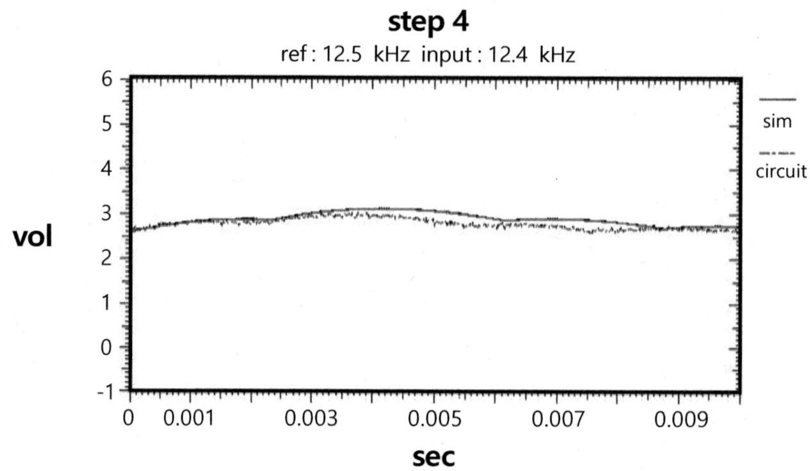

그림 부3.15 12.4 kHz의 회로 실험 결과
(The result of circuit experiments at 12.4 kHz)

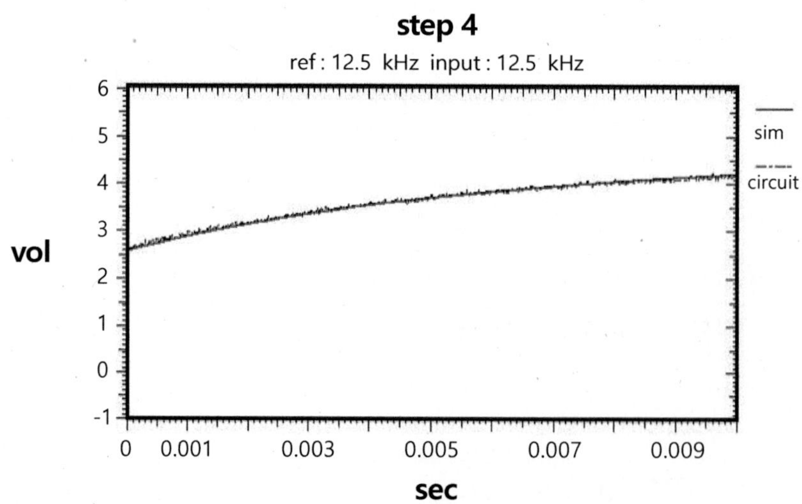

그림 부3.16 12.5 kHz의 회로 실험 결과
(The result circuit experiments at 12.5 kHz)

그림 부3.15의 수치시험과 회로 실험의 차이는 입력 신호의 위상을 알 수 없었기 때문에 입력 신호의 위상을 임의로 정한 때문으로 보이며 입력 신호의 위상을 알 수 있는 그림 부3.16의 결과는 서로 잘 일치함을 알 수 있다.

Ⅲ. Acoustic Releaser

Acoustic Releaser 시스템은 해저에 위치시킬 장비로서 모선의 Acoustic Release Controller와 통신이 가능하도록 설계되었으며 구성은 그림 부3.17과 같이 구성되어 있으며 본 연구에서 사용하는 트랜스듀스의 사양은 표 부3.2, 표 부3.3과 같다.

표 부3.2 TVR(Transmission Voltage Response) dB re 1 V/μPa at 1 m

f, kHz	12.195	12.5	12.820	13.158	13.514	13.889
dB	129.5	121.0	100.7	81.7	74.8	70.9

표 부3.3 OCR(Open Circuit Response) dB re 1 V/μPa

f, kHz	12.195	12.5	12.820	13.158	13.514	13.889
dB	-682.0	-682.0	-666.8	-632.0	-594.5	-597.9

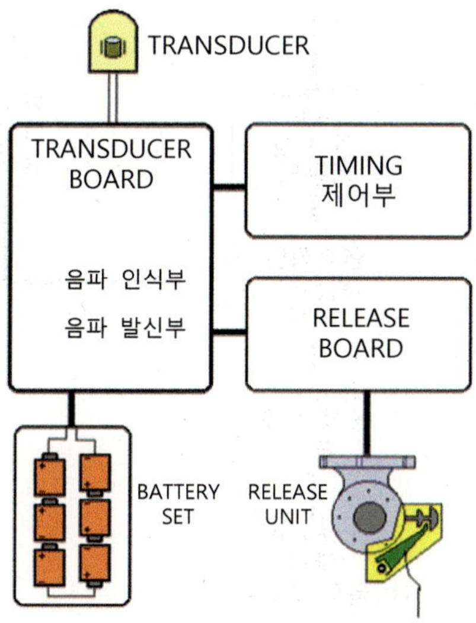

그림 부3.17 Acoustic Releaser 구성도
(Schematic of Acoustic Releaser)

그림 부3.17과 같이 구성된 Acoustic Releaser는 음파를 수신하고 인식하는 음파 인식부와 음파를 발신하는 발신부를 가지는 송수신 보드와, 시스템을 어떠한 다른 용도로 사용하거나 음파 발신에 필요한 타이밍을 제어하는 타이밍 제어부 보드와, 이탈 동작을 제어하기 위한 코드와, 트리거 신호를 만드는 Release 제어 보드, 시스템에 전원을 공급하는 배터리 셋트 및 Release Unit로 구성되어 있다. 그림 부3.18에서의 전체 시스템의 흐름을 보면 가장 먼저 트랜스듀스를 통하여 음파가 입력되면 증폭을 하고 증폭되어지는 음파 신호를 단계별로 구형파에 가까이 생성시키고, 이러한 구형파를 가지고 음파 인식 알고리즘을 거쳐 수신하고자 하는 음파인지를 판별한다. 수신된 음파가 특정 음파가 아니면 계속적으로 음파를 수신하게 된다. 특정 음파가 수신되면 release 코드로의 변환을 시작하고 카운팅을 계속하게 된다. 이러한 음파가 미리 정해진 시간 간격으로 최소 18회 이상의 수신이 된다면 Releaser 동작신호를 발생시켜서 Release Unit을 동작시키고 연속적이지 못한 음파가 수신되면 카운터를 리셋 시키고 다시 초기화로 돌아가게 된다.

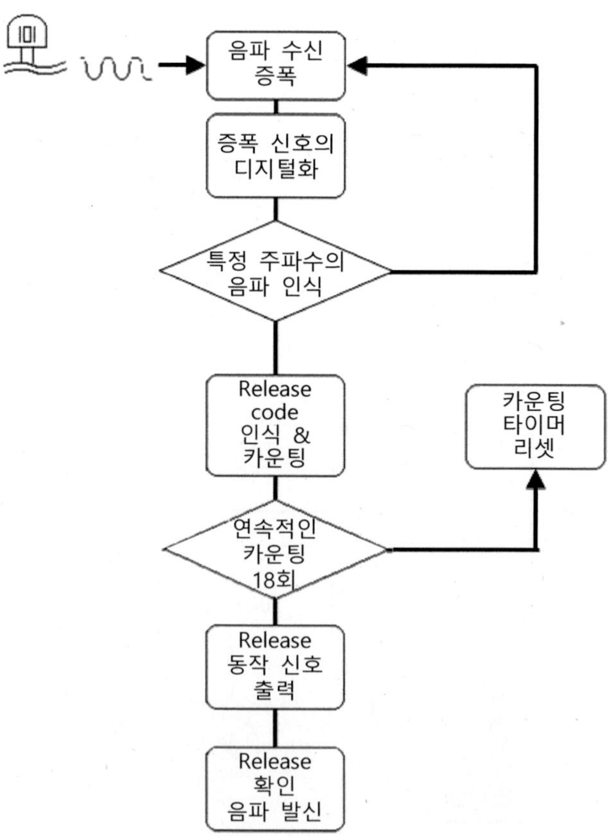

그림 부3.18 AR 시스템의 흐름도
(AR System Flow Chart)

Ⅲ.1 Transceiver Board

송수신 보드는 전체적으로 두 가지 기능을 가지는 부분으로 나누어진다. 음파를 수신하고 특정 주파수의 음파를 인식하는 수신부와 release 동작이 완료되었을 때 음파를 발신하거나 모선의 제어기로부터의 음파 신호에 반응하는 모든 음파 발신과 관련한 발신부로 나누어진다. 실제 설계 제작된 Transceiver Board와 트랜스듀스와 조립된 형태는 그림 부3.19와 같다.

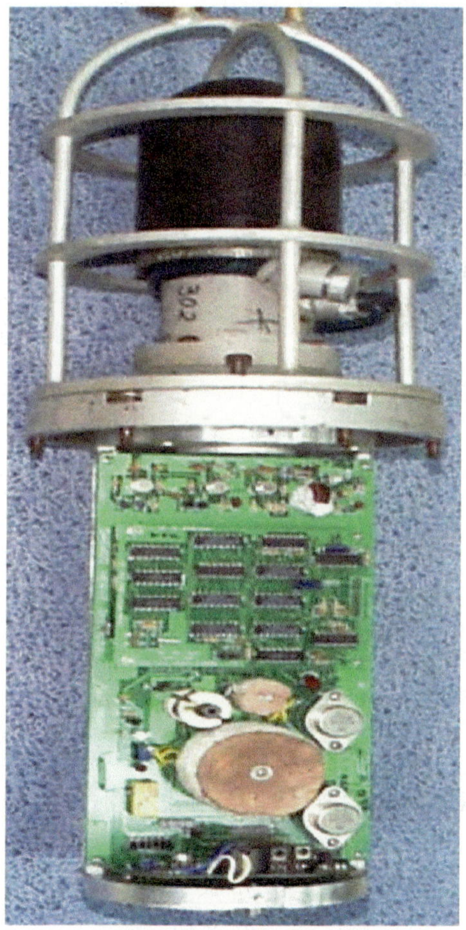

그림 부3.19 Transceiver Board
(AR Transceiver Board)

a) 음파수신 및 인식부

수중에서의 음파를 감지하기 위한 부분으로서 기본적인 회로 소자인 저항, 코일, 콘덴서, 기타 아날로그적인 회로의 구성으로서 미세한 음파를 수신하고 인식하는 알고리즘을 구성하였다. 음파의 입력부분에서는 상당히 미세한 음파 신호 약 10μV~20μV의 음파 증폭을 위해 그림 부3.20과 같은 형태의 회로를 구성하여 입력된 음파 신호를 약 30~50배로 증폭을 시킴과 동시에 LRC 필터링을 구현한다. 여기서 사용하는 Tr로 2N4220 MOS FET를 사용하는데 이 소자는 특성이 미세한 신호에도 반응이 잘되는 특성을 나타내므로 주로 계측기용으로 생산된 FET 소자를 사용하면 별 문제가 발생되지 않는다.

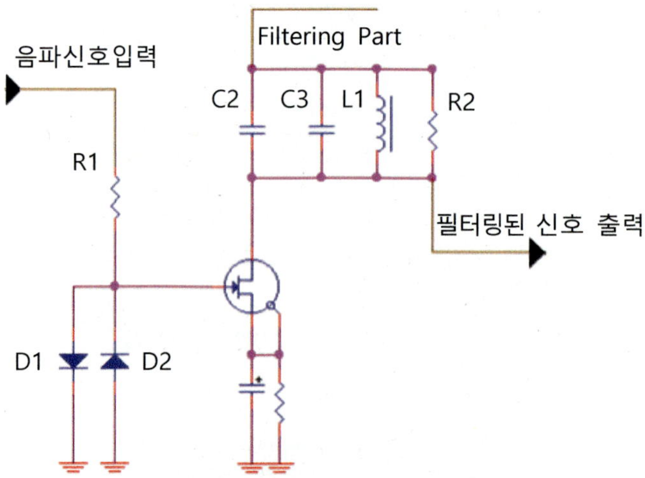

그림 부3.20 음파신호 입력부
(Input Part of Acoustic Signal)

본 시스템에서 사용된 수신 음파의 주파수는 12.5 kHz의 수신 주파수를 사용하므로 이에 따른 필터링에 필요한 콘덴서의 용량과 코일에 대한 수치는 식 (3.3.1)에 의해서 구하여 진다.

$$f = \frac{1}{2\pi\sqrt{LC}} \tag{3.3.1}$$

여기서 L과 C중 어느 값을 적당하게 선택한 후에 나머지 하나의 값을 구한다. 본 시스템에서는 C의 값 조정이 어려운 관계로 일정한 값을 선택하고 비교적 값의 조정이 쉬운 L을 조정하여 필터링을 행한다. LRC 필터링을 행함에 있어서 공진계수 Q의 값이 큰 L을 만들기 위해서는 환형 페라이트 코어를 사용하는 것이 가장 효율적이다. 이러한 L은 비유전율이 1000 이상이 되는 것을 선택하여 이에 알맞은 니크롬선을 구하여 간단한 툴을 사용하여 환형 페라이트 코어에 적당히 감고 LRC 미터를 이용하여 측정하여 적당한 수치 값을 가질 때 약 120 mH 정도가 적당하다고 보며 이 L을 이용하여 바로 기판에 장착하는 것이 아니라 실험용 기판에서 L과 C를 가지고 수신하고자 하는 주파수 12.5 kHz에서 공진이 발생되는지를 확인한다. 이런 과정이 필요한 이유는 일반적으로 생산되는 전기 전자 소자들의 오차로 인하여 마킹된 수치의 값이 제대로 나오지 않기 때문에 이러한 오차값을 줄이기 위해 반드시 실험을 통하여 그 공진값을 정확히 맞추는 것이 음파 인식을 행함에 있어서 상당히 중요한 부분이다. 위의 증폭과 필터링 과정에서 저항 R1을 사용하는 이유는 음파를 발신할 때 생기는 고전압이 입력측에 무리한 영향을 주기 때문에 이러한 현상을 감소하기 위하여 약 20 K의 저항을 두었으며 다이오드 역시 마찬가지 기능을 하며 보편적으로 사용되는 1N4148을 장착하였다. 공진계수를 조정하는 저항 R2는 상황에 맞게 적당한 것을 선택하면 된다. 그림 부3.20에서 필터링된 신호를 유용한 신호로 증폭하기 위하여 OP AMP를 이용한 그림 부3.21, 그림 부3.22와 같은 회로를 연속적으로 구성하여 사용한다. 여기에서 사용된 OP AMP는 LM4250 CAN Type의 저전력 저잡음의 특성을 가진 것을 사용한다. 특히 증폭비의 조정이 아래 그림과 같이 R_adj에 의해 가변이 가능하다. 전체 증폭비의 제한은 이 저항에 의해 조정이 된다. 다른 보편적인 OP AMP와는 다른 특성이 있고 구하기가 어려운 것이 단점이다. 본 시스템에서 사용하기 위한 최적의 OP AMP는 μA776으로서 페어챠일드사에서 생산되는 것이 좋으나 더 이상 생산되지 않으므로 유사한 LM4250을 사용하게 되었다. 이것을 사용하기 위해서는 OP AMP에 대한 자세한 사양을 검토한 후에 사용하여야 하는데 여러 가지 주변 소자를 연결하는 경우의 잡음을 방지하기 위한 방안을 검토하여야 한다. 이와 같은 음파 입력 부분에서 특히 중요한 것은 PCB 기판을 제작하고자 할 때 잡음에 대한 대처를 위한 적당한 접지 부분을 두어야 한다. 이러한 접지 부분은 음파를 발신하고자 할 때 발생되는 커다란 신호가 다른 부분에 영향을 줄 수 있으므로 적당한 위치에서 신호선을 감싸는 접지부분을 두고 또한 반대편의 기판 부위에도 접지가 되게 하는 것이 효율적인 기판 제작 방법이 된다. 이와 같은 방법으로 신호 입력부에 대한 구성이 잘 되어야만 전체 보드의 안전한 동작이 가능해 진다.

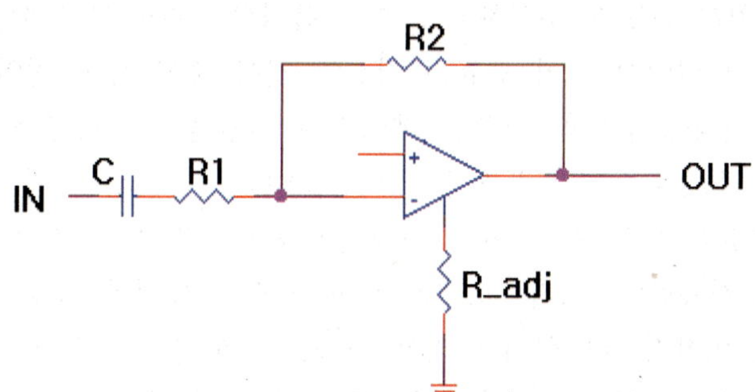

그림 부3.21 1차 신호 증폭기
(First Order Signal Amplifier)

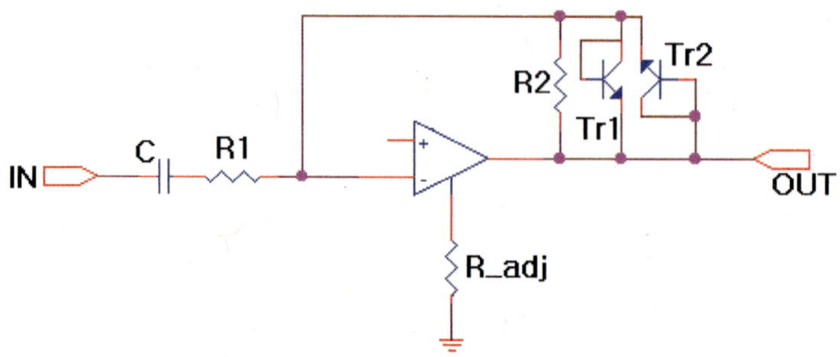

그림 부3.22 2차 신호 증폭기
(Second Order Signal Amplifier)

위의 그림과 같은 증폭기를 구성하여 그림 부3.20을 통하여 입력된 신호를 그림 부3.21에서 R2/R1만큼 증폭하고 다시 그림 부3.22의 2차 증폭기에서 R2/R1만큼 증폭한다. 특히 그림 부3.22의 2차 증폭부터는 신호의 형태를 디지털화하기 위하여 트랜지스터를 이용한 리미터증폭기를 이용하여 차후에 복원되는 음파 신호를 구형파로 만든다. 그림 부3.22와 같은 증폭기를 한 번 더 구성하여 전체적으로 3개의 OP AMP를 사용하여 입력되는 음파 신호를 약 2백만 배 정도 증폭한다. 이러한 증폭을 통하면 상당히 큰 신호의 레벨이 되는데 이러한 현상을 리미터 트랜지스터를 통하여 연속적으로 구형파에 가까운 신호로 만들어 나간다. 위와 같이 구성된 회로의 모든 소자는 저 전력의 소자를 이용하였으며 특히 OP AMP는 저 전력과 증폭비를 R_adj에 의해 조정이 가능한 것을 택함으로써 증폭비의 조정과 소비 전력의 조정이 가능하다. 여기서 저 전력의 소자를 이용하는 이유는 수중에서 시스템이 장기간 동작하기 위해서는 에너지원의 한계성으로 인해 상당히 적은 전력의 소비가 요구되는 시스템이 필요하기 때문이다. 리미터 증폭기를 구성함에 있어서 중요한 사항은 리미터를 위한 Tr의 선택에 있다. 생성되는 구형파는 정확하게 Duty Cycle이 50%가 되어야만 차후의 음파인식 알고리즘에서 정확한 인식이 이루어진다. 이러한 결과를 만족시키기 위해서는 Tr이 다음과 같은 특성을 지닌 것이 알맞다. Tr의 처리 속도가 수신하고자 하는 음파의 주파수보다 아주 높은 것을 사용하여야 한다. Tr의 선정에 있어서 소비 전류는 최소인 것이 좋고 동작 전압은 15 V 정도면 적당하다. 그러나 특히 선정에 유의할 사항은 베이스에 전압을 인가하였을 때 콜렉트에서 에미터로 전압이 도통되는 특성이다. 이 특성은 거의 아이디얼한 특성에 가까운 것이 좋다. 이러한 특성이 있어야만 구형파 생성 시 정확히 디지털화가 이루진다. 그리고 Tr을 하나만 사용하는 것이 아니라 쌍으로 사용한다. 그러므로 Tr 두 개가 모두 동일한 특성을 가지는 IC 칩 형태의 Tr을 사용하는 것이 이상적이나 현재 이러한 소자를 구하기가 상당히 어렵다. 위 열거한 특성에 잘 맞는 Tr을 구매하여 쌍으로 사용하면 별문제가 되지 않는다.

위에서의 회로를 통하여 만들어진 구형파가 수신하고자 하는 음파 신호인지 판별하기 위해 그림 부3.23과 같은 회로를 구성하여 2절의 음파 인식 알고리즘을 이용하여 구현하였다.

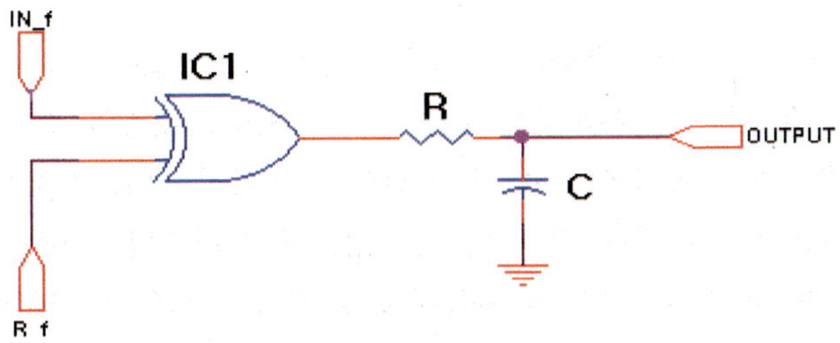

그림 부3.23 특정 음파 주파수 인식부
(The Detection of Specific Frequency)

그림 부3.23에서 IC1은 배타적인 논리합으로서 기준 주파수인 R_f와 디지털화된 입력 IN_f의 배타적인 논리합의 결과를 R과 C의 회로에 인가하여 RC의 시정수를 이용한 평균전압에 의해 특정 주파수대의 음파 수신을 판단할 수 있다. 즉, 기준 주파수와 같은 주파수의 입력이 인가되면 배타적인 논리합의 결과는 항상 일정한 주기를 가지는 신호가 출력되고 이를 최적의 RC 적분회로에 인가하면 이의 평균전압이 시간이 흐름에 따라 증가함을 알 수 있고 기준 주파수와 다른 입력이 인가되면 배타적인 논리합의 결과는 비 주기성의 결과를 출력하고 이는 RC 적분회로의 평균전압을 일정 전압 이상으로 상승시키지 못하는 결과를 나타내게 된다. 위와 같은 회로를 구성할 때 주의를 요하는 사항은 다음과 같다. 먼저 RC 적분회로에 있어서 C의 선택이다. R과 C의 값이 정해지면 PCB 기판을 제작하고 RC를 고정시킨다. 여기서 C의 콘덴서 소자의 종류를 선택하는데 주의를 기울여야 한다. C는 충방전 특성이 좋은 것을 선택해야하고 잡음에 강한 것을 사용한다. 그리고 기판에 설치하였을 때 잡음의 영향으로 인해 충방전 특성이 저하될 수가 있으므로 기판의 제작에 있어서 설치할 곳에 대한 접지가 상당히 중요하다. 그리고 최대값을 얻어내기 위한 다이오드의 선택은 보편적인 1N4148을 사용하면 무난하다.

음파가 인식되었을 때 인식되었다는 Strobe 신호는 비교 증폭기를 사용하여 발생되는데 본 시스템에서는 이 신호의 지속시간은 약 500~600 ms 정도이다. 이렇게 발생된 Strobe 신호는 음파 인식 후에 다른 부분들에 의해 반사되어 입력되는 음파의 입력을 차단하는 효과를 발생시킨다. 즉, 가장 먼저 입력되는 음파만 인식하고 나머지에 대한 음파는 600 ms 후의 음파만 인식하게 되므로 반파에 대한 영향을 최소화 한다. 이와 같은 Strobe 신호의 발생은 RC의 충전원리를 이용한다. 음파인식 판단기로부터의 입력이 발생되는 4013 D 플립플롭에 인가되어 출력된 결과를 되돌려 사용하여 적절히 RC값을 조정하여 시간을 조정한다.

b) 음파 발신부

본 시스템에서 사용하는 수신 음파의 주파수는 12.5 kHz이고 발신 주파수는 각 Acoustic Releaser 마다 다른 주파수를 사용하도록 12.5 kHz~13.8 kHz내의 범위에서 사용이 가능하도록 설계되었다. 발신 주파수 범위의 음파를 발신하기 위하여 그림 부3.24와 같은 회로를 구성하였다. 그림 부3.24에서의 구형파 발생부는 2 mHz의 크리스탈을 이용하여 CMOS발진을 시켜서 사용한다. 이러한 주파수는 가변이 가능하도록 점퍼 스위치가 설치되어 있다.

발신 주파수의 조정은 시스템에 정해진 F0~F3까지의 주파수 변환이 가능하다. 수신 주파수도 위와 같이 변환이 가능하도록 설계되었다. 여기서 특히 주의하여야 할 사항은 신호를 만들어 내는 크리스탈의 선택이다. 본 시스템은 심해에서 사용이 가능하도록 설계되었으므로 영하의 온도에서도 동작이 가능하도록 설계되어야 한다. 크리스탈과 CMOS에 의해 발생된 구형파는 페라이트 코어로서 비유전율이 1000 이상인 것을 사용하는 원형 트랜스인 T1을 거쳐서 고전력 트랜지스터인 TR1, TR2의 베이스에 입력되어 전압 레벨이 50 V로 T2 트랜스에 인가되고 L_adj에 의해 트랜스듀스와의 임피던스 매칭에 의해 최대로 공진되어 음파가 출력된다. 임피던스 매칭을 위한 트랜스듀스의 등가 R, C의 값은 각각이 다르므로 장착되어지는 트랜스듀스에 매칭되게 하여야 한다.

본 시스템에서 사용된 트랜스듀스의 전기적인 등가는 R=49, C=58 nF이고 공진계수는 Q=Zc/R=4.8이다. T2 트랜스의 입력 대 출력은 입력*n(2.7)이다. U1에서의 전압은 코일의 감쇄에 의해 근사적으로 45 V가되고 U2에서의 전압은 45*n=121.5 V가 된다. 여기서 클리핑 신호인 U2는 U3에서 식 (3.3.2)에 의해 사인파에 가까운 파형으로 만들어진다.

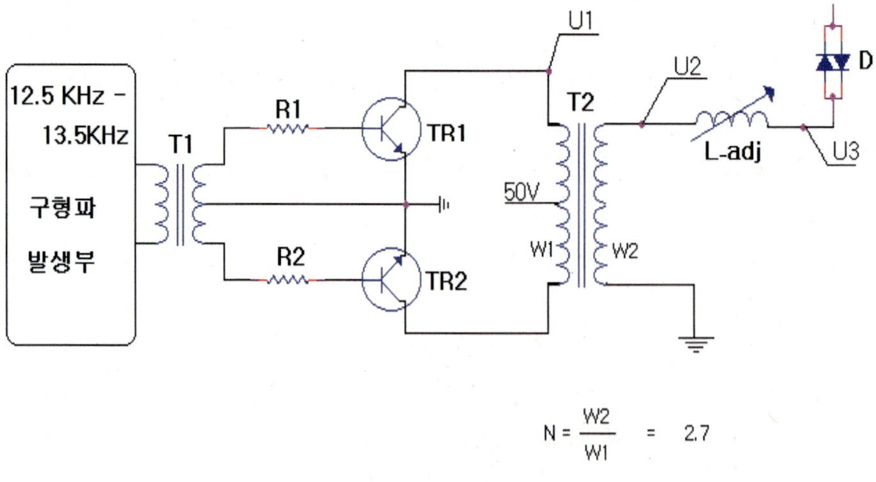

그림 부3.24 음파 발신부
(Acoustic Emission Part)

$$U_2(t) = \frac{4}{\pi}u\cos(\omega t) + \frac{4}{3\pi}u\cos(3\omega t) + \ldots + \frac{4}{(N\pi)}u\cos(N\omega t) + \ldots \qquad (3.3.2)$$

U3에서 최종적인 출력은 식 (3.3.3)에 의해 약 750 V 정도이다.

$$U3 = 1.27 * Q * U2 \qquad (3.3.3)$$

750 V의 출력 전압을 가지는 것에 대한 소비전력은 식 (3.3.4)와 같다.

$$P_{out} = \frac{(1.27 * U_2)^2}{(2R)} \leq 240\,W \qquad (3.3.4)$$

시스템에서의 실제적인 출력파형은 그림 부3.25와 같으며 식 (3.3.3)에 의해서 구해진 결과와 근사적으로 일치함을 알 수 있다.

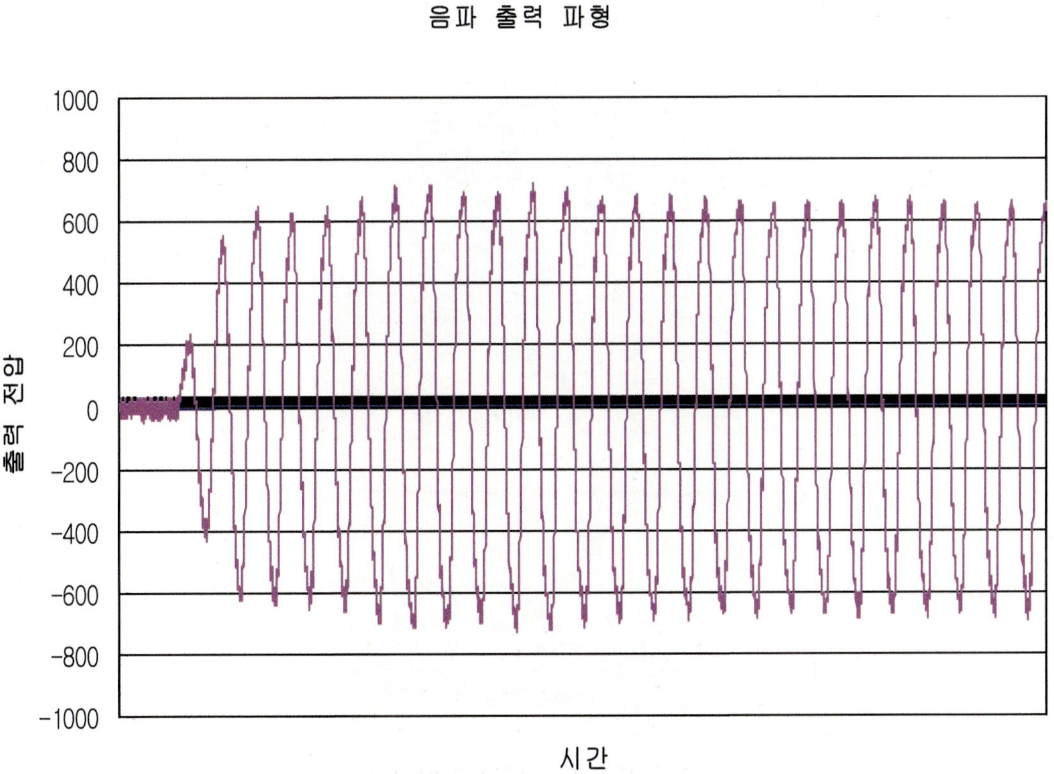

그림 부3.25 음파의 실제 출력 파형
(The Wave Form of Acoustic Output)

Ⅲ.2 Timing Control Board

타이밍 제어 보드는 음파 발신에 관련된 각 타이밍을 제어하고 시스템을 다른 용도로 사용하고자 할 때 부가적인 기능을 추가하여 사용이 가능하도록 설계되었다. 실제 설계 제작된 형태는 그림 부3.26에 나타내었으며 이 그림의 상단에 위치한 것이 타이밍 제어 보드이다. 이 보드는 본 시스템을 Long Base Line Timing 보드로서 사용하고자 할 때 세팅이 가능하도록 설계되었다. 이와 같은 기능으로 동작하기 위해서는 입력되는 음파가 일정한 간격으로 8회 인가되고 이에 따라 각 타이머에 세팅되어 있는 타이밍에 따라 동작이 가능하도록 되어 있다. 이러한 동작은 음파가 인식되면 각 고유의 주파수를 발신하고 다음으로 다른 시스템을 동작시키기 위한 F0의 음파를 발신하게 된다. 이러한 동작을 행함으로써 하나의 Acoustic Releaser 동작이 되고 발신하는 F0에 의해 다른 Acoustic Releaser도 동작을 시작한다. 이러한 동작을 반복하게 되면 해저에 설치된 Acoustic Releaser 간의 거리가 분명해지고 각 시스템 간 관계

그림 부3.26 타이밍 제어 보드
(Timing Control Board)

가 형성되어 차후 해저 근처에서 임무를 수행하고 있는 AUV나 다른 물체에 대한 위치 추적이 용이하게 이루어지게 된다. 위와 같은 기능 외에도 다른 보드로부터 발생되는 여러 가지 음파 발신 동기 신호에 대한 음파 발신 타이밍을 제어하게 된다. 순수하게 Acoustic Releaser 만의 동작을 하고자 할 경우에는 이 보드를 장착하지 않고도 사용이 가능하다. 현재 이 타이밍 보드에 장착된 크리스탈은 32.768 kHz를 사용하고 있지만 이 소자의 형태가 중요하다. 기존의 소자는 약간 큰 형태의 모양을 사용하고 있지만 지금은 아주 작은 형태의 소자를 사용하고 있다. 그러나 이러한 형태의 크리스탈은 약간의 문제점을 가지고 있다. 발진이 일어나는 시점이 전원이 인가된 시점으로부터 상당히 지연되어 발진을 일으키게 되어 타이밍 보드의 동작을 지연시키는 결과가 나온다. 이러한 현상은 전체 시스템의 동작 시간을 지연시킨다. 소자의 형태가 크고 지연이 되지 않는 크리스탈을 사용해야 이러한 현상을 방지하여 더 안정적인 동작이 가능하다.

위와 같은 기능을 가진 타이밍 제어 보드의 제작에 있어서 주의할 사항은 다음과 같다. 먼저 타이밍에 대한 전체적인 타이밍도를 제작하고 그 후에 각각의 타이밍에 대한 설계를 하게 된다. 이 보드에서 가장 특징이 있는 타이밍은 Long Base 타이밍 모드로의 전환 과정과 음파 발신 간격 제한 타이밍이다. 먼저 Long Base 타이밍에 있어서 모드가 설정되면 음파가 인식되더라도 어떠한 타이머의 출력이 1이 되지 않으면 음파 발신이 이루어지지 않게 되어 있다. 그 이유는 음파가 인식되면 타이머가 동작되고 음파 인식 후 약 25초 후에 음파 발신이 이루어지도록 타이밍이 제어된다. 이러한 기능을 하는 이유는 전체 조정을 위한 시간이 필요하기 때문이다.

Ⅲ.3 Release Control 보드

음파가 수신되면 송수신 보드를 거쳐 입력받고자 하는 음파를 인식하고 그에 따른 600 ms의 Strobe 동기신호가 발생되게 된다. 이 동기신호를 release 동작이 되도록 release 제어 보드에서 1 Bit RAM을 이용하여 코드화 한다. 본 시스템의 목적은 Release Unit를 통한 장치의 회수에 목적을 두고 있으므로 release를 위한 코드화 된 신호로의 합성이 요구된다. 이 보드의 간략한 구성도는 그림 부3.27과 같다.

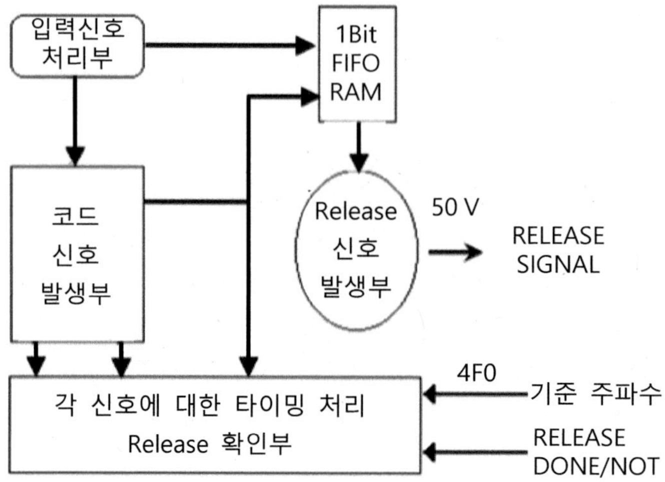

그림 부3.27 분리 제어보드 구성도
(Release Control Board Diagram)

그림 부3.27에서 보는 바와 같이 기준이 되는 주파수인 4F0의 주파수를 정해진 분배 코드에 의해 일정한 간격을 가지는 파형으로 만들어 내고 분배 코드는 주어진 스위치의 조작에 의해 변화가 가능하다. 본 보드에서 사용하는 1 Bit RAM은 먼저 입력된 신호를 먼저 출력시키는 FIFO 형태의 RAM으로서 데이터의 저장 용량은 256 Bit이고 데이터의 입출력 속도는 약 20 ns이다. Release(분리) 동작을 하기 위해 입력되는 음파는 일정한 주기로서 10 ms의 지속시간을 가진 음파가 18회 이상 연속적으로 입력되어야만 분리 동작이 이루어지도록 신호를 발생시킨다.

이러한 동작을 가능하게 하는 원리는 다음과 같다. 먼저 1 Bit RAM은 256번지로 이루어져 있으며 일정한 번지의 입출력 반복 주기는 256이 된다. 이것으로부터 일정한 번지에 어떠한 데이터를 저장하기 위한 주기는 256이 되며 만약 입력되는 음파의 주기를 이러한 RAM의 입출력 주기와 일치시킨다면 RAM의 출력은 입력되는 동기신호의 입력을 그대로 반복하여 출력할 수 있다. 여기서 음파가 입력되면 RAM의 입력은 1이 되도록 되어있다. 예를 들어 RAM의 12번지의 입출력 순서가 되었을 때 음파가 입력된다면 이 음파의 출력에 상응하는 1을 저장하지만 FIFO의 특성에 따라 출력은 이곳에 미리 입력된 데이터 0을 출력한다. 다시 RAM의 주기가 반복되어 12번지의 입출력이 되었을 때 음파의 입력이 있으면 앞의 주기를 반복하여 1을 출력하지만 음파의 입력이 없다면 다음번에서 0을 출력하여 주기가 어긋나게 되어 분리 신호로서 인식하지 못한다. 그러나 반복적으로 18회 이상 연속적으로 1을 출력하게 되면 분리 동작 신호를 발생시킨다. 여기서의 분리 신호는 분리 장치에 부착되어 있는 회전형 전자석의 동작을 위한 50 V의 전압 레벨이다. 분리 신호에 의해 분리가 이루어지면 장치 내부에 있는 마이크로 스위치에 의해 분리 확인 신호를 발생하게 되며 음파 발신부에 이러한 신호를 전달하여 분리가 성공적으로 이루어짐을 알려주는 음파를 30초 주기를 가지고 발신하게 된다.

이 보드의 제작에 있어서 유의할 사항은 다음과 같다. 1 Bit FIFO RAM의 구매가 용이하지 않아 OKPO-6000 AUV에서는 러시아에서 생산된 RAM을 사용하였다. 차후 시스템을 계속적으로 생산하고자 하면 회로의 오류로 인한 수정이 아닌 소자의 취득이 어려운 관계로 인한 회로의 수정작업이 수반될 것이므로 가급적 1 Bit 보다 상위의 RAM을 사용함으로써 안정성과 신뢰성을 높일 필요가 있다. 또한 기판을 제작함에 있어서 회전 전자석을 동작시키기 위한 드라이브 부분을 구성하는데 있어서는 전자석의 소비 전류를 정확히 파악하여 그에 적합한 Tr을 선정하여 사용하여야 한다. 실제로 제작하여 실험한 결과 처음에는 소비 전류의 계산이 잘못되어 가끔씩 전자석이 동작하지 않는 경우가 발생하였다. 그리고 이 부분에 대한 전원의 공급은 음파 발신부에 설계된 것과 마찬가지로 충전용 콘덴서로부터 전원을 공급받는 것이 효과적이다. 그 이유는 순간적인 전자석 동작을 위해서는 짧은 시간에 많은 전류를 인가하여야 하므로 장착된 배터리는 그러한 특성을 가지고 있지 못하므로 전류를 충전하여 사용하여야 한다. 실제로 설계 제작된 Release Control Board의 형태는 그림 부3.28에 나타내었다.

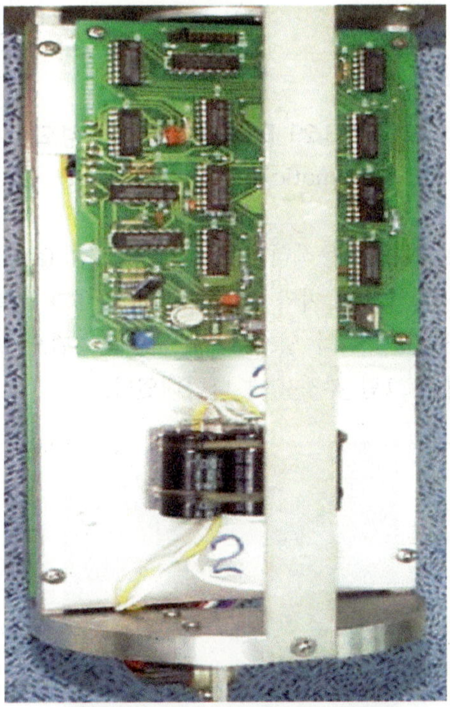

그림 부3.28 분리 제어 보드
(Release Control Board)

Ⅲ.4 Acoustic

Release Unit는 그림 부3.29와 같이 구성되어 있다. 내부에는 원형 전자석이 있어서 지렛대와 같은 원리로 동작하게 되어 있다. 본 시스템에서는 그림 2.3.13과 같은 장치를 사용하지만 여러 가지 형태의 장치가 사용 가능하다.

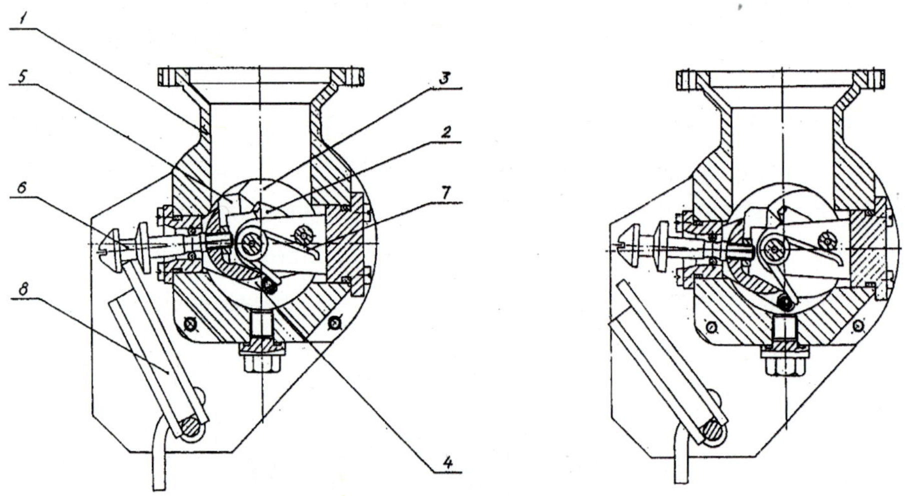

(a) 잠김 상태 (b) Release 상태

그림 부3.29 Release Unit 구성도
(Schematic of Release Unit)

그림 부3.29에서 release 기능을 동작하기 위해서는 그림 (a)의 회전형 전자석의 축(3)이 회전함과 동시에 2의 레버가 제쳐지고 이와 동시에 6의 막대가 위쪽으로 향하게 되며 이때 8의 지지대가 이탈하게 되어 BT가 부이의 양성부력에 의해 수면으로 부상하게 되는 원리를 가지고 있다. 실제 제작된 형태는 그림 부3.30에 나타내었다.

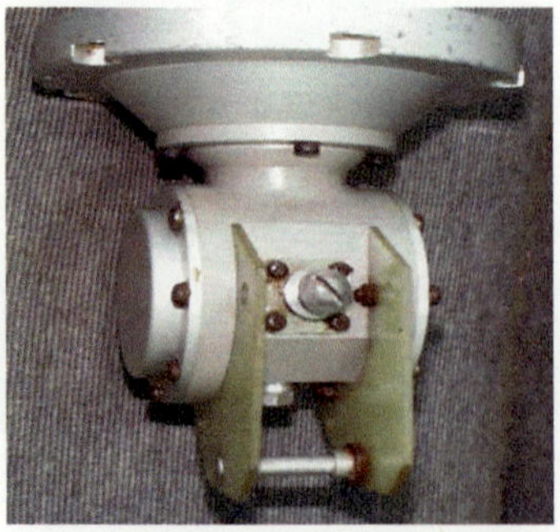

그림 부3.30 음향 분리 장치
(Acoustic Release Unit)

Ⅲ.5 배터리 세트

배터리 세트의 조립된 형태는 그림 부3.31과 같이 구성되어 있다. 배터리 세트는 대용량의 리듐 1차 전지를 사용하였다. 각 보드에 동작전원을 공급하는 DC 9 V 배터리 세트와 음파를 발신하기 위해 필요한 전원을 공급하는 DC 50 V 배터리 세트로 구성 되었다. 이러한 에너지원을 이용함으로써 수중에서 약 2년 동안 연속적인 시스템 운용이 가능하다. 본 시스템에서 사용하는 이와 같은 배터리의 특성은 연속적인 전류의 방전량이 상당히 제한된다. 이러한 이유로 인하여 모터나 Light와 같은 전류 소비가 많고 일시적으로 에너지의 출력이 요구되는 주변장비를 장착한 시스템에서는 사용이 불가능한 배터리이다. 본 시스템에는 이런 배터리의 사용이 사실상 어렵지만 이러한 여러 가지 불리한 점들을 저 전력 형태의 보드를 만들고 전류의 소비가 많은 음파 발신부나 전자석 드라이브 부분은 콘덴서를 이용하여 사용하지 않을 경우에는 전류를 충전하고 있다가 사용할 시점에서 전력을 일시적으로 올릴 수 있도록 설계하였다.

그림 부3.31 AR용 밧데리 세트
(Battery Pack in BT)

Ⅲ.6 실험 및 운용

실제로 실해역에서는 각 부분에 대한 실시간 성능 시험이 불가능한 관계로 본 시스템의 시험은 실험실에서 음파 발신 시뮬레이터를 이용하여 트랜스듀스와 연결하여 실험하였으며, 결과는 아래의 내용과 같은 결과를 도출하였다.

실험에 사용된 시뮬레이터는 세라믹으로 만들어진 스피커 폰을 사용하고 있으며 내부의 회로는 간략하게 출력 주파수를 조정할 수 있게 되어 있으며 음파 발신 간격을 주어진 코드로서 조정이 가능하도록 설계되었다. 이러한 시뮬레이터를 이용하여 실험실에서 음파인식에 대한 전압 레벨을 적절하게 설정하고 각 부분에 대한 타이밍 조절을 한다. 이러한 과정을 모두 거쳐서 실해역에서 운용시험을 실시한다. 만약 운용 시 문제점이 발생되면 실험실에서 다시 음파 인식 레벨을 새로이 설정하고 타이밍을 조정한다.

실해역 운용상 문제가 발생되는 부분과 이에 대한 대처는 다음과 같다. 가장 먼저 문제가 발생되는 부분은 음파 인식에 대한 부분으로서 음파인식 레벨을 너무 낮게 설정하면 각 보드에서 발생되는 잡음에 의해 자동적으로 음파가 인식되었다는 신호가 발생되어 음파가 발신되거나 분리 동작이 자동으로 실행되는 오류가 발생되는데 이와 같은 현상은 온도의 변화에 따른 현상일 수도 있다. 이러한 현상이 발생될 경우에는 음파 인식 레벨을 상승시켜 세팅을 맞추는 것이 효율적이다. 그러나 너무 높게 설정되면 음파 인식이 둔해지고 음파 인식 지연시간이 길어지는 결과가 초래될 수도 있다. 그러므로 적절한 레벨을 설정하기 위해서는 실해역에서의 실험을 수차례 반복하여야 한다. 실제 해역에 본 시스템을 설치하고자 할 경우 음파가 몇 차례 발생되는 경우가 있으나 시간이 지나면 정상적으로 동작이 이루어진다. 이러한 이유는 접지의 불균형으로 인한 순간적인 잡음의 영향으로 인한 현상이 발생되는 경우가 있으나 시스템의 성능에는 아무런 영향을 주지 않는다. 그림 부3.32의 그래프는 음파가 수신되어 증폭되어지는 현상과 증폭된 이 신호가 구형파로 정확하게 생성되는 과정을 실제로 계측한 결과를 보여주고 있다.

그림 부3.33은 그림 부3.32에서의 음파 입력에 의해 생성된 구형파의 평균전압이 높아지는 현상을 보여주고 있으며 특정 주파수로서 인식을 하기 위해서는 적당한 전압 레벨을 Threshold로 정하면 된다. 위와 같은 과정을 통하여 최소 18회 이상 연속적인 음파의 입력에 의한 분리 실행 코드의 일치에 의해 분리 동작이 성공적으로 이루어지면 그림 부3.25와 같은 음파가 주어진 간격에 의해 발신된다. 만약 음파가 연속적으로 입력되는 동안 연속적이지 못한 한 번의 경우가 발생되면 전체 분리를 위한 카운터 횟수는 2가 늘어나게 된다. 이러한 현상을 이해하여 분리를 꼭 행하고자 할 때는 충분히 음파를 발신하여야 한다. 위에서 설명된 모든 부분들을 조립하여 제작된 Acoustic Releaser의 실물을 그림 부3.34에 나타내었다.

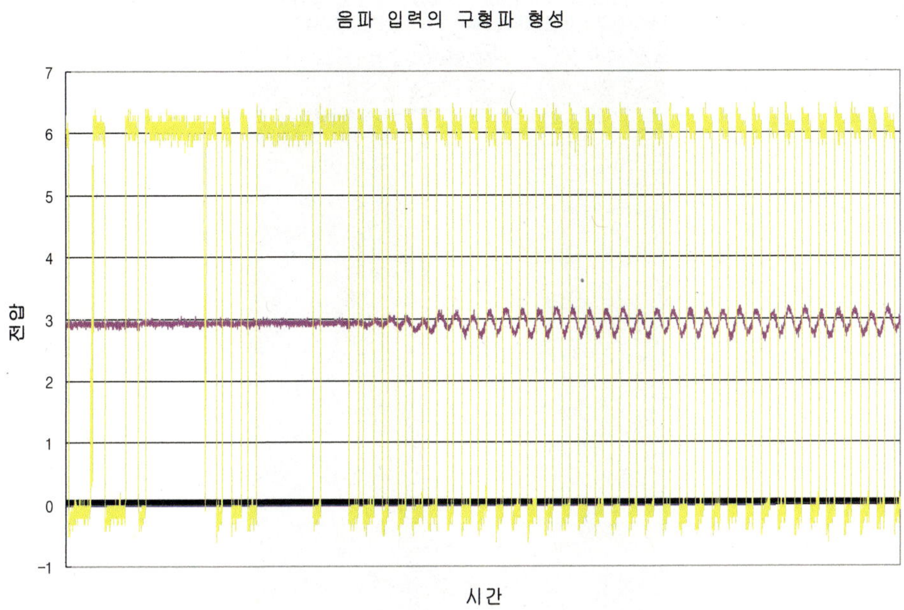

그림 부3.32 음파 신호의 증폭과 구형파 생성.
(Acoustic Signal Amplification & Digitization)

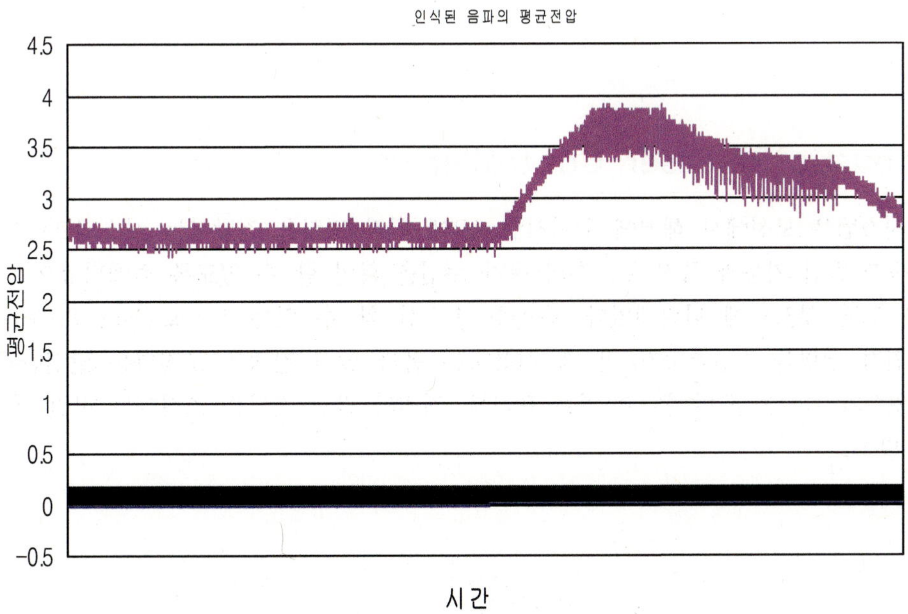

그림 부3.33 인식된 음파의 평균 전압
(The Recognized Acoustic Voltage Level)

그림 부3.34 BT와 결합된 음향 분리 기구
(BT equipped with Acoustic Releaser)

Ⅳ. Acoustic Releaser Controller

본 시스템은 모선에서 해저에 위치시킨 AR에 원격 명령을 전달하는 시스템으로서 일정 간격의 음파 발신 기능과 특정 주파수의 음파 수신을 확인 할 수 있도록 설계되었으며 전체적인 구성은 그림 부3.35에 나타내었다. 음파를 송수신 할 수 있는 Transceiver Board와 분리를 위한 원격 명령을 전달하고자 할 때 사용하는 음파 발신 간격을 조정하는 발신간격 조정부, 발신 횟수와 수신을 확인 할 수 있는 표시부, 전원과 발신 전력을 조정하는 전원 제어부로 나누어진다.

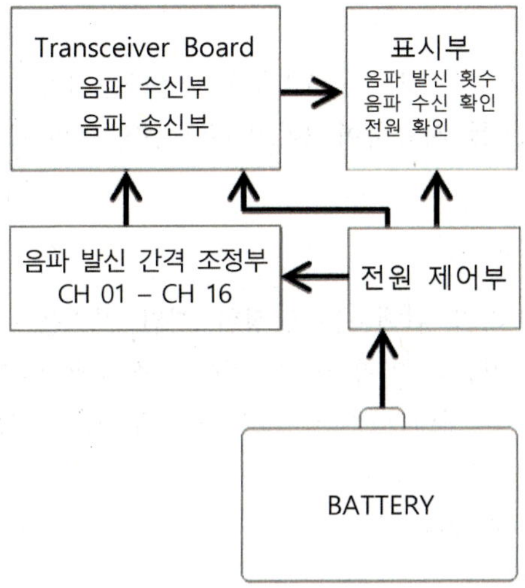

그림 부3.35 AR 제어기 구성도
(Diagram of AR Controller)

제작된 AR Controller의 모양은 그림 부3.36에 나타내었다. 전면판의 우측 하단부의 스위치는 전원을 제어하는데 상위 스위치는 각 보드에 대한 전원을 공급을 제어하고 하단의 왼쪽은 발신 전원과 오른쪽은 발신 전력을 고저로 조절이 가능하다. 중앙 하단의 Emission Mode 스위치는 자동으로 일정 간격으로 음파를 발신하는 기능을 제어하고 왼쪽의 버튼은 Manual Mode에서 단발성 음파를 발신한다. 가장 왼쪽 하단의 발신 간격 조정 스위치는 오른쪽이 10의 자리를 조정하고 왼쪽의 스위치는 1의 자리를 조정하는 스위치로서 두 스위치의 조작으로 전면판의 표에 따른 발신 간격을 맞출 수 있다. 상단의 표시부는 음파 발신 횟수와 전원 인가와 음파 수신 확인을 할 수 있다.

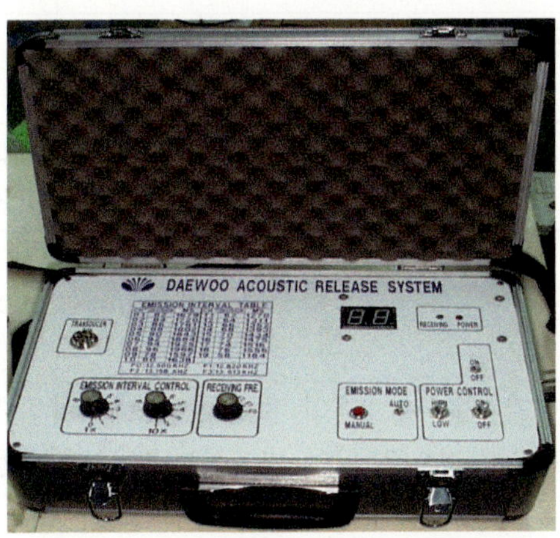

그림 부3.36 음향 분리장치 제어기
(AR Controller)

Ⅳ.1 송수신 보드

본 시스템에서 사용하는 송수신 보드는 AR에서 사용하는 Transceiver Board와 같은 기능을 가지는 것으로 Rotary Switch를 사용하여 3가지 주파수의 음파 수신을 가능하게 할 수 있다.

Ⅳ.2 음파 발신 간격 조정부

해저에 위치한 AR을 회수하기 위해서는 일정한 시간 간격을 가지는 음파를 최소 18회 이상 발신하여야 한다. 이러한 기능을 만족시키기 위하여 설계된 부분이다. 발신 간격은 표 부3.4와 같이 조정이 가능하도록 두 개의 Rotary Switch로 구성되어 있다.

표 부3.4 음파 발신 간격 조정표
(Emission Interval Table)

Emission Interval Table					
CH #	DIVISION	ms	CH #	DIVISION	ms
01	82	1679	11	62	1270
02	84	1720	12	64	1311
03	86	1761	13	66	1352
04	88	1802	14	68	1393
05	90	1843	15	70	1434
06	92	1884	16	72	1475
07	94	1925	17	74	1516
08	96	1966	18	76	1556
09	78	1597	19	58	1184
10	80	1638			

F0 : 12.500 kHz F1 : 12.820 kHz
F2 : 13.158 kHz F3 : 13.513 kHz

Ⅳ.3 표시부

음파 발신 횟수를 확인하기 위하여 2개의 7 Segment를 이용하여 구성하였고 전원의 인가를 확인하고 음파의 수신도 시각적으로 확인 가능하도록 설계 되었다.

Ⅳ.4 전원 제어부

각 보드에 대한 전원 공급을 제어하고 음파의 발신 출력을 2 단계로 조정이 가능하도록 설계되었다.

Ⅳ.5 Battery

전원을 위한 에너지원은 리튬 전지를 이용하여 장기간 사용이 가능하도록 설계되었다.

Ⅴ. 압력용기의 설계 및 제작

Ⅴ.1. 압력용기의 설계방법

a) 개요

정수압을 받는 원통형 물체에는 축방향 압축응력과 동시에 원주방향 압축응력이 동시에 발생한다. 여기에 추가해서 원통이 두께가 상대적으로 클 경우 반경방향으로 압축응력이 발생한다. 이렇게 서로 수직한 3개의 축방향으로 발생하는 압축응력에 의해서 원통은 항복이 발생하기 전에 좌굴에 의하여 붕괴가 시작된다. 따라서 원통은 좌굴에 대해서 안전하도록 설계되어야 한다.

b) 원통용기 설계

AR용 원통 내압용기의 설계는 8장 2절에 자세히 설명하였다. AR이 장착될 BT용 내압용기는 호칭직경 144로서 600기압 하에서 구조적으로 안전함을 확인하였다.

Ⅴ.2. 압력용기의 제작

a) 재료선정 및 기계가공

BT용 내압용기는 600 kg/cm^{2}의 외압을 견디어야 할 뿐만 아니라 해수에 반복적으로 노출되므로 내 부식성도 뛰어나야 한다. 또 -30℃~+80℃의 넓은 온도범위에 걸쳐 변형이 적어야 하므로 항공기 구조재료로 많이 사용되는 ASTM 7075-T6 Aluminum Alloy를 사용하였다. 물성치는 표 부3.5와 같다.

표 부3.5 AL7075의 물성치
(Typical mechanical properties of 7075 Alloy)

Heat Treatment	Tensile Strength (psi)	Yield strength (psi)	Elongation (%)	Hardness	Shear strength (psi)	Fatigue limit (psi)
				Rockwell		
O	33	15	17	60~70	22	
T6	83	73	11	85~95	48	23

b) 열처리

그림 부3.37은 AL7075 합금의 열처리 설비를 보여준다.

그림 부3.37 열처리 로
(Heat Treatment Furnace)

① 담금과정(Hardening Procedure)

- 시제품을 담금로(Hardening Furnace)에 넣는다.
- 465℃~475℃로 가열한다.
- 시제품의 두께에 따라 가열시간을 조절한다.(표 부3.6 참조)
- 시제품을 물로 냉각시킨다(물 온도 70℃~90℃).

표 부3.6 두께에 따른 열처리 가열시간
(Heat applying time vs. thickness)

최대두께(mm)	유지시간(min)	최대두께(mm)	유지시간(min)
5.1~6.0	35~45	40.1~50.0	80~110
6.1~8.0	40~50	50.1~60.0	90~120
8.1~10.0	45~60	60.1~70.0	100~130
10.1~20.0	50~70	70.1~80.0	110~160
20.1~30.0	60~80	80.1~100.0	120~180
30.1~40.0	70~100		

② 불림(Tempering)

- 시제품을 불림 로(Tempering Furnace)에 넣는다.
- 135℃~145℃로 가열한다.
- 15~16시간 로에서 유지한다.
- 로에서 꺼내어 공기 중에서 서서히 냉각시킨다.

③ 검사방법

- 위의 단계가 확실히 진행되었는지 열처리 차트를 확인한다.
- 로크웰(Rockwell) 경도값(HRB 83~90)을 측정한다.

c) 산화피막처리(Oxidizing)

공기 중에서 부식을 방지하기 위해 인공 산화피막 처리를 한다.

V.3 하우징 압력 테스트

그림 부3.38은 600기압 압력 시험기를 보여주고, 그림 부3.39는 시험할 내압용기에 미리 물을 채우는 모습이다.

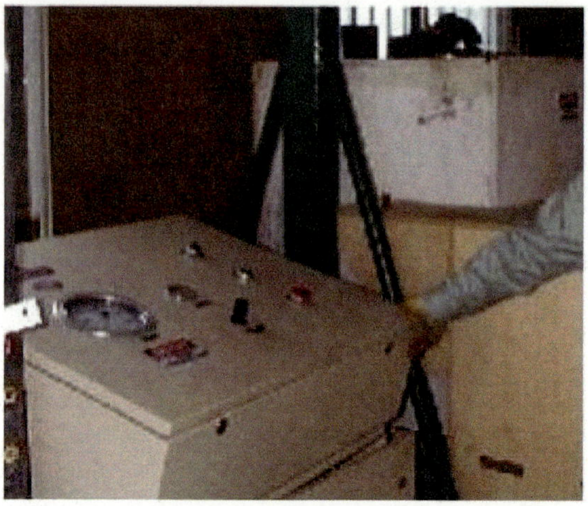

그림 부3.38 압력 시험기(Pressure Tester)

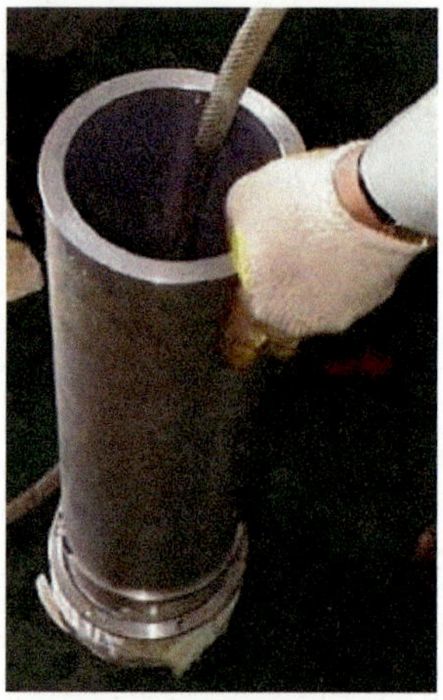

그림 부3.39 시험할 압력용기(Pressure Vessel)

Pressure Housing을 시험하는 순서는 다음과 같다.

① Housing에 Oil 또는 물을 80~90% 정도 채운 후 Housing Cover 조립
Pressure 700 kg/cm^2 (1 hour) test 실시

② Housing을 꺼낸 후 확인하고 Pressure 650 kg/cm^2, 10회 반복(cycle 당 3분)
⇒ 목적 : 충격시험 및 피로시험

③ 650 kg/cm^2 (6 hour) 실시 ⇒ 목적 : Creep test

④ Oil 및 물을 완전히 제거한 후 Pressure test 650 kg/cm^2 (1 hour)
⇒ 목적 : Leakage test (주의 : 낮은 압력에서 Leakage 자주 발생)

⑤ Test를 끝내고 Housing 형상 실측 확인, Plane lid 여부검사(Feeler Gauge 사용)
⇒ 목적 : 높은 압력으로 인한 housing 평면 변형 Check

그림 부3.40은 최종적으로 AR이 BT 하부에 부착된 완성된 시스템을 보여준다.

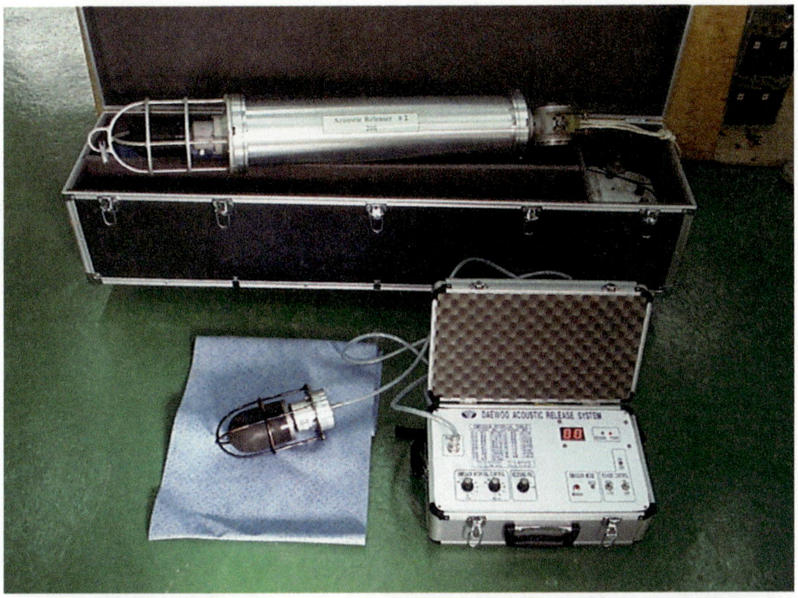

그림 부3.40 AR이 BT 하부에 부착된 완성된 시스템

Ⅵ. 대용량 AR의 설계 제작

OKPO-6000 AUV용 BT 아랫부분에 탑재된 AR은 AUV의 미션 종료 후 수면으로 BT를 회수할 수 있도록 매달고 있던 약 10 kg의 iron anchor를 분리하는 목적의 장치이다. 그리고 이 음향송수신 장치(BT+AR)는 sleeping mode 상태로 밧데리 사용을 극소화 하면서 1년 후 그 해역으로 돌아온 연구 선박에 의해 재 작동 시킬 수 있다. 이러한 기능은 AUV 운용 시 해사 상태가 갑자기 악화되어 모선만 일시적으로 철수해야 할 때나, 해양연구기관처럼 1년간 해저에서 해양 데이터를 수집한 후 회수해야 하는 경우 등을 위한 기능이다.

본 절에서는 AUV 운용에 필요한 약 10 kg의 추를 분리하는 기능을 확대 응용하여 약 500 kg의 iron weight도 수면에서의 원격 신호로 분리, 회수할 수 있는 대용량 AR을 개발한 내용을 요약한다. 작동 원리는 소형과 동일하므로 기구적인 확장 설계가 주된 개발 내용이다.

그림 부3.41은 대용량 AR의 구성품을 나타내고, 그림 부3.42는 조립된 AR, 그림 부3.43은 BT와 AR이 조립된 모습을 보여준다. 이렇게 BT와 AR이 일체형으로 조립된 후에 실제 무게추를 매달고 공기 중과 수중에서 분리기능이 잘 구현되는지 조선소 내 15 m 수심의 내항에서 반복적으로 시험하였다(그림 부3.44).

통상 수심이 얕은 해안의 항만은 수면 상부와 수중에서 다양한 잡음들이 존재하므로 수중 통신의 측면에서는 매우 열악한 환경이라 할 수 있다. 이러한 환경에서 발신과 수신 음향을 정확히 명령으로 인지하고 기계적인 분리 동작을 한다면 먼 바다의 조용한 수중 환경에서는 더욱 용이하게 작동할 것으로 예측할 수 있다.

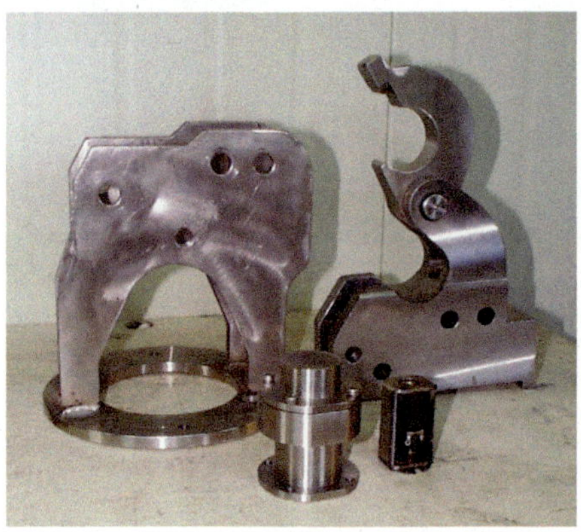

그림 부3.41 대용량 AR의 구성품

그림 부3.42 조립된 AR

그림 부3.43 BT와 AR이 조립된 모습

그림 부3.44 공기 중에서 음향분리 실험 모습

부록 4. QNX Operating System

Operating System의 주된 기능은 Computer의 자원을 관리하는 것이다. 시스템 내에서의 모든 Activity들(응용 프로그램의 Scheduling, file을 disk에 쓰기 저장하기, Network을 통해 Data를 보내기 등)은 가능한 한 투명하고 매끈하게 이루어져야 한다. 어떤 환경에서는 다른 기능들보다 자원관리와 Scheduling에 대하여 더욱 엄격함이 요구되는데, 예를 들어서, 실시간 Application이 정해진 시간 내에 여러 일(Events)을 처리하려면 OS에 의존하기 마련인데 OS의 반응기능이 좋을수록 응용 프로그램의 처리에 더욱 여유가 있게 된다.

예로서, DEC 시스템의 실시간 프로그래밍을 위한 기능을 살펴보면 다음과 같다.

- Preemptive Kernel
- Fixed-priority scheduling policies
- Realtime clocks and timers
- Memory locking
- Asynchronous I/O
- File synchronization
- Queued realtime signals
- Process communication facilities

하지만 DEC의 OSF/1과 같은 OS를 AUV 제어에 사용하는 것은 시스템 자체가 너무 커지고 OS가 차지하는 부분도 크게 증가하므로 보다 Compact한 OS가 필요하다고 판단된다.

또한, 일반 PC 환경 하에서의 "Win95"는 OS 자체가 실시간 제어에 필요한 필수 기능들을 제공하지 않기 때문에 Unix와 같이 실시간 처리/제어 기능을 가지면서도 PC OS와 같이 작은 크기의 OS가 필요하다.

QNX는 POSIX 1003.1에 기반을 둔 OS로서 실시간 응용에 아주 적합한데, 이러한 응용에 필수적인 Multitasking, Priority-driven preemptive scheduling과 빠른 Text switching을 제공한다. QNX는 또한 상당히 유연한 OS이어서 S/W 개발자가 그의 Application에 맞도록 OS를 쉽게 customize 할 수 있다. 또한, 최근에는 GUI를 이용한 보다 편리한 개발 환경을 제공하고 있다. QNX는 다음과 같은 2개의 기본 원리를 통하여 사용자에게 효율성, Modularity와 간편성을 제공한다.

① Microkernel Architecture

② Message-based Interprocess Communication

Ⅰ. QNX Microkernel Architecture

QNX에는 여러 프로세스들을 관리하는 작은 kernel을 포함하고 있는데 그 구조가 계층적이기보다는 수평적이고 Kernel은 여러 프로세스들의 "Quarterback" 역할을 담당한다.(그림 부4.1)

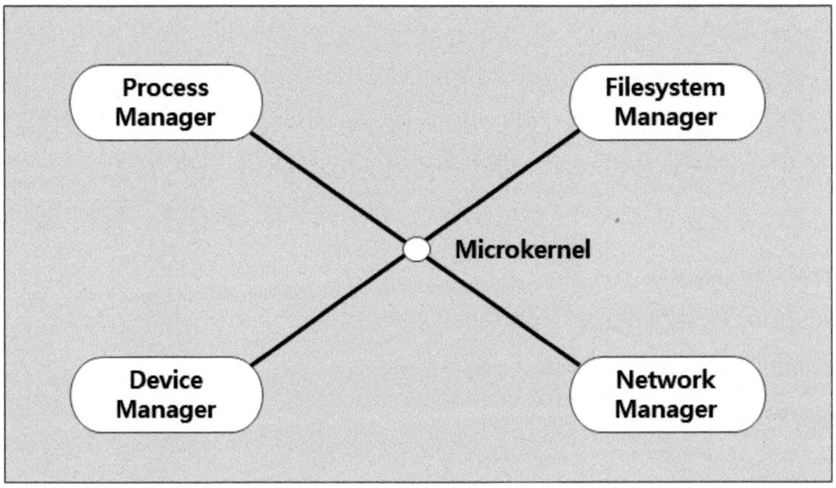

그림 부4.1 The QNX Microkernel coordinating the system managers

QNX Kernel은 실시간 Application에 적합하며 그 크기는 8 Kbyte 이하로 매우 compact 하다. 또한 QNX Kernel의 2가지 중요한 기능은 다음과 같다.

① Message Passing : Kernel은 전체 시스템을 통하여 모든 프로세스들 사이에서 주고받는 모든 Message들의 Routing을 책임진다.

② Scheduling : Scheduler는 Kernel의 한 부분으로 Message 또는 Interrupt의 결과로 프로세스의 상태가 변경될 때에 작동한다.

프로세스와 달리 Kernel 자신은 실행 중에 Scheduler에 의해 영향을 받지 않는다.

Kernel에 의해 생겨난 QNX Service를 제외하고 모든 QNX Service는 표준 QNX 프로세스에 의해 관리된다. 전형적인 QNX Configuration에는 다음과 같은 4개의 시스템 프로세스를 포함한다.

① Process Manager(Proc)
② Filesystem Manager(Fsys)
③ Device Manager(Dev)
④ Network Manager(Net)

Ⅱ. Interprocess Communication

실시간 Multitasking 환경 하에서 여러 프로세스가 동시에 실행 중일 때에 OS는 임의의 프로세스가 다른 프로세스와 통신할 수 있는 방법을 제공해야 한다. Interprocess Communication(IPC)은 일련의 프로세스들로 어떤 Application을 설계하는데 있어서 중요한 역할을 한다. QNX는 여러 프로세스들로 이루어진 Application의 작업을 아주 단순화시키는 IPC를 제공하고 있다. QNX에서 Message는 어떤 프로세스에서 다른 프로세스로 건네지는 몇 Byte의 Packet이다. QNX는 이러한 Message의 내용에 특별한 의미를 덧붙이지 않으며 Message 내의 Data는 Message를 보내는 프로세스와 받는 프로세스에게만 의미가 있을 뿐이다. Message Passing에 의해 모든 프로세스는 서로 Data를 주고받을 수 있을 뿐만 아니라 여러 프로세스의 실행을 Synchronize 시킬 수 있다. 프로세스가 Message를 보내고 받고 그에 응답할 때에, 프로세스가 언제 실행되고 얼마나 오래 실행될 것인가에 영향을 주는 여러 상태 변화를 겪게 된다. 그들의 상태와 Priority를 알면 Kernel은 사용 가능한 CPU 자원 내에서 가능한 한 가장 효율적으로 모든 프로세스를 Scheduling 할 수 있게 된다. 실시간 Application과 다른 Mission-critical Application에는 그러한 Applications를 구성하는 여러 프로세스들이 서로 강한 상관관계를 갖기 때문에 일반적으로 IPC와 같은 기능이 요구된다.

QNX Kernel은 다음과 같이 중요한 세 가지 형태의 IPC를 제공한다.

(1) Message를 통한 IPC

Message는 어떤 프로세스에서 다른 프로세스로 동기화되어 전달되어지는 수 Bytes의 Packet이며 이것은 보내는 쪽과 받는 쪽에게만 의미를 갖는다. 다른 프로세스와 직접 통신하기 위하여 다음 표에서와 같은 C언어의 함수를 이용한다.

이 름	기 능	함수 원형	비 고
Send()	for Sending Messages	Sending(pid, smsg, rmsg, smsg_len, rmsg_len) ;	• pid : Message를 받아야 할 프로세스(B)의 프로세스 ID • smsg : Message Buffer • rmsg : Reply Buffer • smsg_len : Message 길이 • rmsg_len : 프로세스 A가 받는 응답의 최대 길이
Receive()	for Receiving Messages	pid = Receive (0, msg, msg_len) ;	• pid : Message를 보낸 프로세스(A)의 ID • 0 : 프로세스 B가 다른 프로세스로부터 Message를 받을 준비가 되어 있음을 나타냄 • msg : Message가 보내지는 Buffer • msg_len : Receive Buffer에서 받아들여지는 Data의 최대량
Reply()	for Replying Messages	Reply(pid, reply, reply_len) ;	• pid : 응답을 받는 프로세스(A)의 ID • reply : 응답 Buffer • reply_len : 응답 시 전달되어지는 Data의 길이

(※ pid : OS와 프로세스들에 의해 인식되어질 때 이용되는 Identifier)

위의 함수들은 같은 시스템 내의 프로세스들 또는 네트워크에 의해 연결된 다른 시스템 내의 프로세스들 사이에서 쓰일 수 있다. 프로세스들이 서로 직접적인 통신을 하지 않을 때에는 이들 함수를 이용할 필요 없이 Pipes와 같은 표준화된 서비스를 이용하여 간접적으로 통신할 수 있다. Message를 통한 IPC는 다음과 같은 그림 부4.2를 통해 쉽게 이해할 수 있다.

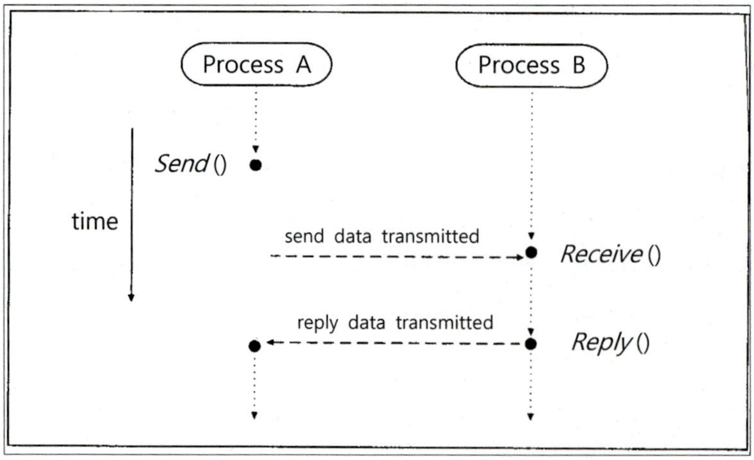

그림 부4.2 Process A sends a message to Process B which subsequently receives, processes, then replies to the message.

프로세스 A는 Kernel에게 Send()를 요구함으로써 프로세스 B에게 Message를 보낸다. 여기서, 프로세스 A는 프로세스 B가 Message를 받기 위해 Receive()를 요구할 때까지 SEND-blocked 상태가 된다. 프로세스 B가 Receive()를 요구하고 프로세스 A로부터의 Message를 받는다. 프로세스 A는 REPLY-blocked 상태로 바뀐다. 다음으로 프로세스 B는 Message를 모두 받은 후 Reply()를 요구하고 응답 Message가 프로세스 A에 복사되면 프로세스 A는 다시 수행될 준비를 한다. 이러한 과정에 의해 프로세스 동기화(Synchronization)가 설명될 수 있다.

(2) Proxies를 통한 IPC

Proxy는 Blocking 되지 않는 Message의 형태로서 송신 프로세스가 수신 프로세스와의 상호작용 없이 Message를 보내는 데에 쓰인다. Proxy를 이용하면 프로세스 또는 Interrupt Handler는 Blocking 되지 않고 응답을 기다릴 필요 없이 다른 프로세스에게 Message를 보낼 수 있다. Proxies는 qnx_proxy_attach()라는 C 함수에 의해 생성되고, 이러한 Proxy의 ID를 알고 있는 임의의 프로세스나 Interrupt Handler는 Trigger()라는 C 함수를 이용해 미리 정의된 Message를 Proxy에 의해 전달하도록 한다.

(3) Signals를 통한 IPC

Signal은 비동기화 통신의 전형적인 형태이다. QNX는 POSIX 계열의 Signal들을 지원하는 동시에 여러 다른 UNIX 시스템에서의 Signal들도 지원한다. Signal이 어떤 프로세스로 전달되면 그 Signal에 대하여 프로세스가 정의한 행동(Action)이 일어난다. OS의 Shell로부터 Signal을 생성시키려 할 때는 kill이나 slay 유틸리티를 사용하고 프로세스 내부로부터 생성시키고자 한다면 kill()이나 raise() C 함수를 이용하면 된다. 또한, 각 Signal에 대하여 원하는 Handling 형태를 정의하고자 한다면 ANSI C signal() 함수나 POSIX sigaction() 함수를 이용한다.

시그널을 이용하면 UNIX 프로세스에 소프트웨어 인터럽트를 간단히 전송할 수 있다. 특성상으로 볼 때 시그널은 프로세스 간에 자료를 전송하는데 보다는 비정상적인 상황을 처리하는데 더욱 적합하다.

시그널 이름들은 #define 명령을 이용하여 표준 헤드 파일인 signal.h에 정의되어 있다. UNIX에서 제공되는 시그널들은 몇 개를 제외하고는 대부분 커널에 의해 사용된다.

① SIGHUP : hangup. 이 시그널은 제어 단말기의 연결이 끊어졌을 때 커널에 의하여 그 단말기에 연결된 모든 프로세스에 보내진다.

② SIGINT : interrupt. 이 시그널은 사용자가 인터럽트 키를 칠 때 커널에 의하여 단말기와 연결된 모든 프로세스에 보내진다. 이것은 수행중인 프로그램을 중지시키는 일반적인 방법이다.

③ SIGQUIT : quit. 이 시그널은 SIGINT와 마찬가지로 사용자가 단말기에서 종료(quit)키를 칠 때 커널에 의하여 보내진다.

④ SIGILL : illegal Instruction. 이 시그널은 비정상적인 명령이 수행되려 할 때 운영체제로부터 보내진다.

⑤ SIGTRAP : trace trap. 이것은 ptrace 시스템과 함께 sdb와 adb 등의 디버거에 의하여 사용되는 특별한 시그널이다.

⑥ SIGFPE : floating-point exception. 이것은 오버플로우나 언더플로우 같은 부동 소수점 오류가 발생했을 때 커널에 의하여 보내진다.

⑦ SIGKILL : kill. 이것은 프로세스로부터 다른 프로세스를 종료시키기 위하여 보내지는 조금 특별한 시그널이다.

⑧ SIGSYS : bad arguments to a system call. 이것은 프로세스가 정상적인 시스템 호출 오류 복구 방식에 의하여 처리될 수 없는 부적절한 인수를 시스템 호출에 보냈을 때 커널에 의하여 보내진다.

⑨ SIGALRM : alarm clock. 이것은 타이머가 만료되었을 때 커널에 의하여 프로세스에 보내진다.

⑩ SIGTERM : software termination. 이 시그널은 보통의 프로그램에 의하여 사용될 수 있도록 제공되는 것이다.

⑪ SIGUSR1 & SIGUSR2 : SIGTERM과 마찬가지로 이것들은 커널에 의하여 사용되는 것이 아니라 사용자가 원하는 목적을 위하여 사용될 수 있다.

이 밖에도 구현된 방식에 따라 여러 가지 시그널이 있는 데 이들 중 대부분은 커널이 오류 상태를 나타내는데 사용된다. 구현방법에 따라 다르게 작동하는 시그널 중 가장 중요한 것은 SIGCLD(death of a child) 시그널이다. 이것은 최근의 UNIX 시스템에서 exit와 wait 시스템 호출을 구현하기 위하여 사용된다. SIGCLD는 exit가 수행될 때 그 프로세스의 부모 프로세스에 보내진다.

대부분의 시그널은 그 시그널이 받아졌을 때 정상 종료가 된다. 이것은 프로세스가 사전준비 없이 exit 호출을 수행한 것과 같은 효과이다. SIGQUIT, SIGILL, SIGTRAP, SIGSYS, SIGFPE 등의 시그널은 비정상 종료상태를 초래하고 이 효과는 코어 덤프로 나타난다. UNIX 디버거 sdb와 adb는 코어 파일의 형식을 알고 있어서, 코어 덤프된 순간의 프로세스 상태를 알아보는데 이용할 수 있다.

여기서 abort 루틴을 살펴보는 것도 의미 있는 일이다.

```
abort();
```

abort는 무엇인가 잘못됐을 때 프로세스가 현재 상태를 기록할 수 있도록 하므로 아주 유용한 디버깅 도구이다. 이것은 또한 프로세스가 자기 자신에게 시그널을 보낼 수 있는 방법을 보여준다.

signal 시스템 호출을 이용한 시그널 처리는 간단히 나타내어 다음과 같다.

```
#include <signal.h>
int func(), (*was)(), sig;
...
was = signal(sig, func);
```

첫 번째 인수 sig는 대상이 되는 시그널을 지정한다. signal이 효과를 발휘하기 위해서는 대상이 되는 시그널이 도달하기 전에 호출이 수행되어야 한다. SIGKILL을 제외하고는 앞에서 정의한 어떤 시그널도 sig가 될 수 있다. SIGKILL은 어떤 경우에도 프로세스를 종료시킬 수 있도록 하기 위하여 제외되었다. signal의 두 번째 인수 func는 시그널에 대한 처리를 나타내는데 아래와 같은 세 가지 값을 가질 수 있다.

① 정수 값을 돌려주는 함수의 주소.

② SIG_IGN 시그널을 무시하라는 의미의 특별한 기호 이름. 프로세스는 sig 형의 시그널을 모두 무시한다.

③ SIG_DFL 시스템의 묵시적(default) 처리 상태로 복원하는 기호이름. 모든 표준 시그널에 대하여 이것은 정상 또는 비정상 종료를 의미한다.

대부분의 경우 프로세스가 시스템 호출을 수행하는 도중에 시그널이 도착하면 시그널은 시스템 호출이 종료할 때까지 아무런 영향을 받지 않는다. 그러나 몇몇 시스템 호출들은 다르게 처리되는데, 이들은 시그널에 의하여 인터럽트를 받는다. 이런 호출들은 느린 장치(디스크 파일이 아니라 단말기와 같은 것들)에 대한 read, write 또는 open, wait 또는 pause 호출이다.

```
if(write(tfd, buf, SIZE) < 0){
        if(errno == EINTR){
                warn("Write interrupted");
                ...
        }
}
```

대부분의 시그널(SIGILL과 SIGTRAP은 제외)에 대한 처리 함수는 시그널이 포착된 후 즉시 재 지정된다.

```
#include <signal.h>
int interrupt()
{
        printf("Interrupt called\n");
        sleep(10);
}

main()
{
      signal(SIGINT, interrupt);
      printf("Interrupt set for SIGINT\N");
      sleep(10);
}
```

프로그램은 우선 시그널 SIGINT의 처리함수로 interrupt를 지정하고, 메시지를 출력한 후 10초 동안 정지한다. 만약 사용자가 인터럽트 키를 누르면, interrupt가 수행되면서 다른 메시지가 출력되고 sleep이 두 번째로 수행된다. 그러나 만약 인터럽트 키가 또 다시 눌러지면 프로세스는 종료한다. UNIX 시그널은 누적되지 않는다. 즉, 하나의 프로세스에 대하여 한 순간에는 같은 종류의 시그널이 오직 하나만 존재할 수 있다. 반면에 여러 종류의 시그널은 동시에 존재할 수 있다.

프로세스는 다른 프로세스가 보낸 시그널을 처리하기 위하여 signal을 호출한다. 시그널을 보내는 작업은 kill 시스템 호출을 통하여 이루어진다.

```
#include<signal.h>
int pid, sig, retval;
..
retval = kill(pid, sig);
```

첫 번째 인수 pid는 시그널 sig가 보내질 프로세스들을 결정한다.

```
kill(1234, SIGTERM);
```

프로세스 번호가 1234인 프로세스에 SIGTERM 시그널을 보내는 것을 의미한다. 프로세스는 자기 자신에게도 시그널을 보낼 수 있다. kill의 pid 인수는 특별한 의미를 가지는 다른 값들이 될 수도 있다. 다음은 가능한 네 가지를 나열한 것이다.

① pid가 0이면 시그널은 보내는 프로세스와 같은 프로세스 그룹에 속하는 모든 프로세스에 보내진다.

② pid가 -1이고 프로세스의 유효사용자 식별번호가 슈퍼 사용자가 아니면 시그널은 실사용자 식별번호가 보내는 프로세스의 유효사용자 식별번호와 같은 모든 프로세스에 보내진다. 여기에는 보내는 프로세스도 포함된다.

③ pid가 -1이고 유효사용자 식별번호가 슈퍼 사용자이면 시그널은 특수한 시스템 프로세스를 제외한 모든 프로세스에 보내진다.(특수한 시스템 프로세스를 제외하는 것은 프로세스의 그룹에 시그널을 보내는 경우에는 모두 해당되는데 여기서는 특히 중요하다.)

④ 마지막은 pid가 0보다 작으면서 -1이 아닌 경우로 시그널은 프로세스의 그룹 식별번호가 pid의 절대값과 같은 모든 프로세스 보내진다. 이것은 때때로 보내는 프로세스를 포함한다.

다음은 자식 프로세스를 생성하고 Signal Handler인 catchit을 생성, 등록하는 일례이고 실시간 제어기법 등에 관한 보다 자세한 내용은 QNX System Architecture Manual, Unix 계열의 각종 실시간 프로그래밍 기법 관련 서적을 참조하기 바란다.

QNX 상의 Application에서 임의의 프로세스는 다른 컴퓨터상의 임의의 프로세스와 마치 같은 컴퓨터 상에서와 같이 서로 통신할 수 있다. 이러한 기능은 OKPO-6000에서도 유용하게 이용되고 있는데 전체 시스템의 Operating용 컴퓨터와 OKPO-6000 내부의 AUTOPILOT 컴퓨터, Sub-control 컴퓨터간의 프로세스 통신에 쓰이고 있다. 이러한 기능은 Network Manager가 Messages, Proxies와 Signals을 Network을 통하여 보내는 가상의 경로인 Virtual Circuits(VC)에 의해 가능하다.

```
#include <unistd.h>
#include <signal.h>
#include <stdio.h>
#include <sys/types.h>
#include <sys/wait.h>
#define SIG_STOP_CHILD SIGUSR1
main()
```

```
{
pid_t pid;
sigset_t newmask, oldmask;
if((pid=fork()) == 0) { /* Child */     <--- Child Process 생성
  struct sigaction action; <--- Child Process는 sigaction 구조체를 선언
        void catchit();     <--- Child Prodess는 catchit이라는 Signal Handler를 선언
  sigemptyset(&newmask);                    <--- newmask sigset_t 구조를 초기화
  sigaddset(&newmask, SIG_STOP_CHILD);      <--- newmask sigset_t 구조체 내의
           SIG_STOP_CHILD에 해당하는 bit를 Setting하기 위해 sigaddset 함수를 호출
  sigprocmask(SIG_BLOCK, &newmask, &oldmask);    <-- newmask sigset_t 구조체를
              sigprocmask 함수 호출로 기술(SIG_STOP_CHILD signal을 Blocking)
  action.sa_flags = 0;              <--- sa_flags member를 clear
  action.sa_handler = catchit;      <--- catchit signal handler의 주소를 sa_handler
                                          member로 옮김
 if(sigaction(SIG_STOP_CHILD, &action, NULL) == -1) {   <--- process가 SIG_STOP_CHILD
              signal를 받으면 catchit signal handler가 동작하도록 하는 sigaction 함수를 호출
    perror("sigusr: sigaction");
    _exit(1);
  } /* End of if */
  sigsuspend(&oldmask); <--- SIG_STOP_CHILD signal이 unblocked 되고 child process는
             SIG_STOP_CHILD 신호가 전달될 때까지 일시 정지됨.
}
else { /* Parent */
  int stat;
  sleep(1);        <--- Parent process가 1초간 정지(Child process가 구동되도록)
  kill(pid, SIG_STOP_CHILD);       <-- SIG_STOP_CHILD 신호가 Child process에 전달되도록
     kill 함수 호출
  pid = wait(&stat);       <--- Child process가 종료될 때까지 기다림.(아래의 Status printing
             이 일어나기 전에 catchit signal handler가 구동되어야 함.)
  printf("Child exit status = %d\n", WEXITSTATUS(stat));
  _exit(0);
} /* End of if */
}/* End of main */

void catchit(int signo)     <--- Child가 SIG_STOP_CHILD 신호를 받아 처리했다는 것을 알림
{
```

```
printf("Signal %d received from parent\n", signo);
_exit(0);
} /* End of void catchit */
```

Kernel의 Scheduler는 다음과 같을 때 Scheduling 결정을 한다.

- 프로세스가 Block될 때,
- 프로세스의 수행시간(Timeslice)이 모두 소모되었을 때,
- 수행 중이던 프로세스가 우선권(Priority)을 다른 프로세스에게 빼앗겼을 때, QNX에서 모든 프로세스에게 우선권이 할당된다. Scheduler는 READY 상태의 모든 프로세스들에 대한 우선순위를 조사한 후 다음으로 실행될 프로세스(우선순위가 가장 높은)를 결정한다. 우선순위는 가장 낮은 0에서부터 가장 높은 31까지로 정해지고 새로이 생성된 프로세스의 우선순위는 그 부모 프로세스로부터 상속받는다. 프로세스의 우선순위를 직접 결정해주고자 할 때에는 getprio() C 함수를 이용하고 프로세스의 우선순위를 지정할 때에는 setprio() C 함수를 이용한다.

Scheduling을 위한 알고리즘은 OS마다 약간의 차이가 있지만 다음과 같은 사항을 고려하며 우선순위를 적절히 고려한 Scheduling이 되도록 하여야 한다.

- Scheduler의 실행 가능한 프로세스들 선정 방법
- 프로세스들의 Queuing 방법
- 각 프로세스에 주어지는 실행시간

QNX에서 제공하는 Scheduling 방법으로는 다음과 같은 것들이 있다. 주의해야 할 것은 이러한 Scheduling 방법은 같은 우선순위를 갖는 2개 이상의 프로세스가 READY 상태일 때에 적용된다는 점이다. 만약에 더 높은 우선순위의 프로세스가 READY 상태가 되면 그 즉시 낮은 우선순위의 프로세스는 우선권을 빼앗긴다. 또한, Scheduling 방법을 결정하고자 할 때에는 getscheduler() C 함수를, Scheduling 방법을 지정하고자 할 때는 setscheduler() C 함수를 이용한다.

a) FIFO Scheduling

Block 상태가 되거나 우선순위가 높은 프로세스에 의해 일시 중지될 때까지 계속 수행된다. 같은 우선순위를 갖는 2개의 프로세스가 실행될 때 FIFO Scheduling을 사용한다면 2개의 프로세스가 같은 공유자원에 대하여 상호 배타성(Exclusivity)을 실현시킬 수 있다.

b) Round-robin Scheduling

Block 상태가 되거나 더 높은 우선순위를 갖는 프로세스에 의해 우선권을 빼앗길 때와 그 작동시간(Timeslice : 모든 프로세스에 대하여 할당된 시간 단위, 1 timeslice = 100 ms)이 소모될 때까지 실행된다. Timeslice 기능을 제외하면 Round-robin 방식은 FIFO 방식과 동일하다.

c) Adaptive Scheduling

프로세스가 그 Timeslice를 소모하였고 같은 우선순위를 가진 다른 프로세스가 READY 상태이라면 우선순위가 1 만큼 감소된다(Priority Decay). 그러나 우선순위가 낮아진 후 1초 동안 Unscheduled 상태로 있으면 그 우선순위가 다시 1 만큼 증가(Boost)되나 원래 자기의 우선순위보다 높아지지는 않는다. 이러한 방식은 Shell에 의해 생성되는 프로그램들에서는 Default이다.

Ⅲ. 프로세스 관리

프로세스 매니저는 Kernel과 밀접하게 작용하여 시스템의 운영에 필수적인 여러 서비스를 제공한다. 또한, 이것은 다른 모든 프로세스들과 마찬가지로 Kernel에 의해 동작되도록 Scheduling 되고 Kernel의 Message-passing Primitives를 이용하여 시스템 내의 다른 프로세스들과 통신한다. 프로세스 매니저는 시스템 내에서 새로운 프로세스를 생성하고 관련된 중요 자원을 관리하는 역할을 하는데 이러한 모든 서비스들은 Messages를 통하여 이루어진다.

UNIX에서의 프로세스란 간단히 말하면 수행 중인 프로그램 그 자체이며, 이것은 다른 환경에서 말하는 태스크(task) 개념에 해당한다. 쉘(shell)은 하나의 명령을 수행하기 위하여 어떤 프로그램을 시작할 때마다 새로운 프로세스를 생성한다. UNIX 프로세스 환경은 파일시스템의 디렉토리 트리와 같은 계층적인 구조를 가진다. 프로세스 트리의 꼭대기에는 하나의 제어 프로세스가 존재하는데, 이것은 init라 하는 매우 중요한 프로그램의 수행이며, 궁극적으로 모든 프로세스는 이것에서 비롯된다.

(1) 함수 원형

QNX에서는 프로세스 생성을 위하여 다음과 같은 3가지 함수원형(Primitive)을 제공한다.

a) fork()

새로운 프로세스를 생성하는데 생성된 프로세스는 호출프로세스(Calling Process)와 꼭 같은 이미지(Image)이다. 생성된 프로세스는 호출프로세스와 같이 Code부를 공유하고 Data 부분은 복사본으로 상속받는다.

b) exec()

호출프로세스의 이미지를 새로운 프로세스 이미지로 대체시킨다. 시스템 호출들의 모임으로서, 각각은 동일한 기능 즉, 한 프로세스를 그 자신의 기억장소에 새로운 프로그램을 대치시킴으로써 변환시키는 기능을 수행한다. exec 호출들 각각의 차이는 그들의 매개변수 목록들이 어떤 방법으로 작성되는 가에 있다. POSIX 시스템에서는 호출프로세스를 지우지 않고 새로운 프로세스를 만들 때에 먼저 fork()를 호출한 후에 fork()의 자식프로세스(Child)가 exec()를 호출하도록 한다.

c) spawn()

호출프로세스의 자식으로서 새로운 프로세스를 생성시킨다. 이를 이용하면 fork()와 exec()를 호출할 필요가 없어지므로 더욱 빠르고 효과적일 수 있다.

fork 시스템 호출은 기본적인 프로세스 생성 primitive이다. 이것을 통하여 UNIX는 다중처리 시스템(multitasking system)으로 전환된다.

```
int pid;
pid = fork();
```

fork가 성공적으로 수행되면 커널은 호출하는 프로세스의 복사본을 새로운 프로세스로서 생성한다. 새로 생성된 프로세스를 자식 프로세스(child process)라 하고, fork를 호출한 프로세스를 부모 프로세스(parent process)라 한다. fork의 호출로 자식 프로세스가 생성된 후에는 부모 프로세스와 자식 프로세스가 동시에 수행되며, 이때 두 프로세스는 fork 호출문의 바로 다음 문장부터 수행을 계속한다. fork는 인수 없이 호출되고, 정수형의 pid를 돌려준다.

```
pid = fork();
```

부모와 자식 프로세스를 구분하는 것은 pid의 값이다. 부모 프로세스는 pid가 0이 아닌 양의 정수 값을 갖는 반면 자식 프로세스는 0을 갖는다. 부모에게로 돌려주는 pid 값을 자식 프로세스의 프로세스 식별번호(process-id)라 한다.

```
main()
{
    int pid;            // hold process-id in parent
    printf("Just one process so far\n");
    printf("Calling fork ...\n");

    pid = fork();                // create new process

    if(pid == 0)
        printf("I'm the child\n");
    else if(pid > 0)
        printf("I'm the parent, child has pid %d\n", pid);
    else
        printf("Fork returned error code, no child\n");
}
```

fork 뒤의 if 문에 3개의 분기(branch)가 존재한다. 첫 번째 분기는 변수 pid 값이 0일 때, 자식 프로세스를 위한 동작을 명세하는 것이고, 두 번째 분기는 pid 값이 양수일 때에 해당하는 것으로, 부모 프로세스가 해야 할 동작을 나타낸다. 그리고 세 번째 분기는 pid가 음수 값(실제는 -1)을 가질 때에 해당하는데, fork가 자식 프로세스의 생성이 실패하였을 때의 동작을 말해준다. 이런 상황은 부모프로세스가 다음과 같은 2종류의 제한을 깨뜨리려고 했을 때 발생한다. 첫째는 시스템 차원에서 허용되는 프로세스의 개수이고, 둘째는 개별 사용자가 동시에 수행시킬 수 있는 프로세스의 수에 대한 제한이다. 이런 두 종류의 상황에서 오류변수 errno는 EAGAIN 이라는 코드를 값으로 갖는다.

왜 fork가 유용한 호출인가를 살펴보면, 가장 핵심은 fork가 UNIX의 다른 기능들과 연관될 때 더 유용해진다는 것이다. 예를 들어 fork로 만들어진 부모와 자식 프로세스는 UNIX에서 제공하는 signal이나 pipe 등과 같은 프로세스 간의 통신기능을 이용하여 서로 협조해 가면서, 서로 관련되어 있지만 서로 다른 일들을 해 나갈 수 있다.

exec 군(family)에 속한 어떤 호출도 새로운 프로그램의 수행을 위해 사용될 수 있다.

```
char *path, *file;
char *arg0, *arg1, ..., *argn;
char *argv[];
int ret;
...
ret = execl(path, arg0, arg1, ..., argn,(char *)0);
ret = execv(path, argv);
ret = execlp(file, arg0, arg1, ..., argn,(char *)0);
ret = execvp(file, argv);
```

exec의 모든 변종들은 동일한 기능을 수행한다. 즉, 호출 프로세스(exec를 호출하는)의 기억장소에 새로운 프로그램을 로드(load)함으로써, 호출 프로세스가 새 프로그램을 수행하도록 한다. exec가 성공적으로 수행되면 호출 프로그램은 완전히 새로운 프로그램으로 대치되고, 그 프로그램의 처음부터 수행은 시작하게 된다. 결과는 새로 만들어진 프로세스 하나만이 존재하는데, 이 프로세스는 자기를 호출한 프로세스와 똑같은 프로세스 식별번호를 가진다. exec는 호출 프로세스와 동시에 수행하는 새로운 부프로세스를 생성하는 것이 아니라는 점이 중요하다. exec로부터의 복귀값은 없다. execl의 모든 인수는 문자형의 포인터이다. 첫 번째 인수인 path는 새로이 수행될 프로그램이 들어있는 파일의 이름을 가리키는데, 이것은 절대 또는 상대적인 유효한 경로이름 이어야한다. execl(혹은 execv)는 쉘명령이 들어있는 파일은 수행시키지 못한다. 두 번째 인수 arg0은 관례적으로 앞자리의 경로 이름을 제거한 프로그램 또는 명령의 이름이 된다. 마지막임을 알리는 표시로 null 포인터가 존재해야 한다. 다음 예는 디렉토리를 나열하는 프로그램 ls를 수행하기 위해 execl을 사용하는 것을 보여준다.

```
main()
{
    printf("executing ls\n");
    execl("/bin/ls", "ls", "0l", (char *)0);

    // If execl returns, the call has failed, so ...
    perror("execl failed to run ls");
    exit(1);
}
```

execl이 성공적으로 호출되면 호출 프로그램을 제거하여 수행되지 않게 하고, execl이 호출되지 않아 호출 프로그램이 살아 남으면 오류가 발생되도록 하는 것이다. 이런 이유로 execl과 그 변종들이 복귀될 때는 항상 -1을 돌려준다.

fork와 exec를 함께 사용함으로써 프로그래머에게 더 많은 기능을 제공할 수 있다. fork로 자식 프로세스를 만들고, 그 자식 프로세스 안에서 exec를 이용하면, 부모 프로세스의 입장에서는 자신을 죽이지 않고도 전혀 다른 프로그램을 부 프로세스로 가질 수 있게 된다. 간단히 오류 루틴 fatal과 wait라는 시스템 호출이 새로이 소개된다.

```
main()
{
        int pid;

        pid = fork();
        // if parent, use wait to suspend execution until child finishes
        if(pid > 0){
            wait((int*)0);
            printf("ls completed\n");
            exit(0);
        }
        // if child then exec ls
        if(pid == 0){
            execl("/bin/ls", "ls", "-l",(char *)0);
            fatal("execl failed");
        }
        // getting here means pid is negative, so error has occurred
        fatal("fork failed");
}
```

fatal은 한 메세지를 출력하기 위해서 단순히 기존의 perror를 호출한다.

```
fatal(s)          // print error message and die
char *s;
{
        perror(s);
        exit(1);
}
```

이 예에서 wait는 fork 호출로 자식 프로세스를 생성한 직후에 호출된다. 시스템은 이 호출로 인해 자식이 끝날 때까지 부모를 sleep 상태에 둔다.

fork로 생성된 자식 프로세스는 부모 프로세스와 거의 똑같다. 특히 부모 프로세스가 가지고 있던 변수의 값들은 자식 프로세스에게 그대로 전달된다.(fork 자신으로부터의 복귀값은 예외임). 자식에게 주어지는 변수의 값들은 부모 프로세스가 가진 변수의 값들의 '복제'이기 때문에 기억장소에서 서로 다른 위치에 놓이게 된다. 그러나 fork 이전에 개방된 파일들은 부모와 자식 프로세스 간에 매우 밀접하게 연관된다. 이것은 각 파일의 읽기-쓰기 포인터가 부모와 자식 사이에서 공유되기 때문이다. 이러한 공유는 읽기-쓰기 포인터가 프로그램 자체 내에 명시적으로 선언되는 것이 아니라 시스템이 관리하는 것이기 때문에 가능하다. 결론적으로, 한 자식 프로세스가 어떤 파일에서 정방향으로 포인터를 전진시키면 부모 프로세스에서도 새로운 위치로 이동된다.

보통 개방된 파일 기술어들도 exec를 호출했을 때 생성된 프로세스에 전달된다. 즉, 원래의 프로그램에서 개방된 파일들은 exec를 통해서 전혀 새로운 프로그램이 시작될 때도 개방된 상태가 보존된다. 그런 파일들에 대한 읽기-쓰기 포인터들도 exec 호출에 의해 변화되지 않는다. fcntl 루틴을 이용하면 한 파일과 연관된 close-on-exec 플래그를 조절할 수 있다.

```
#include <fcntl.h>
int fd;

fd = open("file", O_RDONLY);
// set close-on-exec flag on
fcntl(fd, F_SETFD, 1);
```

close-on-exec 플래그는 아래와 같은 명령문에 의해 off로 된다. 플래그의 현재 값은 아래와 같이 얻어질 수 있다.

```
fcntl(fd, F_SETFD, 0);
res = fcntl(fd, F_GETFD, 0);
```

정수형 변수 res는 close-on-exec 플래그가 파일 기술어 fd에 대해 on일 때 1 값을 가지며, 그렇지 않으면 0을 가진다.

```
int status;
exit(status);
```

exit은 이미 익숙한 것으로, 프로세스를 종료시키고자 할 때 사용된다. 물론 프로세스는 프로그램을 수행하며 main 함수의 끝에 도달하거나, main에서 return 문을 수행할 때에도 종료된다. exit 호출에서 가장 중요한 것은 모든 개방된 파일 기술어를 닫는 것이다.

```
int retval, status;
retval = wait(&status);
retval = wait((int *)0);
```

위에서 wait는 자식 프로세스가 수행되고 있는 동안 부모 프로세스의 수행을 일시적으로 중단시킨다. 자식이 수행을 마치면, 기다리던 부모는 수행을 재개한다. 그러나 1개 이상의 자식이 수행되고 있으면, wait는 자식 프로세스들 중 하나가 최초로 종료되는 시간에 복귀된다.

```
pid = fork();   // create new process

if(pid == 0){   // child
    // do something..
}
else{                        // parent, so wait for child
    wait((int *)0);
}
```

fork와 wait의 조합은 자식 프로세스가 exec를 통해 완전히 서로 다른 프로그램을 수행하도록 되어있을 때 이용된다. wait가 -1을 돌려주면 살아있는 자식 프로세스가 없다는 의미이고, 이 경우 errno는 오류 코드 ECHILD를 가지게 된다.

프로세스가 좀비 상태로 되거나 불완전한 종료를 하는 경우는 다음과 같다.

① 부모 프로세스가 wait를 수행하지 않고 있는 상태에서 자식이 종료할 때
② 하나 이상의 자식 프로세스가 수행되고 있는 상태에서 부모가 종료할 때

①의 경우, 종료하는 프로세스는 일종의 잊혀진 장소로 옮겨져서 좀비(zombie)가 된다. 좀비 프로세스는 프로세스를 제어하기 위해 커널이 관리하고 있는 테이블에 등록되어 있으면서 커널의 다른 자원들은 사용하지 않는다.

②의 경우에 부모는 정상적인 종료가 허용된다. 부모 프로세스의 자식들(좀비를 포함한)은 시스템의 초기화 프로세스에게 맡겨진다(초기화 프로세스가 부모의 역할을 함).

(2) Timers

QNX에서 시간은 운영체제에 의해 동작되는 시스템 Timer에 의해 관리된다. 예를 들어 Shell Scripts나 프로세스를 잠시 동안 정지시키려 할 때는 Shell Scripts의 경우엔 "sleep" 유틸리티를, 프로세스의 경우엔 *sleep()* C 함수를 이용하면 된다. 또한, 밀리초(milliseconds) 단위의 Time Interval을 두려 할 때에는 *delay()* C 함수를 이용한다.

프로세스는 Timers를 생성시키고 Time Interval을 갖게 하고 제거시킬 수도 있다. Timer를 생성시킬 때에는 *mktimer()* C 함수를 이용한다.

(3) Interrupt Handlers

Interrupt Handler는 컴퓨터 하드웨어 인터럽트 시스템을 지원하는데 하드웨어 인터럽트에 대해 작용하고 컴퓨터와 주변장치간의 Low-level 데이터 전달 과정을 관리한다. 여러 프로세스가 같은 인터럽트를 실행시키려 할 수 있으며 하드웨어 인터럽트가 발생하면 각각의 인터럽트 Handler는 차례로 그와 관련된 제어동작을 수행하게 된다. QNX에서 하드웨어 인터럽트를 발생시키려면 *qnx_hint_attach()* C 함수를, 제거할 때에는 *qnx_hint_detach()* C 함수를 이용한다.

무인 수중 탐사정의 운동제어에는 추진기, Battery, 음향 송수신, 속도 및 자세 감지용 센서들, Side Scan Sonar, 장애물 회피용 센서, 온도 및 압력 센서, 각종 기록 장치 등 여러 장비들에 대한 감시 및 제어를 위한 프로세서들이 필요한데 이러한 여러 프로세서들을 효율적으로 구동하기 위하여 위에서 언급한 바와 같이 OS의 규모가 작으면서도 실시간 다중작업이 뛰어난 QNX를 OS로 선택하였다.

Ⅳ. 시스템 관리

OKPO-6000 운영 시스템에 문제가 발생하게 되면 다음과 같은 시스템 관리 항목을 살펴보고 이상이 있을 때에는 그에 따른 복구 작업을 수행하여야 한다. 아래와 같은 파일을 살펴 본 후 다른 문제가 있을 때에는 QNX USER'S MANUAL의 'Disk Recovery Procedures' 부분을 참조하기 바란다.

(1) 시스템 파일

시스템을 부팅시키면 여러 프로세스들을 포함하고 있는 이미지(Image) 파일을 부팅하는 것이 된다. 이미지에서 가장 처음으로 실행되는 것은 마이크로 커널을 포함하고 있는 프로세스 Manager이다. 프로세스 매니저는 프로세서를 초기화하고 이미지에 포함된 각 프로세스들의 실행을 스케쥴링한다. 이미지에서 가장 마지막으로 처리되는 프로세스는 sinit 유틸리티이다. sinit 유틸리티는 시스템 초기화 파일(/etc/config/sysinit 또는 /etc/config/sysinit.*node*)을 오픈하고 자기 자신을 쉘(/bin/sh)로 대체한다. sysinit.*node* 파일을 먼저 오픈하려 하고 실패하였을 경우에만 sysinit 파일을 오픈한다.

a) hard.node

부팅 시의 시스템 이미지를 만들기 위한 파일이 /boot/build/hard.node 이다. 이 파일에는 다음과 같은 내용이 들어 있다.

```
/boot/sys/Proc
$ 38000 Proc -l 4 -R 5
/boot/sys/Slib
$ 1 Slib
/bin/Fsys
$ 16000 Fsys
/bin/$d
$ 1000 $d $p
/bin/mount
$ 4000 mount -p $h $ht77 /
/bin/sinit
$ 2000 sinit TERM=qnx
```

위와 같은 파일을 만들었다면 단순한 파일만이 아닌 이미지를 만들어야 하는데 /boot 디렉토리에서 아래와 같은 방법으로 만든다. 이렇게 만들어진 이미지는 /boot/images 디렉토리에 같은 이름으로 놓인다.

```
# make b=hard.node
```

이렇게 만들어진 /boot/images/hard.node 파일을 루트 디렉토리(/)에 .boot라는 이름으로 복사한 후 재 부팅하면 새로운 이미지가 로딩된다.

b) sysinit.node

자신에게 필요한 여러 환경을 구축하기 위한 파일로 node는 2개 이상의 컴퓨터가 네트워크로 연결되어 있는 경우에는 해당 컴퓨터의 노드 수(Node ID)를 의미한다. 처음 QNX를 설치하였을 때에는 디폴트로 sysinit.1 파일이 생기는데 이 파일을 복사하여 정해 놓은 노드 수를 대입하고 파일을 수정하여 환경을 구축하면 된다. 현재, OKPO-6000 시스템의 작업용 컴퓨터(Node ID = 4)에는 다음과 같은 내용으로 설정되었다.

```
set -i
export TZ=utc00
rtc -l hw
Dev &
Dev.con -n 4 &
reopen //0/dev/con1
#Dev/ser &
Dev.par &
Fsys.floppy &
Dosfsys -s &
emu87 &
Net &
Net.ether1000 -6 -v &
netmap -f
nameloc &
#Mouse msys </dev/ser1 &
tinit -c "/bin/login root" -T /dev/con* -t /dev/con1 &
```

위 파일 내용 중에서 # 기호는 해당 라인을 무시한다는 의미이고 Serial 포트를 비활성화시켜 놓은 것은 네트워크와의 충돌 때문이다. & 기호는 백그라운드 작업으로 수행시킨다는 것을 의미한다.

c) altsysinit

다른 시스템 환경으로 부팅하고자 할 때에나 sysinit.node 파일을 수정하였으나 문제 발생으로 부팅되지 않을 경우를 고려하여 안전상 또 하나의 파일을 복사해 두고자 할 때 필요하다. 시스템 부팅될 때, 〈Esc〉 키를 누르면 이 파일을 이용하여 시스템 환경이 설정된다.

(2) 네트워크

QNX는 네트워크 분산 시스템으로 네트워크 상에서 운영되는 각 컴퓨터를 노드(Node)라 부른다. 네트워크 환경을 구축하기 위한 기본적인 프로세스나 시스템 파일 작성법에 대한 이해가 필요하다.

a) Logical Node ID

양의 정수로 시스템마다 설정되는 고유의 숫자이다. 예를 들어 OKPO-6000 AUV 시스템 내 AP의 Node ID는 2로 설정되었다.

b) Physical Node ID

QNX는 네트워크상의 노드를 구별하기 위하여 로지컬 노드 ID를 사용하지만 네트워크 카드 자체는 물리적 노드 ID로 식별된다. 이 ID는 네트워크 카드에 내장되어 있다. 이러한 ID들을 네트워크 상의 모든 노드에서 서로 인식하여야 하므로 각 노드의 /etc/config/netmap 파일에 적어 두어야 한다. OKPO-6000 시스템 내의 노드는 4개이고 이들에 대한 ID는 다음과 같다.

```
1  1  0000  c086  25ae
2  1  0000  c086  25b7
3  1  0000  e806  5125
4  1  0000  e807  0451
```

노드 1은 APS 컴퓨터, 2는 AP, 3은 SSS 데이터 처리 및 여분의 작업용 컴퓨터이고 4는 주 작업용 컴퓨터이다.

(3) RUN-DOS

QNX는 QNX OS 하에서 DOS를 지원하기 위한 특별한 유틸리티가 있는데 이것이 RUN-DOS이다. 프롬프트 상에서 단순히 rdos를 실행시키면 DOS용 응용 프로그램을 쓸 수 있는 환경이 된다. 이러한 환경을 자신에 적절하게 구축하기 위해서는 /etc/config/rundos 디렉토리에 있는 cfg 파일의 수정이 필요하다.

(4) 기타

AP 내의 주요 시스템 파일은 백업을 받아 두는 것이 좋다. 간혹 AP가 오동작을 일으키거나 작동불능 상태가 될 수 있기 때문이다. '98년 서태평양 시운전 때에도 AP HDD가 오동작을 일으켜 네트워크를 비롯한 모든 설정을 다시 해 주어야 했고 또한, 추가로 가져간 HDD 상에 장치 파일인 ditto가 없었다면 탐사를 수행하기가 어려웠을 것이다. 물론 만일의 상황을 대비하여 여분의 AP를 1개 정도는 확보해 놓는 것이 해양 탐사를 여유롭게 진행하는데 크게 도움이 될 것이다.

부록 5. Monitor Program의 기능별 분석

소프트웨어 즉, Monitor 프로그램의 전반적인 이해 및 계층적 구조에 관해서는 7.2절에서 다룬 바 있다. 여기서는 Monitor 프로그램을 조금 더 세부적으로 분석하고자 하며 각 부프로그램의 기능과 Flow Chart를 나타내었다. 가장 먼저 main 함수에 대한 Flow Chart를 시작으로 각 함수에서 호출되는 다른 함수들을 차례로 나타내었다. 또한, 각 호출함수는 함수가 어느 Source 파일에 포함되어 있는지를 나타내어 찾아보기 쉽도록 하였다. Flow Chart에 나타나는 변수를 모두 상세히 설명하지는 않을 것이다.

main 함수의 기능은 그림 부5.1과 같고 다음과 같은 내용이다.

- Buffer 초기화
- kill_sid.c의 kill_sid() 호출
- Co-processor를 Check
  - dosie.c에 포함되어 있는 CHECK_ENV() 호출
- 화면 초기화
- Terminal Handler 구동
  - ansi.c에 포함되어 있는 term_handler() 호출

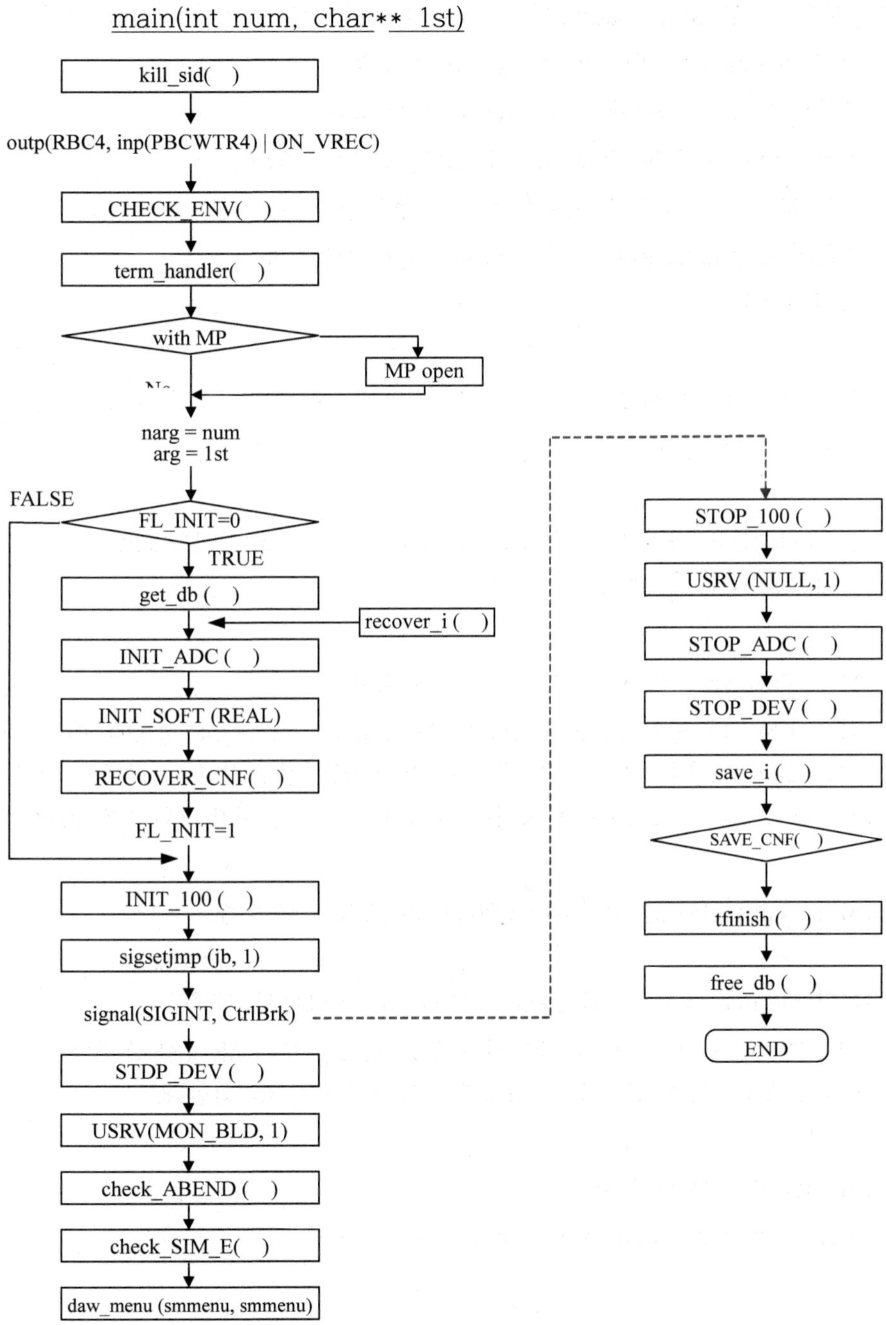

그림 부5.1 RTM main 함수 흐름도

- FL_INIT = 0(PGM이 Loading된 후)이면, 다음과 같은 작업이 수행됨.
  - QNX Segment를 할당(db.c의 get_db() 호출)
  - 현재의 Battery 사용량을 파악(recover_i() 호출)
  - AD Converter를 Setting(adc.c의 INIT_ADC() 호출)
  - 모든 Memory Block을 해제(dosie.c의 INIT_SOFT() 호출)
  - 기존의 Configuration을 복구(RECOVER_CNF() 호출)
  - FL_INIT=1

- 100ms Interrupt를 시작
  - oas_t.c의 INIT_100() 호출

- 모든 Device들을 정지시킴, 즉 모든 Interrupt Handler들을 Detach
  - dosie.c의 STOP_DEV() 호출

- RTM을 구동(usrv.c의 USRV(MON_BLD,1) 호출)
  - 함수 USRV의 인자인 MON_BLD는 Monitor의 Interrupt 설정에 대한 내용을 담기 위한 표이고 정수 1은 USRV 함수에 del이라는 정수 변수로 정의가 되어 있는데 이 것은 다른 자식 프로세스가 생성될 때까지 기다리는 시간(단위 100 ms)이다.

- RTM의 Malfunction을 검사(usrv.c의 check_ABEND() 호출)

- RTM의 Menu를 초기화시킴(menu의 INIT_MENU(ALLM) 호출)
  - ALLM은 MENU.H에 0으로 정의되어 있고 이것은 모든 Menu를 초기화한다는 의미이다. ALLM 대신에 PARTM(=1)을 지정하면 "nest"만을 초기화한다.

- RTM Menu를 화면에 Display
  - menu.c의 draw_menu(&mmenu,&mmenu) 호출

계속해서 호출되는 함수들 중에서 시스템(Compiler)이 제공하는 함수들은 다음과 같다.

- void setbuf(FILE *fp, char *buffer)
  - fp로 지정된 file과 buffer를 연계
  - buffer가 NULL이면 fp로의 모든 I/O는 unbuffered

- char *qnx_fullpath(char *fullpath, char *path)
  - 경로명 path를 fullpath에 의해 제공되는 buffer로 확장시킴
  - fullpath는 다음과 같이 정의된다.

    //node/prefix/localpath

    * // : network node specifier
    * node : A decimal number
    * prefix : A device prefix(eg: hd, fd, dev)
    * localpath : (eg: user/mcryu/data)
  - 사용자가 다른 프로세스(다른 Node에서 수행되고 있을 수도 있음)에 전달되어야 할 경로명을 입력해야 할 때 유용
  - 파일이 존재할 때, fullpath를 반환

- int sigsetjmp(sigjmp_buf env, int savemask)
  - savemask가 0이면 setjmp 함수와 같은 기능
  - savemask가 0이 아니면 이 함수는 프로세스의 현재 signal mask를 호출환경의 일부로서 저장
  - 반환값은 setjmp에서와 같음

- int setjmp(jmp_buf env)
  - 호출환경을 jmp_buf에 저장

- void (*signal(int sig, void (*func) (int)))(int)
  - 프로그램 실행중에 어떤 조건이 감지되면 일어나는 Action을 기술

    (signal)

    * SIGINT : Ctrl-C가 감지되면 Default Action은 프로세스가 비정상적으로 끝나게 됨.
    * SIGING : 지시된 조건을 무시
    * SIGCHLD : 자식 프로세스가 끝나거나 중지됨. Default Action은 signal을 무시하는 것임.

(function)

* SIG_DFL : 어떤 조건에 대한 Default Action이 일어나도록 함.
  Default Action이 프로세스를 중지시키는 것이면 프로세스의 실행이 잠시 중지됨. 프로세스가 중지될 때, 부모 프로세스가 SA_NOCLDSTOP flag을 설정하지 않았을 경우엔 SIGCHLD Signal이 부모 프로세스에로 발생된다.
* void func(int sig_no) : 호출되는 함수

다음은 소프트웨어 개발자에 의해 호출되는 함수의 기능을 기술하였다.

- kill_sid()
  - kill_sid.c에 포함되어 있고 초기화된 프로세스 init_t를 중지시킴
  - init_t 프로세스는 AUV Power가 들어간 후 Depth Sensor Power를 켜고 APS Timer와 100ms Interrupt를 초기화시키며 현재 시간, 날짜 및 Autopilot Reset의 원인을 //2/exe/serv File에 기록하는 역할을 한다.
  - init_t 프로세스는 //2/exe Directory에 있다.

- int CHECK_ENV()
  - dosie.c에 포함되어 있고 BIOS 환경을 검사
  - Math-processor가 있으면 0 아니면 1을 반환

- pid_t fork(void)
  - 새로운 프로세스(자식 프로세스)를 생성.
  - 자식 프로세스에겐 0을 부모 프로세스에겐 자식 프로세스의 ID를 반환

- void term_handler(void)
  - ansi.c에 포함되어 있고 terminal 초기화 및 terminal 관련 여러 프로세스들과의 Message 교환 과정 기술

- int get_db()
  - db.c에 포함되어 있고 qnx_segment_alloc_flags 함수를 이용하여 필요한 메모리 세그멘트를 할당하고 초기화함.

- void recover_i(void)
  - voltag.c에 포함되어 있고 I.SAV에 저장되어 있는 Integrator 소비량을 읽어 들임.

- void INIT_ADC()
  - adc.c에 포함되어 있고 ADC 초기화
  - qnx_hint_attach를 이용하여 interrupt 함수를 H/W interrupt에 attach시키고 segment 할당

- void INIT_SOFT(int mode)
  - dosie.c에 포함되어 있고 S/W 초기화
  - Bits Controller(kb.c의 BC 함수), RC와 ES 명령 수행(inttofon.c의 FONPRG 함수), Navigation(navig.c의 NAV 함수), ADC, WTRDAT, USRV, 저장 및 출력Messages (abfix.c의 ABFIX 함수), ES(kas.c의 KAS 함수), Simulation(imiton.c의 IMITON 함수), Recovery(avverx.c의 AVVERX 함수), Regulator(regul.c의 REGUL 함수), Thruster Control(bud.c의 BUD 함수), Sensors(sensors.c의 SENSORS 함수), Diving(diving.c의 DIVING 함수), GALS realization(moving.c의 MOVING 함수), Side Scan Sonar(sss.c의 SSS 함수)

- void RECOVER_CNF(void)
  - auvcnf.c에 포함되어 있고 AUV.CNF 파일로부터 이전 설정치를 읽어 들임

- void INIT_100(void)
  - oas_t.c에 포함되어 있고 100 ms Interrupt를 활성화(qnx_hint_attach)
  - Pulse(1-99ms) Generator(U5.2) 초기화
  - Measurement Counter(U6.1) 초기화
  - Pulse(TZ 100mks) Generator(U6.2) 초기화
  - Devider(U7.0) 초기화
  - Measurement Counter(U7.1) 초기화

- void STOP_DEV()
  - dosie.c에 포함되어 있고 그림 부5.2에 Flow Chart를 나타내었다.
  - 각종 Device Working을 정지시킴 : TCM, LOG, APS, DELPTH, OAS, CC, BC

- void USRV(STR_TAB* tab, int del)
  - usrv.c에 포함되어 있고 이전에 실행한 RTM이 존재하는 가를 조사하고 존재하면 Kill
  - 새로운 RTM을 생성

- int check_ABEND()
  - usrv.c에 포함되어 있고 RTM의 Malfunction을 검사

- void check_SIM_TIME(void)
  - imiton.c에 포함되어 있고 Simulation Duration을 조사(약 4분 이상 Simulation을 거쳐야 함)

- void INIT_MENU(int what)
  - menu.c에 포함되어 있고 Menu 초기화(USRV, KASAB, KASPRC, KASWOR, KASVOL)

- void STOP_100(void)
  - oas_t.c에 포함되어 있음

- void STOP_ADC()
  - adc.c에 포함되어 있고 qnx_hint_deatch(hid) 함수를 이용하여 ADC를 Detach(정지) 시킴.

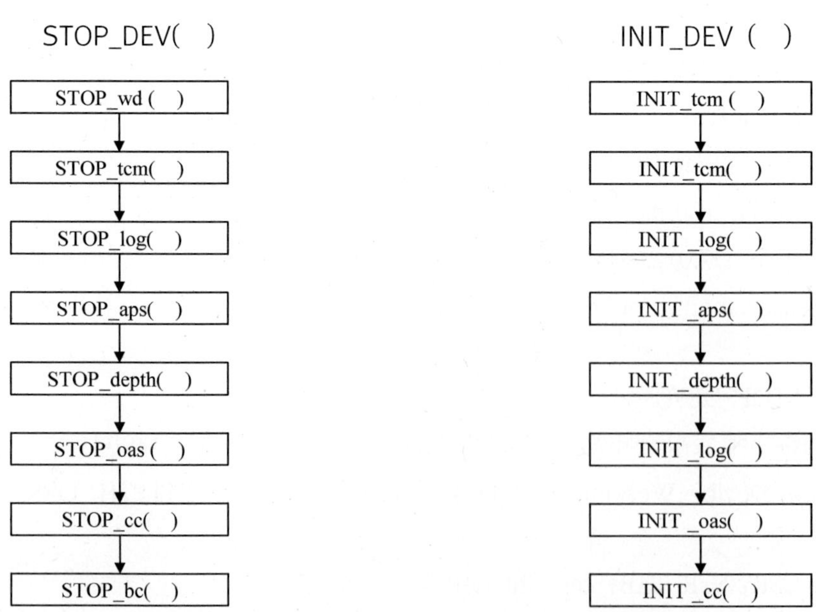

그림 부5.2 STOP_DEV() 함수와 INIT_DEV() 함수

참고로 AD Converter에 관련된 내용은 다음과 같다.

- static pid_t far INTADC()
  - INIT_ADC 함수에서 호출됨
  - ADC로부터 Data를 읽음.
  - 마지막 Parameter를 읽고 나면 관련 변수들을 초기화하고 INIADC(0)을 호출

- void INIADC(int NSPIS)
  - 요구되는 Interrupt Sequence를 초기화
  - NSPIS는 0(새로운 Interrupt 요구가 있는지를 검사), 1(NAV), 2(VOL), 3(I), 4(ALL)의 값을 가질 수 있다.
  - kasvol.c의 KASVOL(..) 함수에서 호출 --- NSPIS = VOL
  - navig.c의 RNAV(..) 함수에서 호출 --- NSPIS = NAV
  - otlmon.c의 E_ADC1(..) 함수에서 호출 --- NSPIS = ALL
  - voltag.c의 INTGRI(..) 함수에서 호출 --- NSPIS = I
  - voltag.c의 VOLTAG(..) 함수에서 호출 --- NSPIS = VOL

- int KORV0(int V)
  - Zero Voltage Correction
  - navig.c의 compcorr(..), DERFI(..), DERPSI(..) 함수와 voltag.c의 CONV_I(..), INTGRI(..), CONV_VOL(..) 함수 및 SINFI(..)와 COSFI(..) 함수에서 호출

- char *adc_err(void)
  - ADC-1의 Error Message 출력
  - kasprc.c의 H_ADC1() 함수와 otlmon.c의 E_ADC1(..) 함수에서 호출

- float SINFI() 와 COSFI()
  - akinut.c의 DOSIE[] Table

- void INIT_ADC()
  - ADC-1 초기화
  - dosie.c의 INIT_SOFT(..) 함수, kasprc.c의 H_ADC1() 함수, mon.c의 main, otlmon.c의 E_ADC1(..) 함수, voltag.c의 VOLTAG(..) 함수에서 호출

그림 부5.1에서 USRV(STR_TAB* Tab, INT del) 함수가 실질적인 Monitor 프로그램의 main 이라고 할 수 있고 main 함수와 함께 앞 절에서 언급한 거의 모든 내용을 내포하고 있는 매우 중요한 부분이며 이 부분을 이해하여야만 이와 유사한 응용 프로그램을 작성할 수 있다. 주요 기능은 RTM 설정표에 정의된 프로세스들을 활성화시키는 것이고 그림 부5.3에 Flow Chart를 간략히 나타내었다.

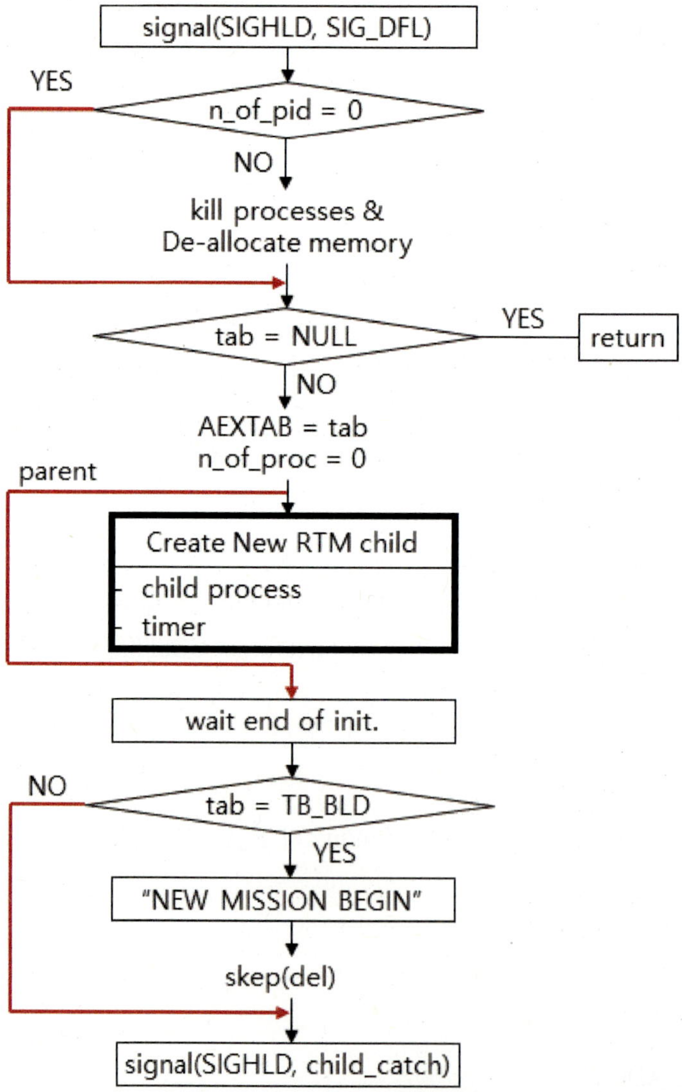

그림 부5.3 USRV 함수 흐름도

현재 Version에선 usrv.c에 subr_start_time과 flag_kas 정의가 추가되었고, TB_BLD Table 수정되었으며 void형 함수 dead_chld_testIvoid)가 추가되었는데 이것은 자식 프로세스가 소멸될 때 RTM 구조를 검사하는 기능을 한다. 또한, sig와 chld_flg를 1로 설정하는 static void 형 함수 child_catch(int sig)과 void USRV(STR_TAB* tab, int del)에 long형의 last_proxy_time이 추가되어 마지막 Proxy가 들어온 시간을 알 수 있도록 하였다.

- int Send(pid_t pid, void __far *smsg, void __far *rmsg, unsigned snbytes, unsigned rnbytes)
  - 프로세스 pid에게 Message smsg를 보내고 응답은 Message Buffer rnmsg에 놓이며 보내질 Message 크기는 snbytes이고 응답 Message의 크기는 최대 rnbytes임
  - Signal에 의해 Interrupt될 수 있고 이 때에 (-1)과 errno를 EINTR로 설정
  - 성공적일 땐, 0을 반환

- pid_t waitpid(pid_t pid, int *stat_loc, int options)
  - 호출함수의 실행을 중지시킴(종료된 자식 프로세스들 중의 어느 하나로부터 Status Information이 가능해지거나, 프로세스를 Terminate시키거나 Signal Handler를 실행시키는 작용을 하는 Signal이 전달될 때까지).
  - pid = -1: 임의의 자식 프로세스에 대해 Status가 요구됨

    〉 0: Status가 요구되는 하나의 자식 프로세스 PID를 기술

    = 0: PID가 호출함수의 PID와 같은 임의의 자식 프로세스에 대해 Status가 요구됨

    〈 -1: GID가 호출함수의 GID가 PID의 절대값과 같은 임의의 자식 프로세스에 대해 Status가 요구됨
  - stat_loc 변수가 NULL이 아니면 자식 프로세스의 Terminating Status가 놓임.
  - 성공적이면 종료되는 자식 프로세스의 PID를 반환

- void free(void *ptr)
  - Memory Block을 Deallocate
  - Large Data Memory Model에선 _ffree 함수와 같고 Small Data Memory Model에선 _nfree 함수와 같다.

- pid_t getpid(void)
  - 호출함수가 PID를 알게 함.

- pid_t fork(void)
  - 새로운 프로세스(자식 프로세스)를 생성
  - 성공적이면 자식 프로세스에게 0을 부모 프로세스에게 자식 프로세스의 PID를 반환

- int setscheduler(pid_t pid, int alg, prio)
  - 프로세스 pid를 prio로 바꾸고 스케쥴링 정책은 alg(SCHED_FIFO, SCHED_RR, SCHED_OTHER)로 함.
  - 프로세스 우선순위와 스케쥴링 정책은 Default로 자식 프로세스를 생성한 프로세스로부터 주어지거나 상속된다.

- pid_t qnx_proxy_attach(pid_t pid, char *data, int nbytes, priority)
  - data로 지정된 Message를 갖는 Proxy 프로세스를 생성. Proxy는 프로세스 pid에 부착되나 pid가 Zero이면 호출함수에 붙는다. Proxy도 우선순위를 할당받을 수 있는데 호출 프로세스의 우선순위는 Default로 (-1)이다. Proxy는 항상 Message를 보낼 준비가 되어있는 Messenger로서 작용한다. Proxy는 주로 Client로부터의 Message를 기다리는 Receive-Blocked 상태의 프로세스를 깨우기 위하여 사용되며 또한, 프로세스들 사이에서 간단한 Non-Bloking Send가 요구되는 상황에서도 사용될 수 있다.
  - 성공일 경우, 프로세스 ID를 반환하고 아니면 (-1)을 반환

- timer_t mktimer(int timer_type, notify_type, struct itimercb, *itimercbp)
  - timer_type 형의 Interval Timer를 생성
  - 성공이면 Timer ID를 반환

- int reltimer(timer_t timerid, struct itimerspec *value, struct itimerspec *ovalue)
  - timer인 timerid를 현재 시각으로부터 value로 지정된 Offset만큼 지날 때 Expire되도록 Setting
  - 구조체 value의 Member인 it_value가 Zero이면 Timer는 Disable이고 아니면 현재로부터 Expire될 seconds 또는 nanoseconds 단위의 Offset을 나타낸다.
  - 성공 시엔 Zero를 반환

- pid_t getppidIvoid)
  - 호출함수가 Parent의 ID를 알게 하고 성공시 부모 프로세스의 ID를 반환

- pid_t Receive(pid_t pid, void _far *msg, unsigned nbytes)
  - pid로 지정된 프로세스로부터의 Message를 기다리고 pid가 Zero가 아닐 경우 pid만으로부터의 Message를 수신하며 pid가 Zero이면 임의의 프로세스나 Proxy로부터 Message를 수신하게 된다.

- pid_t Creceive(pid_t pid, void _far *msg, unsigned nbytes)
  - pid로 지정된 프로세스로부터의 Message가 대기 중인지 여부를 검사
  - receive 함수와 같은 기능이지만 Message가 대기 중이지 않으면 Block되지 않는다는 점이 다르다.

- int rmtimer(timer_t timerid)
  - mktimer 함수로부터 반환되어 timerid에 의해 이전에 부착되었던 Timer를 제거

- int qnx_proxy_detach(pid_t proxy)
  - Proxy 프로세스인 proxy를 Release시킴. 어떤 프로세스가 죽을 때에 부착되었던 모든 Proxy들이 제거된다. 성공일 때엔 0을 반환

- int Reply(pid_t pid, void _far *msg, unsigned nbytes)
  - 프로세스 pid에 msg로 지정된 Data로 응답

- struct tm *localtime(const time_t *timer)
  - timer로 지정된 Calendar Time을 아래 구조체와 같은 형태로 변환
  - Calendar Time은 주로 time 함수에 의해 얻어짐.

- char *asctime(const struct tm *timerptr)
  - timerptr로 지정된 구조체 정보를 26자의 String으로 변환
  - 예) Sat Mar 21 15:58:27 1998\n\0 <--- 빈칸 모두 포함하여 26자

- int qnx_hint_attach(unsigned intnum, void _far *handler, unsigned ds)
  - Interrupt 함수인 handler를 H/W Interrupt인 intnum에 부착.
  - intnum은 0 ~ 7(on PC)
  - handler 함수는 Interrupt가 아닌 far call을 통하여 nvoked 된다.
  - Data Segment는 ds로 지정
  - 반환값이 (-1)이면 오류가 발생한 것이고 성공적이면 작은 양의 정수를 반환

- unsigned FP_SEG(void __far *far_ptr)
  - 이 마크로는 far_ptr로 주어진 far pointer 값에 대한 세그먼트 부분을 얻기 위해 사용됨.

- int qnx_hint_mask(unsigned intnum, unsigned action)
  - intnum에 대한 H/W Interrupt의 가능 여부를 묻는다. action 값에 따라 작동 형태가 다르다.

    0 ---〉 Interrupt Mask를 변경 안함

    1 ---〉 Interrupt Enable

    2 ---〉 Interrupt Disable
  - H/W Interrupt Mask의 현재 상태를 반환하며 (-1)이면 Error

- int qnx_hint_detach(int iid)
  - iid에 대한 Interrupt Handler를 Detach시킴. iid는 qnx_hint_attach에 의해 반환된 값이다.
  - 성공이면 0을 반환

- int spawn(mode, pgm, arg0, ..., argN, NULL)
  - 새로운 자식 프로세스인 pgm을 생성하고 실행시킨다. mode 값을 사용하여 프로그램이 load되는 방법과 Invoked 프로그램이 초기화된 후 Invoking Program이 거동하는 방법을 결정

- void WTRDISK(int per)
  - wtrdisk.c에 포함되어 있고 현재 Version에선 어떠한 일도 하지 않음. 즉, 이 Routine은 없애도 관계없음. 이전 Version에선 per의 값에 따라 하는 기능이 다르지만 0과 (-1)이 아닐 경우에는 Pipe를 통하여 Data를 받아 File에 쓰는 Routine들을 호출하도록 되어 있었다.

이상에서 Monitor 프로그램에 대한 main 부분을 살펴보았다. 다음은 실제 Simulation이나 Work 모드에서 Mission 프로그램과 같이 연계되어 Monitor 프로그램이 실행되는데 Mission 프로그램과 어떻게 연계되는지를 나타내었다. Mission 프로그램은 또 하나의 독립적인 프로그램으로 Monitor 프로그램에 비해 Foreground로 실행되고 Mission 프로그램에서 정의한 탐사 스케쥴에 맞추어 RTM이 구동된다. 따라서 Mission 프로그램내의 정보가 RTM에 전달되는데 이를 그림 부5.4에 개략적으로 나타내었다.

main(int num, chart arg[ ])

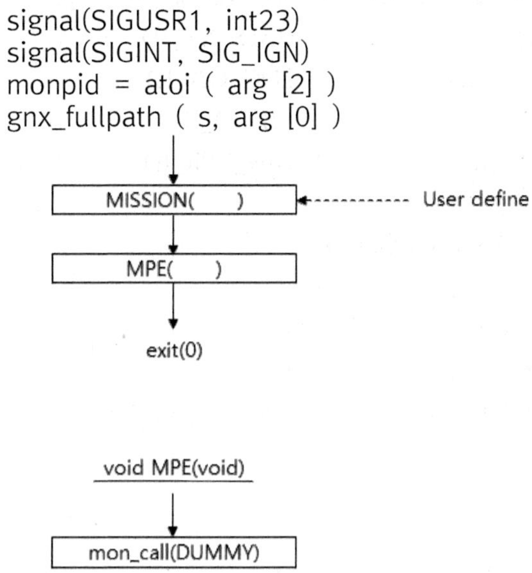

그림 부5.4 Mission 프로그램 main 및 RTM과의 연계

그림 부 5.4에서 MISSION() 부분이 AUV 운용자가 탐사 목적에 맞게 작성하는 Mission 프로그램이고 OPERATOR MANUAL에서 언급하였듯이 ***missmake***라는 Batch 파일을 통하여 컴파일된다. 즉, Monitor 프로그램과는 관계없이 독립적으로 컴파일된다. 컴파일하여 얻은 파일은 독립적으로 실행이 되지는 않는데 이것은 위 그림 하단부의 mon_call(..) 함수를 호출하기 때문이다. ***mon*** 프로그램과 같이 즉, ***mon*** 프로그램 main의 가변인자로서, 실행되면 이 함수로 인해 RTM에 관련 정보를 넘겨줄 수 있고 RTM은 얻은 정보를 바탕으로 해당 작업을 수행하게 된다.

Mission PGM Message Handler는 INTMISSN.C에 정의되어 있다.

- static void handler(void)

  : MP Interrupt Handler(INIT_MISSION(..) 함수에서 호출)

  : signal(SIGINT, SIG_IGN)

ⓐ --〉 : pid = Receive(0, &mes, sizeof(mes))

  : p = mes.m 〈-- m[400]

  : j=0

  : switch(mes.id)

  - DUMMY -- j = 1

- DIVING_ID 이면,
  * DIVING(((diving_parm*)p)->a, ((diving_parm*)p)->b, ((diving_parm*)p)->c)
- GALS_ID - GALS_XY_ID
- GALS_DXY_ID - LOG_ON_ID
- PHS_ID - VIDEO_ID - SSS_ID
- DIN_HOR_ID - DIN_VER_ID - DIR_CON_ID
- MESSAGE_ID
  * AB_FIX((char*)p)
- XY_ID
  * ((float *)p)[0] = X()
  * ((float *)p)[1] = Y()
- ANGLES_ID - ANGLES_RT_ID
- V_ID
  * ((float *)p)[0] = V()
- T_ID
  * ((float *)p)[0] = T()
- R_ID
  * ((float *)p)[0] = RX()
- DF_ID 외 OAS 관련
  * ((float *)p)[0] = FDF() 외
- DEPTH_ID
- REGV_ON_ID & REGV_OFF_ID
  * RegV_ON() & RegV_OFF()
- RC_CTRL_ID
  * RC_CONTROL(((rc_ctrl_parm*)p)->a)

: Reply(pid, &mes, sizeof(mes))
: j=0 이면, goto ⓐ
: 아니면, exit(0)

- int INIT_MISSION(int num, char* prm[])
  : mon.c의 sim(..), go(..) 및 deb(..) 함수에서 호출
  : j = 1
  : (spid=fork()) 가 0이면, <-- Child
    - handler()
  : 아니면, <-- Parent
    - (num != 1)이면,

* mpst = 1
* itoa(spid, buf, 10)　　　<-- 10진수 ASCII로 바꿈
* qnx_fullpath(s, prm[1])
* mpst = spawnl(P_WAIT, prm[1], prm[1], "mon", buf, NULL)
* j = -1
* (mpst = -1)이면, "Mission Error"
* 아니고 (j = waitpid(mpst, &stat_loc, WNOHANG))이 Zero 이하인 동안
    ▲ dead_chld_tst() 호출 후 0.1초 Delay
* j>0 이고 mpst != -1 이면,
    ▲ simulation_ok = 1
* 아니면, Mission이 정상적으로 끝나지 않음
* mpst = 0
* mes.id = DUMMY
* spid가 0이 아니면,
    ▲ Send(spid,&mes,&mes, sizeof(mes), sizeof (mes))
* waitpid(spid, NULL, 0)
* spid = 0
* UST_FL(AVVERX)　　　<-- Recovery
* while(1)
    ▲ dead_chld_tst() 호출 후 0.1초 Delay

- return(j)

• void INIT_FONPRG()
  - dosie.c의 INIT_SOFT(..)에서 호출
  - fpt = fl = 0으로 설정

• static void SAVPCB(char*M)
  - RC(..) 함수에서 호출
  - UKPCB = (char *)&PCB
  - M[j] = UKPCB[j]　　　　　<-- j=0,...,SIZEPCB-1

• static void VOSSTPCB(char*M)
  - RC(..) 함수에서 호출
  - UKPCB = (char *)&PCB
  - UKPCB[j] = M[j]　　　　　<-- j=0,...,SIZEPCB-1

- void UST_FL(void (*PAB))
  - (DOWN=END) 이면, return
  - NTU = PAB

- void RC(int per)
  - ES와 RC Commands Handling(Interpreter)
  - RTM의 한 프로세스
  - per = 0 이면,
    - * spid = 0으로 설정하고 return
  - NTU=NULL 이고 per!=1 이면, return
  - FLTU = NTU; NTU=0
  - spid가 0이 아니면,
    - * j = kill(spid, SIGUSR1)
    - * j=-1 이면, "RC Error"
    - * waitpid(spid, NULL, 0)
    - * per=-1 이면, return
  - FLTU = EOP가 아니면, 〈-- New RC Command
    - * spid = 0이면, 〈-- First RC, Save PCB
      - · "Foreground PGM started"
      - · fpt = 0; savt = TIMER
      - · SAVPCB(RPCB) 호출
      - · mph=0이 아니면, j=kill(mph,SIGSTOP)〈--Stop MP
      - · j=-1 이면, "Error : RC stop MP"
    - * (spid=fork())=0 이면, 〈-- Son
      - · (*FLTU)() 호출
      - · UST_FL(EOP) 호출 〈-- To terminate itself
      - · while(1) delay(200)
  - : spid=0 이 아니면, 〈-- All parameters are recovered
    - * spid = 0
    - * VOSSTPCB(RPCB) 호출
    - * fpt = TIMER - savt 〈-- Working Time 계산
    - * "Exit from Foreground PGM"
    - * mph=0이 아니면, j=kill(mph, SIGCONT) 〈-- MP로 귀환
    - * j=-1 이면, "Error : RC continue MP"

다음은 Monitor 프로그램이 처음 실행되어 RTM 설정을 위해 화면에 해당 메뉴가 나타나게 되는데, Mission 실행 메뉴의 각 AUV 구동 모드(Work, Simulation 및 Debugging)에 관하여 나타내었다.

(1) Work Mode

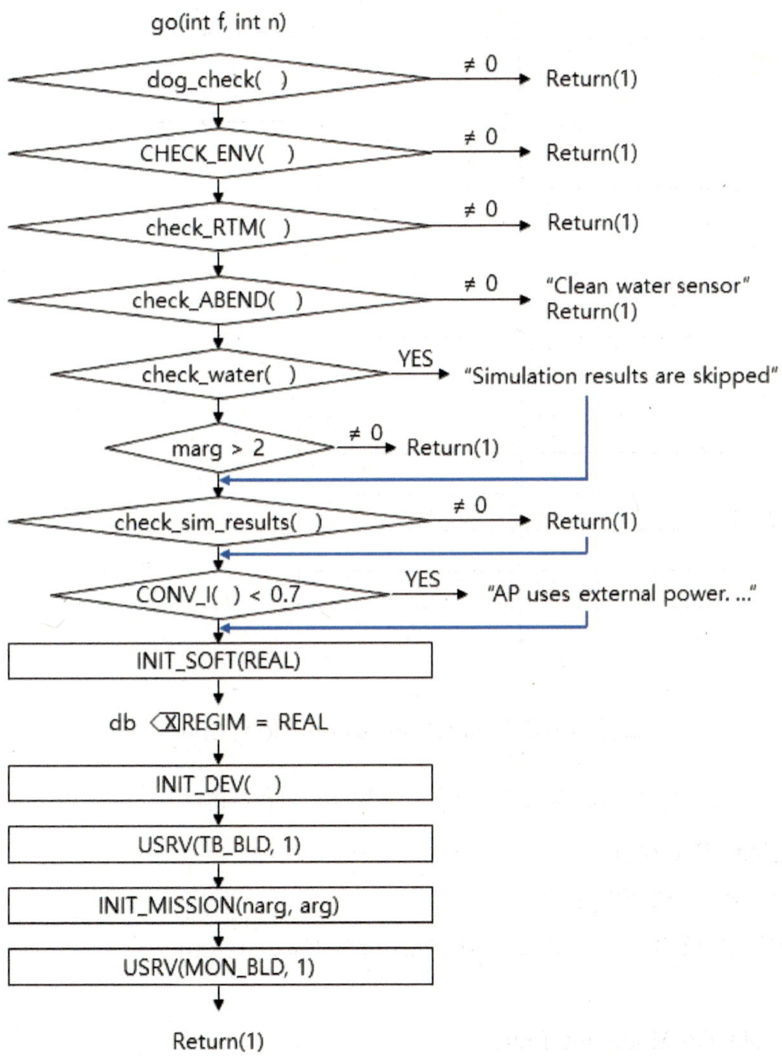

그림 부5.5 Work Mode Flow Chart

(2) Simulation Mode

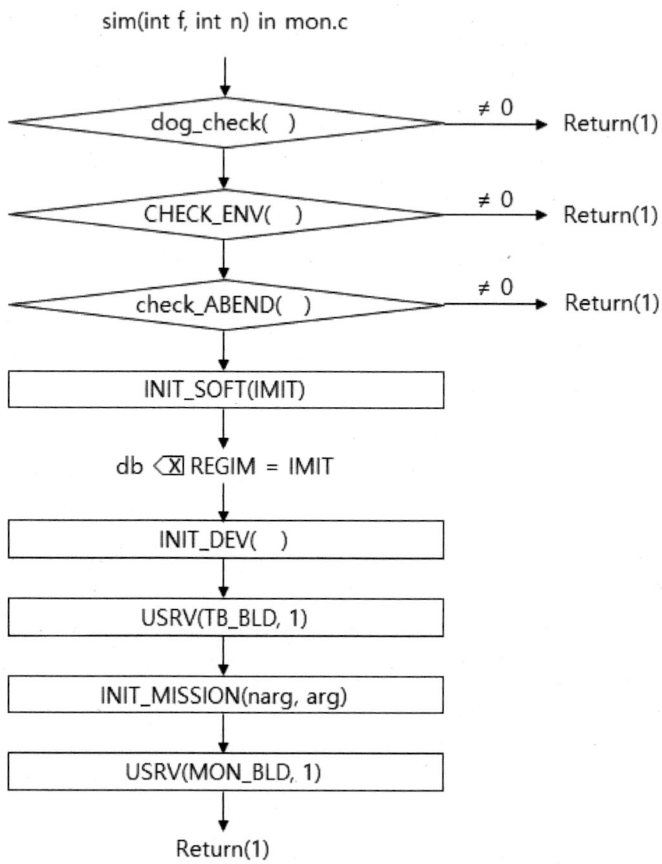

그림 부5.6 Simulation Mode Flow Chart

다음은 Simulation에 관계된 여러 함수들에 관하여 기술하였다.

- static float VT(void)
  - IMITON(..) 함수에서 호출
  - V = USZ()/200 <--- USZ()는 REGUL.C에서 Usz를 return

- static void GorModel(int PER)
  - AUV's Horizontal Motion Model
  - IMITON(..) 함수에서 호출
  - RLIM = (6./180.)*π <--- 6 degrees
  - Kg가 0이면, Kg = 0.1*PER

- Ki1 = Kg*ADD_FI(PCB.FIZREG, -Fi)
- (Ki1 〉 RLIM)이면,
    - * Fi1 = RLIM*sign(Fi1)
- (Kac 〉 5) 이면 r = 1, 아니면 r = Kac/5
- Fi = ADD_FI(Fi, Fi1*0.5*r)　　　〈-- 가속 Factor 만큼 변화량을 줄이는 것임

- static void VerModel(int PER)
  - AUV's Vertical Model
  - ddif = 80.*(π/180.)
  - PLIM = (30./180)*π
  - IMITON(..) 함수에서 호출
  - step이 0이면,
    - * step = 0.1*PER*Kac*1.1〈-- 1.1m/s Diving Rate
  - tc가 0이면, tc = 4/PER
  - DOWN = START 이면,　　　〈-- Diving
    - * H += step
    - * Psi = -ddif
    - * return
  - DOWN = END 이면,　　　〈-- Recovery
    - * H -= step
    - * H_a += step
    - * H=0이면 Psi = 0, 아니면 Psi1 = ddif
  - yy = MZ()*0.05　　　〈-- Mz Moment(_Mz), 단위는 ?
  - (|yy|〉PLIM)이면, yy = PLIM*sign(yy)
  - Psi += (yy-Psi)/tc
  - (|Psi|〉PLIM)이면, Psi = PLIM*sign(Psi)
  - fab = |DH()|　　　〈-- Depth Difference
  - UVKZ가 0이 아니면,
    - * sig = PER*Kac*sign(UVKZ)
  - 0이면, sig = PER*Kac*sign(DH())
  - (fab 〉= 5*Kac) 이면,　yy = 0.1*sig
  - 아니면,
    - * (fab〉Kac) 이면,　　yy = 0.05*sig

* 아니면, yy = 0.01*sig
- (fab〈|yy|) 이면, yy = 0
- H -= yy
- (PCB.S_M != DSM) 이면, H_a += yy
- (H_a 〈 0)이면 H_a = 0, (H_a 〉 60) 이면 H_a = 60

• static float v_pwr(float V)
  - Velocity Interpolation
  - pwr_calc(..) 함수에서 호출
  - POWER.CNF File에서 읽은(get_power_consumption(..) 함수) 자료 이용
    motion_power[i][0] -- Velocity, motion_power[i][1] -- Power
  - (x_old = 0)이면, x_old = motion_power[0][1]
  - v = |v|
  - v = v_old 이면, return(x_old)
  - v_old = v
  - (motion_power[j][0] 〉 v) 이면, break 〈-- j=0,...,num-1
  - j=0 이면,
    * x_old = motion_power[0][1]
    * return(x_old)
  - j=num이면,
    * x_old = motion_power[num-1][1]
    * return(x_old)
  - tan = {(motion_power[j][1] - motion_power[j-1][1]} /
    {(motion_power[j][0] - motion_power[j-1][0]}
  - x = v - motion_power[j-1][0]
  - x_old = motion_power[j-1][1] + x*tan 〈-- Interpolate
  - return(x_old)

• static void pwr_calc(float v, int per)
  - Power 소비량 계산(POWER.CNF에 있는 값 참조)
  - IMITON(..) 함수에서 호출
  - DOWN = END 이면, return
  - pwr_coeff가 0이면,

  * (per>0) 이면, pwr_coeff = Kac*per*0.1
- (old_Kac != Kac) 이면, cper = per*Kac
- PCB.LIGHT가 0이 아니면, s += pwr_video_light
- PCB.VIDEO가 0이 아니면, s += pwr_video
- PCB.SSS가 0이 아니면, s += pwr_sss
- PCB.T_FS가 0이 아니면, s += pwr_phs
- s += pwr_control
- s += v_pwr(v) 호출
- pwr_cons += s*pwr_coeff
- (DOWN=START) 이면, sim_diving_time += cper
- sim_all_time += cper
- (sim_max_depth < H) 이면, sim_max_depth = H

- void IMITON(int PER)
  - RTM의 한 프로세스
  - PER = 0 이면, return
  - REGIM=IMIT 이면,
    * ON_BUD가 0이 아니면,
      · V = VT()
      · GorModel(PER) 호출
      · start_time=0 이면, start_time = TIMER
    * 0이면, V = 0
    * VerModel(PER) 호출
    * pwr_calc(V, PER) 호출
    * DOWN=END 이면,
      · stop_time=0 이면, stop_time = TIMER

- void INIT_IMTON(int mode)
  - 각종 변수 초기화, dosie.c의 INIT_SOFT(..) 함수에서 호출
  - fdf_beg = MAXL
  - H_a = 50.
  - mode = IMIT 이면,
    * pwr_coeff = pwr_cons = 0
    * sim_max_depth = sim_diving_time = sim_all_time = 0

- void DF04_im(loc* LOC)
  - oas.c의 DF04(..) 함수에서 호출
  - Bottom과 Slope Sonar 거리를 Simulation

- static void get_power_consumption(void)
  - AUV's Power 소비량을 모사
  - POWER.CNF File로부터 자료를 읽어 motion_power[][] 배열 및 몇몇 변수에 저장
  - IMITON_fin(..) 함수에서 호출

- void check_SIM_TIME(void)
  - MIN_TIME = 4L*60L*10L <-- 4 min.
  - MON.C의 main(..)에서 호출
  - REGIM=IMIT이고 simulation_ok=1 이면,
    - * dt = stop_time - start_time
    - * Kac>2 이고 dt<MIN_TIME 이면,
      - · Message Print
      - · simulation_ok = 0
      - · f = dt/MIN_TIME
      - · Kac = floor(Kac*f*0.8)
      - · Kac<=1 이면, Kac = 1

- int check_sim_results(void)
  - 반환 값이 1이면 Simulation에 문제가 있는 것임
  - mon.c의 go(..) 함수에서 호출
  - simulation_ok = 0 이면
  - sim_diving_time>(long)diving_time*10L 이면
  - sim_all_time > (long)worktime*600L 이면
  - pwr_cons*CSI > GCI() 이면
  - sim_max_depth >= extr_depth 이면
  - 모두 return(1)
  - 아니면, return(0)

(3) Debugging Mode

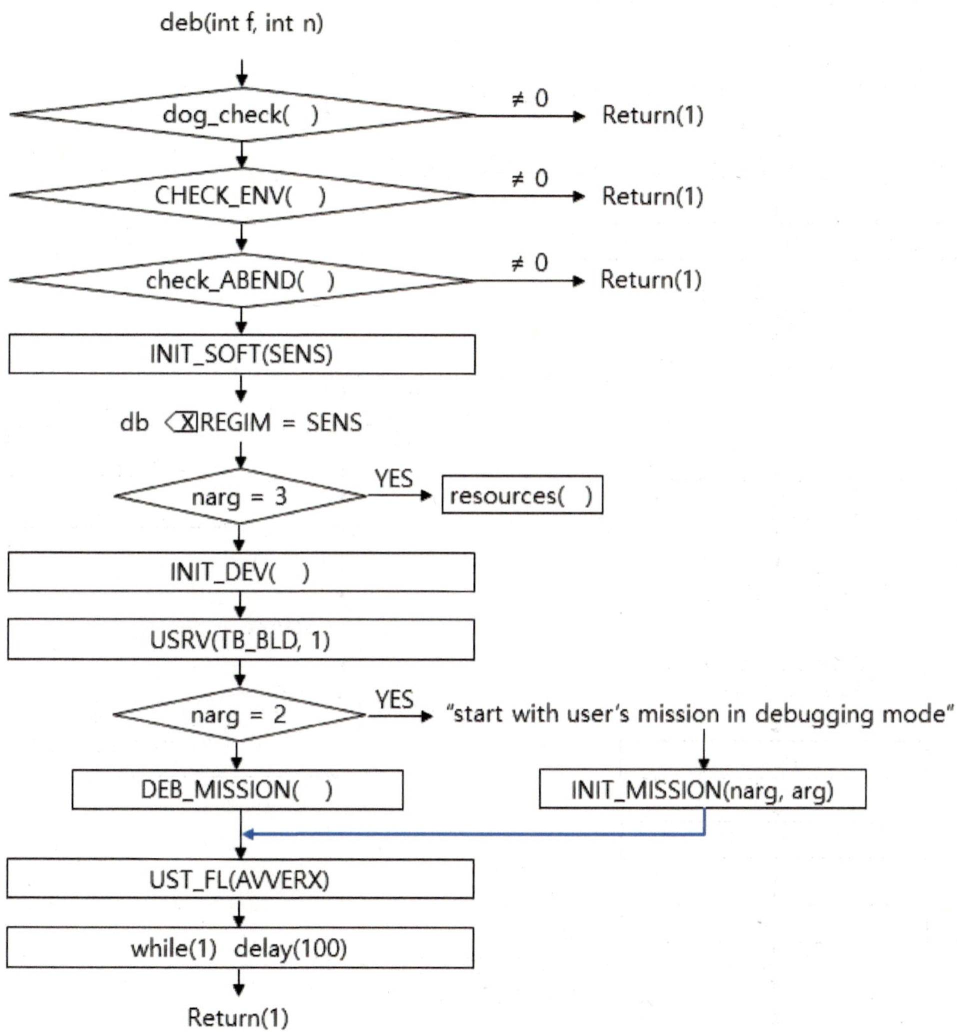

그림 부5.7 Debugging Mode Flow Chart

Ⅰ. DIVING PROCEDURES

다이빙 절차는 아래 Flow Chart를 참고하기 바란다.

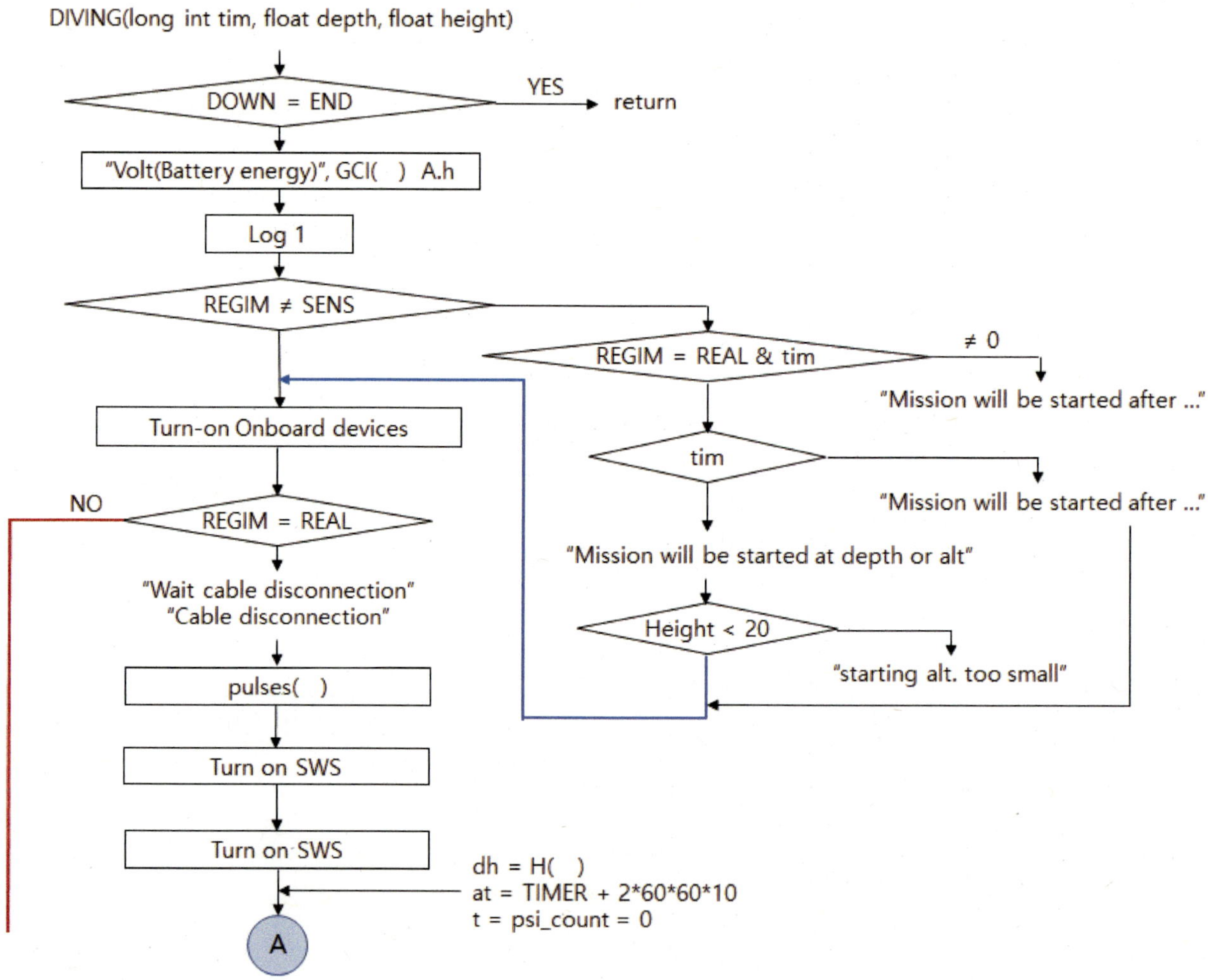

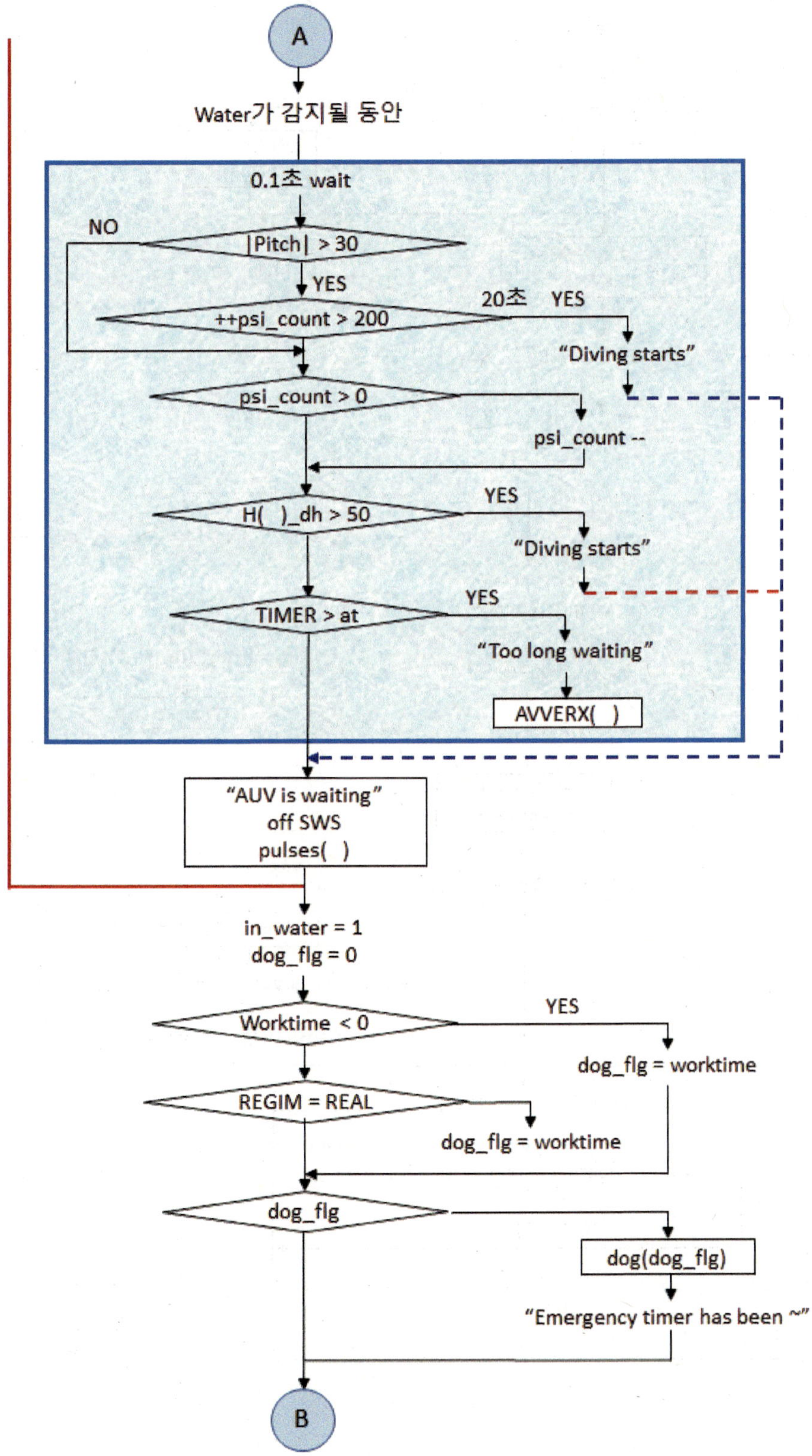
A
Water가 감지될 동안
0.1초 wait
NO
|Pitch| > 30
YES
20초 YES
++psi_count > 200
"Diving starts"
psi_count > 0
psi_count --
YES
H( )_dh > 50
"Diving starts"
YES
TIMER > at
"Too long waiting"
AVVERX( )
"AUV is waiting"
off SWS
pulses( )
in_water = 1
dog_flg = 0
YES
Worktime < 0
dog_flg = worktime
REGIM = REAL
dog_flg = worktime
dog_flg
dog(dog_flg)
"Emergency timer has been ~"
B

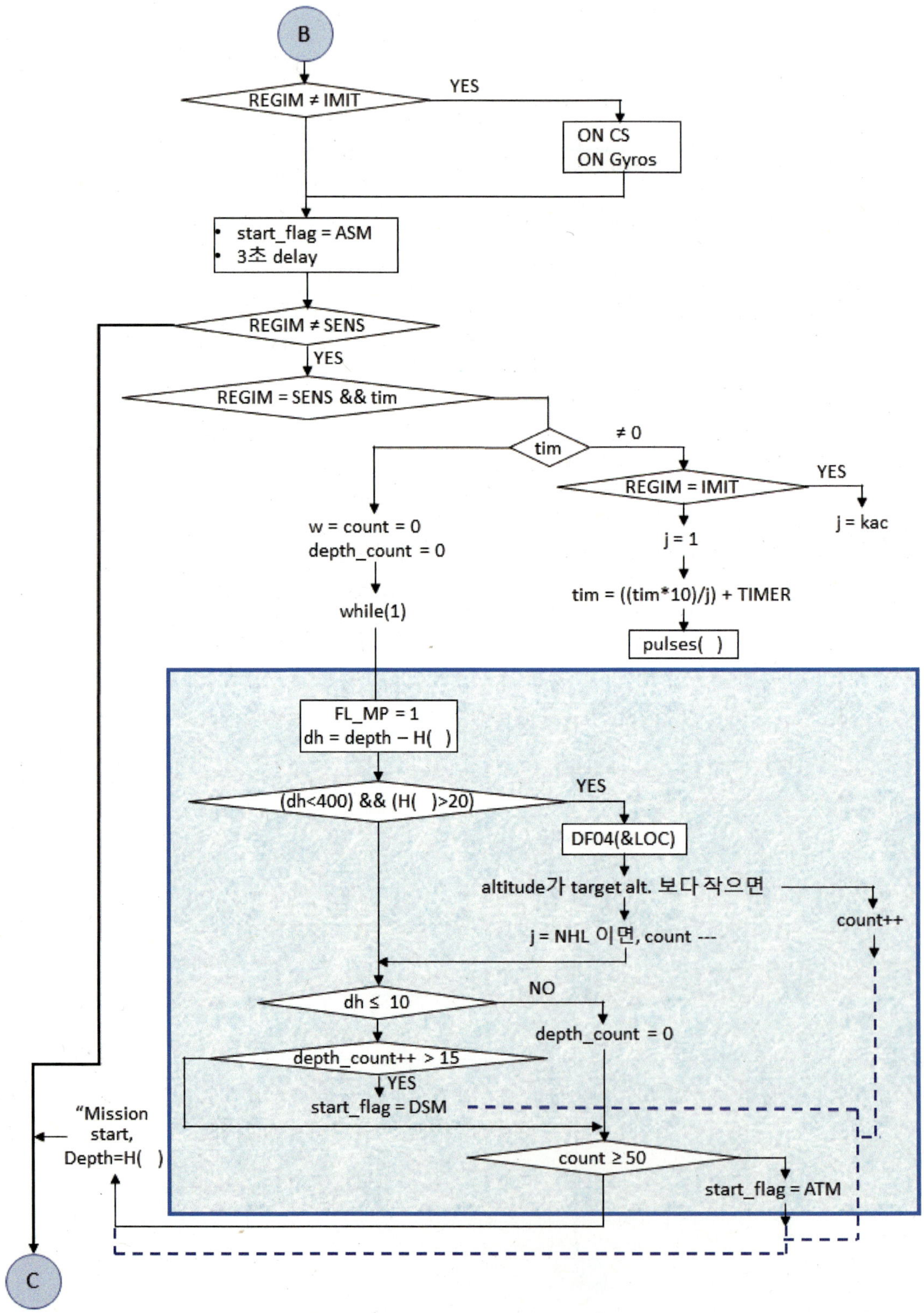
B
REGIM ≠ IMIT
YES
ON CS
ON Gyros
start_flag = ASM
3초 delay
REGIM ≠ SENS
YES
REGIM = SENS && tim
tim
≠ 0
REGIM = IMIT
YES
j = kac
j = 1
tim = ((tim*10)/j) + TIMER
pulses( )
w = count = 0
depth_count = 0
while(1)
FL_MP = 1
dh = depth – H( )
(dh<400) && (H( )>20)
YES
DF04(&LOC)
altitude가 target alt. 보다 작으면
count++
j = NHL 이면, count ---
dh ≤ 10
NO
depth_count = 0
depth_count++ > 15
YES
start_flag = DSM
count ≥ 50
start_flag = ATM
"Mission start, Depth=H( )
C

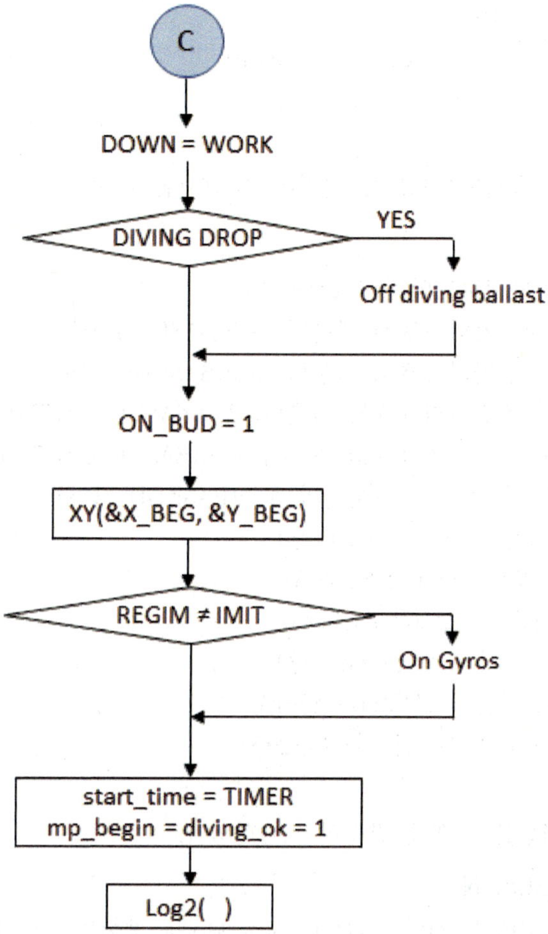

그림 부5.8 Diving 과정 흐름도

II. 추진기 제어

추진기 제어에 이용되는 여러 함수들에 대한 설명과 Mode에 관하여 기술하였다.

m0 : Mode 0(0x0) m1 : Mode 1(0x2)
m2 : Mode 2(0x4) m3 : Mode 3(0x6)
m4 : Mode 4(0x8) m5 : Mode 5(0xa)
r0 : Read on Fly(0x0) -- 진행 중인 카운트에 영향을 주지 않고 카운트값을 얻을 수 있게 된다.
r1 : Read/Write low byte(0x10)
r2 : Read/Write High byte(0x20)

r3 : Read/Write Word(0x30)
c0 : 0x0 c1 : 0x40
c2 : 0x80

위에 정의된 상수들은 카운터 모드에 관련된 것들이다.

BASE : PWM 제어보드의 주소(0x3a0)
Csu : 위쪽 추진기의 PWM 카운터 주소(BASE+5), (U6.1)
Csl : 왼쪽 추진기의 PWM 카운터 주소(BASE+6), (U6.2)
Csr : 오른쪽 추진기의 PWM 카운터 주소(BASE+8), (U7.0)
Csb : 아래쪽 추진기의 PWM 카운터 주소(BASE+9), (U7.1)
Cpwd : PWM 주기측정용 카운터의 주소(BASE+4), (U6.0)
MCsu : Csu 카운터 모드(c1+m1+r3)
MCsl : Csl 카운터 모드(c2+m1+r3)
MCsr : Csr 카운터 모드(c0+m1+r3)
MCsb : Csb 카운터 모드(c1+m1+r3)
MCpwd : Cpwd 카운터 모드(c0+m3+r3)
PWM : 32 μsec의 주기를 가짐(=32*5)

각 호출 함수들의 기능을 아래에 간략히 기술하였다.

- static int FILTER(int N)
  - DAC 채널수(N번째 모터)를 입력으로 하여 Motor 제어를 위한 Filtering된 코드값을 출력한다.
  - (DAC의 Zero 레벨로 04000)+(제어기로부터의 제어 코드값)-(이전 단계에서의 코드값)는 제어량의 증분(이전 값과 현재 값의 차이)으로 200이 넘으면(차이가 많이 나면) step = 200으로, 차이가 20보다 크면 step=20이 되고 차이가 20이하일 경우에는 step = 1로 정의되어 있다.
  - (이전 코드값)+sgn*step을 계산하여 DAC의 한 채널에서의 최대 제어량인 4095보다 크면 4095로, 0보다 작으면 0으로 하여 계산값을 리턴한다. 이것은 이전 제어량과 제어기로부터의 제어량의 차이에 따라 최종 출력되는 제어량의 크기를 조절하는 것으로 예를 들어, 차이가 작다면 AUV의 운동이 서서히 변하거나 변하지 않는 경우이므로 이전 값과 차이가 거의 없는 제어량으로 섬세한 제어를 할 수 있게 되는 것이다.

- void E_BUD(int PER)
  - main 모터 제어 프로그램으로 RTM의 한 부분

- Power 스위치가 ON으로 되어 있으면 OFF시킨다. 스위치가 OFF로 되어 있으면 Filtering된 제어코드값을 저장하고 있는 배열을 초기화시킨다. 그 후 모터가 처음에 작동을 시작할 때에는 큰 회전 모멘트(부하)가 작용하므로 모터를 보호하기 위하여 INH 비트를 비활성시킨 뒤 스위치를 ON시키고 나서 INH 비트를 다시 활성화시키고 FILTER 서브루틴을 호출하여 모터에 제어코드값을 보낸다.

- void INIT_BUD(void)
  - 각 변수와 카운터를 초기화
  - 모터를 보호 모드로 두고 DAC의 Zero 레벨 코드값을 모터에 보낸다.

- void mcode(int num, int volt)
  - volt에 의해 주어지는 전압값을 PWM신호로 바꾸어 준다.

그림 부5.9에 추진기 제어와 관련된 함수들의 Flow Chart를 도시하였다.

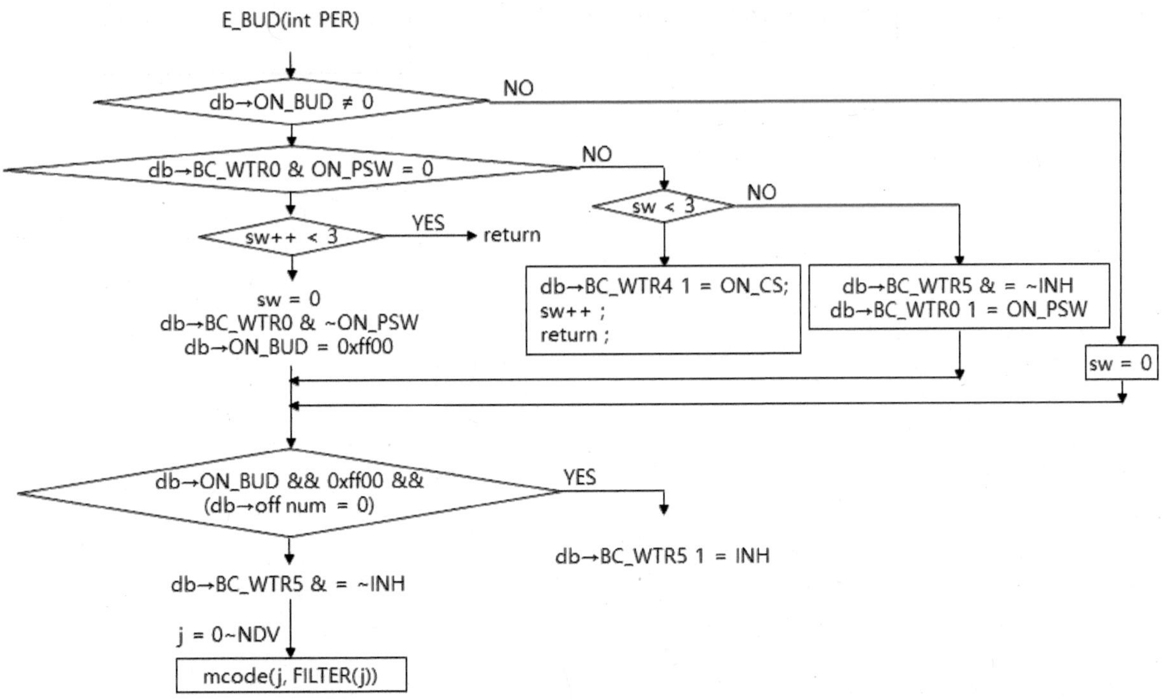

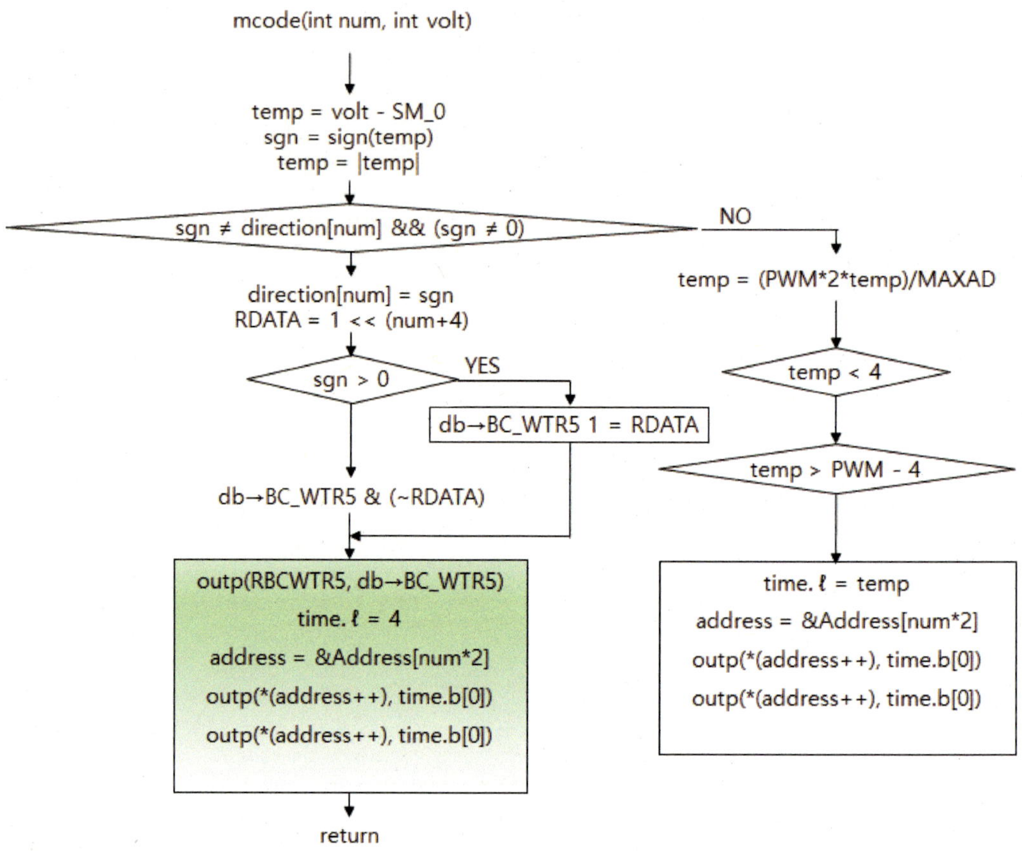
mcode(int num, int volt)
temp = volt - SM_0
sgn = sign(temp)
temp = |temp|
sgn ≠ direction[num] && (sgn ≠ 0)
NO
temp = (PWM*2*temp)/MAXAD
direction[num] = sgn
RDATA = 1 << (num+4)
sgn > 0
YES
db→BC_WTR5 1 = RDATA
temp < 4
temp > PWM - 4
db→BC_WTR5 & (~RDATA)
outp(RBCWTR5, db→BC_WTR5)
time. ℓ = 4
address = &Address[num*2]
outp(*(address++), time.b[0])
outp(*(address++), time.b[0])
time. ℓ = temp
address = &Address[num*2]
outp(*(address++), time.b[0])
outp(*(address++), time.b[0])
return

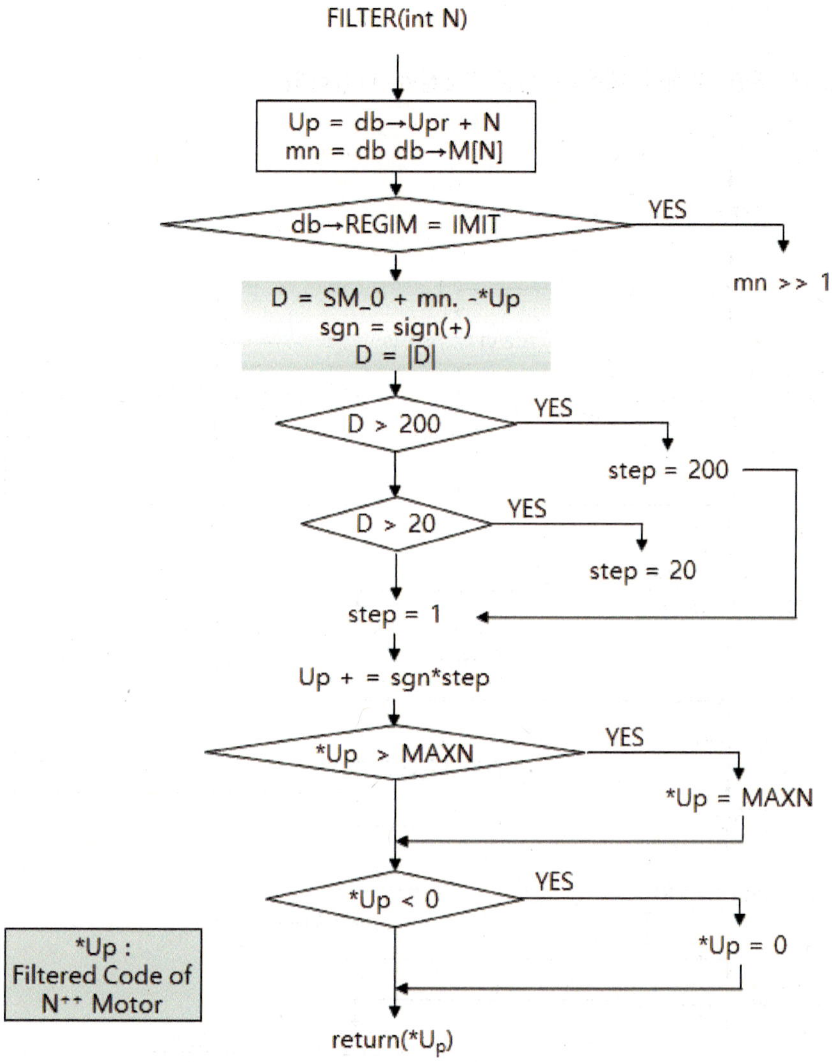

그림 부5.9 추진기 제어 흐름도

Ⅲ. REGULATOR

Regulator에 대한 자세한 내용은 본문 7.4절에 기술하였다.

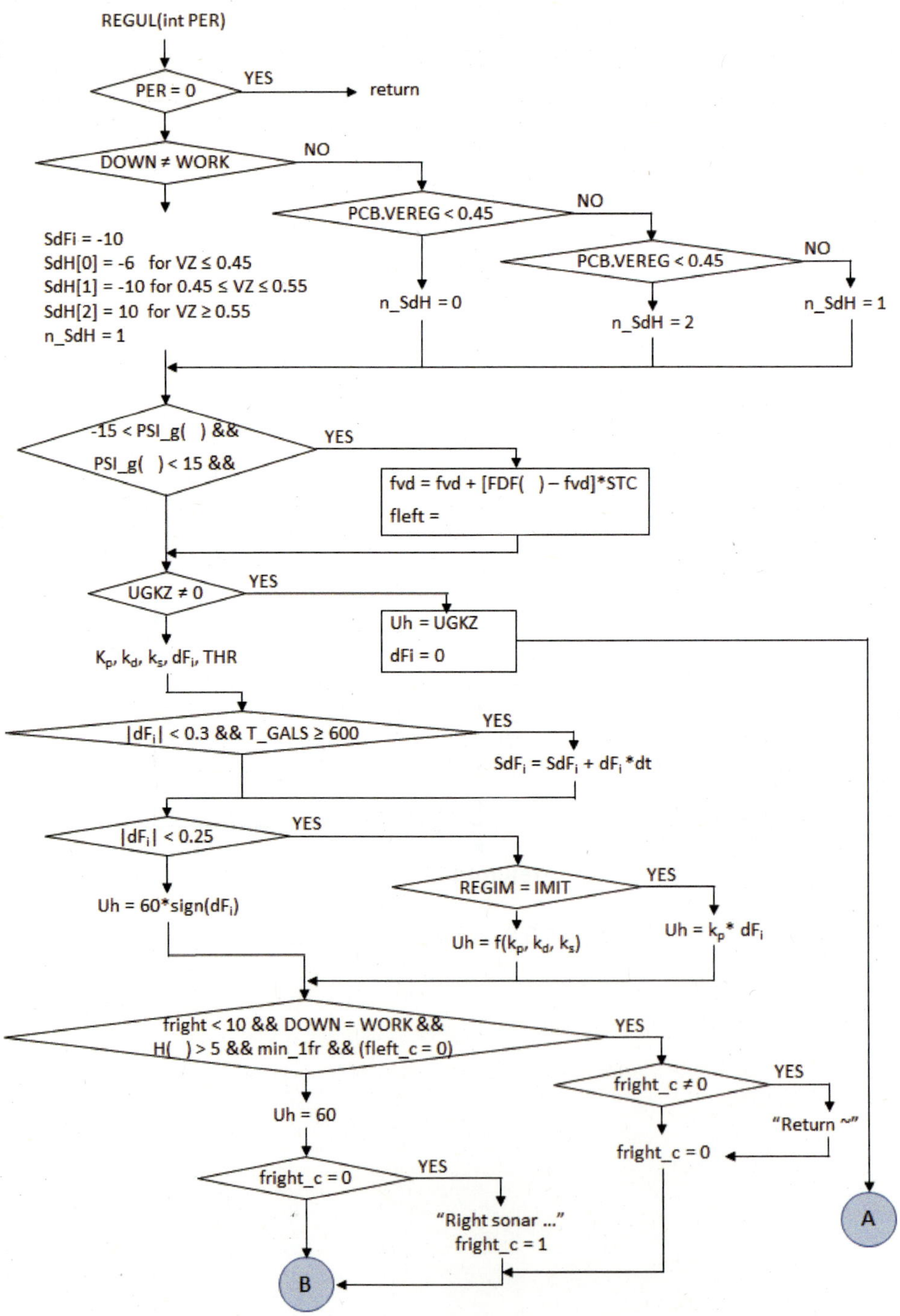

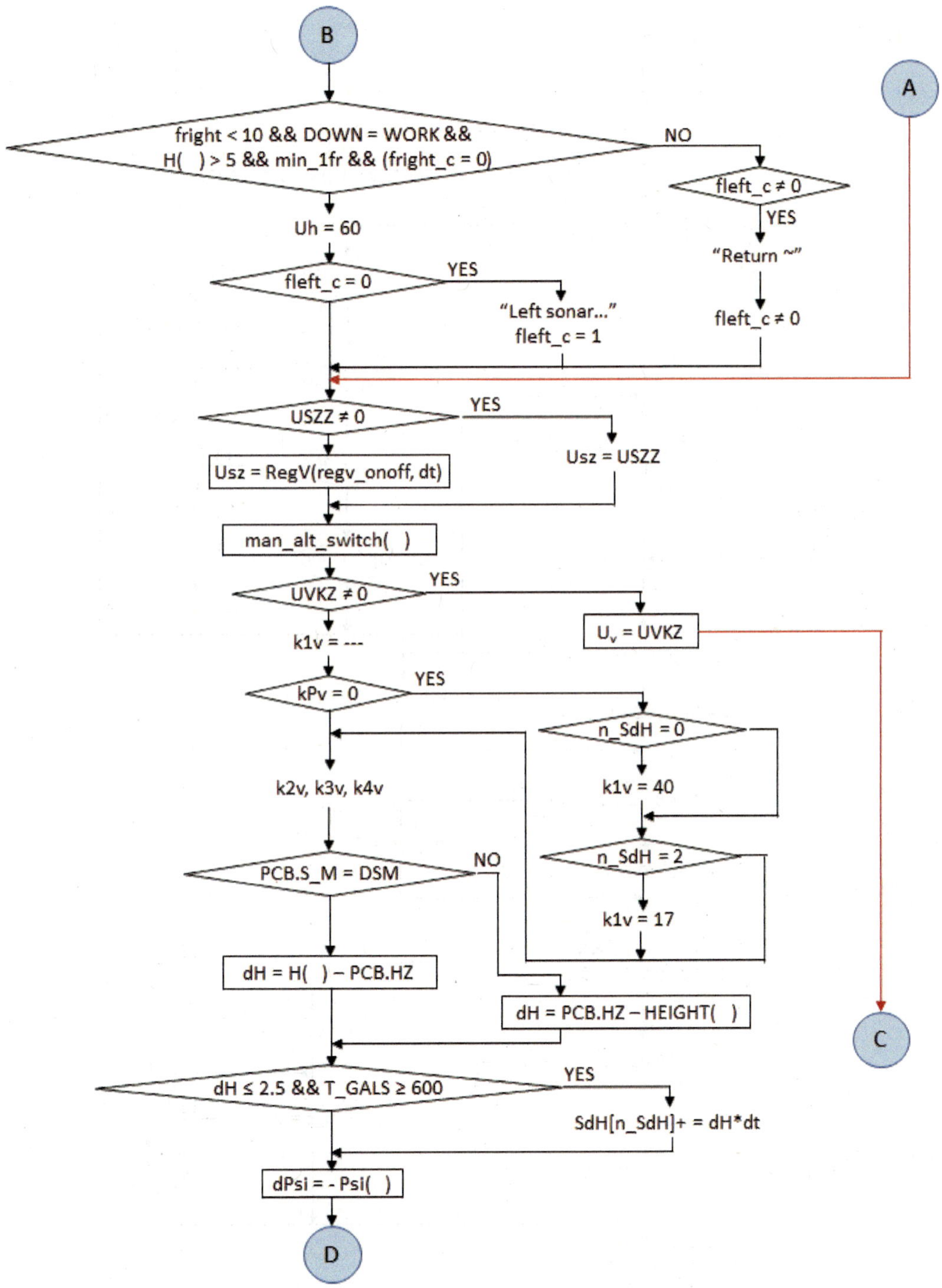
B
A
fright < 10 && DOWN = WORK &&
H( ) > 5 && min_1fr && (fright_c = 0)
NO
fleft_c ≠ 0
YES
"Return ~"
fleft_c ≠ 0
Uh = 60
fleft_c = 0
YES
"Left sonar..."
fleft_c = 1
USZZ ≠ 0
YES
Usz = RegV(regv_onoff, dt)
Usz = USZZ
man_alt_switch( )
UVKZ ≠ 0
YES
U_v = UVKZ
k1v = ---
kPv = 0
YES
n_SdH = 0
k1v = 40
n_SdH = 2
k1v = 17
k2v, k3v, k4v
PCB.S_M = DSM
NO
dH = H( ) – PCB.HZ
dH = PCB.HZ – HEIGHT( )
C
dH ≤ 2.5 && T_GALS ≥ 600
YES
SdH[n_SdH]+ = dH*dt
dPsi = - Psi( )
D

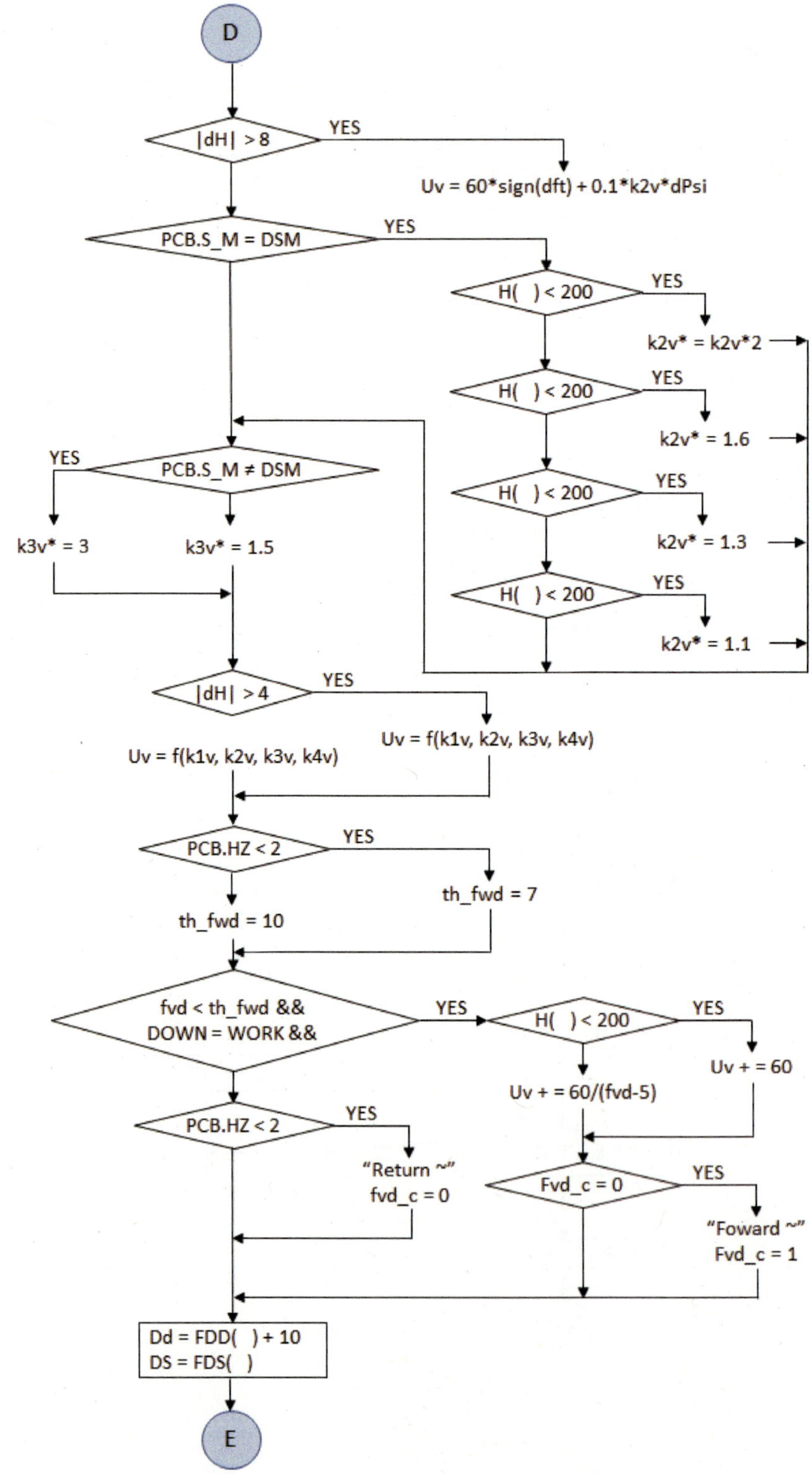
D
|dH| > 8
YES
Uv = 60*sign(dft) + 0.1*k2v*dPsi
PCB.S_M = DSM
YES
H( ) < 200
YES
k2v* = k2v*2
H( ) < 200
YES
k2v* = 1.6
H( ) < 200
YES
k2v* = 1.3
H( ) < 200
YES
k2v* = 1.1
YES
PCB.S_M ≠ DSM
k3v* = 3
k3v* = 1.5
|dH| > 4
YES
Uv = f(k1v, k2v, k3v, k4v)
Uv = f(k1v, k2v, k3v, k4v)
PCB.HZ < 2
YES
th_fwd = 7
th_fwd = 10
fvd < th_fwd &&
DOWN = WORK &&
YES
H( ) < 200
YES
Uv + = 60
Uv + = 60/(fvd-5)
PCB.HZ < 2
YES
"Return ~"
fvd_c = 0
Fvd_c = 0
YES
"Foward ~"
Fvd_c = 1
Dd = FDD( ) + 10
DS = FDS( )
E

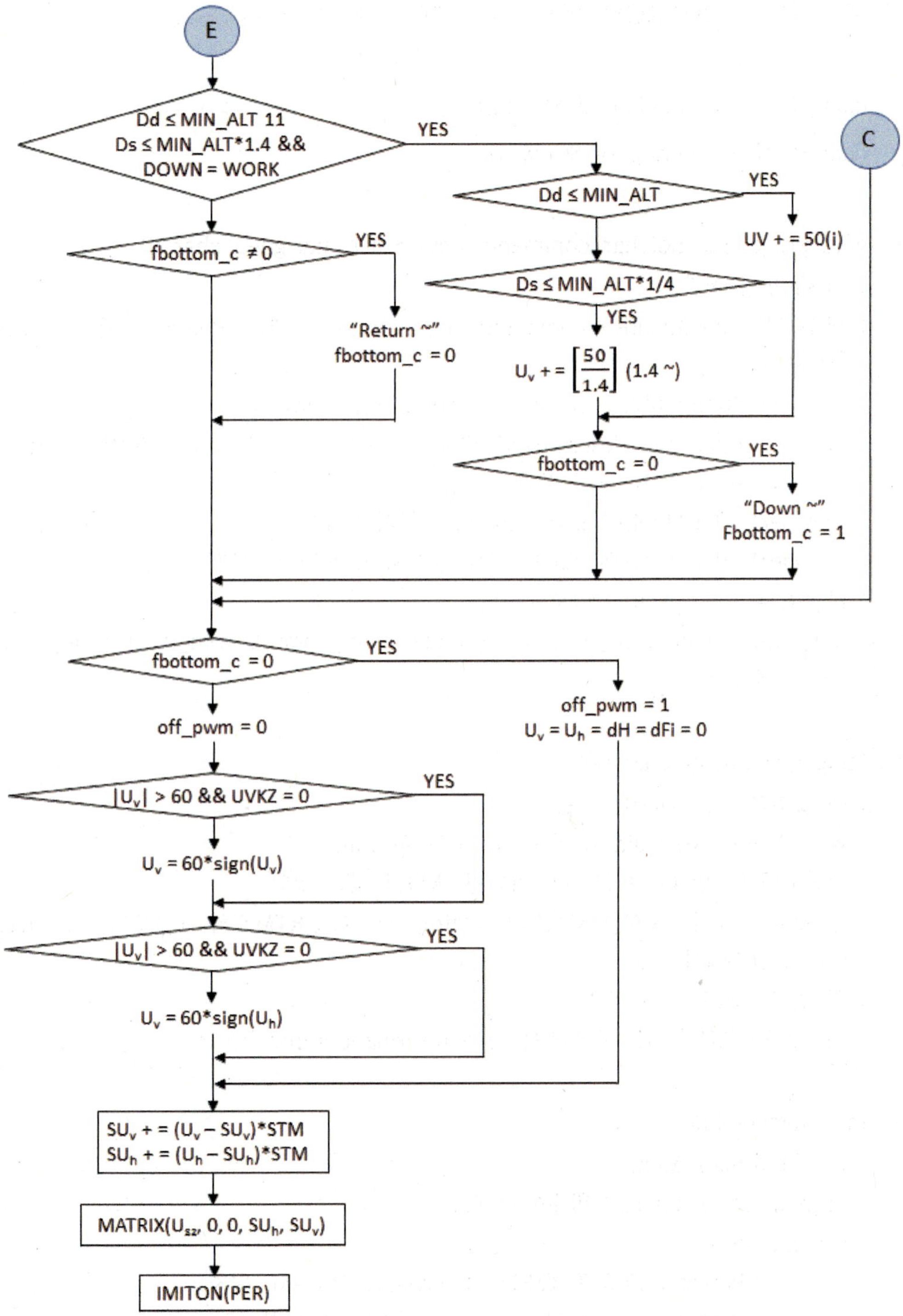

그림 부5.10 Regulator Block Diagram

다음은 SCC 구동 프로그램의 각 함수들에 관하여 자세히 기술하였다.

data_SC[0] --- Number of SC starts

data_SC[1] --- Period of SC Work

- void put_command(char command, char *mas, unsigned char n)
  : CC에 명령 전달
  : 함수 인자 command는 command code, *mas는 Array Pointer, n은 Array Size를 나타낸다.
  : ssize_t write(int fildes, const void *buf, size_t nbyte)
    - open file descriptor인 fildes에 관련된 File에 buf로 지정된 Buffer로부터 nbyte의 Bytes를 쓴다.
  : /dev/ser1 에 PAROL1, n, command를 차례로 보냄
  : /dev/ser1 에 n Bytes의 mas를 보내고 Testing Sum.도 보냄
  : FL_CC = 1 --- Start transmitting
  : put_a(..), put_b(..), tv_com(..), _fs_com(..), inf_com(..), com_tv(..), time_com(..) 함수에서 호출

- int get_command(char w)
  : CC로부터 command를 받음
  : w = 0 <--- No wait, w = -1 <--- Long wait
  : 반환값이 0이면 O.K이고 0이 아니면 명령이 없는 것임
  : _menu() 함수, CC_MAIN.C의 main_cc(), CC_RTM.C의 E_CC(..), SS_RTM.C의 hvc(..) 함수에서 호출
  : 첫 번째 Byte는 PAROL2
  : Inf 구조(CC.H의 List 구조체)를 갖는 Information(From CC)

- int _menu(void)
  : User Interface Menu
  : cc_main.c의 main_cc() 함수에서 호출
  : Commands
    - Power on/off TVC(F1) : wrp(ON_TVCAM, 위치)
    - Power on/off SC(F2) : wrp(ON_SC, 위치)
    - Power on/off TVC Light(F4) : wrp(tvl_power, 위치)

- Power on/off HVC(F5) : wrp(hvc_power, 위치)
- Power on/off CS(F6) : wrp(ON_CS, 위치)
- SC make some frame TVC(F10) : fs_com(0x1)
- Bot. Altitude(F11) : get_alt(); inf_com
- Power on/off TVR(O) : com_tv(0, _SLOW)
- Date On/off(D) : com_tv(1, _DAT)
- Pause(U) : com_tv(2, _PAUSE)
- Rewind(E) : com_tv(3, _REW)
- Fast Forward(F) : com_tv(4, _FF)
- Stop(S) : com_tv(5, _STOP)
- Play(U) : com_tv(6, _PLAY)
- Record(U) : com_tv(7, _REC)

: put_command(_TEST,0,0)을 호출하고 0.5초 Delay
: get_command(-1)을 호출(즉, Long wait)하여 CC로부터의 정보가 있으면,
- wrbeg() 함수 호출 : Cursor를 (25,1) 위치로 이동
- wrwr(), wr_e_st_rem(), wr_inf(), beg_wrp() 함수를 차례로 호출

: 정보가 없으면,
- "Number no answer = ..." Message를 계속 출력

- void porton(void)

: /dev/ser1 port를 Open
: cc_rtm.c의 INIT_cc() 함수에서 호출
: 현재 Terminal Control Settings을 write_block으로 나타난 Opened Device에 대해 얻고 결과를 term에 저장(tcgetattr(write_block, &term)
: term 구조 내에서 출력 Baud Rate을 38400으로 설정
: write_block으로 나타난 Opened Device에 대한 현재 Terminal Control Settings을 term에 저장된 값으로 설정(tcsetattr(write_ block, TCASNOW, &term), TCSANOW Option은 변화가 즉시 이루어진다는 것을 의미함.

- void portoff(void)

: Close serial port(close(..))
: porton() 함수와 cc_rtm.c의 STOP_cc() 함수에서 호출

- int portin(unsigned char *ch)

  : get_command(..), _menu()와 _termap() 함수에서 호출

  : read_noblock File Descriptor에 관련된 Terminal Device로부터 읽어 들인 Byte 수를 반환(n=dev_ischars(read_noblock))하고 n이 0이나 -1이면 return, 아니면 1 Byte를 읽어 들임

- void put_a(char c)

  : wrp(..) 함수에서 호출

  : CC 용 명령 자료(mas)를 Port A에 Write(put_command(_PORT ,mas,2))

- void tv_com(char c)

  : TV Recorder 용 명령을 전달

  : cc.h에 TV_COM(..)으로 정의되고 cc_rtm.c의 E_CC(..)함수에서 호출

  : c>=0 이면,

  - BC_WTR4 |= ON_CC | ON_TVCAM | ON_VREC
  - outp(RBCWTR4, BC_WTR4)
  - put_command(_TVL, &c, 1)

  : 아니면,

  - put_command(_TVL, &c, 1)
  - BC_WTR4 &= (~(ON_VREC | OFF_TVCAM))
  - outp(RBCWTR4, BC_WTR4)

- void fs_com(char c)

  : Still Camera 제어용

  : _menu() 함수에서 호출(인자는 0x1)

  : c=0이면(이러한 경우는 없음),

  - data_SC[0]=1, data_SC[1]=0

  : 아니면,

  - data_SC[0] = in_data("Number Start SC : ")
  - data_SC[1] = in_data("Period of SC Work : ")

  : data_SC[]를 화면으로부터 읽어 들임

  : _fs_com(data_SC[0], data_SC[1]) 함수를 호출

- void _fs_com(int number, int period)
  : SC용 명령 전달
  : fs_com(..) 함수에서 호출
  : cc.h에 SC_COM(x,y)로 정의되고, cc_rtm.c의 E_CC(..),
  SSS_ RTM.C의 hvc(..)와 term_sss(..) 함수에서 호출
  : period < 0 이면,
    - (inp(RBCWTR4)&ON_CS==0) || ((db->ON_BUD&0xff00) ==0) 이면,
      * On Control Switch
      * On Power Switch
      * Off Power Switch
  : number = period = 0 이면,
    - Off SC
  : 아니면,
    - On SC
    - (inp(RBCWTR4)&ON_CS==0) || ((db->ON_BUD&0xff00) ==0) 이면,
      * On Control Switch
      * On Power Switch 후 0.1초 Delay
      * Off Power Switch
  : put_command(_SC, (char *)mas, 4)

- void get_alt(void)
  : Console로부터 Bottom Altitude 값을 얻음
  : Altitude 값을 입력 받음(Picth 및 Depth도 함께 받도록 수정하였다)
  : _menu() 함수에서 호출

- void inf_com()
  : Altitude 값을 CC에 전달, Pitch와 Depth도 전달
  : _menu() 함수에서 호출
  : cc.h에 INF_COM으로 정의되고 cc_rtm.c의 E_CC(..) 함수에서 호출
  : Altitude, Pitch 및 Depth를 배열 mas에 저장
  : put_command(_INF, (char *)mas, 6)

- void com_tv(char str, char code)
  : 현재로선 최종 Version이나 VR 작동에 문제가 있어 임시 방편으로 작성된 것임.
  : PowerVR 변수는 초기값이 0이고 tv_com(char c) 함수에서 c>=0 일 때, 1로 Set 된다.
  : on_tv = PowerVR
  : str = -1이면, goto ⓐ
  : code = _SLOW이면,
    - PowerVR = 1
    - tv_serv("TV ON")
    - beg_wrp()
    - on_tv = 1
  : put_command(_TV, &code, 1)
  -->ⓐ : 화면에 출력하는 Routine들
  : tv_serv("") -- 단순한 Message 출력 기능
  : _menu() 함수에서 호출

- void CC_MAIN()
  : otlmon.c의 ccm(..) 함수에서 호출, ccm(..) 함수는 RTM Menu에서 "CC Work Monitor"를 선택하였을 때 호출됨(즉, Real Mode와는 관계없고 실험실에서 장비 Test 시나 Recovery 후 VR을 재생할 때만 쓰임)
  : cc.h에 BEG_COM이 put_command(_BEG, 0, 0)으로 정의, 이것은 CC 내에서의 PGM 시작을 의미
  : outp(RBCWTR4, inp(RBCWTR4) | ON_CC)
  : outp(RBCWTR6, inp(RBCWTR6) | RESET_CC) // Turn on CC
  : INIT_cc() <--- 변수 초기화 및 porton() 호출
  : BEG_COM
  : get_command(0) < 0 이면,
    - BEG_COM
    - 0.5초 Delay
    - get_command(0) < 0 이면,
      * STOP_cc()
      * spawnl(P_WAIT, "/exe/auto", 0)
    - 아니면, _menu() 호출
  : 아니면, _menu() 호출
  : STOP_cc()

Video 촬영 시 최대 고도(ALT_VID)를 80 m로 제한하고 RC_on = 1일 때, RC 명령이 번역된다.

- void E_CC(int per)

  : RTM

  : per = 0이면, ip(Previous Discharge Current)와 i_mean_p(Mean Current)를 0으로 Set

  : w = HEIGHT()

  : w(즉, 고도)를 cm 단위로 고치고 Integer로 바꿈(CC로 자료를 전송하는 자료 Type이 Integer이므로)

  : SC Control이 바뀌면(PCB.T_FS != old_phs 이면),

    - old_phs = PCB.T_FS <-- T_FS는 SC Work Period
    - PCB.T_FS가 0이 아니면(On SC),
      * SC_COM(10000, PCB.T_FS) <-- _fs_com(..)
      * ip = CONV_I()
    - 0이면(Off SC),
      * Off 의 중복을 피하기 위해 FL_FLASH가 0이면, goto ⓐ
      * SC_COM(0,0)
      * FL_FLASH = 0 <-- For ES Check Stop
    - goto ⓐ

  : SSS Control이 바뀌면(PCB.SSS != old_sss 이면),

    - old_sss = PCB.SSS
    - PCB.T_FS가 0이 아니면(On HVC for SSS),
      * SC_COM(10000, -1) <-- _fs_com(..)
    - 0이면, SC_COM(0, -1) <-- Off HVC
    - goto ⓐ

  : Video 제어가 바뀌면(PCB.VIDEO!=old_video || PCB.LIGHT!= old_light)

    - 고도>80m이고 PCB.VIDEO가 0이 아니면, goto ⓐ
    - old_video = PCB.VIDEO; old_light = PCB.LIGHT
    - PCB.VIDEO가 0이 아니면(Video On),
      * PCB.LIGHT가 0이 아니면,
        ▼ video_light = 0
        ▼ REGIM=IMIT이면,
          ♠ video_light = 1
          ♠ FL_FLASH = 0

```
                        ▼ 아니면(Light 사용),
                                ♠ i_mean_o = MEAN_I()
                                ♠ FL_LIGHT = 1
                * 0이면(Without TVL),
                        ▼ video_light = 1
                        ▼ FL_FLASH = 0
                * fl_video = 1
        - 0이면(Video Off),
                * fl_video가 0이면, goto ⓐ
                * FL_LIGHT = 0
                * video_light = -1                  <-- End Work
                * fl_video = 0
        - TV_COM(video_light)                       <-- tv_com(..)
        - goto ⓐ
    : INF_COM                                       <-- Send Information to CC
ⓐ--> : get_command(0)가 0이 아니면, (Return 값이 0이어야 O.K)
        - FL_CC_INF++                               <-- CC Malfuction을 Count
        - CC_TRUE = 0
    : 0이면(CC is O.K),
        - FL_CC_INF가 0보다 크면, FL_CC_INF--
        - RCdetect(Inf.RemoteCode)                  <-- Handling RC
        - CC_TRUE = 1
    : FL_FLASH가 0이 아니면,
        - (CONV_I() - ip)가 -2.5보다 작으면,
                * FL_FLASH -= 2*PCB.T_FS*10
                * FL_FLASH가 0 이하이면, FL_FLASH = 1
        - ip = CONV_I()
    : FL_LIGHT가 0이 아니면,
        - (MEAN_I() - i_mean_p) >= 7 이면, <-- Light없는 Tack에서의 값과 비교
                                              (차가 크면 O.K)
                * FL_LIGHT -= 2*per
                * FL_LIGHT가 0 이하이면, FL_LIGHT = 1
    : (DOWN=END)이고 Thruster가 작동중(ON_BUD)이며 RC_on이고 rc_tlim _after_end
      이면,
        - RC Time이 Expire 됐다면(TIMER > rc_tlim_after_end),
```

* ON_BUD = 0 <-- Off PWM
* rc_tlim_after_end = 0

- static void RCdetect(int rc)

: E_CC(..) 함수에서 호출
: timer > TIMER이면, return <-- RC nmber가 변하지 않았거나 Last 명령이후 20초가 지나지 않음
: rc >= 0 이면, <-- Received New RC
  - timer = TIMER + 200 <-- 20초간 RC 수신을 Disable
  - RC_on 이 0이 아니면,
    * RC_interp(rc) 호출
  - old_RC = rc

- static void RC_interp(int n)

: RCdetect(..) 함수에서 호출
: n은 RC Number
: n++
: (DOWN=START)이고 (n<10)이면,
  - return <-- Diving 중에는 10번 명령만이 가능
: (DOWN=END)이고 ((n<5)이거나 (n>6))이면,
  - return <-- MP 종료후에는 5와 6번 명령만이 가능
: n=1이면,
  - fi = PCB.FI_GEN*RtoGR + 45 <-- 45도 우현 Turning
  - UST_FL(head) 호출 <-- 속도와 안정모드는 유지
: n=2이면,
  - fi = PCB.FI_GEN*RtoGR - 45 <-- 45도 좌현 Turning
  - UST_FL(head) 호출
: n=3이면,
  - h = 0.5 <-- 0.5m Rising(DSM Mode일 때는 5m)
  - UST_FL(vert) 호출 <-- 방위각 유지
: n=4이면,
  - h = -0.5 <-- 0.5m Diving(DSM Mode일 때는 5m)
  - UST_FL(vert) 호출

: n=5이면,
    - DOWN=END 이면,
        * ON_BUD = 1
        * rc_tlim_after_end = TIMER + RC_on*600L
        * DIRECT_CONTROL(100, 5, 50)
    - 아니면, VIDEO(1,1)
: n=6이면,
    - DOWN=END 이면,
        * ON_BUD = 0
    - 아니면, VIDEO(0,0)
: n=7이면,
    - HEIGHT()〈10 이면, PHS(10)
    - 아니면 SSS(1, "rc_sss.dat")
: n=8이면,
    - PHS(0); SSS(0,0)
: n=9이면, 〈-- RC Mode에 있으면 현재의 TACK을 중지하고 MP로 돌아감
    - STPGLS = 1 〈-- Stop Current TACK Flag
: n=10이면, UST_FL(AVVERX) 호출 〈--- Recovery

- void RC_CONTROL(int rc_time)

: RC Interpreter의 On/Off는 Mission PGM에 의해 결정된다.
: rc_time은 RC 명령 수행 최대 시간으로 단위는 min.
: Mission PGM에서 호출하면 intmissn.c의 handler() 함수에 의해 호출된다.
: rc_time 10분 미만이면, RC_on = 10 〈-- Set time too small
: 60분 이상이면, RC_on = 60 〈-- Set time too large
: 아니면, RC_on = rc_time

- void cc_psw_off(void)

: SCC를 이용해 PSW와 CS 제어
: PHS(..) 와 sss_rtm.c의 SSS(..), hvc(..) 및 term_sss(..) 함수에서 호출
: Motor가 작동중이면(ON_BUD & 0xff00), return
: Gyro가 작동중이면(db-〉BC_WTR2 & ON_RG), return
: SC나 SSS가 작동중이면(PCB.T_FS || PCB.SSS), return
: BC_WTR4 &= ~ON_CS 〈-- Turn off CS & PSW

: outp(RBCWTR4, BC_WTR4)

- void PHS(int period)
  : RC_interp(..), avverx.c의 AVVERX(..), kasprc.c의 H_FLASH(), regul.c의 devc(..), kasab.c의 다수 함수와 Mission PGM의 번역기능을 맡고 있는 intmissn.c의 handler(..) 함수에서 호출
  : (E_CC_C & 0200)=0 이거나 (E_PHS_C & 0200)=0이면, return
  : ERR_SC가 0이 아니면, return <-- PHS Not Working
  : PCB.T_FS가 period와 같으면, <-- On SC
  - PCB.T_FS < 6 이면, PCB.T_FS = 10
  - Inf.ErrorSC = Inf.ErrorHVC = 0
  : 아니면, cc_psw_off()

- void VIDEO(int onoff, int light)
  : PHS(..)와 같은 source file(*.c)에서 호출
  : (E_CC_C & 0200)=0 이거나 (E_VIDEO_C & 0200)=0이면, return
  : ERR_VIDEO가 0이 아니면, return <-- Video Not Working
  : PCB.VIDEO = onoff
  : PCB.LIGHT = light

- void INIT_cc(void)
  : 각종 변수 초기화
  : cc_main.c, dosie.c의 INIT_DEV()와 sss_rtm.c의 hvc(..) 함수에서 호출
  : fl = 0 이면,
  * fl = 1; porton()

- void STOP_cc(void)
  : cc_main.c의 main_cc(..), dosie.c의 STOP_DEV()와 sss_rtm.c의 hvc(..)와 term_sss(..) 함수에서 호출
  : portoff()
  : fl = 0

- tatic void head(void)
  : VZ = PCB.VZ <-- Target Vel.(For Regulator)
  : S_M = PCB.S_M <-- VC Stabilization Mode

: HZ = PCB.HZ 〈-- Target Depth or Altitude

: GALS(RC_on*60, fi, VZ, S_M, HZ) 〈-- rc_time의 단위가 min.이었던 것은 GALS 함수에서 Tack Time에 60을 곱하는 것으로 알 수 있다.

- static void vert(void)
  : VZ = PCB.VZ 〈-- Target Vel.(For Regulator)
  : S_M = PCB.S_M 〈-- VC Stabilization Mode
  : FI = PCB.FI_GEN*RtoGR 〈-- Target Heading
  : S_M이 Depth 고정 모드가 아니면,
    - h = PCB.HZ + h
    - h 〈 (MIN_ALT + 0.5)이면, h = MIN_ALT + 0.5
    - h 〉 40 이면, h = 40
  : DSM Mode이면,
    - h = PCB.HZ - 10*h
  : GALS(RC_on*60, FI, VZ, S_M, h)

그 외 RC 관련 함수들은 akinut.c의 DOSIE[] Table에서 호출

Ⅴ. AUV Recovery

여기에서는 AUV의 부상에 관련된 함수들을 아래에 자세히 기술하였다.

- static void recovery_data(void)
  : LOG_ON(..) 함수를 호출 --- oas_recv.dat
  : AVVERX() 함수에서 호출

- void INIT_AVVERX(void)
  : dosie.c의 INIT_SOFT() 함수에서 호출

- static void dog_reset(void)
  : LPM-CTC #1의 WatchDog Reset
  : AVVERX() 함수에서 호출

- void AVVERX()

  : Recovery 프로그램

  : if(DOWN != END)

    - MP handler(pid가 mph인)에 Stop Message를 보냄
    - MP 자식 프로세스(pid=mpst, mpst는 MP의 start Flag이기도 함)를 정지시킴(즉, MP Stop)
    - DOWN=END
    - Off SSS, PHS, VIDEO
    - recovery_data() 함수 호출
    - Equipment 정지 시까지 Delay(2.5초)
    - REGIM=REAL이고 수중 상태(!in_water)일 때는 Ballast Magnet를 떨어뜨림(BC_WTR0=w)
    - Control Switch Off(BC_WTR4 &= ~ON_CS)
    - Off all devices(BC_WTR2 = 0)
    - Depth가 400m 이상인 동안에는 dog_reset() 함수 호출
    - t = TIMER + 6000L
    - TIMER가 t보다 작을 동안 dog_reset() 함수 호출하되 Pitch가 40도 이하이면 break
    - On LRB(BC_WTR0 &= ~OFF_LRB)
    - dog_reset()

부록 6. Directory Structure and QNX Requirements For AUV Ship Software

mon 프로그램은 V6 directory 아래에 50개의 C files, 54개의 H(header) files, Makefile로 구성되어 있다.

참고로 여기에는 SSS Microprocess에서 실행될 프로그램 관련 파일들(pltint.c, plt.h, avpgbo.h, tv.h)이 포함된 것이고 ROM Image인 "GBOROM.BIN" file이 따로 있다.

(1) DIRECTORY 구조

AUV 구동에 관련된 모든 디렉토리는 서로 긴밀한 연결 관계를 가지고 있으며 다음과 같은 구조를 갖는다. V6 디렉토리 하부에는 주로 mon 프로그램을 구성하는 Source 파일들로 구성되어 있고 사용자가 임의의 경로에 위치시킨 DATA 디렉토리 하부에는 Mission 프로그램 및 시험 후 얻은 자료들로 구성된다. 시험자료들을 Run-Dos 상에서 개발된 Post-processing 프로그램(pultq, profil, looker 등)들로 확인하기 위하여 Run-Dos 설정 파일에 DATA 디렉토리의 경로가 정의되어 있다. 또한, SSS 자료는 보관에 필요한 메모리가 크게 요구되므로 자주 Backup을 받거나 자료 보관을 위한 대용량의 HDD가 필요하다.

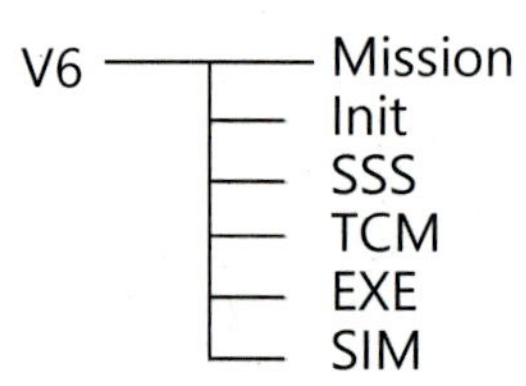

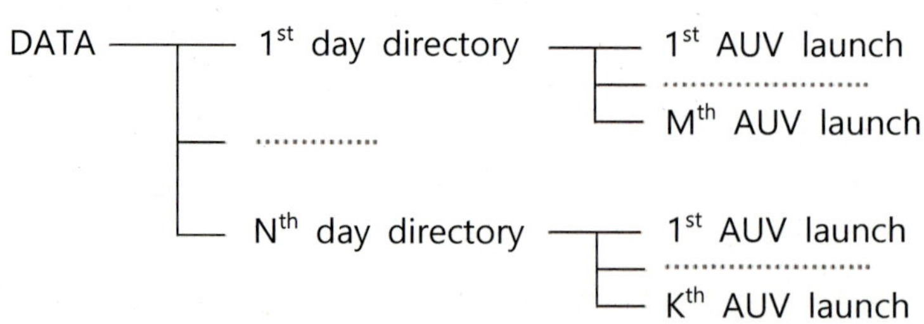

(2) DIRECTORY 내용

V6 --	Autopilot 프로그램에 관련된 모든 서브루틴과 Watcom C make 파일	
MISSION --	MAIN.C MAIN.O MISSION.H MISSION.MK MISSNLIB.C MISSNLIB.O	main MISSION-PROGRAM (MP procedure) MAIN의 Object 파일 함수와 데이터 정의를 위한 Header 파일 MAKE 유틸리티 파일 MP 함수 라이브러리 MISSNLIB의 Object 파일
EXE --	SIM MISSMAKE MON	MP simulation program Mission 실행 파일을 생성하기 위한 배치 파일 Autopilot 프로그램의 실행 파일
SIM --	Simulation용 프로그램의 각 서브루틴과 Watcom C make 파일	
DATA --	실제 실험 데이터를 저장하고 있는 디렉토리	

(3) 계속적인 프로그램 보수와 유지를 위해서는 항상 Watcom C 컴파일러를 Install해 놓는 것이 좋다.

(4) QNX 환경 설정

/etc/profile 이라는 파일에 경로 /v6/exe를 설정해 놓으면 어느 디렉토리에서든 해당 프로그램을 쉽게 실행시킬 수 있다.

(5) Mission 프로그램 컴파일

/v6/exe 디렉토리에 있는 missmake 프로그램을 실행시키려면 다음과 같이 하면 된다.

```
# missmake   mission-propgram
```

부록 7. Directory Structure and QNX Requirements For AUV Autopilot Software

(1) DIRECTORY 구조

Autopilot Computer 상의 HDD에는 QNX OS 관련 디렉토리들 외에 V6 디렉토리만이 존재한다.

(2) DIRECTORY 내용

V6 --	I.EXE	SCC control program
	MON	Autopilot control program
	AUV.HLP	MON.EXE help file
	NAV.CNF	compass correction data
	AUV.CNF	default MON.EXE configuration data
	I.SAV	current integrator saved value

(3) QNX 환경 설정

/etc/profile 이라는 파일에 경로 /v6/exe를 설정해 놓으면 어느 디렉토리에서든 해당 프로그램을 쉽게 실행시킬 수 있다.

(4) NAV.CNF 보정

NAV.CNF 파일의 내용을 보면 4개의 숫자로 구성되어 있는데 세 번째까지의 숫자들은 Magnetic Compass의 계측 편차를 보정해 주기 위한 것들이며 이 값은 AUV의 경로 중에 폐 Loop를 발견하게 되면 자동적으로 계산된다. 마지막 숫자는 주어진 해상 영역에서의 Magnetic Declination을 의미한다.

부록 8. Emergency System Information Messages

(1) MISSION-PROGRAM ABNORMAL COMPLETION MESSAGES

Water leakage & pressure compensators messages	
Autopilot's water	Autopilot's pressure housing 내 해수 검출
WS#1 check	Water sensor #1 해수 검출
WS#2 check	Water sensor #2 해수 검출
WS#3 check	Water sensor #3 해수 검출
WS#4 check	Water sensor #4 해수 검출
Still camera water	Still camera pressure housing 내 해수 검출
HV converter water	High Voltage Converter pressure housing 내 해수 검출
TV camera water	TV Camera pressure housing 내 해수 검출
APST water	Acoustic Positioning System Transducer p/h 내 해수 검출
SCC water	Control Computer pressure housing 내 해수 검출
System PRC check	System pressure compensator 이상
Thrusters PRC check	Motors pressure compensator 이상

Depth sensor errors	
No DEPTH interrupts	Depth sensor로부터 interrupts 없음 ES handling program 구동
DEPTH has been re-inited	Messages of ES handling program (see "No DEPTH interrupts")
DEPTH frequency error	Depth sensors malfunction. Frequency가 작동영역을 벗어남 Depth sensor 검사

ADC-1 Errors	
No ADC-1 interrupts	ADC-1이 Interrupts 발생시키지 않음 ES이 ADC-1을 5회 Reset 시도
ADC-1 is not working. End mission	Message of ADC-1 ES handling program ADC-1 작동 불능

Control Computer errors	
No inf.ex. with SCC	Control Computer와의 정보교환이 이루어지지 않음 RS-232 나 SCC의 malfunction
No SCC interrupts	SCC로부터 interrupts 없음. RS232나 SCC malfunctions에 의한 것으로 ES은 SCC에 대한 malfunction indicators를 Set

Voltages checks messages	
+24 V MB Check	Main battery voltage가 21~30 V 범위를 벗어남
+12 V Test Check	+12 power supplier voltage가 11~13 V 범위를 벗어남
+5 V Check	+5 power supplier voltage가 4.7~5.1 V 범위를 벗어남
-12 V Check	-12 power supplier voltage가 -16 ~ -11.5 V 범위를 벗어남

Motion control errors messages	
VC response check DH=XXX	AUV가 target height/depth에서 안정되지 못함 이것은 motors, depth sensor 또는 OAS system에 문제가 있거나 매우 큰 부력이 원인일 수도 있음
Heading check. dFi=XXX, dFi/dt=YYY	AUV가 target height/depth에서 안정되지 못함 이것은 motors 또는 compass가 정상적으로 작동하지 않은 것임 Heading difference와 angular heading rate이 출력됨
Velocity check V=XXX	Motors가 동작하지만 적정한 속도에 도달하지 못함 ES에 의해 backward motion 시작. 그래도 안정되지 않으면 ES에 의해 AUV recovery. 현재 속도 출력됨
Velocity too low (XXX)	ES에 의해 Backward motion 시작되어 "Velocity check" subroutine으로부터 출력되는 Message. 현재 속도가 출력됨
Extreme depth(XXX m) exceeding - recovery	현재 심도가 미리 정의된 심도를 넘어서면 MP 실행이 중단됨. 현재 심도가 출력됨
Diving time check (XX min or YYY sec for SIM)	Diving time이 정의된 한계치를 넘어섬

System Errors Messages	
MP isn't working	Mission-program이 10초간 제어되지 않음 CPU control이 어떤 Interrupt handler("short loop")에 머무르고 있음
MISSION-PROGRAM doesn't contain DIVING procedure	MP 시작 시에 DIVING() procedure를 정의하지 않음

(2) EMERGENCY WARNINGS (MP를 중지시키지는 않음)

SSS warnings	
SSS does not work	SSS이 작동하지 않음. ES에 의해 SSS에 대한 malfunction indicators가 set된 후 MP 내의 SSS() 함수처리를 하지 않음

TCM errors messages	
No TCM interrupts	TCM이 작동하지 않음. 이것은 RS232나 TCM malfunctions에 의한 것으로 ES은 TCM Power를 끄고 켠 후 그 상태를 파악함. 그래도 작동하지 않으면 ES는 TCM에 대한 malfunction indicators를 set
ES: TCM doesn't work ES: Off TCM ES: On TCM	ES handling program(see "No TCM interrupts")으로부터의 Messages

System Warning	
Bad id. of MISSION-PGM: XXXXXX	Program-task에 잘못된 program interrupt 수가 주어짐 일반적으로 robot control language compiler가 정상적으로 작동하지 않았을 때에만 발생

Motion control warnings	
Velocity correction factor X.XX	AUV가 장애물에 너무 접근(전방 거리차가 너무 짧음) 이 경우 안전을 위해 자기 속도를 줄임
Heading correction XXX.X deg	AUV가 장애물에 너무 접근(측방 거리차가 너무 짧음) 이 경우 Sonar 자료에 따라 좌 또는 우로 방향 전환
Switch to maneuver altitude	Depth stabilization mode로 움직일 때에 장애물을 만나 altitude stabilization(5m) Mode로 전환
Return to depth stabilization	Altitude stabilization Mode에서 DSM으로 전환
Right sonar min. distance (Push to left !)	Low level obstacle avoidance control
Return to normal RIGHT sonar control	Normal regulation 상태로 복귀
Left sonar min. distance (Push to right !)	Low level obstacle avoidance control
Return to normal LEFT sonar control	Normal regulation 상태로 복귀
Forward sonar min. distance. (Push up !)	Low level obstacle avoidance control
Return to normal FVD sonar control	Normal regulation 상태로 복귀
No LOG interrupts	Log interrupts가 발생하지 않음. Motor가 정상적으로 동작하였다면 Log sensor가 회전하지 않은 것임

부록 9. Control System Information Messages

Diving and recovery information	
Current integrator before diving XX.X a*h	Diving 전 Current integrator 값
Mission will be started after XXX sec	MP가 Time Delay Mode로 시작될 때에 발생하는 Message
Mission will be started at depth XXXX.X or alt XX.X m	MP가 depth와 altitude mode로 시작할 때에 발생하는 Message
Wait cable disconnection	RTCS는 cable disconnection을 기다림
Cable disconnection	cable이 분리된 시각
Now AUV is in water	접수 시각
Emergency timer has been set to XXX min	hardware timer가 초기화될 때 발생하는 Message
Depth compensation	Depth sensor data 보정(0값)
Mission start. Depth = XXXX.X	MP가 시작될 때의 AUV depth
Move from depth XXXX m to altitude 40 m	AUV가 diving ballast를 (너무) 높은 고도에서 분리시켜 추진모터를 이용해 해저면으로 이동
Sea bed has been reached	AUV가 해저면에 도달
Recovery program started	Recovery program 시작됨
Current integrator after diving XX.X a*h	Diving 후 Current integrator 값
Mission has been fully completed	주어진 임무를 모두 완수
Mission 〈name〉 hasn't been completed	MP가 정상적으로 완료되지 않은 경우

Devices control information	
SC is ON. Period = XX sec	PHS가 작업 주기 XX 초로 동작
Too small SC period. T=X	Still camera 동작 주기는 6초 이상이어야 함
SC is OFF. Total number of photographs : XX	PHS가 꺼짐. 전체 XX 장의 사진이 촬영되었음
VIDEO is ON with TVL	Light와 함께 video recorder 켜짐
VIDEO is ON without TVL	Light 없이 video recorder 켜짐
VIDEO is OFF	video recorder와 light이 off됨
SSS is ON	SSS가 켜짐
SSS is OFF	SSS가 꺼짐

Motion control information	
Begin of heading TACK	direction tack 시작
Begin of coordinate TACK	coordinates tack 시작
Direct control ON XXX, YYY, ZZZ	Regulators를 거치지 않고 MP에 의해 AUV motion을 직접 제어. XXX, YYY와 ZZZ는 각각 velocity, heading 및 pitch에 대한 제어값
Direct control OFF	motion regulation 상태로 복귀
Tack of MP will be increased to XXX sec	RTM에 의해 RC 명령 처리 시간만큼 MP 실행시간을 증가시킴

Remote Control mode information	
RC command XXX has been received	RC command가 수신됨
Target heading XXX deg	RC mode message로 RC 명령을 받은 후 새로운 heading 값을 설정
Target altitude XX.X m	RC mode message로 RC 명령을 받은 후 새로운 altitude 값을 설정
Target depth XXXX m	RC mode message로 RC 명령을 받은 후 새로운 depth 값을 설정
Return to interrupted MP	RC mode message로 RC 명령을 받고 실행한 후 다시 MP Mode로 복귀

<table>
<tr><th colspan="2">System information</th></tr>
<tr><td>Foreground program started</td><td>mission-program 이외의 Foreground PGM이 시작됨
MP는 잠시 중단됨</td></tr>
<tr><td>Exit from foreground program</td><td>Mission-program이 재실행됨</td></tr>
<tr><td>Bad NAK number - X</td><td>Logger가 정의된 Channel 수 범위를 넘는 값을 넘겨 받음</td></tr>
<tr><td>PRG_AKK: Bad logger code - XX. N=Y</td><td>Logger가 적절치 않은 parameter identification(XX)을 받음.
여기서, Y는 channel number</td></tr>
<tr><td>Min1=XXX, Min2=YYY, Max1=ZZZ, Max2=WWW</td><td rowspan="2">RTM은 AUV 운동 궤적이 폐경로(평면상에서)를 이룰 때 Compass에 대해 새로운 기준치를 설정</td></tr>
<tr><td>K12=X.XX, dch1=YYY, dch2=ZZZ</td></tr>
<tr><td>File 〈name〉 not created 〈diagnose〉</td><td>주어진 이름의 File이 생성되지 않음</td></tr>
<tr><td>It isn't possible to write to file 〈name〉. 〈diagnose〉</td><td>File 쓰기 오류</td></tr>
</table>

찾아보기

H

I

L

M

N

O

P

R

S

수중드론이라 불리는

자율무인잠수정(AUV)의 개발운용실무

2021년 8월 20일 초판 인쇄

2021년 8월 25일 인쇄 발행

저 자 우종식

발 행 인 송기수

발 행 처 도서출판 GS인터비전

편 집 처 도서출판 GS인터비전

편 집 인 공예서

표지디자인 디자인붐

인 쇄 처 트윈벨미디어

등 록 번 호 제 25100-2016-000050호

I S B N 979-11-5576-366-7(93530)

주 소 서울 은평구 증산로 15길 69, 2층

전 화 02-976-7898, 02-3272-7898.

팩 스 02-6468-7898

홈페이지 gsintervision.co.kr

E-Mail gsinter7@gmail.com

정 가 60,000원